21世纪高等学校本科电子电气专业系列实用教材

过程控制系统

（第4版）

杨丽娟　李国勇　阎高伟　主编

卫明社　王　芳　崔亚峰　副主编

何小刚　主审

电子工业出版社

Publishing House of Electronics Industry

北京·BEIJING

内 容 简 介

本书全面论述了过程控制系统的要求、组成、性能指标和发展；工业生产过程数学模型的一般表示形式和建模方法；控制器的特性、选型与参数整定；调节阀的设计、选型和计算；简单控制系统的结构和特点及分析、设计和调试等；常用的复杂控制系统，如串级控制、补偿控制、比值控制、均匀控制、分程控制和选择性控制等系统的结构、分析、设计和实施等；多变量解耦控制系统的分析和解耦设计方法；计算机过程控制系统的组成与类型和先进控制策略；火力发电厂锅炉的控制。

本书可作为高等院校自动化和信息类相关专业研究生和高年级本科生的教材，也可作为从事自动控制研究、设计和应用的科学技术人员的参考用书。

图书在版编目（CIP）数据

过程控制系统 / 杨丽娟，李国勇，阎高伟主编. —4 版. —北京：电子工业出版社，2021.7

21 世纪高等学校本科电子电气专业系列实用教材

ISBN 978-7-121-41337-7

Ⅰ. ①过…　Ⅱ. ①杨…　②李…　③阎…　Ⅲ. ①过程控制－高等学校－教材　Ⅳ. ①TP273

中国版本图书馆 CIP 数据核字（2021）第 113773 号

责任编辑：牛平月

印　　刷：北京天宇星印刷厂

装　　订：北京天宇星印刷厂

出版发行：电子工业出版社

　　　　　北京市海淀区万寿路 173 信箱　邮编：100036

开　　本：787×1092　1/16　印张：19.5　字数：499.2 千字

版　　次：2009 年 5 月第 1 版

　　　　　2021 年 7 月第 4 版

印　　次：2025 年 2 月第 7 次印刷

定　　价：79.00 元

前　　言

中国共产党第二十次全国代表大会（以下简称党的二十大）报告指出："我们要坚持教育优先发展、科技自立自强、人才引领驱动，加快建设教育强国、科技强国、人才强国，坚持为党育人、为国育才，全面提高人才自主培养质量，着力造就拔尖创新人才，聚天下英才而用之。"本书从学科建设入手贯彻落实这一精神。本书自 2009 年 5 月初版、2013 年 1 月第 2 版、2017 年 4 月第 3 版以来，得到了广大读者的关心和支持，被国内多所大学选为教材。本次修订在保持前 3 版系统、实用、易读的特点和基本框架的基础上，不仅在书中按知识点增加了教学视频，而且在书外也提供了配套的教学网站。另外，结合作者在清华大学出版社已出版的《过程控制实验教程》，最大限度地满足了教师教学和学生学习需要，符合立体化的教材建设思路。同时本次修订也符合自动化专业培养目标，反映自动化专业教育改革方向，满足自动化专业和针对多学科交叉背景学生的教学需求，符合学校推进高等教育国家级一流本科课程"双万计划"建设和实现特色化发展的需要。

第 1 讲

本书对当前在工业生产过程中广泛应用或应用较为成熟的常规控制系统和控制方案进行重点阐述，对计算机过程控制系统和先进控制方法进行简单介绍。因为随着生产过程控制技术的迅速发展，它们已自成体系，大多数的高等院校也已就计算机控制系统和先进控制理论等内容分别开设了课程。

本书系统地论述了：

（1）过程控制系统的要求、组成、性能指标和发展；

（2）被控工业过程的数学模型及其获取方法，包括对象数学模型动态特性的基本描述形式及其获取方法；

（3）执行器的种类、选型和计算；

（4）PID 控制器控制规律的原理、分析与选型，包括模拟 PID 控制器和数字 PID 控制器的选型和参数整定；

（5）简单控制系统的基本概念、分析和设计，包括被控变量与控制变量的选择，控制器和测量变送器的选型，控制器参数整定的常用方法与控制系统投运；

（6）串级控制系统的结构组成、工作原理和方案设计，包括主、副被控变量和操作变量的选择、主回路和副回路的设计及主控制器和副控制器的选择，常用的串级控制系统的参数整定方法；

（7）补偿控制系统的原理和前馈控制的几种结构形式，包括静态前馈控制、动态前馈控制、复合前馈控制等各种前馈控制系统的设计，前馈补偿器的设计与实现，常用的工程整定方法，以及大迟延生产过程的概念，常规仪表控制方案的实现，补偿控制方案的设计与实现；

（8）比值控制系统、均匀控制系统、分程控制系统、选择性控制系统的基本概念，系统设计与实现和参数整定；

（9）解耦控制系统，包括多变量系统的分析（相对增益的概念与计算、耦合系统中的变量匹配）、控制器参数整定和常用的解耦控制系统设计方法等；

（10）计算机过程控制系统的组成与类型和常用先进控制策略的简单介绍；

（11）火力发电厂锅炉设备的控制。

本书取材先进、实用，讲解深入浅出，各章均有用 MATLAB/Simulink 编写的仿真及应用实例，强调了理论与实际相结合。

本书由杨丽娟、李国勇和阎高伟担任主编，由卫明社、王芳和崔亚峰担任副主编。全书共包含 11 章，其中第 1 章由阎高伟编写；第 2～4 章由李国勇编写；第 5 章由成慧翔编写；第 6 章由王芳编写；第 7～9 章由杨丽娟编写；第 10 章由崔亚峰编写；第 11 章由卫明社编写。全书由李国勇教授统稿，何小刚教授主审，并提出了许多宝贵的意见和建议，在此深表谢意。此外，还要感谢责任编辑牛平月女士为本书的出版所付出的辛勤工作。

本书适用学时数为 40～56（2.5～3.5 学分），章节编排具有相对独立性，使教师与学生便于取舍，也便于不同层次院校的不同专业选用，以适应不同教学学时的需要。

本书为读者提供配套的教学视频，并在每章末增加了习题解答，读者可在相应的知识点或习题处用手机扫码观看。

本书提供配套的电子课件，可登录华信教育资源网：www.hxedu.com.cn，注册后免费下载。

本书提供的配套教学网站可联系本书责任编辑（邮箱 niupy@phei.com.cn）获取。

由于编者水平有限，错误和不妥之处在所难免，敬请读者批证指正。

编　者

目　　录

第1章

>>>

概　述

控制系统分类方式繁多，从应用场合可以分为过程控制系统与运动控制系统两大类。运动控制系统主要指那些以位移、速度和加速度等为被控参数的一类控制系统，如以控制电动机的转速、转角为主的机床控制和跟踪控制等系统；过程控制系统则是指以温度、压力、流量、液位（或物位等）、成分和物性等为被控参数的流程工业中的一类控制系统。这两类控制系统虽然基于相同的控制理论，但因控制过程的性质、特征和控制要求等的不同，带来了控制思路、控制策略和控制方法上的区别。本书仅讨论与过程控制系统有关的内容。

■ 1.1　过程控制的要求与任务

第2讲

生产过程是指物料经过若干加工步骤而成为产品的过程。该过程中通常会发生物理化学反应、生化反应、物质能量的转换与传递等，或者说生产过程表现为物流变化的过程。伴随物流变化的信息包括体现物流性质（物理特性和化学成分）的信息和操作条件（温度、压力、流量、液位或物位等）的信息。生产过程的总目标，应该是在可能获得的原料和能源条件下，以最经济的途径将原物料加工成预期的合格产品。为了达到该目标，必须对生产过程进行监视与控制。

工业自动化涉及的范围极广，过程控制是其中最重要的一个分支。过程控制一般是指工业生产中连续的或按一定程序周期进行的生产过程的自动控制，它涉及了许多工业部门，如电力、石油、化工、冶金、炼焦、造纸、建材、轻工、纺织、陶瓷及食品等。因而，过程控制在国民经济中占有极其重要的地位。过程控制主要针对六大参数，即温度、压力、流量、液位（或物位）、成分和物性等参数的控制问题。但进入 20 世纪 90 年代后，随着工业和相关科学技术的发展，过程控制已经发展到多变量控制，控制的目标也不再局限于传统的六大参数，尤其是复杂工业控制系统，它们往往把生产中最关心的诸如产品质量、生产效益、能量消耗、废物排放等作为控制指标来进行控制。

为了实现过程控制，以控制理论和生产要求为依据，采用模拟仪表、数字仪表或计算机等构成的控制总体，称为过程控制系统。其控制目标是人们对品质、效益、环境和能耗的总体要求。

图 1-1 所示为转炉供氧量控制系统图。转炉是炼钢工业生产过程中的一种重要设备。熔融的铁水装入转炉后，通过氧枪供给一定量的氧。其目的是使铁水中的碳氧化燃烧，以不断

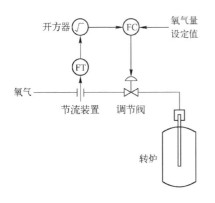

图 1-1 转炉供氧量控制系统图

降低铁水中的含碳量。控制吹氧量和吹氧时间，可以获得不同品种的钢产品。由图 1-1 可见，从节流装置采集到的氧气流量，送入流量变送器 FT，再经过开方器，其结果送到流量控制器 FC，流量控制器 FC 根据氧气流量的测量值与其设定值的偏差，按照一定的控制算法输出控制信号，去控制调节阀的开度，从而改变供氧量的大小，以满足生产工艺的要求。

通常，将系统中被控制的物理量称为被控变量，而被控变量所要求的理想值称为设定值或给定值。设定值是系统的输入变量，被控变量是系统的输出变量。

过程控制系统一般有如下两种运行状态：一种是稳态，此时系统没有受到任何外来干扰，同时设定值保持不变，因而被控变量也不会随时间变化，整个系统处于稳定平衡的工况。另一种是动态，当系统受到外来干扰的影响或者在改变了设定值后，原来的稳态遭到破坏，系统中各组成部分的输入/输出变量都相继发生变化，尤其是被控变量也将偏离原稳态值而随时间变化，这时系统处于动态。经过一段调整时间后，如果系统是稳定的，被控变量将会重新达到新设定值或其附近，系统又恢复稳定平衡工况。这种从一个稳态到达另一个稳态的历程称为过渡过程。由于被控对象总是不时受到各种外来干扰的影响，设置控制系统的目的也正是为了克服这种扰动带来的影响，因此系统经常处于动态过程。显然，要评价一个过程控制系统的工作质量，只看稳态是不够的，还应该考核它在动态过程中被控变量随时间变化的情况。

工业生产对过程控制的要求是多方面的，最终可以归纳为安全性、稳定性和经济性。

（1）安全性

过程控制系统涉及许多危险、有害的工质。同时，过程控制系统正向着高容量、高参数的趋势发展，许多参数都工作在接近极限的状态。例如，电厂主蒸汽的温度、煤制油合成塔的压力、液化天然气的冷箱及储罐的温度等参数都工作在接近所使用钢材的极限状态。这些参数如果越线，将造成极大的人身及设备伤害。因此，在这些场合中，过程控制系统的首要任务就是通过把这些参数控制在合适的范围内来确保人身及设备的安全。

针对控制系统本身可能发生的故障，在过程控制系统中通常采用参数越限报警、事故报警和联锁保护等措施来保证测控仪表发生故障时生产过程的安全。采用在线故障预测与诊断、容错控制等措施可进一步提高生产过程的安全性。

另外，随着环境污染日趋严重，生态平衡屡遭破坏，现代企业必须把符合国家制定的环境保护法视为生产安全性的重要组成部分，保证各种三废排放指标在允许范围内，确保环境的安全。

（2）稳定性

稳定性指的是系统抑制外部干扰、保持生产过程长期稳定运行的能力。变化的（特别是恶劣的）工业运行环境、原料成分的变化、能源系统的波动等均有可能影响生产过程的稳定运行。在外部干扰下，过程控制系统应该使生产过程参数与状态产生的变化尽可能小，以消除或减小外部干扰可能造成的不良影响。

（3）经济性

在满足以上两个基本要求的基础上，低成本高效益是过程控制的另一个目标。为了达到这个目标，不仅需要对过程控制系统进行优化设计，还需要管控一体化，即以经济效益为目标的整体优化。

因此，过程控制的任务是在充分了解、掌握生产过程的工艺流程和动 / 静态特性的基础上，根据上述三项要求，应用理论对控制系统进行分析与综合，以生产过程中表现出来的各种状态信息作为被控变量，选用适宜的技术手段，实现生产过程的控制目标。

需要指出的是，随着生产的发展，安全性、稳定性和经济性的具体内容也在不断改变，要求也越来越高。为适应当前生产对控制的要求越来越高的趋势，必须充分注意现代控制技术在过程中的应用。其中，过程对象建模的研究和新型控制算法的研究起着举足轻重的作用，因为现代控制技术的应用在很大程度上取决于对过程静态和动态特性认识的深度。因此可以说，过程控制是控制理论、工艺知识、计算机技术和仪器仪表等知识相结合而构成的一门应用科学。

工业生产过程通常分为连续过程和间隙过程。连续过程是指整个生产过程是连续不间断进行的，一方面原料连续供应；另一方面产品源源不断地输出。例如，电力工业中电能的生产，石油工业中汽油等石化产品的生产等。至于间歇过程形式，无论其原料或者产品都是一批一批地加入或输出，所以又称为批量生产。例如，食品、酿造中的发酵，某些制药企业的微生物培养，油脂企业的酯化等。间歇生产的特点是中转环节多、切换频繁，也就是在生产过程中需要不断地切换操作，而且利用同一个装置却要生产出多种产品。所以，间歇过程的控制不仅需要不同的控制策略，也需要一系列逻辑操作工序来加以保证。过程控制中连续过程所占的比重最大，涉及石油、化工、冶金、电力、轻工、纺织、制药、建材和食品等工业部门。本书主要讨论连续过程的控制。

1.2 过程控制系统的组成与特点

1.2.1 过程控制系统的组成

在生产过程中有各种各样的控制系统，图 1-2 所示为简单控制系统带测控点的工艺流程图。

图 1-2 中的管道仪表流程图（P&ID），也称为带测控点的工艺流程图，由于省略了仪表位号中的回路编号，故以下在不引起混淆的情况下，将其简称为系统图。

在这些控制系统中，对生产设备都有一个需要进行控制的过程变量，如温度、压力和液位等，这些需要进行控制的过程变量也称为被控变量。在系统工作时，被控变量常常偏离其所要求的理想值（设定值）。被控变量偏离设定值的原因是由于过程生产中存在干扰，如蒸汽压力、泵的转速、进料量的变化等。为了使这些被控变量与其设定值保持一致，需要有一种控制器，它将被控变量的测量值与设定值进行比较得出偏差信号，并按某种预定的控制规律进行运算，给出控制信号，用于改变某些变量，使得被控变量与其设定值相等。过程控制中用于调节的变量，如蒸汽流量、回流流量和出料流量等被称为操作变量、操纵变量或控制变量。在系统中，用于测量、变换和传送被控变量信号的仪表称为检测变送仪表。用于实施控制命令的设备称为执行器。

第3讲

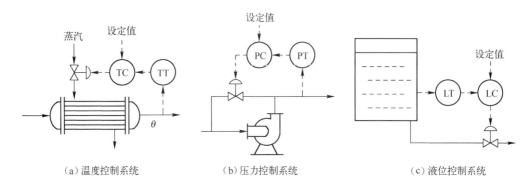

（a）温度控制系统　　　　　（b）压力控制系统　　　　　（c）液位控制系统

图 1-2　简单控制系统带测控点的工艺流程图

由此可见，过程控制系统一般由被控过程（也称被控对象）、检测变送仪表、执行器和控制器（也称调节器）等环节组成。

（1）被控过程

被控过程也称被控对象，是指被控制的生产设备或装置。工业生产中的各种反应器、换热器、泵、塔器和压缩机及各种容器、储槽都是常见的被控对象，甚至一段管道也可以是一个被控对象。在复杂的生产设备中，经常有多个变量需要控制。例如，锅炉系统中的液位、压力和温度等均可作为被控参数；又比如，反应塔系统中的液位、进出流量和某一层塔板的温度等也可作为被控参数，这时一个装置中就存在多个被控对象和多个控制系统。对这样的复杂系统，被控对象就不一定是生产设备的整个装置，只有该装置的某一个与控制有关的相应部分才是某一个控制系统的被控对象。

（2）检测变送仪表

检测变送仪表（又称为测量变送装置或测量变送器）一般由测量元件和变送单元组成。其作用是测量被控变量，并按一定算法将其转换为标准信号输出作为测量值，即把被控变量转化为其测量值。例如，用热电阻或热电偶测量温度，并将其测量信号通过变送器转换为统一的气压信号（0.02～0.1MPa）、直流电流信号（0～10mA 或 4～20mA）或直流电压信号（1～5V）。

（3）执行器

在过程控制系统中，常用的执行器有电动调节阀和气动调节阀等，其中以气动薄膜调节阀最为常用。另外，在特定的应用中，调功装置和变频器等也常作为执行器的一个执行部件。执行器接收控制器送来的控制信号，直接改变操作变量；操作变量是被控对象的一个输入变量，通过操作这个变量可克服扰动对被控变量的影响，操作变量通常是执行器控制的某一工艺变量。

在过程控制系统中，往往把被控对象、检测变送仪表和执行器三部分串联在一起，统称为广义被控对象。

（4）控制器

控制器也称调节器，它将被控变量的测量值与设定值进行比较得出偏差信号，并按某种预定的控制规律进行运算，给出控制信号去操纵执行器。

（5）报警、保护和联锁等其他部件

在过程控制系统中，为防止控制系统本身某些部件故障或其他原因引起控制失常，通常还要采用必要的报警及保护装置。对于正常的开/停车及为了避免事故的扩大，系统还需要设置必要的联锁逻辑及部件。

1.2.2　过程控制系统的特点

1. 工业生产过程的特点

由于过程控制主要是指连续工业生产过程的控制，故工业生产过程的特点主要指连续工业生产过程的特点。

工业生产过程通常会发生物理或化学变化，伴随着物质或能量的转换与传递，往往是一个十分复杂的大系统，存在不确定性、时变性以及非线性等因素。因此，过程控制的难度是显而易见的，要解决过程控制问题必须采用有针对性的特殊方法与途径。工业生产过程常常处于恶劣的生产环境中，同时常常要求苛刻的生产条件，如高温、高压、低温、真空、易燃、易爆或有毒等。因此，生产设备与人身的安全性特别重要。

由连续生产的特征可知，工业生产过程更强调实时性和整体性。协调复杂的耦合与制约因素，求得全局优化，也是十分重要的。

2. 过程控制系统的特点

（1）被控过程的多样性

工业生产过程涉及各种工业部门，其物料加工成的产品是多样的。同时，生产工艺各不相同，如石油化工过程、冶金工业中的冶炼过程、核工业中的动力核反应过程等，这些过程的机理不同，甚至执行机构也不同。因此，过程控制系统中的被控对象（包括被控变量）是多样的，明显地区别于运动控制系统。

（2）控制方案的多样性

由工业生产过程的特点及被控过程的多样性决定了过程控制系统的控制方案必然是多样的。这种多样性包含系统硬件组成和控制算法及软件设计。对于图 1-1 和图 1-2 所示的简单过程控制系统，早期的控制器采用的是模拟调节仪表，如果将控制器、执行器和检测元件与变送单元统称为常规检测控制仪表，则一个简单的过程控制系统可以被认为是由被控过程和常规检测控制仪表两部分组成的，这样的系统也称为常规仪表过程控制系统。随着现代工业生产的发展，工业过程越来越复杂，对过程控制的要求也越来越高，传统的模拟式过程检测控制仪表已经不能满足控制要求，因而采用计算机作为控制器组成计算机过程控制系统。从控制方法的角度来看，有单变量过程控制系统，也有多变量过程控制系统。同时，控制算法多种多样，有 PID 控制、复杂控制，也有包括智能控制的先进控制方法等。

（3）被控过程属慢过程，且多属于参数控制

过程控制系统中，为了连续、稳定的生产，经常涉及大量的物料及能量储存，尤其是随着生产规模的日益扩大，这种能量及物料储存的装置也日益增大，这直接导致了过程对象常常是一些缓慢的过程，也就是说，过程对象常常是一些有纯滞后或大时间常数的过程。例如，

隧道窑由于蓄热能力很强，导致以喷嘴燃料量为输入，窑道中心温度为输出对象的时间常数往往要达到小时甚至天的数量级。

由于过程控制涉及的系统是靠连续的物理或化学变化达到生产目的的，期间涉及大量的传热、传质及复杂的物理和化学变化，通常这些过程不是由一两个参数决定的。因此，过程控制系统往往是多参数的，且这些参数是互相影响的。

（4）定值控制是过程控制的主要形式

为了确保安全、平稳、高效的运行，大多数过程控制系统面对的生产会要求某些参数的稳定，也即要求被控参数为某一定值。因此，大多数过程控制系统属于定值控制系统。定值控制系统的特点是系统对给定的跟踪能力的要求低于运动控制系统，但要求较高的抗干扰能力。

（5）过程控制系统有多种分类方法

① 按被控参数分类：可分为温度过程控制系统、压力过程控制系统、流量过程控制系统、液位或物位过程控制系统、物性过程控制系统和成分过程控制系统等。

② 按被控变量数分类：可分为单变量过程控制系统和多变量过程控制系统。

③ 按设定值分类：可分为定值过程控制系统、随动（伺服）过程控制系统和程序过程控制系统。

④ 按参数性质分类：可分为集中参数过程控制系统和分布参数过程控制系统。

⑤ 按控制算法分类：可分为简单过程控制系统、复杂过程控制系统和先进或高级过程控制系统。

⑥ 按控制器形式分类：可分为常规仪表过程控制系统和计算机过程控制系统。

第4讲

1.3　过程控制系统的性能指标

工业生产过程对控制的要求，可以概括为准确性、稳定性和快速性。另外，定值控制系统和随动（伺服）控制系统对控制的要求既有共同点，也有不同点。定值控制系统在于恒定，即要求克服干扰，使系统的被控参数能稳、准、快地保持接近或等于设定值。而随动（伺服）控制系统的主要目标是跟踪，即稳、准、快地跟踪设定值。根据过程控制的特点，主要讨论定值检测的性能指标。图 1-3 所示为过程控制系统的阶跃响应曲线。

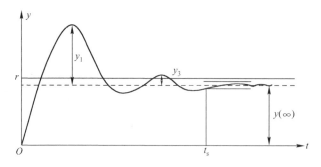

图 1-3　过程控制系统的阶跃响应曲线

1.3.1　单项性能指标

1．衰减比和衰减率

衰减比是衡量一个振荡过程的衰减程度的指标，它等于系统阶跃响应曲线两个相邻的同向波峰值之比，见图 1-3，即衰减比可表示为

$$n = \frac{y_1}{y_3} \tag{1-1}$$

衡量振荡过程衰减程度的另一种指标是衰减率，它是指每经过一个周期后，波动幅度衰减的百分数，即衰减率可表示为

$$\psi = \frac{y_1 - y_3}{y_1} \times 100\% \tag{1-2}$$

衰减比与衰减率两者有简单的对应关系，如衰减比 n 为 4:1 就相当于衰减率 $\psi = 0.75$。为了保证控制系统有一定的稳定裕度，在过程控制中一般要求衰减比 n 为 4:1～10:1，这相当于衰减率 ψ 为 75%～90%。这样，大约经过两个周期后就趋于稳态，看不出振荡了。

2．最大动态偏差和最大超调量

最大动态偏差是指设定值阶跃响应中，过渡过程开始后第一个波峰超过其新稳态值 $y(\infty)$ 的幅度，如图 1-3 中的 y_1。

最大动态偏差占被控变量稳态变化幅度的百分数称为最大超调量。对于二阶振荡过程而言，最大超调量与最大衰减率有严格的对应关系，即最大超调量可表示为

$$M_{\mathrm{p}} = \frac{y_1}{y(\infty)} \times 100\% \tag{1-3}$$

一般来说，图 1-3 所示的阶跃响应并不是真正的二阶振荡过程，因此最大超调量只能近似反映过渡过程的衰减程度。最大动态偏差更能直接反映在被控变量的生产运行记录曲线上，因此它是控制系统动态准确性的一种衡量指标。

3．残余偏差

残余偏差是指过渡过程结束后，被控变量新的稳态值 $y(\infty)$ 与设定值 r 之间的差值，它是衡量控制系统稳态准确性的指标。

4．调节时间和振荡频率

调节时间是从过渡过程开始到结束所需的时间。理论上它需要无限长的时间，但一般认为当被控变量已进入其稳态值的 ±5% 范围内，就算过渡过程已经结束。因此，调节时间就是从扰动开始到被控变量进入新稳态值的 ±5% 范围内的这段时间，在图 1-3 中以 t_{s} 表示。调节时间是衡量控制系统快速性的一个指标。

过渡过程的振荡频率也可以作为衡量控制系统快速性的指标。

1.3.2　综合性能指标

人们还时常用误差积分指标衡量控制系统性能的优良程度。它是过渡过程中被控变量

偏离其新稳态值的误差沿时间轴的积分。无论是误差幅度大或是时间拖长，都会使误差积分增大，因此它是一类综合指标，希望它越小越好。误差积分可以有各种不同的形式，常用的有以下 4 种。

① 误差积分（IE）

$$IE = \int_0^\infty e(t)\,\mathrm{d}t \tag{1-4}$$

② 绝对误差积分（IAE）

$$IAE = \int_0^\infty |e(t)|\,\mathrm{d}t \tag{1-5}$$

③ 平方误差积分（ISE）

$$ISE = \int_0^\infty e^2(t)\,\mathrm{d}t \tag{1-6}$$

④ 时间与绝对误差乘积积分（ITAE）

$$ITAE = \int_0^\infty t|e(t)|\,\mathrm{d}t \tag{1-7}$$

以上各式中，误差 $e(t) = y(t) - y(\infty)$，见图 1-3。

采用不同的积分公式意味着估计整个过渡过程优良程度时的侧重点不同。例如，ISE 着重于抑制过渡过程中的大误差，而 ITAE 则着重惩罚过渡过程拖得过长。人们可以根据生产过程的要求，特别是结合经济效益的考虑加以选用。

误差积分指标有一个缺点，它们并不能都保证控制系统具有合适的衰减率，而后者则是人们需要首先关注的。特别是，一个等幅振荡过程是人们不能接受的，然而它的 IE 却等于零，显然极不合理。为此，通常的做法是首先规定衰减率的要求。在这个前提下，系统仍然可能有一些灵活的余地，这时再考虑使误差积分为最小。

▌1.4 过程控制系统的设计

第 5 讲

过程控制系统设计的正确与否，直接影响到系统能否正常投入运行。因此要求过程控制专业人员必须根据生产过程的特点、工艺对象的特性和生产操作的规律进行设计。只有正确运用过程控制理论，合理选用自动化技术工具，才能设计出技术先进、经济合理、符合生产要求的控制系统。

过程控制的目标与任务是通过对过程控制系统的设计与实现来完成的，其具体设计步骤为：

① 确定系统变量，建立被控对象的数学模型；
② 确定控制方案；
③ 选择硬件设备；
④ 设计报警和联锁保护系统；
⑤ 系统调试和投运。

以上设计步骤完成后，先进行设备安装、软件编程、系统调试与参数整定，再投入运行。

1.4.1　确定系统变量

前面所述的过程控制目标定性地说明了过程控制的一般目标，即所设计出的系统需确保过程的稳定性、安全性和经济性。

控制系统的设计是为工艺生产服务的，因此它与工艺流程设计、工艺设备设计及设备选型等有密切关系。现代工业生产过程的类型很多，生产装置日趋复杂化、大型化，这就需要更复杂、更可靠的控制装置来保证生产过程的正常运行。因此，对于具体系统，过程控制设计人员必须熟悉生产工艺流程、操作条件、设备性能、产品质量指标等，并与工艺人员一起研究各操作单元的特点及整个生产装置工艺流程特性，确定保证产品质量和生产安全的关键参数。

系统变量包括被控变量、控制变量和扰动变量等，它根据系统控制目标和工艺要求确定。确定了系统变量后，便可以建立被控对象的数学模型。

（1）被控变量

在定性确定目标后，通常需要用工业过程的被控变量来定量地表示控制目标。选择被控变量是设计控制系统中的关键步骤，对于提高产品的质量和产量、稳定生产、节能环保、改善劳动条件等都是非常重要的。如果被控变量选择得不合适，则系统不能很好地控制，先进的生产设备和控制仪表就不能很好地发挥作用。被控变量也是工业过程的输出变量，选择的基本原则为：

① 选择对控制目标起重要影响的输出变量作为被控变量；

② 选择可直接控制目标质量的输出变量作为被控变量；

③ 在以上前提下，选择与控制变量之间的传递函数比较简单、动态和静态特性较好的输出变量作为被控变量；

④ 有些系统存在控制目标不可测的情况，则可选择其他能够可靠测量，且与控制目标有一定关系的输出变量，作为辅助被控变量。

（2）控制变量

当对象的被控变量确定后，接下来就是构成控制回路，选择合适的控制变量（也称为操作变量），以便被控变量在扰动作用下发生变化时，能够通过对控制变量的调整，使得被控变量迅速地返回原来的设定值上，从而保证生产的正常进行。控制变量为可由操作者或控制机构调节的变量，选择的基本原则为：

① 选择对所选定的被控变量影响较大的输入变量作为控制变量。

② 在以上前提下，选择变化范围较大的输入变量作为控制变量，以便易于控制。

③ 在①的基础上选择对被控变量作用效应较快的输入变量作为控制变量，使控制的动态响应较快。

④ 在复杂系统中，存在多个控制回路，即存在多个控制变量和多个被控变量。所选择的控制变量对相应的被控变量有直接影响，而对其他输出变量的影响应该尽可能小，以便使不同控制回路之间的影响比较小。

确定了系统的控制变量后，便可以将其他影响被控变量的所有因素称为扰动变量。

1.4.2 确定控制方案

工业过程的控制目标及输出变量和控制变量确定后，控制方案就可以确定了。控制方案应该包括控制结构和控制规律。控制方案的选取是控制系统设计中最重要的部分之一，它们决定了整个控制系统中信息所经过的运算处理，也就决定了控制系统的基本结构和基本组成，所以对控制质量起决定性的影响。

（1）控制结构

在控制结构上，从系统方面来说，要考虑选取常规仪表控制系统，还是选取计算机控制系统；在系统回路上，是选取单回路简单控制系统，还是选取多回路复杂控制系统；在系统反馈方式上，是选取反馈控制系统、前馈控制系统，还是选取复合控制系统。

① 反馈控制系统。反馈控制系统是一种典型的"基于偏差、消除偏差"的控制系统。这类控制系统的优点是结构简单，不必过于严格地考虑被控对象数学模型，不要求干扰可测。因此，即使在计算机控制迅速发展的今天，在高水平的自动化控制方案中，仍占控制回路的绝大多数，往往在 85%～90% 以上。其缺点是稳定性问题较严重。

② 前馈控制系统。利用扰动量的直接测量值，调节控制变量，使被控变量保持在预期值。与反馈控制不同，它是一种基于扰动的开环控制。前馈控制本质上是针对系统存在比较显著、频繁的扰动时对系统干扰的一种补偿控制，以有效抑制扰动对被控变量的影响。其特点是需要针对干扰进行一对一的设计，无法消除其他干扰，且要求干扰可测和干扰通道模型准确，但没有稳定性问题。

③ 复合控制系统。复合控制系统也就是通常所指的前馈-反馈控制系统，它是反馈控制和前馈控制的结合，具有两者的优点。前馈控制的主要优点是能针对主要扰动及时克服其对被控变量的影响；反馈控制的主要优点是克服其他扰动，使系统在稳态时能准确地使被控变量控制在给定值上，因此构成的复合控制系统可以提高控制质量。

（2）控制策略

在控制结构确定后，需要首先选择合适的控制算法，如简单 PID 控制、复杂控制或先进控制等算法，然后根据控制规律进行控制器的设计，即进行软件编程和参数整定。

1.4.3 过程控制系统硬件选择

根据过程控制的输入/输出变量及控制要求，可以选定系统硬件，包含控制器、检测变送仪表和执行器等部件。

过程控制系统硬件选择的原则是保证控制目标和控制方案的实施。

1. 控制器的选择

简单的工业过程控制系统可以选择单回路控制器或简单的显示调节仪作为控制器，对于比较复杂的系统需要用计算机控制。目前常用的计算机过程控制系统有单片机系统、工控机（或微型计算机）系统、DCS（分布式控制系统）、PLC（可编程序控制器）系统或 FCS（现场总线控制系统）等。

2．检测变送仪表的选择

在自动控制系统中，检测变送仪表的作用相当于人的感觉器官，它直接感受被测参数的变化，提取被测信息，并将其转换成标准信号供显示和作为控制的依据。设计过程控制系统时，应根据控制方案选择检测变送仪表，一般宜采用定型产品。其选型原则如下所述。

（1）可靠性原则

可靠性是指产品在一定的条件下，能长期而稳定地完成规定功能的能力。可靠性是检测变送仪表的最重要的选型原则。

（2）实用性原则

实用性是指完成具体功能要求的能力和水平。根据工艺要求考虑实用性，既要保证功能的实现，又应考虑经济性，并非功能越强越好。

（3）先进性原则

随着自动化技术的飞速发展，检测变送仪表的技术更新周期越来越短，而价格却越来越低。在可能的条件下，应该尽量采用先进的设备。

由过程控制的任务可知，系统中常遇到的被测参数有温度、压力、流量、物位和成分等，这些检测变送仪表的工作原理和类型可参看相关书籍及手册。

3．执行器的选择

目前可供选择的商品化执行器或执行部件有调节阀、温控器和变频装置等。其中调节阀的选择最为复杂，且许多系统调节特性不好都是由于调节阀选型不当引起的，调节阀的选择将在第 3 章详细介绍。

1.4.4　设计安全保护系统

对于系统关键参数，应根据工艺要求规定其高/低报警限。当参数超出报警值时，应立即进行越限报警。报警系统的作用在于当系统关键参数超出其上/下限时，能及时提醒操作人员密切注意监视生产状况，以便采取措施减少事故的发生。联锁保护系统是指当生产出现严重事故时，为保证人身和设备的安全，使各个设备按一定次序紧急停止运行。这些针对生产过程而设计的报警和联锁保护系统是保证生产安全性的主要措施。

另外，过程控制所应用的对象和系统往往会有一定的危险性，如容易产生爆炸或者产生燃烧而导致火灾。那么，在面对这样的对象或系统时，除要求在易燃易爆的环境中所使用的控制器和变送器必须满足一定的安全要求外，还要求在易燃易爆的环境和安全环境之间增加称之为安全栅的隔离装置。

1.4.5　系统调试和投运

控制系统安装完毕后，就应该进行现场调试及试运行，按控制要求检查、整定和调整各控制仪表及设备的工作状况和参数，依次将全部控制系统投入运行，并经过一段时间的试运行，以考验控制系统的正确性和合理性。

另外，在设计过程中，还应对控制方案和实现方案所需经费进行比较和分析，采用既能满足要求又能在较短时间内收回成本的方案。

以上只是简单描述了过程控制系统从设计到实现的全过程。由此可见，对一个从事过程控制的技术人员来说，除掌握控制理论、计算机、仪器仪表知识及现代控制技术外，还要十分熟悉生产过程的工艺流程等。

第 6 讲

1.5 过程控制的发展与趋势

随着过程控制技术应用范围的扩大和应用层次的深入，以及控制理论与技术的进步和自动化仪表技术的发展，过程控制技术经历了一个由简单到复杂，从低级到高级并日趋完善的过程。

1.5.1 过程控制装置

从系统结构来看，过程控制系统的发展大致经历了以下四个阶段。

1．基地式控制阶段（初级阶段）

20 世纪 50 年代，生产过程自动化主要是凭借生产实践经验，局限于一般的控制元件及机电式控制仪器，采用比较笨重的基地式仪表（如自力式温度控制器、就地式液位控制器等），实现生产设备就地分散的局部自动控制。在设备与设备之间或同一设备中的不同控制系统之间，没有或很少有联系，其功能往往限于单回路控制。过程控制的目的主要是几种热工参数（如温度、压力、流量及液位）的定值控制，以保证产品质量和产量的稳定。时至今日，这类控制系统仍没有被淘汰，而且还有了新的发展，但所占的比重大为减少。

2．单元组合仪表自动化阶段

20 世纪 60 年代出现了单元组合仪表组成的控制系统，单元组合仪表有电动和气动两大类。所谓单元组合，就是把自动控制系统仪表按功能分成若干单元，依据实际控制系统结构的需要进行适当的组合，如图 1-4 所示。

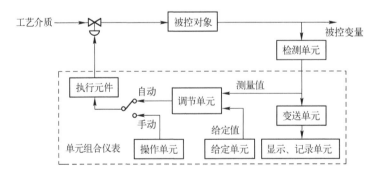

图 1-4 单元组合仪表控制系统

因此单元组合仪表使用方便、灵活。单元组合仪表之间用标准统一信号联系。气动仪表（QDZ 系列）信号为 0.02～0.1MPa 气压信号。电动仪表信号为 0～10mA 直流电流信号（DDZ-Ⅱ系列）和 4～20mA 直流电流信号（DDZ-Ⅲ系列）。由于电流信号便于远距离传送，因而实现了集中监控与集中操纵的控制系统，对提高设备效率和强化生产过程有所促进，适应了工业生产设备日益大型化与连续化发展的需要。随着仪表工业的迅速发展，对过程控制对象特性的认识、对仪表及控制系统的设计计算方法等都有了较快的进展。

但从设计构思来看，单元组合仪表过程控制仍处于各控制系统互不关联或关联甚少的定值控制范畴，只是控制的品质有较大的提高。单元组合仪表已延续数十年，目前国内外还广泛应用，特别是随着单片机技术的发展，出现了很多型号的数显仪表，数显仪表的标准信号既可以为 4～20mA 直流电流，也可以为 1～5V 直流电压。

3．计算机控制的初级阶段

20 世纪 70 年代出现了计算机控制系统，最初是采用单台计算机的直接数字控制系统（DDC）实现集中控制，代替常规的控制仪表，直接数字控制系统如图 1-5 所示。

但由于集中控制的固有缺陷，未能普及与推广就被分布式控制系统（DCS）所替代，如图 1-6 所示。DCS

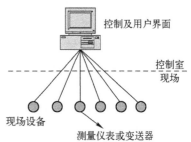

图 1-5　直接数字控制系统

在硬件上将控制回路分散化，数据显示、实时监督等功能集中化，有利于安全平稳生产。

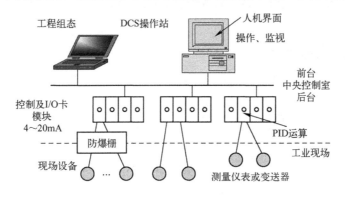

图 1-6　分布式控制系统

4．综合自动化阶段

20 世纪 80 年代以后出现了二级优化控制，在 DCS 的基础上实现先进控制和优化控制。在硬件上采用上位机和 DCS（或电动单元组合仪表）相结合的方式，构成二级计算机优化控制。随着计算机及网络技术的发展，DCS 出现了开放式系统，即实现了由多层次计算机网络构成的管控一体化系统（CIPS）。同时，以现场总线为标准，实现以微处理器为基础的现场仪表与控制系统之间进行全数字化、双向和多站通信的现场总线控制系统（FCS），如图 1-7 所示。FCS 将对控制系统结构带来革命性变革，开辟控制系统的新纪元。

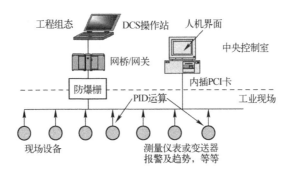

图 1-7 现场总线控制系统

当前自动控制系统发展的一些主要特点是：生产装置实施先进控制成为发展主流；过程优化受到普遍关注。传统的 DCS 正在走向国际统一标准的开放式系统；综合自动化系统（CIPS）是发展方向。综合自动化系统，就是包括生产计划和调度、操作优化、先进控制和基层控制等内容的递阶控制系统，也称管理控制一体化系统（简称管控一体化系统）。这类自动化是靠计算机及其网络来实现的，因此也称为计算机集成过程系统（CIPS），如图 1-8 所示。这里，"计算机集成"指出了它的组成特征，"过程系统"指明了它的工作对象，正好与计算机集成制造系统（CIMS）相对应，也称为过程工业的 CIMS。可以认为，综合自动化是当代工业自动化的主要潮流。它以整体优化为目标，以计算机为主要技术工具，以生产过程的管理和控制的自动化为主要内容，将各个自动化综合集成为一个整体的系统。

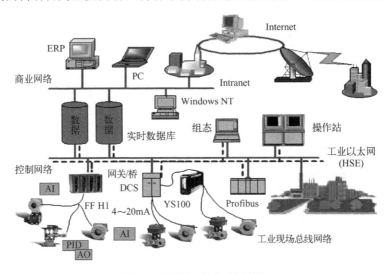

图 1-8 计算机集成过程系统

在控制装置发展的同时，高新技术的发展和新材料的应用也促进了工业仪表的发展。数字化、多变量和专用集成电路（ASIC）的广泛应用，产生出许多智能传感器和执行器。它们不仅可检测有关过程变量，还能提供仪表状态和诊断的信息，而且具有通信功能，便于调试、投入运行、维护和管理。一些重要的生产过程逐渐采用技术先进的在线分析仪器，如近红外、质谱、色谱、专用生化过程传感器等。各种光、机、电传感技术及厚膜电路等先进加工工艺的广泛应用，使工业仪表显得异彩纷呈。

过程工业自动化与信息技术有着不解之缘。近年来，以太网技术逐渐渗入到工业自动化领域。随着高速以太网的到来，智能以太网交换机的使用和耐工业环境（防尘、防潮、防爆、耐腐蚀、抗电磁干扰等）以太网器件的面市，工业以太网将会更加广泛地在工业自动化中得到应用，从而使过程控制系统更为灵活、方便和经济。

1.5.2　过程控制策略

数十年来，过程控制策略与算法出现了三种类型：简单控制、复杂控制和先进控制。

通常将单回路 PID 控制称为简单控制，它一直是过程控制的主要手段。PID 控制以经典控制理论为基础，主要用频域方法对控制系统进行分析设计与综合。目前，PID 控制仍然得到广泛应用。在许多 DCS 和 PLC 系统中，均设有 PID 控制算法软件或 PID 控制模块。

从 20 世纪 50 年代开始，过程控制界逐渐发展了串级控制、前馈控制、Smith 预估控制、比值控制、均匀控制、选择性控制和多变量解耦控制等策略与算法，称为复杂控制。它们在很大程度上满足了复杂过程工业的一些特殊控制要求。它们仍然以经典控制理论为基础，但是在结构与应用上各有特色，而且目前仍在继续改进与发展。

从 20 世纪 80 年代开始，在现代控制理论和人工智能发展的理论基础上，针对工业过程本身的非线性、时变性、耦合性和不确定性等特性，提出了许多行之有效的解决方法，如推理控制、预测控制、自适应控制、模糊控制和神经网络控制等，常统称为先进过程控制。近十年来，以专家系统、模糊逻辑、神经网络和遗传算法为主要方法的基于知识的智能处理方法已经成为过程控制的一种重要技术。先进控制方法可以有效地解决那些采用常规仪表控制效果差，甚至无法控制的复杂工业过程的控制问题。实践证明，先进控制方法能取得更高的控制品质和更大的经济效益，具有广阔的发展前景。

本 章 小 结

过程控制主要是指连续过程工业的控制，其被控变量是温度、压力、流量、液位（或物位）、物理特性和化学成分。

工业生产对过程控制的要求是多方面的，最终可以归纳为安全性、稳定性和经济性。过程控制的任务是在充分了解、掌握生产过程的工艺流程和动、静态特性的基础上，根据上述三项要求，以反映生产过程关键状态的信息作为被控变量，选用适宜的控制手段，实现生产过程的控制目标。

过程控制系统一般由控制器、执行机构、检测与变送仪表、被控过程（或对象）及相关的报警、保护和联锁等其他部件组成。

衰减比或衰减率是衡量过程控制系统的主要指标。

被控过程的多样性、控制方案的多样性、慢过程、参数控制及定值控制是过程控制系统的主要特点。

过程控制的目标与任务是通过对过程控制系统的设计与实现来完成的，其具体设计步骤为：确定系统变量，建立被控对象的数学模型；确定控制方案；选择硬件设备；设计报警和联锁保护系统；系统调试和投运。

随着现代科学技术的发展，过程控制系统的硬件和控制算法均在飞速发展。

习 题

1-1 过程控制系统中有哪些类型的被控变量？

1-2 过程控制系统主要由哪些基本单元构成？与运动控制系统有什么区别？

1-3 衰减比和衰减率可以表征过程控制系统的什么性能？

1-4 最大动态偏差与最大超调量有何异同之处？

1-5 过程控制系统设计的具体设计步骤主要有哪些？

1-6 简述过程控制系统的特点与发展。

第1章 习题解答

第2章

被控过程的数学模型

在对过程控制系统进行分析、设计前，必须首先掌握构成系统的各个环节的特性，特别是被控过程的特性，即建立系统（或环节）的数学模型。建立被控过程数学模型的目的是将其用于过程控制系统的分析和设计，以及新型控制系统的开发和研究。建立控制系统中各组成环节和整个系统的数学模型，不仅是分析和设计控制系统方案的需要，也是过程控制系统投入运行、控制器参数整定的需要，它在操作优化、故障检测和诊断、操作方案的制定等方面也是非常重要的。

2.1 过程模型概述

2.1.1 被控过程的动态特性

第7讲

在过程控制中，被控过程（简称过程）乃是工业生产过程中的各种装置和设备，如换热器、工业窑炉、蒸汽锅炉、精馏塔、反应器等。被控变量通常是温度、压力、流量、液位（或物位）、成分和物性等。被控对象内部所进行的物理、化学过程可以是各式各样的，但是从控制的观点看，它们在本质上有许多相似之处。被控对象在生产过程中有两种状态，即动态和静态，而且动态是绝对存在的，静态则是相对的。显然，要评价一个过程控制系统的工作质量，只看静态是不够的，首先应该考查它在动态过程中被控变量随时间的变化情况。

在生产过程中，控制作用能否有效地克服扰动对被控变量的影响，关键在于选择一个可控性良好的操作变量，这就要对被控对象的动态特性进行研究。因此，研究被控对象动态特性的目的是为了配置合适的控制系统，以满足生产过程的要求。

1. 被控过程的分析

工业生产过程的数学模型有静态和动态之分。静态数学模型是过程输出变量和输入变量之间不随时间变化的数学关系。动态数学模型是过程输出变量和输入变量之间随时间变化的动态关系的数学描述。过程控制中通常采用动态数学模型，也称为动态特性。

在实现生产过程自动化时，一般是由工艺工程师提出对被控对象的控制要求。控制工程师的任务则是设计出合理的控制系统以满足这些要求。此时，考虑问题的主要依据就是被控对象的动态特性。控制系统的设计方案都是依据对被控对象的控制要求和动态特性进行的。特别是控制器参数的整定也是根据对象的动态特性进行的。

过程控制中涉及的被控对象所进行的过程几乎都离不开物质或能量的流动。可以把被控对象视为一个隔离体，从外部流入对象内部的物质或能量被称为流入量，从对象内部流出的物质或能量被称为流出量。显然，只有流入量与流出量保持平衡时，对象才会处于稳定平衡的工况。平衡关系一旦遭到破坏，就必然会反映在某一个量的变化上，如液位变化就反映物质平衡关系遭到破坏，温度变化则反映热量平衡遭到破坏，转速变化可以反映动量平衡遭到破坏等。在工业生产中，这种平衡关系的破坏是经常发生、难以避免的。如果生产工艺要求把那些如温度、压力、液位等标志平衡关系的量保持在它们的设定值上，就必须随时控制流入量或流出量。在通常情况下，实施这种控制的执行器就是调节阀。它不但适用于流入量、流出量属于物质流的情况，也适用于流入量、流出量属于能量流的情况。这是因为能量往往以某种流体作为它的载体，改变了作为载体的物质流也就改变了能量流。因此，在过程控制系统中几乎离不开调节阀，用它控制某种流体的流量，只有极个别情况（如需要控制的是电功率时）例外。

过程控制中的被控对象大多属于慢过程，也就是说被控变量的变化十分缓慢，时间尺度往往以若干分钟甚至若干小时计。这是因为被控对象往往具有很大的储蓄容积，而流入量、流出量的差额只能是有限值的缘故。例如，对于一个被控变量为温度的对象，流入、流出的热流量差额累积起来可以储存在对象中，表现为对象平均温度水平的升高（如果流入量大于流出量），此时，对象的储蓄容积就是它的热容量。储蓄容积很大就意味着温度的变化过程不可能很快。对于其他以压力、液位、成分等为被控变量的对象，也可以进行类似的分析。

由此可见，在过程控制中，流入量和流出量是非常重要的概念，通过这些概念才能正确理解被控对象动态特性的实质。同时要注意，不要把流入量、流出量的概念与输入量、输出量混淆起来。在控制系统方块图中，无论是流入量还是流出量，它们作为引起被控变量变化的原因，都应看作被控对象的输入量。

被控对象的动态特性大多具有纯迟延，即传输迟延。它是信号传输途中出现的迟延。例如，温度计的安装应该紧靠换热器的出口，如果安装在离出口较远的管道上，就造成了不必要的纯迟延，它对控制系统的工作极为不利。在物料输送中，有时也会出现类似的纯迟延现象。

2. 被控过程的特点

从以上的分析中可以看到，过程控制涉及的被控对象（被控过程）大多具有下述特点。

（1）对象的动态特性是单调不振荡的

对象的阶跃响应通常是单调曲线。在频率特性上，表现为工业对象的幅频特性和相频特性，随着频率的增大都是单调衰减没有峰值的；在根平面上，表现为对象只有分布在根左平面的实数根。

（2）大多被控对象属于慢过程

由于大多被控对象具有很大的储蓄容积，或者由多个容积组成，所以对象的时间常数比较大，变化过程较慢（与机械系统、电系统相比）。

（3）对象动态特性的迟延性

迟延的主要来源是多个容积的存在，容积的数目可能有数个甚至数十个。分布参数系统具有无穷多个微分容积。容积越大或数目越多，容积迟延时间越长。有些被控对象还具有传输迟延。由于迟延的存在，调节阀动作的效果往往需要经过一段迟延时间后才会在被控变量上表现出来。

（4）被控对象的自平衡与非自平衡特性

有些被控对象，当受到扰动作用致使原来的物料或能量平衡关系遭到破坏后，无须外加任何控制作用，依靠对象本身，自动随着被控变量的变化，使不平衡量越来越小，最后能够自动地稳定在新的平衡点上。如图 2-1 中的单容水槽，当进水和出水调节阀的开度均保持不变，即水的流入量与流出量相等时，液位保持不变；当出水调节阀开度保持不变，进水调节阀开度突然增大时，液位随即上升，随着液位的上升，水槽内的水静压力增大，使水的流出量相应增大，这一趋势将使水的流出量再次等于流入量，液位将在新的平衡状态下稳定下来。这种特性被称为自平衡，具有这种特性的被控过程被称为自平衡过程，其阶跃响应如图 2-2 所示。

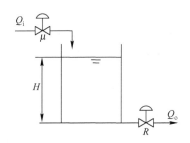

图 2-1　自平衡过程单容水槽

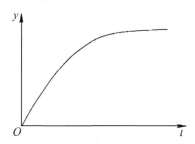

图 2-2　自平衡过程的阶跃响应

具有纯时间滞后的自平衡过程的传递函数可以表示为

$$G(s) = \frac{K}{Ts+1} e^{-\tau s}$$

式中，K 为静态增益；T 为时间常数；τ 为纯迟延时间。

如果对于同样大的调节阀开度变化，被控变量只需稍改变一点就能重新恢复平衡，就称该过程的自平衡能力强。自平衡能力用对象静态增益 K 的倒数衡量，称为自平衡率，即

$$\rho = \frac{1}{K}$$

也有一些被控对象，如图 2-3 中的单容积分水槽，当进水调节阀开度改变致使物质或能量平衡关系破坏后，不平衡量不因被控变量的变化而改变，因而被控变量将以固定的速度一直变化下去，不会自动在新的水平上恢复平衡。这种对象不具有自平衡特性，具有这种特性的被控过程被称为非自平衡过程，其阶跃响应如图 2-4 所示。

具有纯时间滞后的非自平衡过程的传递函数可以表示为

$$G(s) = \frac{1}{Ts} e^{-\tau s}$$

式中，T 为时间常数；τ 为纯迟延时间。

不稳定的过程是指原来的平衡一旦被破坏后，被控变量在很短的时间内就发生很大的变化。这一类过程是比较少见的，某些化学反应器就属于这一类。

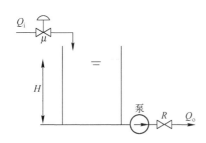

图2-3　非自平衡过程单容积分水槽

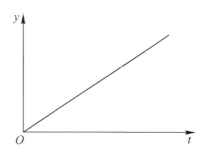

图2-4　非自平衡过程的阶跃响应

（5）被控对象往往具有非线性特性

严格来说，几乎所有被控对象的动态特性都呈现非线性特性，只是程度上不同而已。如许多被控对象的增益就不是常数。除存在于对象内部的连续非线性特性外，在控制系统中还存在另一类非线性，如调节阀、继电器等元件的饱和、死区和滞环等典型的非线性特性。虽然这类非线性通常并不是被控对象本身所固有的，但考虑到在过程控制系统中，往往把被控对象、测量变送装置和调节阀三部分串联在一起统称为广义被控对象，因而它包含了这部分非线性特性。

对于被控对象的非线性特性，如果控制精度要求不高或负荷变化不大，则可用线性化方法进行处理。但是，如果非线性不可忽略时，则必须采用其他方法，如分段线性的方法、非线性补偿器的方法或利用非线性控制理论来进行系统的分析和设计。

2.1.2　数学模型的表达形式与要求

研究被控过程的特性，就是要建立描述被控过程特性的数学模型。从最广泛的意义上说，数学模型是事物行为规律的数学描述。根据所描述的事物是在稳态下的行为规律还是在动态下的行为规律，数学模型有静态模型和动态模型之分。这里只限于讨论工业过程的数学模型，特别是它们的动态模型。

工业过程动态数学模型的表达方式很多，其复杂程度可以相差悬殊，对它们的要求也是不同的，这主要取决于建立数学模型的目的何在，以及它们将以何种方式被利用。

1．建立数学模型的目的

在过程控制中，建立被控对象数学模型的目的主要有以下4种。

（1）设计过程控制系统和整定控制器的参数

在设计过程控制系统时，选择控制通道、确定控制方案、分析质量指标、探讨最佳工况，以及控制器参数的整定，都以被控过程的数学模型为重要依据。

（2）控制器参数的整定和系统的调试

在对控制器的参数进行整定，特别是对 PID 控制器参数进行整定时，要以被控过程的数学模型为基础。在系统的调试阶段也需要了解被控过程的数学模型。

（3）利用数学模型进行仿真研究

利用被控过程的数学模型，在计算机上对系统进行计算、分析，以获取代表或逼近真实过程的定量关系，可以为过程控制系统的设计与调试提供所需的信息数据，从而大大降低设计实验成本，加快设计进程。

（4）进行工业过程优化

在生产过程中，需要充分掌握被控过程的数学模型，只有深刻了解被控过程的数学模型，才能实现工业过程的优化设计。

另外，设计工业过程的故障检测与诊断系统、制定大型设备启动和停车的操作方案和设计工业过程运行人员培训系统等，也都需要被控过程的数学模型。

2．被控对象数学模型的利用方式

被控对象数学模型的利用方式有离线的和在线的两种。

过去被控对象数学模型只是在进行控制系统的设计研究时或在控制系统的调试整定阶段发挥作用，这种利用方式是离线的。

近十多年来，由于计算机的发展和普及，相继推出一类新型计算机控制系统，其特点是要求把被控对象的数学模型作为一个组成部分融入控制系统中，如预测控制系统。这种利用方式是在线的，它要求数学模型具有实时性。

3．对被控对象数学模型的要求

对工业过程数学模型的要求因其用途不同而不同，总的来说是既简单又准确可靠，但这并不意味着越准确越好，应根据实际应用情况提出适当的要求。超过实际需要的准确性要求，必然造成不必要的浪费。在线运用的数学模型还有一个实时性的要求，它与准确性要求往往是矛盾的。

实际生产过程的动态特性是非常复杂的。在建立数学模型时，往往要抓住主要因素，忽略次要因素，否则就得不到可用的模型。为此需要做很多近似处理，如线性化、分布参数系统集中化和模型降阶处理等。

一般来说，用于控制的数学模型并不一定要求非常准确。因为闭环控制本身具有一定的鲁棒性，对模型的误差可视为干扰，而闭环控制在某种程度上具有自动消除干扰影响的能力。

4．建立数学模型的依据

要想建立一个好的数学模型，要掌握好以下三类主要的信息源。

（1）要确定明确的输入量与输出量

因为同一个系统可以有很多个研究对象，这些研究对象将规定建模过程的方向。只有确定了输出量（被控变量），目标才得以明确。而影响研究对象输出量发生变化的输入信号也可能有多个，通常选一个可控性良好、对输出量影响最大的输入信号作为控制变量，而其余的输入信号则为干扰量。

（2）要有先验知识

在建模中，所研究的对象是工业生产中的各种装置和设备，如换热器、工业窑炉、蒸汽锅炉、精馏塔、反应器等。被控对象内部所进行的物理、化学过程可以是各种各样的，必须符合已经发现的许多定理、原理及模型。因此在建模中必须掌握建模对象所要用到的先验知识。

（3）试验数据

在建模时，关于过程的信息也能通过对对象的试验与测量而获得。合适的定量观测和实验是验证模型或建模的重要依据。

5. 被控对象数学模型的表达形式

被控对象的数学模型可以采取各种不同的表达形式，主要可以从以下 3 个方面加以划分。

① 按系统的连续性划分：连续系统模型和离散系统模型。

② 按模型的结构划分：输入/输出模型和状态空间模型。

③ 输入/输出模型又可按论域划分：时域表达（阶跃响应、脉冲响应）和频域表达（传递函数）。

在控制系统的设计中，所需的被控对象数学模型在表达方式上是因情况而异的。各种控制算法无不要求过程模型以某种特定形式表达出来。例如，一般的 PID 控制要求过程模型用传递函数表达；二次型最优控制要求用状态空间表达；基于参数估计的自适应控制通常要求用脉冲传递函数表达；预测控制要求用阶跃响应或脉冲响应表达；等等。

6. 被控过程传递函数的一般形式

在常规过程控制系统中，被控对象的数学模型通常用传递函数来表示。根据被控过程动态特性的特点，典型工业过程控制所涉及被控对象的传递函数一般具有下 4 几种形式。

① 一阶惯性环节加纯迟延

$$G(s) = \frac{K}{Ts+1} e^{-\tau s} \qquad (2\text{-}1)$$

② 二阶惯性环节加纯迟延

$$G(s) = \frac{K}{(T_1 s+1)(T_2 s+1)} e^{-\tau s} \qquad (2\text{-}2)$$

③ n 阶惯性环节加纯迟延

$$G(s) = \frac{K}{(Ts+1)^n} e^{-\tau s} \qquad (2\text{-}3)$$

或

$$G(s) = \frac{K}{(Ts+1)^{n_1}(\alpha Ts+1)} e^{-\tau s}$$

式中，$n = n_1 + \alpha$，n_1 为整数，α 为小数。

④ 用有理分式表示的传递函数

$$G(s) = \frac{b_m s^m + \cdots + b_1 s + b_0}{a_n s^n + \cdots + a_1 s + a_0} e^{-\tau s}, (n > m) \qquad (2\text{-}4)$$

上述 4 个公式只适用于自平衡过程。对于非自平衡过程，其传递函数应含有一个积分环节，即

$$G(s) = \frac{1}{Ts} e^{-\tau s} \tag{2-5}$$

和

$$G(s) = \frac{1}{T_2 s(T_1 s + 1)} e^{-\tau s} \tag{2-6}$$

2.1.3　建立过程数学模型的基本方法

建立过程数学模型的基本方法有两个，即机理法和测试法。

1. 机理法建模

用机理法建模就是根据生产过程中实际发生的变化机理，写出各种有关的平衡方程，如物质平衡方程、能量平衡方程、动量平衡方程、相平衡方程，以及反映流体流动、传热、传质、化学反应等基本规律的运动方程、物性参数方程和某些设备的特性方程等，从中获得所需的数学模型。

由此可见，用机理法建模的首要条件是生产过程的机理必须已经为人们充分掌握，并且可以比较确切地进行数学描述。其次，除非是非常简单的被控对象，否则很难得到以紧凑的数学形式表达的模型。正因为如此，在计算机尚未得到普及应用前，几乎无法用机理法建立实际工业过程的数学模型。

近年来，随着电子计算机的普及使用，工业过程数学模型的研究有了迅速的发展。可以说，只要机理清楚，就可以利用计算机求解几乎任何复杂系统的数学模型。根据对模型的要求，合理的近似假定总是必不可少的。模型应该尽量简单，同时保证达到合理的精度。有时还需考虑实时性的问题。

用机理法建模时，有时也会出现模型中某些参数难以确定的情况。这时可以用过程辨识方法把这些参数估计出来。

2. 测试法建模

测试法一般只用于建立输入/输出模型。它是根据工业过程的输入和输出的实测数据进行某种数学处理后得到的模型。它的主要特点是把被研究的工业过程视为一个黑匣子，完全从外特性上测试和描述动态性质，因此不需要深入掌握内部机理。然而，这并不意味着可以对内部机理毫无所知。过程的动态特性只有当它处于变动状态时才会表现出来，在稳态时是表现不出来的。因此为了获得动态特性，必须使被研究的过程处于被激励的状态，如施加一个阶跃扰动或脉冲扰动等。为了有效地进行这种动态特性测试，仍然有必要对过程内部的机理有明确的定性了解，如究竟有哪些主要因素在起作用，它们之间的因果关系如何等。丰富的先验知识无疑会有助于成功地用测试法建立数学模型。那些内部机理尚未被人们充分了解的过程，如复杂的生化过程，也是难以用测试法建立动态数学模型的。

用测试法建模一般比用机理法建模要简单和省力，尤其是对于那些复杂的工业过程更为明显。如果机理法和测试法两者都能达到同样的目的，一般采用测试法建模。

第 8 讲

2.2 机理法建模

以上对被控对象的动态特性进行了简要的定性分析。下面将通过机理法建模对几个简单的例子进行具体分析，以便进一步明确一些概念。

2.2.1 单容对象的传递函数

在不同的生产部门中被控对象千差万别，但最终都是可以由微分方程来表示的。微分方程阶次的高低是由被控对象中储能部件的多少决定的。最简单的一种形式，是仅有一个储能部件的单容对象。

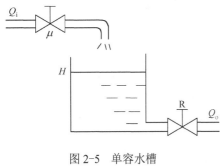

图 2-5　单容水槽

1. 单容水槽

单容水槽如图 2-5 所示。不断有水流入槽内，同时也有水不断由槽中流出。水流入量 Q_i 由调节阀开度 μ 加以控制，流出量 Q_o 则由用户根据需要通过负载阀开度 R 来改变。被控变量为水位 H，它反映水的流入量与流出量之间的平衡关系。现在分析水位在调节阀开度扰动下的动态特性。

在过程控制中，描述各种对象动态特性最常用的方式是阶跃响应，这意味着在扰动发生前，该对象原处于稳定平衡工况。

对于上述水槽而言，在起始稳定平衡工况下，有 $H = H_0$，$Q_{i0} = Q_{o0}$。在流出侧负载阀开度不变的情况下，当进水阀开度发生阶跃变化 $\Delta\mu$ 时，若进水流量和出水流量的变化量分别为 $\Delta Q_i = Q_i - Q_{i0}$，$\Delta Q_o = Q_o - Q_{o0}$，则在任何时刻液位的变化 $\Delta H = H - H_0$ 均满足下述物料平衡方程：

$$\frac{\mathrm{d}\,\Delta H}{\mathrm{d}\,t} = \frac{1}{F}(Q_i - Q_o) = \frac{1}{F}(\Delta Q_i - \Delta Q_o) \tag{2-7}$$

式中，F 为水槽的横截面积。

当进水阀前后压差不变时，ΔQ_i 与 $\Delta\mu$ 呈正比关系，即

$$\Delta Q_i = k_\mu \Delta\mu \tag{2-8}$$

式中，k_μ 为决定于阀门特性的系数，可以假定它是常数。

对于流出侧的负载阀，其流量与水槽的水位高度有关，即

$$Q_o = k\sqrt{H} \tag{2-9}$$

式中，k 为与负载阀开度有关的系数，在开度固定不变的情况下，k 可视为常数。

式（2-9）是一个非线性微分方程。这个非线性给下一步的分析带来了很大的困难，应该在条件允许的情况下尽量避免。如果水位始终保持在稳态值附近很小的范围内变化，那就可以将式（2-9）加以线性化。

如考虑水位只在稳态值附近的小范围内变化，式（2-9）可以近似认为

$$Q_o = Q_{o0} + \frac{k}{2\sqrt{H_0}}(H - H_0) + \cdots = Q_{o0} + \frac{k}{2\sqrt{H_0}}\Delta H + \cdots$$

则
$$\Delta Q_o \approx \frac{k}{2\sqrt{H_0}}\Delta H \tag{2-10}$$

将式（2-8）和式（2-10）代入式（2-7）中得

$$\frac{\mathrm{d}\Delta H}{\mathrm{d}t} = \frac{1}{F}\left(k_\mu \Delta\mu - \frac{k}{2\sqrt{H_0}}\Delta H\right)$$

或

$$\left(\frac{2\sqrt{H_0}}{k}F\right)\frac{\mathrm{d}\Delta H}{\mathrm{d}t} + \Delta H = \left(k_\mu \frac{2\sqrt{H_0}}{k}\right)\Delta\mu \tag{2-11}$$

如果假设系统的稳定平衡工况在原点，即各变量都以自己的零值（$H_0 = 0, \mu_0 = 0$）为平衡点，则可去掉式（2-11）中的增量符号，直接写成

$$\left(\frac{2\sqrt{H_0}}{k}F\right)\frac{\mathrm{d}H}{\mathrm{d}t} + H = \left(k_\mu \frac{2\sqrt{H_0}}{k}\right)\mu \tag{2-12}$$

根据式（2-12）可得水位变化与阀门开度变化之间的传递函数为

$$G(s) = \frac{H(s)}{\mu(s)} = \frac{k_\mu \dfrac{2\sqrt{H_0}}{k}}{1 + \dfrac{2\sqrt{H_0}}{k}Fs} = \frac{K}{1 + Ts} \tag{2-13}$$

式中，$R = \dfrac{2\sqrt{H_0}}{k}$，$T = RF = \dfrac{2\sqrt{H_0}}{k}F$，$K = k_\mu R = k_\mu \dfrac{2\sqrt{H_0}}{k}$。

式（2-13）是最常见的一阶惯性系统，阶跃响应

$$h(t) = K\left(1 - \mathrm{e}^{-\frac{t}{T}}\right) \tag{2-14}$$

是指数曲线，如图 2-6 所示。

以上与电容充电过程相同。实际上，如果把水槽的充水过程与如图 2-7 所示的 RC 回路的充电过程加以比较，就会发现两者虽不完全相似，但在物理概念上具有可类比之处。由图 2-7 可得 RC 充电回路的传递函数为

$$G(s) = \frac{U_o}{U_i} = \frac{\dfrac{1}{Cs}}{R + \dfrac{1}{Cs}} = \frac{1}{RCs + 1} \tag{2-15}$$

根据类比关系，不难由式（2-13）和式（2-15）分别看出，对于水槽而言：

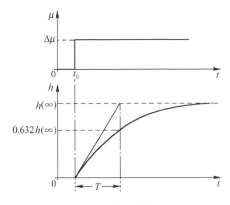

图 2-6 单容水槽水位的阶跃响应

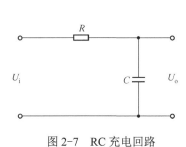

图 2-7 RC 充电回路

水容

$$C = F$$

水阻

$$R = \frac{2\sqrt{H_0}}{k}$$

在水槽中，水位相当于电压，水流量相当于电流。不同的是，在图 2-5 中，水阻出现在流出侧，而图 2-7 中的电阻则出现在流入侧（它只有流入量，没有流出量）。此外，式（2-12）还表明，水槽的时间常数为

$$T = \frac{2\sqrt{H_0}}{k} F = (水阻\ R) \times (水容\ C)$$

这与 RC 回路的时间常数 $T = RC$ 没有区别。

凡是只具有一个储蓄容积，同时还有阻力的被控对象（简称单容对象）都具有相似的动态特性，单容水槽只是一个典型的代表。图 2-8 即属于这一类被控对象。图中还给出了它们的容积和阻力的分布情况。

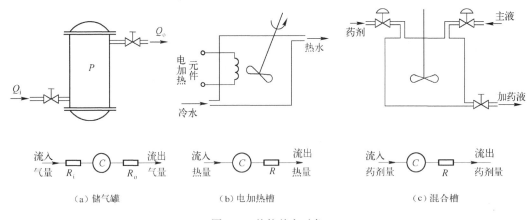

图 2-8 其他单容对象

【例 2-1】　某实验（见图 2-9）采用水位对象为直径 200mm 的圆柱体，当实测水位为 400mm，出水阀全开时，出水阀流量为 300L/h（升/小时）。以进水阀流量 Q_i 为对象输入，水位高度 H 为输出，不考虑流出与水位的非线性。

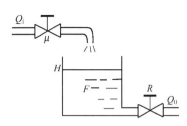

图 2-9　单容储箱

（1）用机理分析的方法建立对象的数学模型；

（2）在 400mm 水位处，求出水阀全开时的流阻 R；

（3）在 400mm 水位处，求出水阀全开时对象的时间常数和增益；

（4）当水位降 200mm 后，以上参数会变化吗？变化趋势是什么？

解：（1）当对象流入、流出不平衡时，流入、流出差会导致水箱储存的水发生变化，即

$$Q_i - Q_o = F\frac{\mathrm{d}H}{\mathrm{d}t} \tag{2-16}$$

式中，F 为水箱截面积；H 为水位。

不考虑流出与液位的非线性关系时，流出量与水位的关系为

$$Q_o = \frac{H}{R} \tag{2-17}$$

式中，H 为水位高度；R 为流阻。

联立式（2-16）和式（2-17）可得

$$Q_i - \frac{H}{R} = F\frac{\mathrm{d}H}{\mathrm{d}t}$$

则

$$RF\frac{\mathrm{d}H}{\mathrm{d}t} + H = RQ_i \tag{2-18}$$

令 $T=RF$，$K=R$，并对式（2-18）两端进行拉氏变换后，可得如下对象的数学模型

$$G(s) = \frac{H(s)}{Q_i(s)} = \frac{K}{1+Ts} \tag{2-19}$$

式中，时间常数 $T=RF$；增益 $K=R$。

（2）由（2-17）式可知

$$R = \frac{H}{Q_o}$$

根据已知条件（实测当水位为 400mm，流出阀全开时，出水阀流出量为 300L/h），可得

$$R = \frac{H}{Q_o}\bigg|_{H=400} = \frac{400}{300}\,\mathrm{h\cdot mm/L} = \frac{4}{3}\cdot10^{-6}\,\mathrm{h/mm^2}$$

（3）根据以上结果，可得对象的时间常数和增益分别为

$$T = RF = R\cdot\pi\cdot r^2 = \frac{4\pi}{3}\cdot10^{-2}\,\mathrm{h} = \frac{4\pi}{3}\cdot10^{-2}\cdot60\,\mathrm{m} = 2.51\,\mathrm{min}$$

$$K = R = \frac{4}{3}\cdot10^{-6}\,\mathrm{h/mm^2}$$

（4）因为水箱为柱体，即截面积与水位无关，如果不考虑流出与液位的非线性，即 R 也与液位无关，那么对象的流阻、时间常数和增益均不随液位变化。

事实上，如果液位下降了200mm，已经不满足小信号线性化的条件。如果考虑流出与液位的非线性，根据单容水箱建模的过程可知，流经阀门的流量与水箱水位呈开方关系，$R = 2\sqrt{H}/K$。由该式可以看出，液位下降，流阻下降，因为时间常数、增益均与 R 成正比，所以对象时间常数、增益均下降。

2．具有纯迟延的单容储箱

对于如图 2-10 所示的单容储箱，它与图 2-5 的不同在于进料调节阀流出的物料，还要再经过一段较长距离 l 的皮带传送才能到达储箱。因此该调节阀开度 μ 变化所引起的流入量变化 ΔQ_i，需要经过一段传输时间 τ 才能对储箱液位产生影响。

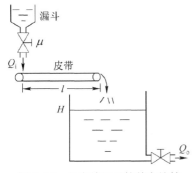

图 2-10　具有纯迟延的单容储箱

参照式（2-11）的推导关系式，可得具有纯迟延的单容储箱的微分方程为

$$T\frac{\mathrm{d}\Delta H(t)}{\mathrm{d}t} + \Delta H(t) = K\Delta\mu(t-\tau) \qquad (2\text{-}20)$$

式中，τ 为纯迟延时间；其他参数定义同上。

对应式（2-20）的传递函数为

$$G(s) = \frac{\Delta H(s)}{\Delta\mu(s)} = \frac{K}{1+Ts}\mathrm{e}^{-\tau s} \qquad (2\text{-}21)$$

与式（2-13）相比多了一个纯迟延环节 $\mathrm{e}^{-\tau s}$。

在生产过程的自动控制中，除某些特殊的纯迟延对象外，纯迟延大多是由于测量元器件安装位置不当引起的。

3．单容积分水槽

单容积分水槽如图 2-11 所示，它与图 2-5 中的单容水槽只有一个区别，即在它的流出侧装有一个排水泵。

在图 2-11 中，水泵的排水量仍然可以用负载阀来改变，但排水量并不随水位高低而变化。这样，当负载阀开度固定不变时，水槽的流出量也不变，因而在式（2-7）中有 $\Delta Q_o = 0$。由此可以得到水位在调节阀开度扰动下的变化规律为

$$\frac{\mathrm{d}\Delta H}{\mathrm{d}t} = \frac{1}{F}k_\mu\Delta\mu \qquad \text{或} \qquad \frac{\mathrm{d}H}{\mathrm{d}t} = \frac{1}{F}k_\mu\mu$$

根据上式可得水位变化与阀门开度变化之间的传递函数为

$$G(s) = \frac{H(s)}{\mu(s)} = \frac{k_\mu}{Fs} \qquad (2\text{-}22)$$

式（2-22）代表一个积分环节，阶跃响应

$$h(t) = \frac{k_\mu \mu}{F} t \qquad\qquad (2\text{-}23)$$

为一条斜线，如图 2-12 所示。

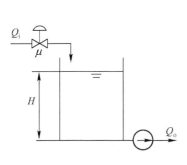

图 2-11 单容积分水槽

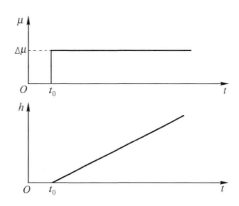

图 2-12 单容积分水槽水位的阶跃响应

2.2.2 多容对象的传递函数

以上讨论的是只有一个储能元件的对象，实际被控过程往往要更加复杂一些，即具有一个以上的储能元件。

1. 双容水槽

对于如图 2-13 所示的双容水槽。水首先进入水槽 1，然后通过底部的负载阀开度 R_1 流入水槽 2。水流入量 Q_i 由进入水槽 1 的调节阀开度 μ 加以控制，流出量 Q_o 由用户根据需要通过负载阀开度 R_2 来改变，被控变量为水槽 2 的水位 H_2。现在分析水槽 2 的水位 H_2 在调节阀开度 μ 扰动下的动态特性。

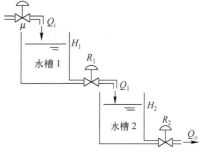

图 2-13 双容水槽

根据图 2-13 可知，水槽 1 和水槽 2 的物料平衡方程分别为

水槽 1：
$$\frac{\mathrm{d}\Delta H_1}{\mathrm{d}t} = \frac{1}{F_1}(\Delta Q_i - \Delta Q_1) \qquad\qquad (2\text{-}24)$$

水槽 2：
$$\frac{\mathrm{d}\Delta H_2}{\mathrm{d}t} = \frac{1}{F_2}(\Delta Q_1 - \Delta Q_o) \qquad\qquad (2\text{-}25)$$

假设调节阀均采用线性阀，则有

$$\Delta Q_i = k_\mu \Delta \mu; \quad \Delta Q_1 = \frac{1}{R_1}\Delta H_1; \quad \Delta Q_o = \frac{1}{R_2}\Delta H_2 \qquad\qquad (2\text{-}26)$$

式中，F_1 和 F_2 分别为水槽 1 和水槽 2 的横截面积；R_1 和 R_2 为阀的线性化水阻。

将式（2-26）代入式（2-24）和式（2-25）中，消去中间变量后可得

$$T_1 T_2 \frac{\mathrm{d}^2 \Delta H_2}{\mathrm{d}t^2} + (T_1 + T_2)\frac{\mathrm{d}\Delta H_2}{\mathrm{d}t} + \Delta H_2 = K\Delta\mu \tag{2-27}$$

式中，$T_1 = R_1 F_1$；$T_2 = R_2 F_2$；$K = k_\mu R_2$。

对应式（2-27）的传递函数为

$$G(s) = \frac{\Delta H_2(s)}{\Delta\mu(s)} = \frac{K}{T_1 T_2 s^2 + (T_1 + T_2)s + 1} \tag{2-28}$$

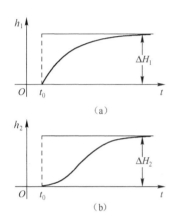

由式（2-28）可知，双容水槽为一个二阶系统，其阶跃响应如图 2-14 所示。由图 2-14（b）可知，双容水槽的阶跃响应不是指数函数，而是呈 S 形，它在起始阶段与单容水槽的阶跃响应有很大差别。对于双容水槽，在调节阀突然开大的瞬间，水位 H_1 只有一定的变化速度，而其变化量本身为零，因此 Q_1 暂无变化，这时 H_2 的起始变化速度也为零。

若双容水槽存在纯迟延，则对应的传递函数为

$$G(s) = \frac{\Delta H_2(s)}{\Delta\mu(s)} = \frac{K}{T_1 T_2 s^2 + (T_1 + T_2)s + 1}\mathrm{e}^{-\tau s} \tag{2-29}$$

图 2-14 双容水槽的阶跃响应

2. 无自平衡能力的双容水槽

无自平衡能力的双容水槽如图 2-15 所示，它与图 2-13 中的有自平衡能力的双容水槽只有一个区别：在水槽 2 的流出侧装有一个排水泵。此时水槽 1 和水槽 2 的物料平衡方程分别为

水槽 1：

$$\frac{\mathrm{d}\Delta H_1}{\mathrm{d}t} = \frac{1}{F_1}(\Delta Q_i - \Delta Q_1) \tag{2-30}$$

水槽 2：

$$\frac{\mathrm{d}\Delta H_2}{\mathrm{d}t} = \frac{1}{F_2}\Delta Q_1 \tag{2-31}$$

假设调节阀均采用线性阀，则有

$$\Delta Q_i = k_\mu \Delta\mu；\quad \Delta Q_1 = \frac{1}{R_1}\Delta H_1 \tag{2-32}$$

式中，F_1 和 F_2 分别为水槽 1 和水槽 2 的横截面积；k_μ 为阀的线性化系数；R_1 为阀的线性化水阻。

将式（2-32）代入式（2-30）和式（2-31）中，整理后可得

$$T_1 \frac{\mathrm{d}^2 \Delta H_2}{\mathrm{d}t^2} + \frac{\mathrm{d}\Delta H_2}{\mathrm{d}t} = \frac{1}{T_2}\Delta\mu \tag{2-33}$$

式中，$T_1 = R_1 F_1$；$T_2 = F_2 / k_\mu$；R_1 为阀的线性化水阻。

对应式（2-33）的传递函数为

$$G(s) = \frac{\Delta H_2(s)}{\Delta \mu(s)} = \frac{1}{T_2 s(T_1 s + 1)} \qquad (2\text{-}34)$$

式（2-34）对应的阶跃响应如图 2-16 所示。

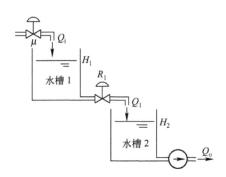

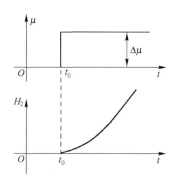

图 2-15　无自平衡能力的双容水槽　　　　图 2-16　无自平衡能力双容水槽的阶跃响应

3. 具有相互作用的双容水槽

如图 2-17 所示的具有相互作用的双容水槽，两个水槽串联在一起，每个水槽的水位变化都会影响另一个水槽的水位变化。另外，由于它们之间的连通管路具有一定的阻力，因此两者的水位可能是不同的。水首先进入水槽 1，然后通过连通管进入水槽 2，最后由水槽 2 流出。水流入量 Q_i 由进入水槽 1 的调节阀开度 μ 加以控制，流出量 Q_o 由用户根据需要通过负载阀开度 R_2 来改变，被控变量为水槽 2 的水位 H_2。现在分析水槽 2 的水位 H_2 在调节阀开度 μ 扰动下的动态特性。

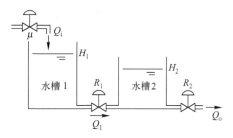

图 2-17　具有相互作用的双容水槽

根据图 2-17 可知，水槽 1 和水槽 2 的物料平衡方程分别为

水槽 1：
$$\frac{\mathrm{d}\Delta H_1}{\mathrm{d}t} = \frac{1}{F_1}(\Delta Q_i - \Delta Q_1) \qquad (2\text{-}35)$$

水槽 2：
$$\frac{\mathrm{d}\Delta H_2}{\mathrm{d}t} = \frac{1}{F_2}(\Delta Q_1 - \Delta Q_o) \qquad (2\text{-}36)$$

假设调节阀均采用线性阀，则有

$$\Delta Q_i = k_\mu \Delta \mu; \quad \Delta Q_1 = \frac{1}{R_1}(\Delta H_1 - \Delta H_2); \quad \Delta Q_o = \frac{1}{R_2}\Delta H_2 \qquad (2\text{-}37)$$

式中，F_1 和 F_2 分别为水槽 1 和水槽 2 的横截面积；k_μ 为阀的线性化系数；R_1 和 R_2 为阀的线

性化水阻。

将式（2-37）代入式（2-35）和式（2-36）中，消去中间变量后可得

$$T_1 T_2 \frac{d^2 \Delta H_2}{dt^2} + (T_1 + T_2) \frac{d \Delta H_2}{dt} + (1-r)\Delta H_2 = K \Delta \mu \tag{2-38}$$

式中，$r = \dfrac{R_2}{R_1 + R_2}$；$T_1 = R_1 F_1$；$T_2 = rR_1 F_2$；$K = rk_\mu R_1$。

对应式（2-38）的传递函数为

$$G(s) = \frac{\Delta H_2(s)}{\Delta \mu(s)} = \frac{K}{T_1 T_2 s^2 + (T_1 + T_2)s + 1 - r}$$

第9讲

2.3　测试法建模

2.2 节采用机理法对一些简单的典型被控对象建立数学模型，通过分析过程的机理、物料或能量关系，求取对象的微分方程式。许多工业对象内部的工艺过程复杂，使得按对象内部的物理、化学过程寻求对象的微分方程很困难。工业对象通常是由高阶非线性微分方程描述的复杂对象，因此对这些方程式也较难求解。另外，采用机理法在推导和估算时，常用一些假设和近似。在复杂对象中，错综复杂的相互作用可能会对结果产生估计不到的影响。因此，即使能在得到数学模型的情况下，也仍希望通过试验来验证。

当然在无法采用机理法得到数学模型的情况下，那就只有依靠试验和测试来取得。因此对于运行中的对象，用试验法测定其动态特性，尽管有些方法所得结果颇有粗略，而且对生产也有些影响，但仍不失为了解对象的简单途径，在工程实践中应用较广。对于某些生产过程的机理，人们往往还未充分掌握，有时也会出现模型中有些参数难以确定的情况，这时就需要用试验测试方法把数学模型估计出来。

2.3.1　对象特性的实验测定方法

由于过程的动态特性，只有当它处于变动状态下才会表现出来，在稳定状态下是表现不出来的。因此为了获得动态特性，必须使被研究的过程处于被激励的状态。根据加入的激励信号和结果的分析方法的不同，测试对象动态特性的实验方法也不同，主要有以下 3 种。

（1）测定动态特性的时域法

时域法是对被控对象施加阶跃输入，测绘出对象输出变量随时间变化的响应曲线，或施加脉冲输入测绘出输出的脉冲响应曲线。由响应曲线的结果分析，确定出被控对象的传递函数。这种方法测试设备简单，测试工作量小，因此应用广泛，缺点是测试精度不高。

（2）测定动态特性的频域法

频域法是对被控对象施加不同频率的正弦波，测出输入量与输出量的幅值比和相位差，从而获得对象的频率特性，来确定被控对象的传递函数。这种方法在原理和数据处理上都比较简单，测试精度比时域法高，但此法需要用专门的超低频测试设备，且测试工作量较大。

（3）测定动态特性的统计相关法

统计相关法是对被控对象施加某种随机信号或直接利用对象输入端本身存在的随机噪声进行观察和记录，由于它们引起对象各参数变化，故可采用统计相关法研究对象的动态特性。这种方法可在生产过程正常状态下进行，可以在线辨识，精度也较高。但统计相关法要求积累大量数据，并要用相关仪表和计算机对这些数据进行计算和处理。

上述三种方法测试的动态特性，表现形式是以时间或频率为自变量的实验曲线，称为非参数模型。其建立数学模型的方法称为非参数模型辨识方法或经典的辨识方法。它假定过程在线性的前提下，不必事先确定模型的具体结构，因而这类方法可适用于任意复杂的过程，应用也较广泛。

此外，还有一种参数模型辨识方法，也称为现代的辨识方法。该方法必须假定一种模型结构，通过极小化模型与过程之间的误差准则函数来确定模型的参数。这类辨识方法根据不同的基本原理又分为最小二乘法、梯度校正法、极大似然法三种类型。

非参数模型（如阶跃响应和频率响应）经过适当的数学处理可转变成参数模型（如传递函数）的形式。

经典辨识法和现代辨识法大致可以按是否必须利用计算机进行数据处理为划分界限。

经典辨识法不考虑测试数据中偶然性误差的影响，只需对少量的测试数据进行比较简单的数学处理，计算工作量一般很小，可以不用计算机。

现代辨识法的特点是可以消除测试数据中的偶然性误差（即噪声）的影响，为此就需要处理大量的测试数据，计算机是不可缺少的工具。它所涉及的内容很丰富，已形成一个专门的学科分支。

以下重点介绍两种常用的经典辨识法。

2.3.2　测定动态特性的时域法

时域法是在被控对象上，人为地加非周期信号后，测定被控对象的响应曲线，再根据响应曲线，求出被控对象的传递函数，测试过程响应曲线的原理图如图 2-18 所示。

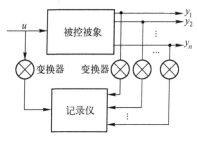

图 2-18　测试过程响应曲线的原理图

1. 输入信号选择及试验注意事项

对象的阶跃响应曲线比较直观地反映对象的动态特性，由于它直接来自原始的记录曲线，无须转换，试验也比较简单，且从响应曲线中也易于直接求出对应的传递函数，因此阶跃输入信号是时域法首选的输入信号。但有时生产现场运行条件受到限制，不允许被控对象的被控参数有较大幅度变化，或无法测出一条完整的阶跃响应曲线，则可改用矩形脉冲作为输入信号，得到脉冲响应后，再将其转换成一条阶跃响应曲线。为了得到可靠的测试结果，应注意以下事项。

① 合理选择阶跃扰动信号的幅度。过小的阶跃扰动幅度不能保证测试结果的可靠性，而过大的扰动幅度则会使正常生产受到严重干扰，甚至危及生产安全。

② 试验开始前，应确保被控对象处于某一选定的稳定工况。试验期间，应设法避免发生

偶然性的其他扰动。

③ 考虑到实际被控对象的非线性，应选取不同负荷，在被控变量的不同设定值下进行多次测试。即使在同一负荷和被控变量的同一设定值下，也要在正向扰动和反向扰动下重复测试，以求全面掌握对象的动态特性。

2．阶跃响应的获取

获取阶跃响应的原理很简单，但在实际工业生产过程中进行这种测试会遇到许多实际问题。例如，不能因测试使正常生产受到严重干扰，还要尽量设法减少其他随机扰动的影响及系统中非线性因素的考虑等。

为了能够施加比较大的扰动幅度而又不至于严重干扰正常生产，可以用矩形脉冲输入代替通常的阶跃输入，即大幅度的阶跃扰动施加一小段时间后立即将它切除。这样得到的矩形脉冲响应当然不同于正规的阶跃响应，但两者之间有密切关系，可以利用矩形脉冲响应求取所需的阶跃响应。

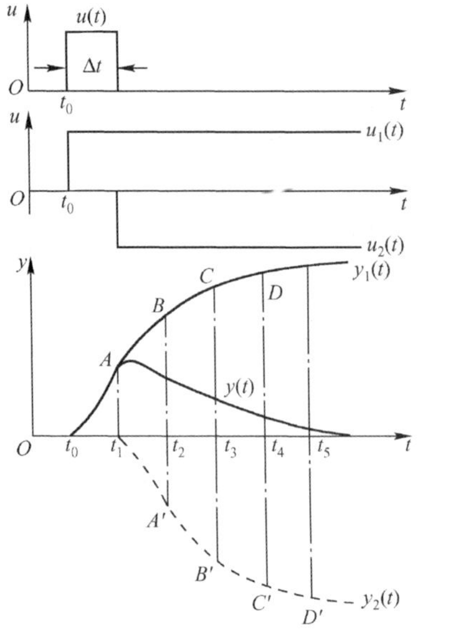

矩形脉冲响应的测试及曲线转换方法如下所述。

首先在对象上加一阶跃扰动，待被控参数继续上升（或下降）到将要超过允许变化范围时，立即去掉扰动，即将调节阀恢复到原来的位置，这就变成了矩形脉冲扰动形式，如图 2-19 所示。

图 2-19 由矩形脉冲响应确定阶跃响应

从图 2-19 中可看出，矩形脉冲输入 $u(t)$ 可视为两个阶跃扰动 $u_1(t)$ 和 $u_2(t)$ 的叠加，它们的幅度相等但方向相反且开始作用的时间不同，即

$$u(t) = u_1(t) + u_2(t)$$

式中， $u_2(t) = -u_1(t - \Delta t)$ 。

而阶跃扰动 $u_1(t)$ 和 $u_2(t)$ 所产生的阶跃响应分别为 $y_1(t)$ 和 $y_2(t)$ ，且

$$y_2(t) = -y_1(t - \Delta t)$$

矩形脉冲响应 $y(t)$ 就是两个阶跃响应 $y_1(t)$ 与 $y_2(t)$ 之和，即

$$y(t) = y_1(t) + y_2(t) = y_1(t) - y_1(t - \Delta t)$$

所需的阶跃响应为

$$y_1(t) = y(t) + y_1(t - \Delta t) \tag{2-39}$$

根据式（2-39）可以用逐段递推的作图方法获得阶跃响应 $y_1(t)$ ，见图 2-19。

3．由阶跃响应确定传递函数

由阶跃响应曲线确定被控过程的数学模型，首先要根据曲线的形状，选定模型的结构形式。大多数工业过程的动态特性是不振荡的，具有自平衡能力。因此可假定过程特性近

似为一阶或二阶惯性加纯迟延的形式.被控对象的传递函数形式的选用决定于对被控对象的先验知识掌握的多少和个人的经验。通常，可将测试的阶跃响应曲线与标准的一阶和二阶响应曲线进行比较，来确定相近曲线对应的传递函数形式作为其数据处理的模型。确定了传递函数的形式后，下一步的问题就是如何确定其中的各个参数，使之能够拟合测试出的阶跃响应。各种不同形式的传递函数中所包含的参数数目不同。一般来说，模型的阶数越高，参数就越多，可以拟合得越完美，但计算工作量也越大。所幸的是，闭环控制尤其是最常用的 PID 控制并不要求非常准确的被控对象数学模型。因此，在满足精度要求的情况下，尽量使用低阶传递函数来拟合，故简单的工业过程对象一般采用一阶、二阶惯性加纯迟延的传递函数来拟合。下面介绍几种确定一阶、二阶惯性加纯迟延的传递函数参数的方法。

1）一阶惯性加纯迟延传递函数的确定

如果对象阶跃响应是一条如图 2-20 所示的起始速度较慢，呈 S 形的单调曲线，就可以用式（2-1）所示的一阶惯性加纯迟延的传递函数去拟合。有以下两种方法。

（1）作图法

① 计算增益 K。设阶跃输入 $u(t)$ 的变化幅值为 $\Delta u(t)$，如输出 $y(t)$ 的起始值和稳态值分别为 $y(0)$ 和 $y(\infty)$，则增益 K 可根据下式计算，即

$$K = \frac{y(\infty) - y(0)}{\Delta u(t)} \qquad (2-40)$$

② 利用作图确定 T 和 τ。在阶跃响应曲线的拐点 p 处作一切线，它与时间轴交于 A 点，与曲线的稳态渐近线交于 B 点，这样就可以根据 A、B 两点处的时间值确定参数 τ 和 T，它们的具体数值如图 2-20 所示。

显然，这种作图法的拟合程度一般是很差的。首先，与式（2-1）所对应的阶跃响应是一条向后平移了 τ 时刻的指数曲线，它不可能完美地拟合一条 S 形曲线。其次，在作图中，切线的画法也有较大的随意性，这直接关系到 τ 和 T 的取值。然而，作图法十分简单，而且实践证明它可以成功地应用于 PID 控制器的参数整定。

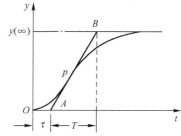

图 2-20　用作图法确定一阶对象参数

（2）计算法

所谓计算法就是利用如图 2-20 所示阶跃响应 $y(t)$ 上两个点的数据去计算式（2-1）中的参数 T 和 τ。

① 计算增益 K。如阶跃输入 $u(t)$ 的变化幅值为 $\Delta u(t)$，则增益 K 仍根据输入/输出稳态值的变化来计算，即

$$K = \frac{y(\infty) - y(0)}{\Delta u(t)} \qquad (2-41)$$

式中，$y(0)$ 和 $y(\infty)$ 分别为输出 $y(t)$ 的起始值和稳态值。

② 计算参数 T 和 τ。首先需要把输出 $y(t)$ 转换成无量纲形式 $y^*(t)$，即

$$y^*(t) = \frac{y(t)}{y(\infty)} \qquad (2\text{-}42)$$

系统化为无量纲形式后，与式（2-1）所对应的传递函数可表示为

$$G(s) = \frac{1}{Ts+1} e^{-\tau s} \qquad (2\text{-}43)$$

根据式（2-43）所示传递函数，可得其单位阶跃响应为

$$y^*(t) = \begin{cases} 0 & t < \tau \\ 1 - e^{-\frac{t-\tau}{T}} & t \geqslant \tau \end{cases} \qquad (2\text{-}44)$$

式（2-43）中有两个参数 τ 和 T。为了求取它们，必须先选取两个时刻 t_1 和 $t_2(t_2 > t_1 \geqslant \tau)$，然后从测试结果中读出 t_1 和 t_2 时刻的输出信号 $y^*(t_1)$ 和 $y^*(t_2)$，并根据式（2-44）写出下述联立方程

$$\left. \begin{aligned} y^*(t_1) &= 1 - e^{-\frac{t_1-\tau}{T}} \\ y^*(t_2) &= 1 - e^{-\frac{t_2-\tau}{T}} \end{aligned} \right\} \qquad (2\text{-}45)$$

由式（2-45）可以解出

$$T = \frac{t_2 - t_1}{\ln[1-y^*(t_1)] - \ln[1-y^*(t_2)]}, \quad \tau = \frac{t_2\ln[1-y^*(t_1)] - t_1\ln[1-y^*(t_2)]}{\ln[1-y^*(t_1)] - \ln[1-y^*(t_2)]} \qquad (2\text{-}46)$$

为了计算方便，一般选取在 t_1 和 t_2 时刻的输出信号分别为 $y^*(t_1) = 0.39$，$y^*(t_2) = 0.63$，此时由式（2-46）可得

$$T = 2(t_2 - t_1), \quad \tau = 2t_1 - t_2 \qquad (2\text{-}47)$$

式中，t_1 和 t_2 可利用图 2-21 确定。

利用式（2-47）求取的参数 τ 和 T 准确与否，可取另外两个时刻进行校验，即

$$\left. \begin{aligned} t_3 &= 0.8T + \tau, & y^*(t_3) &= 0.55 \\ t_4 &= 2T + \tau, & y^*(t_4) &= 0.87 \end{aligned} \right\} \qquad (2\text{-}48)$$

两点法的特点是单凭两个孤立点的数据进行拟合，而不顾及整个测试曲线的形态。此外，两个特定点的选择也具有某种随意性，因此所得结果的可靠性也是值得怀疑的。

2）二阶或 n 阶惯性加纯迟延传递函数的确定

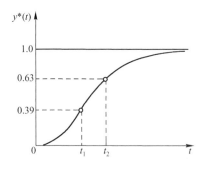

图 2-21　用两点法确定一阶对象参数

如果阶跃响应是一条如图 2-20 所示的 S 形单调曲线，且起始段明显有毫无变化的阶段，则它可以用式（2-2）或式（2-3）所示的二阶或 n 阶惯性加纯迟延的传递函数去拟合。由于它们包含两个或 n 个一阶惯性环节，因此它们的拟合效果可能更好。

（1）计算二阶传递函数的参数

① 计算增益 K。如果阶跃输入 $u(t)$ 的变化幅值为 $\Delta u(t)$，则增益 K 仍根据输入/输出稳态值的变化来计算，即

$$K = \frac{y(\infty) - y(0)}{\Delta u(t)} \tag{2-49}$$

式中，$y(0)$ 和 $y(\infty)$ 分别为输出 $y(t)$ 的起始值和稳态值。

② 计算纯迟延时间 τ。纯迟延时间 τ 可根据阶跃响应曲线脱离起始的毫无反应的阶段开始出现变化的时刻来确定，见图 2-22。

③ 计算时间常数 T_1 和 T_2。首先把截去纯迟延部分的输出 $y(t)$ 转换成无量纲形式 $y^*(t)$，即

$$y^*(t) = \frac{y(t)}{y(\infty)} \tag{2-50}$$

阶跃响应截去纯迟延部分并已化为无量纲形式后，与式（2-2）所对应的传递函数可表示为

$$G(s) = \frac{1}{(T_1 s + 1)(T_2 s + 1)} \qquad T_1 \geqslant T_2 \tag{2-51}$$

根据式（2-51）所示传递函数，可得其单位阶跃响应为

$$y^*(t) = 1 - \frac{T_1}{T_1 - T_2} e^{-\frac{t}{T_1}} + \frac{T_2}{T_1 - T_2} e^{-\frac{t}{T_2}} \tag{2-52}$$

根据式（2-52）就可以利用阶跃响应上两个点的数据 $[t_1, y^*(t_1)]$ 和 $[t_2, y^*(t_2)]$ 确定参数 T_1 和 T_2。

例如，可以取 $y^*(t_1)$ 和 $y^*(t_2)$ 分别等于 0.4 和 0.8，从曲线上定出 t_1 和 t_2，如图 2-22 所示，就可得到下述联立方程

$$\left.\begin{array}{l} \dfrac{T_1}{T_1 - T_2} e^{-\frac{t_1}{T_1}} - \dfrac{T_2}{T_1 - T_2} e^{-\frac{t_1}{T_2}} = 0.6 \\[3mm] \dfrac{T_1}{T_1 - T_2} e^{-\frac{t_2}{T_1}} - \dfrac{T_2}{T_1 - T_2} e^{-\frac{t_2}{T_2}} = 0.2 \end{array}\right\} \tag{2-53}$$

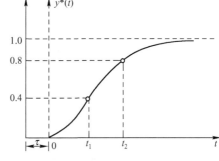

图 2-22　用两点法确定二阶对象参数

将从图 2-22 中所得到的时刻 t_1 和 t_2 代入式（2-53），便可得到时间常数 T_1 和 T_2。

（2）确定传递函数的形式

当计算出传递函数的参数后，还需要根据时刻 t_1 和 t_2 的比值，进一步确定传递函数的具体形式。也就是说，针对图 2-20 所示的系统阶跃响应，不一定要用二阶传递函数来拟合；有时利用一阶传递函数来拟合也可达到二阶传递函数拟合的精度，此时就可以采用简单的一阶传递函数来拟合；有时二阶传递函数拟合的精度也不满足要求，此时就需要利用高阶传递函

数来拟合。具体过程如下所述。

① 当 $\dfrac{t_1}{t_2} \leqslant 0.32$ 时，表示系统比较简单，它可用一阶对象来表示，此时相当于式（2-2）中的系统参数 $T_2 = 0$，且 T_1 与 t_1 和 t_2 的关系为

$$T_1 = (t_1 + t_2)/2.12 \tag{2-54}$$

② 当 $0.32 < \dfrac{t_1}{t_2} < 0.46$ 时，系统可用二阶对象来表示，式（2-2）表示的二阶系统参数 T_1 和 T_2 与 t_1 和 t_2 的关系为

$$\left.\begin{array}{l} T_1 + T_2 \approx \dfrac{1}{2.16}(t_1 + t_2) \\[2mm] \dfrac{T_1 T_2}{(T_1 + T_2)^2} \approx \left(1.74\dfrac{t_1}{t_2} - 0.55\right) \end{array}\right\} \tag{2-55}$$

③ 当 $\dfrac{t_1}{t_2} = 0.46$ 时，系统可用二阶对象来表示，式（2-2）表示的二阶系统参数 $T_1 = T_2$，它们与 t_1 和 t_2 的关系为

$$T_1 = (t_1 + t_2)/4.36 \tag{2-56}$$

④ 当 $\dfrac{t_1}{t_2} > 0.46$ 时，表示系统比较复杂，它要用式（2-3）表示的高阶惯性对象，即

$$G(s) = \dfrac{K}{(Ts + 1)^n} e^{-\tau s}$$

来表示。其中 n，T 与 t_1 和 t_2 的关系为

$$nT \approx \dfrac{1}{2.16}(t_1 + t_2) \tag{2-57}$$

式中，参数 n 需要根据 t_1/t_2 的比值来确定，它们的关系见表 2-1。

表 2-1　高阶惯性对象的参数 n 与 t_1/t_2 的关系

n	t_1/t_2	n	t_1/t_2
1	0.32	8	0.685
2	0.46	9	—
3	0.53	10	0.71
4	0.58	11	—
5	0.62	12	0.735
6	0.65	13	—
7	0.67	14	0.75

3）确定非自平衡过程的参数

对于图 2-23 所示的非自平衡过程的阶跃响应曲线，它所对应的传递函数可用式（2-5）

或式（2-6）来近似。其方法如下所述。

① 用式（2-5）来近似图 2-23 的响应曲线，即

$$G(s) = \frac{1}{Ts}e^{-\tau s}$$

作响应曲线稳态上升部分过拐点 A 的切线交时间轴于 t_1，切线与时间轴夹角为 θ，如图 2-23（a）所示。

由图 2-23（a）可知，曲线稳态上升部分可看作一条过原点的直线向右平移 t_1 距离，即图中曲线稳态部分可看作经过纯迟延 t_1 后的一条积分曲线。

因此式（2-5）中的参数

$$\tau = t_1; \qquad T = \frac{\Delta u}{\tan(\theta)} \tag{2-58}$$

式中，Δu 为阶跃输入信号幅值。

② 用式（2-6）来近似图 2-23（b）中的响应曲线，即

$$G(s) = \frac{1}{T_2 s(T_1 s + 1)}e^{-\tau s}$$

作响应曲线稳态上升部分过拐点 A 的切线交于时间轴 t_2 点，切线与时间轴夹角为 θ，如图 2-23（b）所示。由图 2-23（b）可知 $0 \sim t_1$ 时，$y(t) = 0$，故纯迟延

$$\tau = t_1 \tag{2-59}$$

在曲线上，t_1 到 A 之间是惯性环节作用为主，故

$$T_1 = t_2 - t_1 \tag{2-60}$$

在曲线进入稳态后，以积分环节作用为主，故

$$T_2 = \frac{\Delta u}{\tan(\theta)} \tag{2-61}$$

式中，Δu 为阶跃输入幅值。

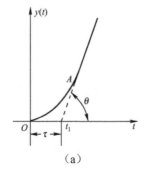
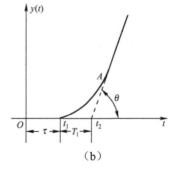

图 2-23　非自平衡过程的阶跃响应曲线

2.3.3 测定动态特性的频域法

被控对象的动态特性也可用频率特性

$$G(j\omega) = \frac{Y(j\omega)}{U(j\omega)} = |G(j\omega)| \angle G(j\omega)$$

来描述，它与传递函数及微分方程一样，同样表征了系统的运动规律。

一般动态特性测试中，幅频特性较易测得，而相角信息的精确测量则比较困难。这是由于通用的精确相位计要求被测波形失真度小，而在实际测试中，测试对象的输出常混有大量的噪声，有时甚至把有用信号淹没。

由于一般工业控制对象的惯性都比较大，因此要测试对象的频率特性，需要持续很长时间。而测试时，将有较长的时间使生产过程偏离正常运行状态，这在生产现场往往不允许，故用测试频率的方法在线来求对象的动态特性受到一些限制。

1. 正弦波方法

频率特性表达式可以通过频率特性测试的方法来得到。其测试方法见图 2-24，它是在所研究对象的输入端加入某个频率的正弦波信号，同时记录输入和输出的稳定振荡波形，在所选定的各个频率重复上述测试，便可测得该被控对象的频率特性。

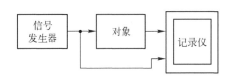

图 2-24 正弦波测定对象频率特性原理图

以正弦波输入测定对象的频率特性，在原理、数据处理上都是很简单的。在所研究对象的输入端加以某个频率的正弦波信号，记录输出的稳定振荡波形，就可测得精确的频率特性。当然，应该对所选的各个频率逐个进行试验。

在对象输入端加以所选择的正弦信号，让对象的振荡过程建立起来。当振荡的轴线及幅度和形式都维持稳定后，就可测出输入和输出的振荡幅度及它们的相移。输出振幅与输入振幅的比值就是幅频特性在该频率的数值，而输出振荡的相位与输入振荡的相位之差，就是相应的相频特性之值。

这个试验可以在对象的通频带区域内分成若干等份，对每个分点 $\omega_1, \omega_2, \cdots, \omega_c$ 进行试验，试验通带范围一般由 $\omega = 0$ 到输出振幅减少到 $\omega = 0$ 时幅值 1/20～1/100 的上限频率为止。有时，主要是去确定某个区域内的频率特性，如调节对象在相移为 180° 的频率 ω_π 附近一段频率特性，可在此附近做一些较详细的试验，其他频率区域可以粗略做几点，甚至不做。

用正弦波的输入信号测定对象频率特性的优点在于，能直接从记录曲线上求得频率特性，且由于是正弦的输入/输出信号，容易在实验过程中发现干扰的存在和影响。因为干扰会使正弦波信号发生畸变。

使用这种方法进行试验是较费时间的，尤其缓慢的生产过程中被控变量的零点漂移在所难免，这就不能长期进行试验。

该方法的优点是简单、测试方便、具有一定的精度，但它需要用专门的超低频测试设备，测试工作量较大。

2．频率特性的相关测试法

尽管可以采用随机激励信号、瞬态激励信号来迅速测定系统的动态特性，但是为了获得精确的结果，仍然广泛采用稳态正弦激励试验来测定。稳态正弦激励试验是利用线性系统频率保持性，即在单一频率强迫振动时系统的输出也应是单一频率，且把系统的噪声干扰及非线性因素引起输出畸变的谐波分量都看作干扰。因此，测量装置应能滤出与激励频率一致的有用信号，并显示其响应幅值，相对于参考（激励）信号的相角，或者给出同相分量及正交分量，以便画出在该测点上系统响应的奈氏图。一般动态特性测试中，幅频特性较易测量，相角信息的精确测量比较困难。

在实际工作中，测试对象的输出常混有大量的噪声，有时甚至把有用信号淹没。这就要求采取有效的滤波手段，在噪声背景下提取有用信号。滤波装置必须有恒定的放大倍数，不造成相移或只能有恒定的、可以标定的相移。

滤波的方式有多种，其中基于相关原理而构成的滤波器具有明显的优点。简单的滤波方式是采用调谐式的带通滤波器。由于激励信号频率可调，带通滤波中心频率也应是可调的。为了使滤波器有较强的排除噪声的能力，通带应窄。这种调谐式的滤波器在调谐点附近幅值放大倍数有变化，而相角变化尤为剧烈。在实际的测试中，很难使滤波中心频率始终和系统激励频率一致。所以，这种调谐式的带通滤波器很难保证稳定的测幅、测相精度。

基于相关原理而构成的滤波器比调谐式带通滤波器具有明显的优点，激励输入信号经波形变换后可得到幅值恒定的正余弦参考信号。把参考信号与被测信号进行相关处理（即相乘和平均），所得常值（直流）部分保存了被测信号同频分量（基波）的幅值和相角信息。具体测试过程和方法可参看有关资料，这里就不详细讨论了。

3．闭路测定法

上述两种测定法都是在开路状态下输入周期信号 $x(t)$，测定输出 $y(t)$ 的测定法的缺点是，被控变量 $y(t)$ 的振荡中线，即零点的漂移不能消除，不能长期进行试验。另外，它要求输入的振幅不能太大，以免增大非线性的影响，降低测定频率特性的精度。

若利用调节器所组成的闭路系统进行测定，就可避免上述缺点。

图 2-25 所示为闭路测定法原理图。图中信号发生器所产生的专用信号加在这一调节器的给定值处。而记录仪所记录的曲线则是被测对象输入、输出端的曲线。对此曲线进行分析，即可求得对象的频率特性。

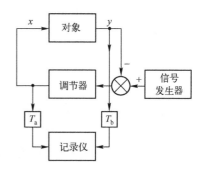

图 2-25　闭路测定法原理图

闭路测定法的优点有两个。一是精度高，因为已经形成一个闭路系统，大大削弱了对象的零点漂移，因此可以长期进行试验，振幅也可以取得较大。另外，由于闭路工作，若输入加在给定值上的信号是正弦波，各坐标也将作正弦变化，也就减小了开路测定时非线性环节所引起的误差。用这种方法进行测定时，主要用正弦波作为输入信号，所有这一切皆提高了测定精度。二是安全，因为调节器串接在这个系统中，所以即使突然有些干扰，但由于调节器的作用，因此也不会产生过大偏差而发生事故。

此外，这种方法可以对无自平衡特性对象进行频率特性的测定，也可以同时测得调节器的动态特性。此方法的缺点是只能对带有调节器的对象进行试验。

2.4 利用 MATLAB 建立过程模型

第 10 讲

利用 MATLAB 或 Simulink 可以方便地根据系统的测试数据或传递函数，绘制出系统的响应曲线，并建立过程模型。

【例 2-2】 已知某液位对象，在阶跃扰动量 $\Delta u(t) = 20\%$ 时，响应的试验数据如下：

t/s	0	10	20	40	60	80	100	140	180	250	300	400	500	600	700	800
h/mm	0	0	0.2	0.8	2.0	3.6	5.4	8.8	11.8	14.4	16.5	18.4	19.2	19.6	19.8	20

利用 MATLAB 绘制出系统的单位阶跃响应曲线，并根据作图法建立系统的一阶惯性环节加纯迟延的近似数学模型。

解： ① 首先根据输出稳态值和阶跃输入的变化幅值可得增益 K=20/20=1mm/％。

② 利用以下 MATLAB 程序 ex2_2_1.m，可得如图 2-26 所示的单位阶跃响应曲线（1）。

```
%ex2_2_1.m
t=[0 10 20 40 60 80 100 140 180 250 300 400 500 600 700 800];          %时间值
h=[0 0 0.2 0.8 2.0 3.6 5.4 8.8 11.8 14.4 16.5 18.4 19.2 19.6 19.8 20];  %与时间对应的液位值
plot(t,h)                                                               %绘制单位阶跃响应曲线
```

③ 按照 S 形响应曲线的参数求法，由图 2-26 大致可得系统的时间常数 T 和延迟时间 τ 分别为 τ=30s，T=270−τ = 240s。

系统近似为一阶惯性环节加纯迟延的数学模型为

$$G(s) = \frac{K}{Ts+1}\mathrm{e}^{-\tau s} = \frac{1}{240s+1}\mathrm{e}^{-30s}$$

④ 首先建立如图 2-27 所示的 Simulink 系统仿真框图（1），并将阶跃信号模块（Step）的初始作用时间（Step time）和幅值（Final value）分别改为 0 和 20，以文件名 ex2_2 (.mdl)将该系统保存。然后在 MATLAB 窗口中执行以下程序 ex2_2_2.m，便可得到如图 2-28 所示的原系统和近似系统的单位阶跃响应曲线（1）。

```
%ex2_2_2.m
t=[0 10 20 40 60 80 100 140 180 250 300 400 500 600 700 800];          %时间值
h=[0 0 0.2 0.8 2.0 3.6 5.4 8.8 11.8 14.4 16.5 18.4 19.2 19.6 19.8 20];  %与时间对应的液位值
[t0,x0,h0]=sim('ex2_2',800);plot(t,h,'--',t0,h0)  %计算近似系统的阶跃响应值，并绘制曲线
```

由图 2-28 可知，利用 S 形作图法，求得系统数学模型的误差是较大的。

【例 2-3】 已知某液位对象，在阶跃扰动量 $\Delta u(t) = 20\%$ 时，响应的试验数据如下：

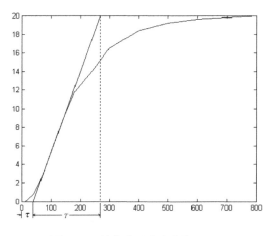

图 2-26　单位阶跃响应曲线（1）

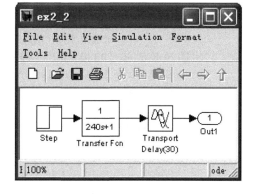

图 2-27　Simulink 系统仿真框图（1）

t/s	0	10	20	40	60	80	100	140	180	250	300	400	500	600	700	800
h/mm	0	0	0.2	0.8	2.0	3.6	5.4	8.8	11.8	14.4	16.5	18.4	19.2	19.6	19.8	20

利用 MATLAB 绘制出系统的单位阶跃响应曲线，并根据计算法求系统的一阶惯性环节加纯迟延的近似数学模型。

解：① 首先根据输出稳态值和阶跃输入的变化幅值可得增益 $K = 20/20 = 1\text{mm/%}$。

② 利用以下 MATLAB 程序 ex2_3_1.m，可得如图 2-29 所示的系统无量纲形式的单位阶跃响应曲线。

```
%ex2_3_1.m
t=[0 10 20 40 60 80 100 140 180 250 300 400 500 600 700 800];        %时间值
h=[0 0 0.2 0.8 2.0 3.6 5.4 8.8 11.8 14.4 16.5 18.4 19.2 19.6 19.8 20];   %与时间对应的液位值
hh=h/h(length(h)); plot(t,hh)        %把液位值 h 转换成无量纲的形式 hh，并绘制曲线
```

由图 2-29 可知，当系统无量纲形式的单位阶跃响应值分别为 0.39 和 0.63 时，其对应的时间值 t_1 和 t_2 分别为 128 和 202。时间值 t_1 和 t_2 也可根据以下 MATLAB 程序求解。

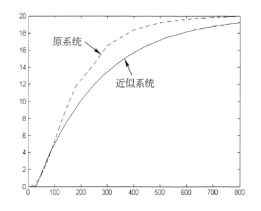

图 2-28　原系统和近似系统的单位阶跃响应曲线（1）

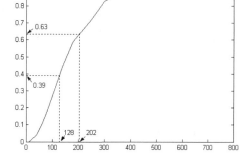

图 2-29　系统无量纲形式的单位阶跃响应曲线

③ 根据系统近似为一阶惯性环节加纯迟延的计算法，编写的 MATLAB 程序 ex2_3_2.m 如下。

```
%ex2_3_2.m
tw=10;                       %输出无变化的时间
t=[10 20 40 60 80 100 140 180 250 300 400 500 600 700 800]-tw;   %去掉输出无变化后的时间值
h=[0 0.2 0.8 2.0 3.6 5.4 8.8 11.8 14.4 16.5 18.4 19.2 19.6 19.8 20];   %与时间对应的液位值
hh=h/h(length(h));                    %把液位值 h 转换成它的无量纲形式 hh
h1=0.39;t1=interp1(hh,t,h1)+tw        %利用一维线性插值计算 hh=0.39 时的时间 t1
h2=0.63;t2=interp1(hh,t,h2)+tw        %利用一维线性插值计算 hh=0.63 时的时间 t2
T=2*(t2-t1),tao=2*t1-t2               %时间常数 T 和延迟时间 τ
```

执行程序 ex2_3_2.m 可得如下结果：

t1 = 128.2353；t2 = 201.5385；

T = 146.6063；tao = 54.9321

系统近似为一阶惯性环节加纯迟延的数学模型为

$$G(s) = \frac{K}{Ts+1}e^{-\tau s} = \frac{1}{146.6s+1}e^{-55s}$$

④ 首先建立如图 2-30 所示的 Simulink 系统仿真框图（2），并将阶跃信号模块（Step）的初始作用时间（Step time）和幅值（Final value）分别改为 0 和 20，以文件名 ex2_3(.mdl) 将该系统保存。然后在 MATLAB 窗口中执行以下程序 ex2_3_3.m，便可得到如图 2-31 所示的原系统和近似系统的单位阶跃响应曲线（2）。

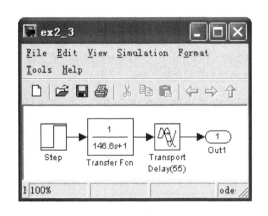

图 2-30 Simulink 系统仿真框图（2）

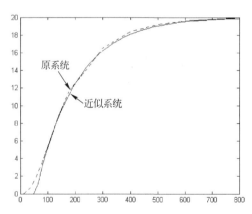

图 2-31 原系统和近似系统的单位阶跃响应曲线（2）

```
%ex2_3_3.m
t=[0 10 20 40 60 80 100 140 180 250 300 400 500 600 700 800];           %时间值
h=[0 0 0.2 0.8 2.0 3.6 5.4 8.8 11.8 14.4 16.5 18.4 19.2 19.6 19.8 20];    %与时间对应的液位值
[t0,x0,h0]=sim('ex2_3',800);plot(t,h,'--',t0,h0)   %计算近似系统的阶跃响应值，并绘制曲线
```

由图 2-31 可知，利用一阶惯性环节加纯迟延的计算法求得系统数学模型的误差，在时间较大时明显比 S 形作图法小得多，但在时间较小时比 S 形作图法要大。

【例 2-4】　已知某液位对象，在阶跃扰动量 $\Delta u(t) = 20\%$ 时，响应的试验数据如下：

t/s	0	10	20	40	60	80	100	140	180	250	300	400	500	600	700	800
h/mm	0	0	0.2	0.8	2.0	3.6	5.4	8.8	11.8	14.4	16.5	18.4	19.2	19.6	19.8	20

若将液位对象近似为二阶惯性环节加纯迟延，试利用计算法确定增益 K、时间常数 T_1 和 T_2 及纯迟延时间 τ。

解： ① 首先根据输出稳态值和阶跃输入的变化幅值可得增益 $K = 20/20 = 1\text{mm}/\%$。

② 根据阶跃响应曲线脱离起始的毫无反应阶段开始出现变化的时刻来确定纯迟延时间 $\tau = 10\text{s}$。

③ 根据系统近似为二阶惯性环节加纯迟延的计算法，利用阶跃响应截去纯迟延部分后的数据，编写的 MATLAB 程序 ex2_4_1.m 如下。

```
%ex2_4_1.m
tao=10;                          %纯迟延时间 τ
t=[10, 20, 40, 60, 80, 100, 140, 180, 250, 300, 400, 500, 600, 700, 800]-tao;
h=[0 0.2 0.8 2.0 3.6 5.4 8.8 11.8 14.4 16.5 18.4 19.2 19.6 19.8 20];
hh=h/h(length(h)); plot(t,hh) ;  %把液位值 h 转换成它的无量纲形式 hh，并绘制曲线
h1=0.4;t1=interp1(hh,t,h1)        %利用一维线性插值计算 hh=0.4 时的时间 t1
h2=0.8;t2=interp1(hh,t,h2)        %利用一维线性插值计算 hh=0.8 时的时间 t2
if (abs(t1/t2−0.46)<0.01)
      T1=(t1+t2)/4.36,T2=T1       %t1/t2=0.46 时
else if (t1/t2<0.46)              %t1/t2<0.46 时
        if (abs(t1/t2−0.32)<0.01)
            T1=(t1+t2)/2.12,T2=0  %t1/t2=0.32 时
        else if (t1/t2<0.32)
                T1=(t1+t2)/2.12,T2=0  %t1/t2<0.32 时
            end
        if (t1/t2>0.32)           %t1/t2>0.32 时
            T12=(t1+t2)/2.16;      %当 0.32<t1/t2<0.46 时,计算 T1+T2 的值
            T1T2=(1.74*(t1/t2) −0.55)* T12^2;  %计算 T1*T2 的值
            disp(['T1+T2=',num2str(T12)])      %显示 T1+T2 的值
            disp(['T1*T2=',num2str(T1T2)])     %显示 T1*T2 的值
        end
    end
end
if (t1/t2>0.46)
    disp('t1/t2>0.46,系统比较复杂,要用高阶惯性表示')     %t1/t2>0.46 时
    end
end
```

执行程序 ex2_4_1.m 可得如下结果，系统去掉纯迟延后的无量纲单位阶跃响应曲线如图 2-32 所示。

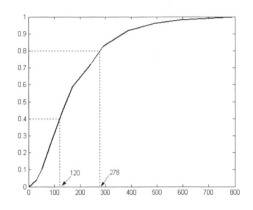

图 2-32　去掉纯迟延后的无量纲单位阶跃响应曲线

t1 = 120.5882；t2 = 278.0952；

T1+T2=184.5757；T1*T2=6967.0257

系统近似为二阶惯性环节加纯迟延的数学模型可表示为

$$G'_p(s) = \frac{K}{(T_1s+1)(T_2s+1)}e^{-\tau s}$$

$$= \frac{K}{T_1T_2s^2 + (T_1+T_2)s+1}e^{-\tau s}$$

$$= \frac{1}{6967s^2 + 185s+1}e^{-10s}$$

④　首先建立如图 2-33 所示的 Simulink 系统仿真框图（3），并将阶跃信号模块（Step）的初始作用时间（Step time）和幅值（Final value）分别改为 0 和 20，以文件名 ex2_4(.mdl)将该系统保存。然后在 MATLAB 窗口中执行以下程序 ex2_4_2.m，便可得到如图 2-34 所示的原系统和近似系统的单位阶跃响应曲线（3）。

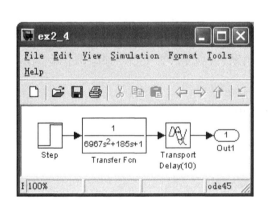

图 2-33　Simulink 系统仿真框图（3）

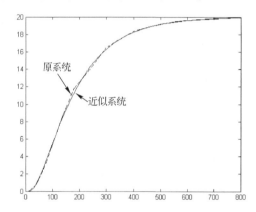

图 2-34　原系统和近似系统的单位阶跃响应曲线（3）

%ex2_4_2.m

t=[0 10 20 40 60 80 100 140 180 250 300 400 500 600 700 800];　　　　　%时间值

h=[0 0 0.2 0.8 2.0 3.6 5.4 8.8 11.8 14.4 16.5 18.4 19.2 19.6 19.8 20];　　%与时间对应的液位值

[t0,x0,h0]=sim('ex2_3',800);plot(t,h,'--',t0,h0)　　%计算近似系统的阶跃响应值，并绘制曲线

由图 2-34 可知，系统近似为二阶惯性环节加纯迟延的阶跃响应曲线与原系统的阶跃响应曲线基本重合。

【例 2-5】　已知被控对象的传递函数为

$$G_o(s) = \frac{2.5}{(s+1)(2s+1)(5s+1)}$$

利用 MATLAB 绘制出系统的单位阶跃响应曲线，并根据作图法和计算法建立系统的一阶惯性环节加纯迟延的近似数学模型。

解：①　利用以下 MATLAB 程序%ex2_5_1.m，可得如图 2-35 所示的单位阶跃响应曲线（2）。

```
%ex2_5_1.m
numo=2.5;deno=conv([1,1], conv ([2,1],[5,1]));
step(numo,deno);  %求系统的单位阶跃响应
```

按照 S 形响应曲线的参数求法，由图 2-35 大致可得系统的放大系数 K、时间常数 T 和延迟时间 τ 分别为 $K = 2.5$，$\tau = 1.3\text{s}$，$T = 11.8 - \tau = 10.5\text{s}$。

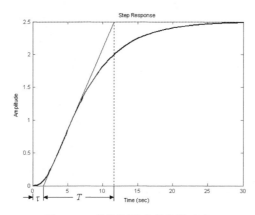

图 2-35 单位阶跃响应曲线（2）

系统近似为一阶惯性环节加纯迟延的数学模型为

$$G(s) = \frac{2.5}{10.5s + 1}\text{e}^{-1.3s}$$

② 根据系统近似为一阶惯性环节加纯迟延的计算法，编写的 MATLAB 程序 ex2_5_2.m 如下。

```
%ex2_5_2.m
Go=tf(2.5,conv([1,1], conv ([2,1],[5,1])));     %定义原系统传递函数
t=0:0.1:50;[y,x]=step(Go,t);                     %求系统的单位阶跃响应
K= y(length(y))/1                                %计算系统增益 K
y=y/y(length(y));                                %把输出转换成它的无量纲形式
[e1,n1]=min(abs(y-0.39));t1=t(n1);               %计算 y=0.39 时的时间 t1
[e2,n2]=min(abs(y-0.63));t2=t(n2);               %计算 y=0.63 时的时间 t2
T=2*(t2-t1),tao=2*t1-t2                          %时间常数 T 和延迟时间 τ
```

执行程序 ex2_5_2.m 可得如下结果：

$$K = 2.4998$$
$$T = 5.8000$$
$$tao = 2.6000$$

系统近似为一阶惯性环节加纯迟延的数学模型为

$$G(s) = \frac{2.5}{5.8s + 1}\text{e}^{-2.6s}$$

③ 建立如图 2-36 所示的 Simulink 仿真框图。在该窗口中，首先打开阶跃信号（Step）模块的参数对话框，并将初始时间改为 0；然后执行 Simulation→Simulation parameters 命令，

将仿真的停止时间设置为50，其余参数采用默认值。启动仿真便可在示波器中看到如图2-37所示的原系统和近似系统的单位阶跃响应曲线。

由图2-37可知，利用S形作图法，求得系统的数学模型误差是很大的，利用计算法求得系统的数学模型误差明显比S形作图法小得多。

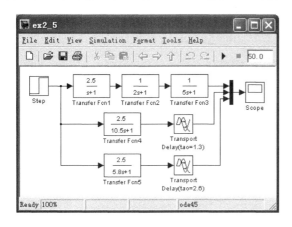

图 2-36 Simulink 仿真框图

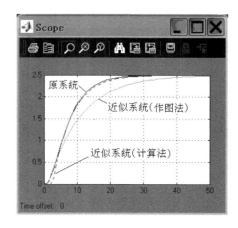

图 2-37 原系统和近似系统的单位阶跃响应

本 章 小 结

工业生产过程的数学模型有静态和动态之分。过程控制中通常采用动态数学模型，它是过程输出变量和输入变量之间随时间变化时动态关系的数学描述。

典型工业过程控制所涉及被控对象的传递函数常用的形式有一阶惯性加纯迟延、二阶惯性环节加纯迟延和 n 阶惯性环节加纯迟延。一般来说，用于控制的数学模型并不一定要求非常准确，因为闭环控制本身具有一定的鲁棒性。

建立过程数学模型的基本方法有两个，即机理法和测试法。如果机理法和测试法两者都能达到同样的目的，则工程上一般采用测试法建模。测试法建模又分为经典辨识法和现代辨识法两大类。经典辨识法根据加入的激励信号和结果的分析方法不同，测试对象动态特性的实验方法也不同，主要有时域法、频域法和统计相关法。

由阶跃响应曲线确定被控过程的数学模型，首先要根据曲线的形状，选定模型的结构形式。确定一阶惯性加纯迟延的传递函数参数的方法有作图法和计算法；确定二阶或 n 阶惯性加纯迟延传递函数的方法可采用计算法（也称两点法）。

利用 MATLAB/Simulink 可以方便地利用系统的测试数据或传递函数，绘制响应曲线和建立过程模型。

习 题

2-1 什么是对象的动态特性？为什么要研究对象的动态特性？

2-2 过程控制中被控对象的动态特性有哪些特点？

第 2 章 习题
解答

2-3　某水槽如题图 2-1 所示。其中 F 为槽的截面积；R_1、R_2 和 R_3 均为线性阀阻；Q_1 为流入量；Q_2 和 Q_3 为流出量，要求：

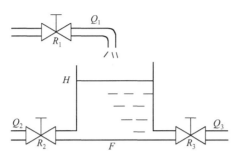

图 2-38　题图 2-1

（1）写出以水位 H 为输出量，Q_1 为输入量的对象动态方程；

（2）写出系统的传递函数 $G(s) = H(s)/Q_1(s)$，并指出增益和时间常数的数值。

2-4　已知某水槽，在阶跃扰动量 $\Delta u(t) = 20\%$ 时，输出水位响应的实验数据如下：

t/s	0	10	20	40	60	80	100	150	200	300	400	500	600
h/mm	0	9.5	18	33	45	55	63	78	86	95	98	99	100

（1）画出水位 H 的阶跃响应曲线；

（2）若将水位对象近似为一阶惯性环节加纯迟延，试利用作图法和计算法确定增益 K、时间常数 T 和纯迟延时间 τ。

2-5　已知某温度对象的矩形脉冲响应的实验数据如下：

t/s	1	3	4	5	8	10	15	20	25	30	40	50	60	70	80	90
θ/℃	0.46	1.7	3.7	9.0	19	26.4	36	33.5	27.2	21	10.4	5.1	2.8	1.1	0.5	0

已知矩形脉冲幅值为 1/3，脉冲宽度 $\Delta t = 10$s。

（1）画出温度的矩形脉冲响应曲线，并将其转化为阶跃响应曲线；

（2）若将温度对象近似为二阶惯性环节加纯迟延，试确定增益 K、时间常数 T_1 和 T_2 以及纯迟延时间 τ。

2-6　已知某一液位对象，其矩形脉冲响应的实验数据如下：

t/s	0	10	20	40	60	80	100	120	140	160	180
h/cm	0	0	0.2	0.6	1.2	1.6	1.8	2.0	1.9	1.7	1.6
t/s	200	220	240	260	280	300	320	340	360	380	400
h/cm	1.0	0.8	0.7	0.65	0.6	0.5	0.4	0.3	0.2	0.15	0.1

已知矩形脉冲幅值 $\Delta u(t) = 20\%$ 阀门开度变化，脉冲宽度 $\Delta t = 20$s。

（1）试将矩形脉冲响应转化为阶跃响应；

（2）若将液位对象近似为一阶惯性环节加纯迟延，试利用作图法和计算法确定增益 K、时间常数 T 和纯迟延时间 τ。

第3章

执　行　器

执行器是过程控制系统中的一个重要环节。控制系统的性能指标与执行器的性能和正确选用有着十分密切的关系。执行器的作用是接收控制器送来的控制信号，通过对操作变量的改变，来调节管道中介质的流量（改变调节量），从而实现生产过程自动化。执行器位于控制回路的最终端，因此，又称为最终元件。如果说测量变送装置是"眼睛"，控制器（或其他控制装置）是"大脑"，那么执行器就是生产过程自动化的"手脚"。

在过程控制系统中，最常用的执行器是控制阀，也称调节阀。调节阀包括执行机构和阀两部分。调节阀是按照控制器所给定的信号大小和方向，改变阀的开度，以实现调节流体流量的装置。

调节阀按其所用能源可分为气动、电动和液动三类。它们有各自的优缺点和适用场合。气动调节阀以压缩空气为能源，由于结构简单、动作可靠、维修方便和价格低廉且适用于防火防爆场所，因而广泛应用于化工、石油、冶金、电力和轻纺等工业部门。

3.1　气动调节阀的结构

第 11 讲

气动调节阀由执行机构和阀（也称阀体组件）两部分组成。图 3-1 为气动薄膜调节阀的结构原理图。执行机构按照控制信号的大小产生相应的输出力，带动阀杆移动。阀直接与介质接触，通过改变阀芯与阀座间的节流面积调节流体介质的流量。有时为改善调节阀的性能，在其执行机构上装有阀门定位器，见图 3-1 左边部分。阀门定位器与调节阀配套使用，组成闭环系统，利用反馈原理提高阀的灵敏度，并实现阀的准确定位。

3.1.1　气动执行机构

气动执行机构有薄膜式、活塞式、拨叉式和齿轮齿条式四种。活塞式行程长，适用于要求有较大推力的场合；薄膜式行程短，只能直接带动阀杆；拨叉式具有扭矩大、空间小、扭矩曲线更符合阀门的扭矩曲线等特点，常用在大扭矩的阀门上；齿轮齿条式有结构简单、动作平稳可靠且安全防爆等优点，在发电厂、化工、炼油等对安全要求较高的生产过程中广泛应用。

气动执行器还可以分为单作用和双作用两种类型。执行器的开、关动作都通过气源来驱动执行，被称为双作用。单作用的开、关动作只有开动作是气源驱动，关动作是弹簧复位。

气动薄膜执行机构有正作用和反作用两种形式。信号压力增加时，推杆向下移动的被称为正作用。反之，信号压力增大时，推杆向上移动的被称为反作用。气动薄膜执行机构的正、反作用如图 3-2 所示。

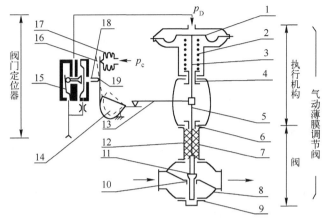

1—波纹膜片；2—压缩弹簧；3—推杆；4—调节件；5—阀杆；6—压板；7—上阀盖；8—阀体；9—下阀盖；10—阀座；11—阀芯；12—填料；13—反馈连杆；14—反馈凸轮；15—气动放大器；16—托板；17—波纹管；18—喷嘴；19—挡板

图 3-1　气动薄膜调节阀的结构原理图

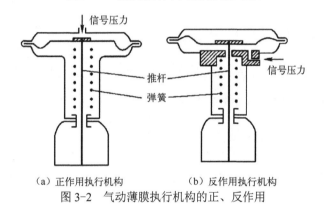

（a）正作用执行机构　　　　（b）反作用执行机构

图 3-2　气动薄膜执行机构的正、反作用

3.1.2　阀

阀（也称阀体组件）是一个局部阻力可变的节流元件。它由阀体、上阀盖组件、下阀盖组件和阀内件组成。上阀盖组件包括上阀盖和填料函。阀内件是指阀体内部与介质接触的零部件。直通阀包括阀芯、阀座和阀杆等。

（1）阀的结构形式

阀按结构形式分为直通单座阀、直通双座阀、角形阀、蝶阀、三通阀和隔膜阀等，如图 3-3 所示。

阀按阀座数目可分为单座阀和双座阀，如图 3-3（a）、（b）所示。一般阀为单座阀。双座阀所需的推动力较小，动作灵敏。

（2）阀芯的作用方向

根据流体通过调节阀时对阀芯作用的方向分为流开阀和流闭阀，如图 3-4 所示。流开阀稳定性好，有利于调节。一般情况，多采用流开阀。

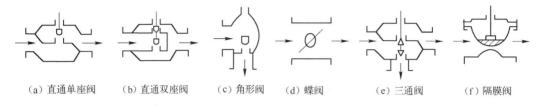

（a）直通单座阀　　（b）直通双座阀　　（c）角形阀　　（d）蝶阀　　（e）三通阀　　（f）隔膜阀

图 3-3　常用调节阀的结构形式

（3）阀芯的正装和反装形式

阀芯有正装和反装两种形式。阀芯下移，阀芯与阀座间的流通截面积减小的被称为正装阀；相反，阀芯下移，使它与阀座间流通截面积增大的被称为反装阀。对于图 3-1 所示的双导向正装阀，只要将阀杆与阀芯下端连接处相接，即为反装阀，如图 3-5 所示。公称直径 $D_g < 25mm$ 的调节阀为单导向式，只有正装阀。

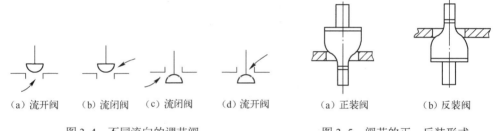

（a）流开阀　（b）流闭阀　（c）流闭阀　（d）流开阀

图 3-4　不同流向的调节阀

（a）正装阀　　（b）反装阀

图 3-5　阀芯的正、反装形式

（4）阀的气开、气关作用方式

气动调节阀又分为气开、气关两种作用方式。所谓气开式，即信号压力 $p > 0.02MPa$ 时，阀开始打开，也就是说"有气"时阀开；气关式则相反，信号压力增大阀反而关小。

根据执行机构正、反作用形式及阀芯的正装、反装，实现气动调节阀气开、气关作用方式可有四种不同的组合，如图 3-6 所示。

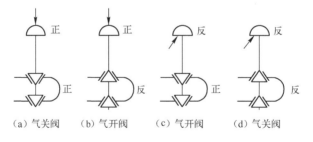

（a）气关阀　　（b）气开阀　　（c）气开阀　　（d）气关阀

图 3-6　调节阀的气开、气关形式

3.1.3　阀门定位器

阀门定位器按结构形式和工作原理可以分成气动阀门定位器和电-气阀门定位器两种。

　　气动阀门定位器是气动阀辅助装置，根据控制器输出的气动信号，控制气动调节阀的阀门部件，使阀开度处于精确位置。图 3-1 中所示的是典型的阀门定位器，它是按位移平衡原理工作的。来自控制器的信号 p_c 进入波纹管 17，托板 16 以反馈凸轮 14 为支点逆时针转动。固定在托板上的挡板 19 靠近喷嘴 18，喷嘴背压升高，经气动放大器 15 放大后的输出信号 p_D 进入调节阀膜头。阀杆 5 下移带动反馈连杆 13 和反馈凸轮 14，后者绕其支点顺时针转动。接着托板以波纹管为支点逆时针转动，使挡板稍离喷嘴，最终使输出压力到达一个新的稳态值。

　　可以证明，当波纹管有效面积、波纹管等测量组件的刚度及波纹管到挡板间位移传递系数、阀杆到挡板间位移传递系数固定时，阀门开度与控制器的控制信号成正比。

　　阀门定位器常见的应用场合如下。

　　① 增大执行机构的输出推力。例如高、低温或高压调节阀，以及控制易于在阀门零件挂胶或固结的工艺流体的调节阀等需要克服阀杆摩擦力；如温度、液位和成分等参数的缓慢控制过程需要提高调节阀的响应速度；如 D_g>25mm 单座阀，D_g>100mm 双座阀或者前后压降 Δp>1MPa，阀前压力 p_1>10MPa 等需要增加执行机构输出力和切断力。

　　② 系统需要改变调节阀的流量特性。

　　③ 组成分程控制系统。

　　最近的研究表明，并不是任何情况下采用阀门定位器都是合理的。在如液体压力和流量这样的快速控制过程中，使用阀门定位器可能对控制质量有害。而对于如大多数传热系统、液位和一些大容积的气体压力等慢过程，阀门定位器将改善控制质量。

第 12 讲

▌3.2　调节阀的流量系数

3.2.1　调节阀的流量方程

　　调节阀是一个局部阻力可变的节流元件。对于不可压缩流体，由能量守恒原理可知，调节阀上的压力损失为

$$h = \frac{p_1 - p_2}{\rho g} = \xi_v \frac{w^2}{2g} \qquad (3\text{-}1)$$

式中，ξ_v 为调节阀阻力系数；g 为重力加速度；ρ 为流体密度；p_1，p_2 为调节阀前、后压力；w 为流体平均速度。

　　因为

$$w = Q/F \qquad (3\text{-}2)$$

式中，Q 为流体体积流量；F 为调节阀流通截面积。

　　由式（3-1）和式（3-2），可得调节阀流量方程

$$Q = K \frac{F}{\sqrt{\xi_v}} \sqrt{\frac{p_1 - p_2}{\rho}} \qquad (3\text{-}3)$$

式中，K 为与量纲有关的常数。

式（3-3）表明，当 $(p_1-p_2)/\rho$ 不变时，ξ_v 减小，流量 Q 增大；反之，ξ_v 增大，Q 减小。调节阀就是按照输入信号通过改变阀芯行程来改变阻力系数，从而达到调节流量的目的的。

3.2.2 流量系数的定义

调节阀流量系数用来表示调节阀在某些特定条件下，单位时间内通过的流体的体积或重量。国际上流量系数通常用符号 C 表示。目前国际上对流量系数 C 的定义略有不同，主要有以下两种定义。

① 按照我国法规计量单位，流量系数 C 的定义为：温度为 5～10℃ 的水，在给定行程下，阀两端压差为 100kPa，密度为 1g/cm³，每小时流经调节阀水量的立方米数，以符号 K_v 表示。国际上也通用这一定义，采用的单位制称为公制。

② 有些国家使用英制单位，此时流量系数 C 的定义为：温度为 60℉ 的水，在给定行程下，阀两端压差为 1Psi（磅/平方英寸），密度为 1g/cm³，每分钟流经调节阀水量的加仑数，以符号 C_v 表示。

根据流量系数 C 的定义，在式（3-3）中，令 $p_1-p_2=100,\rho=1$，可得

$$C=10K\frac{F}{\sqrt{\xi_v}}$$

因此，对于其他的阀前、后压降和介质密度，有

$$C=\frac{10Q}{\sqrt{(p_1-p_2)/\rho}} \tag{3-4}$$

由此可见，流量系数 C 不仅与流通截面积 F（或阀公称直径 D_g）有关，还与阻力系数 ξ_v 有关。同类结构的调节阀在相同的开度下具有相近的阻力系数，因此口径越大，流量系数也随之增大；口径相同，类型不同的调节阀，阻力系数不同，因而流量系数就各不一样。

阀全开时的流量系数称为额定流量系数，用 C_{100} 表示。C_{100} 是表示阀流通能力的参数。它作为每种调节阀的基本参数，由阀门制造厂提供给用户，表 3-1 为某厂家某型号直通阀的流量系数。

表 3-1 调节阀流量系数 C_{100}

公称直径 D_g/mm			19.15（3/4″）							20			25
阀座直径 d_g/mm		3	4	5	6	7	8	10	12	15	20	25
额定流量系数 C_{100}	单座阀	0.08	0.12	0.20	0.32	0.50	0.80	1.2	2.0	3.2	5.0	8
	双座阀											10
公称直径 D_g/mm		32	40	50	65	80	100	125	150	200	250	300
阀座直径 d_g/mm		32	40	50	60	80	100	125	150	200	250	300
额定流量系数 C_{100}	单座阀	12	20	32	56	80	120	200	280	450		
	双座阀	16	25	40	63	100	160	250	400	630	1000	1600

例如，一台额定流量系数为 32 的调节阀，表示阀全开且其两端的压差为 100kPa 时，每小时最多能通过 32m³ 的水量。

由于采用的单位制有公制和英制之分，国际上通用两种不同的流量系数 K_v 和 C_v。通过

单位制变换，它们与 C 有如下关系：

$$K_v \approx C; \qquad C_v = 1.167C$$

3.2.3　流量系数计算

流量系数 C 的计算是选定调节阀口径的最主要的理论依据，但其计算方法目前国内外尚未统一。近十多年来，国外对调节阀流量系数进行了大量研究，并取得重大进展。国外几家主要调节阀制造厂相继推出各自计算流量系数的新公式。表 3-2 列举了液体、气体和蒸汽等常用流体流量系数 C 值的计算公式。对于两相混合流体，可采用美国仪表学会推荐的有效比容法计算流量系数 C。

表 3-2　流量系数 C 的计算公式

流　体	流动工况及判别式	计　算　公　式
液体	非阻塞流：$\Delta p < F_L^2(p_1 - F_F p_v)$	$C = 10Q_L \sqrt{\rho_L/(p_1-p_2)}$
	阻塞流：$\Delta p \geqslant F_L^2(p_1 - F_F p_v)$	$C = 10Q_L \sqrt{\rho_L/(F_L^2(p_1 - F_F p_v))}$
气体	非阻塞流：$x < F_K x_T$	$C = \dfrac{Q_g}{5.19 p_1 Y}\sqrt{\dfrac{T_1 \rho_H Z}{x}}$
	阻塞流：$x \geqslant F_K x_T$	$C = \dfrac{Q_g}{2.9 p_1}\sqrt{\dfrac{T_1 \rho_H Z}{k x_T}}$
蒸汽	非阻塞流：$x < F_K x_T$	$C = \dfrac{W_s}{3.16 Y}\sqrt{\dfrac{1}{x p_1 \rho_s}}$
	阻塞流：$x \geqslant F_K x_T$	$C = \dfrac{W_s}{1.78}\sqrt{\dfrac{1}{k x_T p_1 \rho_s}}$

注：Q_L 为液体体积流量，单位为 m³/h；p_1、p_2 为阀前、后绝对压力，单位为 kPa；p_v 为阀入口温度下液体饱和蒸汽压，单位为 kPa；ρ_L 为液体密度，单位为 kg/m³；F_L 为压力恢复系数；F_F 为液体临界压力比系数；ρ_H 为气体密度（标准状态：273K，100kPa），单位为 kg/m³；Q_g 为标准气体体积流量，单位为 m³/h；T_1 为阀入口处流体温度，单位为 K；x 为压差比；Y 为膨胀系数；Z 为气体压缩系数；k 为气体绝热指数（等熵指数）；F_K 为比热比系数；x_T 为临界压差比；W_s 为蒸汽质量流量，单位为 kg/h；ρ_s 为阀入口压力、温度下蒸汽密度，单位为 kg/m³。

表 3-2 中的计算公式仅适用于牛顿型不可压缩流体（如低黏度液体）和可压缩流体（气体、蒸汽）。所谓牛顿型流体是指其切向速度正比于切应力的流体。关于牛顿型不可压缩流体和可压缩流体的均匀混合流体的计算公式可参看其他有关文献。

由表 3-2 可知，对不同性质的流体，以及同一流体在不同的流动工况条件下，流量系数 C 要采用不同的计算公式。另外，表 3-2 中流量系数 C 的计算公式都是在流体比较简单的流动情况下得到的，实际生产中却存在着各种复杂的工作流情况，例如存在阻塞流、可压缩流体、层流和管件形状不规范等情况，此时需要根据不同的情况对表 3-2 中的流量系数 C 加以修正，得到符合实际工作流的流量系数。下面就从阻塞流、可压缩流体、流态和管件形状等对流量系数的影响，介绍表 3-2 中各种计算公式的使用范围和条件。

1. 阻塞流对流量系数 C 的影响

所谓阻塞流，是指当阀前压力 p_1 保持恒定而逐步降低阀后压力 p_2 时，流经调节阀的流量会增加到一个最大极限值 Q_{max}，此时若再继续降低 p_2，流量也不再增加，此极限流量被称为阻塞流，p_1 恒定时的 Q 与 $\sqrt{\Delta p}$ 的关系如图 3-7 所示。图 3-7 中，当阀压降大于 $\sqrt{\Delta p_{cr}}$ 时，就会出现阻塞流。当出现阻塞流时，调节阀的流量与阀前、后压降 $\Delta p = p_1 - p_2$ 的关系已不再遵循式（3-4）的规律。此时，如果再按式（3-4）计算流量，则值会大大超过阻塞流时的最大流量 Q_{max}。因此，在计算 C 时，首先要确定调节阀是否处于阻塞流情况。

① 对于不可压缩液体，其压力在阀内变化情况见图 3-8（调节阀内流体压力梯形图）。图中阀前静压为 p_1，通过阀芯后流束断面积最小，成为缩流，此处流速最大而静压 p_{vc} 最低，以后流束断面逐渐扩大，流速减缓，压力逐渐上升到阀后压力 p_2，这种压力回升现象被称为压力恢复。

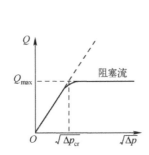

图 3-7 p_1 恒定时的 Q 与 $\sqrt{\Delta p}$ 的关系

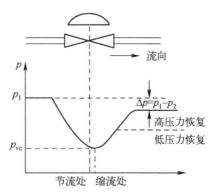

图 3-8 调节阀内流体压力梯形图

当液体在缩流处的压力 p_{vc} 小于入口温度下流体介质饱和蒸汽压 p_v 时，部分液体发生相变，形成气泡，产生闪蒸。继续降低 p_{vc}，流体便形成阻塞流。产生阻塞流时，p_{vc} 用 p_{vcr} 表示。该值与液体介质的物理性质有关，即

$$p_{vcr} = F_F p_v \qquad (3-5)$$

式中，F_F 为液体临界压力比系数，是 p_v 与液体临界压力 p_c 之比的函数，可由公式 $F_F = 0.96 - 0.28\sqrt{p_v/p_c}$ 近似确定。

不同结构的阀，其压力恢复程度不同。阀的开度不同，压力恢复程度也不同。阀全开时，压力恢复程度用压力恢复系数 F_L 表示。

● 在非阻塞流工况下，压力恢复系数 F_L 为

$$F_L = \sqrt{\frac{\Delta p}{\Delta p_{vc}}} = \sqrt{\frac{p_1 - p_2}{p_1 - p_{vc}}} \qquad (3-6)$$

● 在阻塞流工况下，压力恢复系数 F_L 为

$$F_L = \sqrt{\frac{\Delta p_{cr}}{\Delta p_{vcr}}} = \sqrt{\frac{(p_1 - p_2)_{cr}}{p_1 - p_{vcr}}} = \sqrt{\frac{(p_1 - p_2)_{cr}}{p_1 - F_F p_v}} \qquad (3-7)$$

或

$$\Delta p_{cr} = F_L^2 (p_1 - F_F p_v) \qquad (3-8)$$

实验表明，对于一个给定的调节阀，F_L 为一个固定常数。它只与阀结构、流路形式有关，而与阀口径大小无关。表 3-3 给出了常用调节阀的 F_L、x_T 和 F_p 值。

表 3-3　常用调节阀的 F_L、x_T 和 F_p 值

阀　形　式		单　座　阀				双　座　阀		角　形　阀				球　阀		蝶　阀	
阀内组件		柱塞形		套筒形		V 形	柱塞形	V 形	套筒形		柱塞形		标准 O 形	开孔口	90° 全开	60° 全开
流向/		流开	流闭	流开	流闭	任意	任意	任意	流开	流闭	流开	流闭	任意	任意	任意	任意
F_L		0.9	0.8	0.9	0.8	0.9	0.85	0.9	0.85	0.80	0.90	0.80	0.55	0.57	0.55	0.68
x_T		0.72	0.55	0.75	0.70	0.75	0.70	0.75	0.65	0.60	0.72	0.65	0.15	0.25	0.20	0.38
F_p	D/D_g =1.25	0.99	0.99	0.98	0.97	0.99	0.98	0.98	0.99	0.99	0.97	0.96	0.92	0.94	0.92	0.97
	D/D_g =1.50	0.97	0.97	0.95	0.94	0.98	0.96	0.96	0.97	0.97	0.93	0.91	0.83	0.87	0.83	0.93
	D/D_g =2.00	0.95	0.95	0.92	0.90	0.96	0.93	0.94	0.94	0.94	0.89	0.85	0.74	0.80	0.74	0.89

在非阻塞流和阻塞流两种情况下，不可压缩液体流量系数 C 的计算公式见表 3-2。

② 对于气体、蒸汽等可压缩流体，引入一个系数 x，被称为压差比，$x=\Delta p/p_1$。大量实验表明，若以空气为实验流体，对于一个给定的调节阀，产生阻塞流时的压差比要达到某一极限值，被称为临界压差比 x_T。x_T 只取决于调节阀的结构，即流路形式。常用调节阀的 x_T 见表 3-3。

对于空气以外的其他可压缩流体，产生阻塞流的临界条件为

$$x = F_K x_T \tag{3-9}$$

式中，F_K 为比热比系数。其定义为可压缩流体绝热指数 k 与空气绝热指数 $k_{air}(=1.4)$ 之比。

在非阻塞流和阻塞流两种情况下，气体和蒸汽等可压缩流体流量系数 C 的计算公式见表 3-2。

2. 气体（蒸汽）流量系数 C 的修正

气体、蒸汽等可压缩流体，在调节阀内，其体积由于压力降低而膨胀，密度也随之减小。利用式（3-4）计算气体的流量系数，不论代入阀前气体密度还是阀后气体密度，都会引起较大误差，必须对气体这种可压缩效应进行必要的修正。国际上目前推荐的膨胀系数修正法，实质就是引入一个膨胀系数 Y 以修正气体密度的变化。Y 等于在同样雷诺数条件下，气体流量系数与液体流量系数的比值，可按式（3-10）计算，即

$$Y = 1 - \frac{x}{3F_K x_T} \tag{3-10}$$

此外，在各种压力、温度下实际气体密度与按理想气体状态方程求得的理想气体密度存在偏差。为衡量偏差程度大小，引入压缩系数 Z，可由式（3-11）确定。

$$Z = \frac{p_1}{\rho_1 R T_1} \tag{3-11}$$

式中，R 为气体常数；ρ_1 为阀入口处气体密度。

常用气体压缩系数 Z，已根据实验结果绘制成曲线，读者可直接查阅有关手册。

经过修正后的气体和蒸汽等可压缩流体流量系数 C 的计算公式见表 3-2。

3. 低雷诺数对流量系数 C 的修正

流量系数 C 是在流体湍流条件下测得的。雷诺数 Re 是判断流体在管道内流动状态的一个无量纲数。当 Re>3500 时，流体处于湍流情况，可按式（3-4）计算 C，但当 Re<2300 时，流体已处于层流状态，流量与阀压降成线性关系，不再遵循式（3-4）。因此，必须对低雷诺数流体的 C 加以修正。修正后的流量系数 C' 可按式（3-12）计算，即

$$C' = \frac{C}{F_R} \tag{3-12}$$

式中，C 为按表 3-2 给出公式求得的流量系数；F_R 为雷诺数修正系数，可根据 Re 由图 3-9 查得。

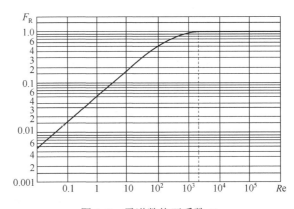

图 3-9　雷诺数修正系数 F_R

雷诺数 Re 可根据调节阀的结构由以下公式求得。

① 对于直通单座阀、套筒阀、球阀等只有一个流路的调节阀，雷诺数

$$Re = 70700 \frac{Q_L}{v\sqrt{C}} \tag{3-13}$$

② 对于直通双座阀、蝶阀、偏心旋转阀等具有两个平行流路的调节阀，雷诺数

$$Re = 49490 \frac{Q_L}{v\sqrt{C}} \tag{3-14}$$

式中，v 为液体介质的运动黏度，$10^{-6}\mathrm{m}^2/\mathrm{s}$。

由图 3-9 可以看出，在工程计算中，当 Re>3500 时，$F_R \approx 1$，此时，对表 3-2 中流量系数 C 不需要做低雷诺数修正。只有雷诺数 Re<3500 时，才考虑进行低雷诺数修正。

需要指出的是，在工程应用中气体流体的流速一般都比较高，相应的雷诺数 Re 也比较大，一般都大于 3500。因此，对于气体或蒸汽一般都不必考虑进行低雷诺数修正问题。

4. 管件形状对流量系数 C 的影响

调节阀流量系数 C 计算公式是有一定的前提条件的，即调节阀的公称直径 D_g 必须与管

道直径 D 相同，而且管道要保证有一定的直管段，如图 3-10 所示。

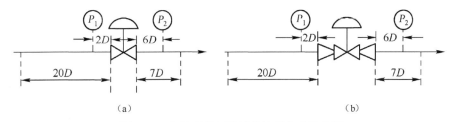

图 3-10　流量系数标准试验接管方式结构图

　　如果调节阀实际配管状况不满足上述条件，特别是在调节阀公称直径小于管道直径，阀两端装有渐缩器、渐扩器或三通等过渡管件情况下，由于这些过渡管件上的压力损失，使加在阀两端的阀压降减小，从而使阀实际流量系数减小。因此，必须对未考虑附接管件计算得到的流量系数加以修正。管件形状修正后的流量系数 C' 按下式计算：

$$C' = \frac{C}{F_{\mathrm{p}}}$$

式中，C 为按表 3-2 给出公式求得的流量系数；F_{p} 为管件形状修正系数。它与调节阀上下游阻力系数，阀入口、出口处伯努利系数有关。有关管件形状修正系数 F_{p}，见表 3-3。

　　从表 3-3 可以看出，当管道直径 D 与调节阀的公称直径 D_{g} 之比（D/D_{g}）在 1.25～2.0 之间时，各种调节阀的管件形状修正系数 F_{p} 多数大于 0.90。此外，调节阀在制造时，C 本身也有误差。为了简化计算起见，除了在阻塞流的情况需要进行管件形状修正，对非阻塞流的情况，只有球阀、90°全开蝶阀等少数调节阀，当 $D/D_{\mathrm{g}} \geqslant 1.5$ 时，才进行管件形状修正。

3.3　调节阀结构特性和流量特性

第 13 讲

　　调节阀总是安装在工艺管道上，调节阀与管道连接方框图如图 3-11 所示。

　　图 3-11 中，u 是控制器输出的控制信号；$q = Q/Q_{100}$ 为相对流量，即调节阀在某一开度下流量 Q 与全开时流量 Q_{100} 之比；$f = F/F_{100}$ 为相对节流面积，调节阀在某一开度下节流面积 F 与全开时节流面积 F_{100} 之比；$l = L/L_{100}$ 为相对开度，调节阀在某一开度下，行程 L 与全开时行程 L_{100} 之比。

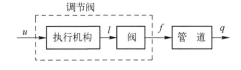

图 3-11　调节阀与管道连接方框图

　　调节阀的静态特性：

$$K_{\mathrm{v}} = \mathrm{d}q/\mathrm{d}u$$

　　调节阀的动态特性：

$$G_{\mathrm{v}}(s) = \frac{q(s)}{U(s)} = \frac{K_{\mathrm{v}}}{T_{\mathrm{v}}s + 1}$$

其中，$U(s)$是控制器输出控制信号 u 的象函数；$q(s)$是被调介质流过阀门相对流量 q 的象函数。K_v的符号由调节阀的作用方式决定，气开式调节阀 K_v 为"+"，气关式调节阀 K_v 为"–"。T_v为调节阀的时间常数，一般很小，可以忽略。但在如流量控制这样的快速过程中，T_v有时不能忽略。

因为执行机构静态时输出 l（阀门的相对开度）与 u 成比例关系，所以调节阀静态特性又称调节阀流量特性，即 $q = f(l)$。它主要取决于阀的结构特性和工艺配管情况。下面将分别详细论述调节阀结构特性和流量特性。

3.3.1　调节阀的结构特性

调节阀结构特性是指阀芯与阀座间节流面积与阀门开度之间的关系，通常用相对量表示为

$$f = \varphi(l) \tag{3-15}$$

式中，$f = F/F_{100}$ 为相对节流面积；$l = L/L_{100}$ 为相对开度。

调节阀结构特性取决于阀芯的形状，不同的阀芯曲面对应不同的结构特性。如图 3-12 所示，阀芯形状有快开、直线、抛物线和等百分比四种，对应的结构特性如图 3-13 所示。

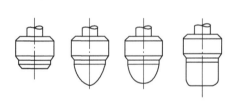

（a）快开　（b）直线　（c）抛物线　（d）等百分比

图 3-12　阀芯曲面形状

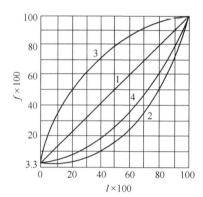

1—直线；2—等百分比；3—快开；4—抛物线

图 3-13　调节阀的结构特性（$R = 30$）

1. 线性结构特性

线性结构特性是指调节阀的相对节流面积与阀的相对开度成线性关系，用相对量表示即有

$$\frac{\mathrm{d}f}{\mathrm{d}l} = k \tag{3-16}$$

对式（3-16）积分可得

$$f = kl + c \tag{3-17}$$

式中，k、c 均为常数。

若已知边界条件为：$L = 0$ 时，$F = F_0$；$L = L_{100}$ 时，$F = F_{100}$，即 $l = 0$ 时，$f = F_0/F_{100}$；$l = 1$

时，$f = 1$。

把边界条件代入式（3-17），可得 $c = F_0 / F_{100}$，$k = 1 - c$，则

$$f = \frac{1}{R}[1 + (R-1)l] = \left(1 - \frac{1}{R}\right)l + \frac{1}{R} \qquad (3\text{-}18)$$

式中，$R = F_{100}/F_0$ 为调节阀全开时节流面积 F_{100} 与全关时节流面积 F_0 之比，被称为调节阀可调范围。目前我国统一设计时取 R 等于 30，但有些特殊的调节阀，如 V 形球阀和全功能超轻型调节阀，R 可取 100～200，调节阀的结构特性（$R=30$）见图 3-13。从式（3-18）或图 3-13 可以看出，各种调节阀全关时的 f 均为 $1/R$，即 $1/30 = 3.33\%$，也就是当 $l = 0\%$ 时，$f = 3.3\%$。

由式（3-18）可知，调节阀的相对节流面积与相对开度为线性关系。如图 3-13 中直线 1 所示，这种结构特性的斜率在全行程范围内是一个常数。所以无论阀杆原来在什么位置，只要阀芯位移变化量相同，则节流面积 f 的增量也总是相同的。如当相对开度 l 变化 10% 时，所引起的相对节流面积 f 的增量总是 9.67%，但调节阀在小开度和大开度时，相对节流面积 f 的相对变化量却不同。下面以相对开度 l 分别为 10%、50% 和 80% 三点为例进行定量分析。

① 当 $l = 10\%$ 时，$f|_{l=10\%} = (1 - 1/30) \cdot 10\% + 1/30 = 0.13$。若相对开度 l 增加 10%，则相对节流面积 f 的相对变化量为

$$\frac{f|_{l=20\%} - f|_{l=10\%}}{f|_{l=10\%}} = \frac{0.2267 - 0.13}{0.13} \times 100\% = \frac{0.0967}{0.13} \times 100\% = 74\%$$

此时，若忽略纵轴的 3.3，也可近似认为，当相对开度 l 增加 10% 时，相对节流面积 f 增加 1 倍，即变化后的相对节流面积 f 是变化前的 20%/10%=2 倍。

② 当 $l = 50\%$ 时，$f|_{l=50\%} = 0.5167$。若相对开度 l 增加 10%，则相对节流面积 f 的相对变化量为

$$\frac{f|_{l=60\%} - f|_{l=50\%}}{f|_{l=50\%}} = \frac{0.0967}{0.5167} \times 100\% = 19\%$$

此时，若忽略纵轴的 3.3，也可近似认为，当相对开度 l 增加 10% 时，相对节流面积 f 增加 0.2 倍，即变化后的相对节流面积 f 是变化前的 60%/50%=1.2 倍。

③ 当 $l = 80\%$ 时，$f|_{l=80\%} = 0.8067$。若相对开度 l 增加 10%，则相对节流面积 f 的相对变化量为

$$\frac{f|_{l=90\%} - f|_{l=80\%}}{f|_{l=80\%}} = \frac{0.0967}{0.8067} \times 100\% = 12\%$$

此时，若忽略纵轴的 3.3，也可近似认为，当相对开度 l 增加 10% 时，相对节流面积 f 增加 0.125 倍，即变化后的相对节流面积 f 是变化前的 90%/80%=1.125 倍。

由此可见，对于同样大的阀芯位移，小开度时的相对节流面积的相对变化量大，这时灵敏度过高，控制作用过强，容易产生振荡，对控制不利；大开度时的相对节流面积的相对变化小，这时灵敏度又太小，控制缓慢，削弱了控制作用。因此，这种结构特性的缺点是它在小开度时调节灵敏度过高，而在大开度时调节又不够灵敏。当线性结构特性阀工作在小开度

或大开度的情况下，控制性能都较差，不宜在负荷变化大的场合使用。

2. 等百分比（对数）结构特性

等百分比（对数）结构特性是指在任意开度下，单位行程变化所引起的节流面积变化都与该节流面积本身成正比关系，用相对量表示时即有

$$\frac{\mathrm{d}f}{\mathrm{d}l} = kf \qquad (3\text{-}19)$$

对式（3-19）积分并代入前述边界条件：$l=0$ 时，$f=F_0/F_{100}=1/R$；$l=1$ 时，$f=1$，可得

$$\ln f = (l-1)\ln R \qquad \text{或} \qquad f = R^{(l-1)} \qquad (3\text{-}20)$$

可见，f 与 l 之间成对数关系，如图 3-13 中曲线 2，因此这种特性又称为对数特性。这种特性的调节阀，小开度时节流面积变化平缓；大开度时节流面积变化加快，可保证在各种开度下的调节灵敏度都一样。

3. 快开结构特性

快开结构特性调节阀的特点是结构特别简单，阀芯的最大有效行程为 $d_{\mathrm{g}}/4$（d_{g} 为阀座直径）。其特性如图 3-13 中曲线 3 所示。特性方程为

$$f = 1 - \left(1 - \frac{1}{R}\right)(1-l)^2 \qquad (3\text{-}21)$$

从调节灵敏度看，这种特性比线性结构还要差，因此很少用作调节阀。

4. 抛物线结构特性

抛物线结构特性是指阀的节流面积与开度成抛物线关系。其特性方程为

$$f = \frac{1}{R}[1 + (R^{\frac{1}{2}} - 1)l]^2 \qquad (3\text{-}22)$$

它的特性很接近等百分比特性，如图 3-13 曲线 4 所示。

3.3.2 调节阀的流量特性

调节阀的流量特性是指流体流过阀门的流量与阀门开度之间的关系，可用相对量表示为

$$q = f(l) \qquad (3\text{-}23)$$

式中，$q = Q/Q_{100}$ 为相对流量；$l = L/L_{100}$ 为相对开度。

值得注意的是，调节阀一旦制成以后，它的结构特性就确定不变了。但流过调节阀的流量不仅决定于阀的开度，而且也决定于阀前、后的压差和它所在的整个管路系统的工作情况。下面为便于分析起见，先考虑阀前、后压差固定情况下阀的流量特性，再讨论阀在管路中工作时的实际情况。

1. 理想流量特性

在调节阀前、后压差固定（$\Delta p = $ 常数）情况下得到的流量特性被称为理想流量特性。

假设调节阀流量系数与阀节流面积成线性关系，即

$$C = C_{100}f \tag{3-24}$$

式中，C 和 C_{100} 分别为调节阀流量系数和额定流量系数。

由式（3-4）可知，通过调节阀的流量为

$$Q = 0.1C\sqrt{\frac{\Delta p}{\rho}} = 0.1C_{100}f\sqrt{\frac{\Delta p}{\rho}} \tag{3-25}$$

调节阀全开时，$f=1$，$Q=Q_{100}$，式（3-25）变为

$$Q_{100} = 0.1C_{100}\sqrt{\frac{\Delta p}{\rho}} \tag{3-26}$$

当 $\Delta p =$ 常数时，由式（3-25）和式（3-26）得

$$q = f \tag{3-27}$$

式（3-27）表明，若调节阀流量系数与节流面积成线性关系，那么调节阀的结构特性就是理想流量特性。

2．工作流量特性

调节阀在实际使用的情况下，其流量与开度之间的关系被称为调节阀工作流量特性。根据调节阀所在的管道情况，可以分串联和并联管系来讨论。

（1）串联管系调节阀的工作流量特性

图 3-14 表示调节阀与工艺设备串联工作时的情况，此时阀上的压降只是管道系统总压降的一部分。由于设备和管道上的压力损失 $\sum\Delta p_e$ 与通过的流量成平方关系，因此当总压降 $\sum\Delta p$ 一定时，随着阀开度增大，管道流量增加，调节阀上压降 Δp 将逐渐减小，串联管系调节阀上压降变化如图 3-15 所示。这样，在相同的阀芯位移下，现在的流量要比调节阀上压降保持不变的理想情况小。

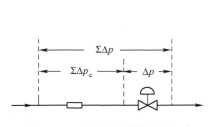

图 3-14　调节阀与管道串联工作

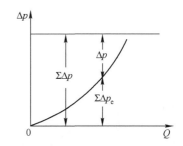

图 3-15　串联管系调节阀上压降变化

以 S_{100} 表示调节阀全开时的压降 Δp_{100} 与系统总压降 $\sum\Delta p$ 之比，被称为全开阀阻比，即

$$S_{100} = \frac{\Delta p_{100}}{\sum\Delta p} = \frac{\Delta p_{100}}{\Delta p_{100} + \sum\Delta p_e} \tag{3-28}$$

式中，$\sum \Delta p_e$ 为管道系统中除调节阀外其余各部分压降之和。

全开阀阻比 S_{100} 是表示串联管系中配管状况的一个重要参数。

由式（3-25）可得

$$Q^2 = 0.01 C_{100}^2 f^2 \frac{\Delta p}{\rho} \tag{3-29}$$

如果与调节阀相类似，引入管道系统流量系数 C_e 的概念。它代表单位压降下通过管道的流体体积流量。考虑到管道流通面积固定（$f_e = 1$），则其上流量与压降间的关系为

$$Q^2 = 0.01 C_e^2 \frac{\sum \Delta p_e}{\rho} \tag{3-30}$$

由式（3-29）和式（3-30），并考虑到 $\sum \Delta p = \Delta p + \sum \Delta p_e$，可得

$$\Delta p = \sum \Delta p \left/ \left(\frac{C_{100}^2}{C_e^2} f^2 + 1 \right) \right. \tag{3-31}$$

当调节阀全开时（$f = 1$），其上压差为

$$\Delta p_{100} = \sum \Delta p \left/ \left(\frac{C_{100}^2}{C_e^2} + 1 \right) \right.$$

因此

$$S_{100} = \frac{C_e^2}{C_{100}^2 + C_e^2} \tag{3-32}$$

这样就得到调节阀上的压降、相对节流面积与 S_{100} 之间的关系，即

$$\Delta p = \sum \Delta p \left/ \left[\left(\frac{1}{S_{100}} - 1 \right) f^2 + 1 \right] \right. \tag{3-33}$$

最后，可以得到串联管系中调节阀相对流量为

$$q = \frac{Q}{Q_{100}} = f \sqrt{1 \left/ \left[\left(\frac{1}{S_{100}} - 1 \right) f^2 + 1 \right] \right.} \tag{3-34}$$

式中，Q_{100} 为理想情况下 $\sum \Delta p_e = 0$ 时阀全开时的流量。以 $f = \varphi(l)$ 代入式（3-34），可得以 S_{100} 为参比值的调节阀工作流量特性，如图 3-16 所示。

对于线性结构特性调节阀，由于串联管道阻力的影响，线性的理想流量特性畸变成一组斜率越来越小的曲线，如图 3-16（a）所示。随着 S_{100} 的减小，流量特性将畸变为快开特性，以致开度到达 50%～70% 时，流量已接近全开时的数值。对于等百分比结构特性调节阀，情况相似，如图 3-16（b）所示。随着 S_{100} 的减小，流量特性将畸变为直线特性。

由此可见，阀门的实际流量特性，向着大开度时斜率下降的方向畸变，即直线阀的实际流量特性向着快开阀特性畸变；而等百分比阀的实际流量特性向着直线阀特性畸变。

在实际使用中，S_{100} 一般不希望低于 0.3～0.5。S_{100} 很小，就意味着调节阀上的压降在

整个管道系因压降中所占比重甚小，无足轻重，所以它在较大开度下调节流量的作用也就很不灵敏。一些老的生产设备，其工艺管道上的调节阀往往尺寸失之过大，这时就会出现上述问题。

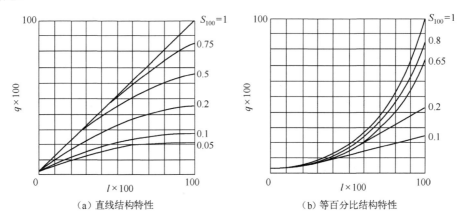

（a）直线结构特性　　　　　　　　　　（b）等百分比结构特性

图 3-16　串联管系中调节阀工作流量特性

（2）并联管系调节阀的工作流量特性

在实际使用中，调节阀一般都装有旁路阀，以备用作手动操作和维护调节阀。当因生产量提高或其他原因使介质流量不能满足工艺生产要求时，可以把旁路阀打开一些，以应生产所需。图 3-17 为调节阀与管道并联管工作情况。

令 S'_{100} 为并联管系中调节阀全开流量 Q_{100} 与总管最大流量 $Q_{\Sigma\max}$ 之比，称 S'_{100} 为阀全开流量比。即

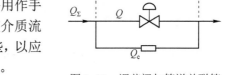

图 3-17　调节阀与管道并联管工作情况

$$S'_{100} = \frac{Q_{100}}{Q_{\Sigma\max}} = \frac{C_{100}}{C_{100} + C_e} \tag{3-35}$$

阀全开流量比 S'_{100} 是表征并联管系配管状况的一个重要参数。

显然，并联管路的总流量是调节阀流量与旁路流量之和，即

$$Q_\Sigma = Q + Q_e = 0.1 C_{100} f \sqrt{\frac{\Delta p}{\rho}} + 0.1 C_e \sqrt{\frac{\Delta p}{\rho}} \tag{3-36}$$

调节阀全开时（$f = 1$），管路的总流量最大，有

$$Q_{\Sigma\max} = Q_{100} + Q_e = 0.1(C_{100} + C_e)\sqrt{\frac{\Delta p}{\rho}} \tag{3-37}$$

这样，并联管道工作流量特性为

$$q = \frac{Q_\Sigma}{Q_{\Sigma\max}} = S'_{100} f + (1 - S'_{100}) \tag{3-38}$$

以 $f = \varphi(l)$ 代入式（3-38），可以得到在不同 S'_{100} 时，并联管道中调节阀的工作流量特性，

如图 3-18 所示。

由图 3-18 可知，当 $S'_{100} = 1$ 时，旁路阀关闭，并联管道工作流量特性就是调节阀的理想流量特性。随着 S'_{100} 的减小，即旁路阀逐渐开大，尽管调节阀本身流量特性无变化，但管道系统的可控性却大大下降，这将使管系中可控的流量减小，严重时甚至会使并联管系中调节阀失去控制作用。

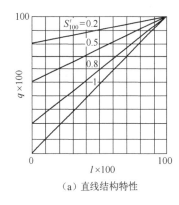 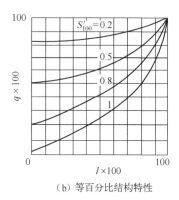

（a）直线结构特性 　　　　　　　　（b）等百分比结构特性

图 3-18　并联管系中调节阀工作流量特性

3.3.3　调节阀的可调比

调节阀的可调比是反映调节阀特性的一个重要参数，是选择调节阀是否合适的指标之一。

1. 理想可调比

调节阀的理想可调比 R_o 是指在阀压降恒定的情况下，能控制的最大流量 Q_{100} 与最小流量 Q_0 之比，即

$$R_o = \frac{Q_{100}}{Q_0} \tag{3-39}$$

式中，Q_0 为阀压降在恒定情况下可控制流量的下限值，通常是 Q_{100} 的 2%～4%。它不同于阀的泄流量。泄流量则是由于阀不能真正关死造成的，一般为 Q_{100} 的 0.01%～0.1%，难以控制。

在调节阀压降恒定情况下，有

$$R_o = \frac{Q_{100}}{Q_0} = \frac{0.1 C_{100}\sqrt{\Delta p / \rho}}{0.1 C_0 \sqrt{\Delta p / \rho}} = \frac{C_{100}}{C_0} \tag{3-40}$$

式中，C_0 为阀全关时的流量系数；C_{100} 为阀全开时的流量系数。

由式（3-24）可得 $C_0 = C_{100} f_0 = C_{100} (F_0 / F_{100})$，代入式（3-40）中，则理想可调比为

$$R_o = \frac{F_{100}}{F_0} = R \tag{3-41}$$

式中，R 即为调节阀的可调范围。

由此可见，调节阀的理想可调比 R_0 等于调节阀的可调范围 R。从使用的角度来看，理想可调比越大越好。但由于最小节流面积 F_0 受阀芯结构设计和加工的限制，不可能做得太小。

2. 实际可调比

在实际使用中，调节阀前、后的压降是随管道阻力的变化而变化的。此时，调节阀实际控制的最大流量和最小流量之比被称为实际可调比。

（1）串联管系中的可调比

串联管系中管道阻力的存在会使调节阀的可调比变小。在串联管系中（阀阻比 $S_{100}<1$），调节阀的实际可调比为

$$R_{s} = \frac{Q_{r100}}{Q_{r0}} \tag{3-42}$$

式中，Q_{r100}、Q_{r0} 分别为有管道阻力情况下阀全开、全关时的流量。

根据流量系数的定义可得

$$R_{s} = \frac{C_{100}}{C_0} \sqrt{\frac{\Delta p_{100}}{\Delta p_0}} \tag{3-43}$$

考虑到调节阀全关时，其上压降 Δp_0 近似为管道系统中总压降 $\Sigma\Delta p$，因此

$$R_{s} \approx R_0 \sqrt{S_{100}} \tag{3-44}$$

图 3-19 所示为串联管系中调节阀的实际可调比与 S_{100} 之间的关系。可见，串联管系中调节阀实际可调比降低，当阀阻比 S_{100} 越小，即串联管道的阻力损失越大时，实际可调比越小。

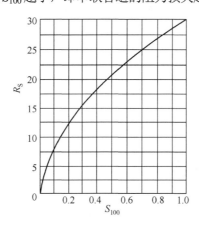

图 3-19　串联管系中调节阀的实际可调比与 S_{100} 之间的关系

（2）并联管系中的可调比

与串联管系情况相类似，并联管系中调节阀的实际可调比 R_p 可定义为

$$R_{p} = \frac{Q_{\Sigma max}}{Q_0 + Q_e} \tag{3-45}$$

式中，Q_0 为调节阀所控制的最小流量；Q_e 为并联管系的旁路流量；$Q_{\Sigma max}$ 为总管最大流量。

同理，可推导出 R_p 的计算式如下

$$R_p = \frac{R_o}{R_o - (R_o - 1)S'_{100}} \tag{3-46}$$

图 3-20 所示为并联管系中调节阀的实际可调比与 S'_{100} 之间的关系。由图可知，随阀全开流量比 S'_{100} 减小，R_p 急剧下降，因此打开旁路，调节阀的控制效果很差。实际使用时，一般要求 $S'_{100} > 0.8$。也就是说，旁路流量只占管道总流量的百分之十几。

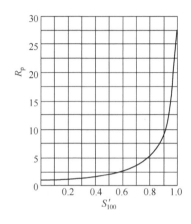

图 3-20　并联管系中调节阀的实际可调比与 S'_{100} 之间的关系

实际使用的调节阀既有旁路又有串联设备，因此它的理想流量特性畸变，管道系统可调比下降更严重，调节阀甚至起不了调节作用。表 3-4 对调节阀在串、并联管系的工作情况做了比较。

表 3-4　串、并联管系中调节阀工作情况比较

调节阀使用场合	流量特性	可调比	最大流量	静态增益
串联管系	畸变严重	降低较小	减小	大开度时增大，小开度减小
并联管系	畸变较轻	降低较大	增大	均减小

▌ 3.4　气动调节阀的选型

第 14 讲

调节阀是自动控制系统的执行部件，其选择对控制质量有较大的影响。调节阀选型中，一般应考虑以下几点：

① 根据工艺条件，选择合适调节阀的结构形式和材质。

② 根据工艺对象的特点，选择合理的流量特性。

③ 根据工艺参数，计算出流量系数，选择合理的阀口径。

下面仅就上述提出的问题进行简要的论述。

3.4.1 调节阀结构形式的选择

不同结构的调节阀有其各自的特点，适应不同的需要。在选用时，要注意：
① 工艺介质的种类、腐蚀性和黏性；
② 流体介质的温度、压力（入口和出口压力）、比重；
③ 流经阀的最大、最小流量，正常流量及正常流量时阀上的压降。

在一般情况下，应优先选用直通单、双座调节阀。直通单座阀一般适用于泄漏量要求小和阀前、后压降较小的场合；直通双座阀一般适用于对泄漏量要求不严和阀前、后压降较大的场合，但不适用于高黏度或含悬浮颗粒的流体。

对于高黏度或含悬浮颗粒的流体，气-液混相或易闪蒸的液体，以及要求直角配管的场合，可选用角形阀。

对于浓浊浆液和含悬浮颗粒的流体以及在大口径、大流量和低压降的场合，可选择蝶阀。

三通调节阀既可用于混合两种流体，又可以将一种流体分为两股，多用于换热器的温度控制系统。

隔膜阀具有结构简单、流道阻力小、流通能力大、无外漏等优点，广泛用于高黏度、含悬浮颗粒、纤维及有毒的流体。

此外，根据需要还可选用波纹管密封阀，低噪声阀、自力式调节阀等。对于特殊工艺生产过程，还需选用专用调节阀。其他阀型及适用范围可参阅有关参考文献。

3.4.2 调节阀气开与气关形式的选择

在调节阀气开与气关形式的选择上，应根据具体生产工艺的要求，主要考虑当气源供气中断或调节阀出现故障时，调节阀的阀位（全开或全关）应使生产处于安全状态。例如，进入工艺设备的流体易燃易爆，为防止爆炸，调节阀应选气开式。如果流体容易结晶，调节阀应选气关式，以防堵塞。

通常，选择调节阀气开、气关形式的原则是不使物料进入或流出设备（或装置）。一般来说，要根据以下几条原则进行选择。

① 首先要从生产安全出发。当出现气源供气中断，或因控制器故障而无输出，或因调节阀膜片破裂而漏气等故障时，调节阀无法正常工作以致阀芯恢复到无能源的初始状态（气开阀恢复到全关，气关阀恢复到全开），应能确保生产工艺设备的安全，不致发生事故。例如，锅炉的汽包液位控制系统中的给水调节阀应选用气关式。这样，一旦气源中断，也不致使锅炉内的水蒸干。而安装在燃料管道上的调节阀则大多选用气开式，一旦气源中断，则切断燃料，避免发生因燃料过多而出现事故。

② 从保证产品质量出发。当因发生故障而使调节阀处于失气状态时，不应降低产品的质量。例如，精馏塔的回流调节阀应在出现故障时打开，使生产处于全回流状态，防止不合格产品的蒸出，从而保证塔顶产品的质量，因此，选择气关阀。

③ 从降低原料、成品和动力的损耗来考虑。如控制精馏塔进料的调节阀就常采用气开式，一旦调节阀失去能源（即处于全关状态），就不再给塔进料，以免造成浪费。

④ 从介质的特点考虑。精馏塔塔釜加热蒸汽调节阀一般选气开式，以保证在调节阀失

气时能处于全关状态，从而避免蒸汽的浪费和影响塔的操作。但是如果釜液是易凝、易结晶、易聚合的物料，调节阀则应选择气关式，以防调节阀失气时阀门关闭、停止蒸汽进入而导致再沸器和塔内液体的结晶和凝聚。

当以上选择阀气开、气关形式的原则出现矛盾时，主要要从工艺生产的安全出发。当仪表供气系统故障或控制信号突然中断，调节阀阀芯应处于使生产装置安全的状态。

3.4.3　调节阀流量特性的选择

目前国产调节阀流量特性有直线、等百分比和快开三种。它们基本上能满足绝大多数控制系统的要求。快开特性适用于双位控制和程序控制系统。调节阀流量特性的选择实际上是指直线和等百分比特性的选择。

选择方法大致可归结为理论计算方法和经验法两类。但是，这些方法都较复杂，工程设计多采用经验准则，即从控制系统特性、负荷变化和阀阻比 S 值大小三个方面综合考虑，选择调节阀流量特性。

1.　从改善控制系统控制质量考虑

线性控制回路的总增益，在控制系统整个操作范围内应保持不变。通常，测量变送装置的转换系数和已整定好的控制器的增益是一个常数。但有的被控对象特性却往往具有非线性特性。例如，对象静态增益随操作条件、负荷大小而变化。因此，可以适当选择调节阀特性，以其放大系数的变化补偿对象增益的变化，使控制系统总增益恒定或近似不变，从而改善和提高系统的控制质量。例如，对于增益随负荷增大而变小的被控对象应选择放大系数随负荷增加而变大的调节阀特性。如匹配得当，就可以得到总增益不随负荷变化的系统特性，被控对象与调节阀的匹配如图 3-21 所示。等百分比特性调节阀正好满足上述要求，因而得到广泛采用。

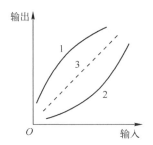

1—对象静态特性；2—调节阀流量特性；3—补偿后的特性

图 3-21　被控对象与调节阀的匹配

2.　从配管状况（S_{100} 值大小）考虑

调节阀总是与设备、管道串联使用，其工作流量特性不同于调节阀理想流量特性，必须首先根据"1"中的要求选择希望的工作流量特性，然后考虑工艺配管状况，最后确定调节阀流量特性。表 3-5 可供选用时参考。

表 3-5 配管状况与阀工作流量特性关系

配管状况	阀阻比 $S_{100}=1\sim0.6$		阀阻比 $S_{100}=0.6\sim0.3$		阀阻比 $S_{100}<0.3$
阀工作流量特性	直线	等百分比	直线	等百分比	不适宜控制
阀理想流量特性	直线	等百分比	等百分比	等百分比	

由表 3-5 可以看出，当阀阻比 $S_{100}=1\sim0.6$ 时，调节阀理想流量特性与希望的工作流量特性基本一致；但在阀阻比 $S_{100}=0.6\sim0.3$ 时，如果希望的工作流量特性为直线型，则考虑配管状况（S_{100} 值大小）后，应选择理想流量特性为等百分比特性的调节阀。

对于被控对象特性尚不十分清楚的情况，建议参考表 3-6 的选择原则，确定调节阀流量特性。

表 3-6 调节阀理想流量特性选择原则

S 值特性	直线特性	等百分比特性
$S_n=\dfrac{\Delta p_n}{\Sigma\Delta p}>0.75$	（1）液位定值控制系统 （2）主要扰动为设定值的流量温度控制系统	（1）流量、压力、温度定值控制系统 （2）主要扰动为设定值的压力控制系统
$S_n=\dfrac{\Delta p_n}{\Sigma\Delta p}\leqslant0.75$		各种控制系统

注：Δp_n 为正常流量时的阀压降；$\Sigma\Delta p$ 为管道系统总压降；S_n 为正常阀阻比。

3.4.4 调节阀口径的确定

调节阀口径的选择非常重要，它直接影响工艺生产的正常运行、控制质量及生产的经济效果。选择口径过小，则调节阀最大开度下达不到工艺生产所需的最大流量。选择口径过大，则正常流量下调节阀总是工作在小开度下，调节阀的调节特性不好，严重时可导致系统不稳定。另外，还会增加设备投资，造成资金浪费。因此必须根据工艺参数认真计算口径，选择合适的调节阀。

目前选定调节阀口径的通用方法是流通能力法（简称 C 值法）。因此调节阀口径的选择实质上就是根据特定的工艺条件（即给定的介质流量、调节阀前后的压差及介质的物性参数）进行流量系数 C 的计算，然后再按 C 值选择调节阀的口径，使得通过调节阀的流量满足工艺要求的最大流量且留有一定的裕量。

该方法首先利用给定的条件和参数，计算出最大流量系数 C_{max}，并对其进行圆整；然后根据圆整后的额定流量系数 C_{100} 的值，查表 3-1 决定阀的口径（公称直径 D_g 和阀座直径 d_g）；最后再对选定的阀进行开度和可调比验算。选定调节阀口径的具体步骤如下。

1. 确定计算流量系数需要的主要数据

为了计算出流量系数 C 的值，必须首先确定所需的各项参数，如最大流量、正常流量和最小流量；阀前压力、阀后压力；阀阻比；流体密度及其他修正系数等。

（1）正常流量 Q_n 和最大流量 Q_{max}

正常流量 Q_n 就是工艺装置在额定工况下稳定运行时流经调节阀的流量，用来计算阀的正

常流量系数 C_n。

最大流量 Q_{max} 是计算最大流量系数 C_{max} 的一个重要参数，它通常为工艺装置运行中可能出现的最大稳定流量的 $1.15\sim1.5$ 倍。最大流量与正常流量之比 $n-Q_{max}/Q_n$ 不应小于 1.25。当然，也可以由工艺装置的最大生产能力直接确定 Q_{max}。它如果选得过小，将不能满足生产要求，如果选得过大，将会使调节阀经常处于小开度下工作，可调范围变小，严重时会引起系统振荡、噪声大，系统不稳定和降低阀芯的寿命，尤其是高压调节阀更要注意这一点。

（2）阀压降 Δp

阀压降 Δp 的确定关系到阀径计算选定的正确性、控制特性的好坏和设备动力消耗的经济性。阀压降对于简单的压力、液位控制系统较容易确定。对复杂的控制系统必须使用计算机求得或用实验确定。根据不同的已知条件，阀压降 Δp 通常采用以下几种方法确定。

① 利用阀阻比 S_{100} 确定阀压降 Δp。

根据式（3-28）给定的全开阀阻比 S_{100} 的计算公式，可得调节阀全开时的压降 Δp_{100} 为

$$\Delta p_{100} = \frac{S_{100}\Sigma\Delta p_e}{1-S_{100}} \tag{3-47}$$

式中，Δp_{100} 为调节阀全开时的压降；$\Sigma\Delta p_e$ 为管道系统中除调节阀外其余各部分压降之和。

在计算流量系数时，阀压降 Δp 可用调节阀全开时的压降 Δp_{100} 近似代替。

② 按管路系统中阀前后定压点的压差确定阀压降 Δp。

定压点就是在该点处压力不随流量的变化而改变。阀前定压点，如车间总管、风机出口、阀前总管等；阀后定压点，如炉膛压力、喷嘴前压力、容器内压力或需要保持的某点压力等。设阀前定压点压力为 p_{d1}，阀后定压点压力为 p_{d2}，则

$$\Delta p = S_{100}(p_{d1} - p_{d2})$$

③ 如已知原动机（风机、泵等）的特性和管路系统的阻力变化特性，原动机特性和管路特性曲线如图 3-22 所示，则阀的计算压差为流量在给定的最大值 Q_{max} 时具有的二者的压力差，即

$$\Delta p = p_{A\min} - p_{B\max}$$

式中，$p_{A\min}$ 为原动机在 Q_{max} 下的最小压力；$p_{B\max}$ 为管路系统在 Q_{max} 下的最大压力。

④ 如已知或测得最大流量时管路系统的阻损 $\Sigma\Delta p_e$ 及管路起点可能的最小压力 $p_{1\min}$，则阀的计算压差可由下式确定。

$$\Delta p = p_{1\min} - \Sigma\Delta p_e$$

⑤ 要求阀前后保持恒压的系统，如已知管路中阀前可能的最小压力 $p_{1\min}$ 和控制器整定值的范围 $p_{2\max}$ 和 $p_{2\min}$，这时阀的计算压差可由下式确定。

$$\Delta p = p_{1\min} - p_{2\max}$$

⑥ 如已知阀开度最小时的最小流量 $Q_{\min}$ 和阀压差 $\Delta p_{\min}$，以及阀开度最大时的最大流量 $Q_{\max}$，可根据下式计算压差。

$$\Delta p = \frac{Q_{\max}^2}{Q_{\min}^2}\Delta p_{\min}$$

⑦　当没有条件仔细计算阀压降 Δp 时，也可以根据工艺管道的直径 D 来估算阀的公称直径 D_g。一般调节阀的公称直径 D_g 可等于或小于管道直径 D 的 0.5～0.75 倍，即

$$D_g \leqslant (0.5 \sim 0.75)D$$

但这时工艺管道内流体的流速最好不要超过表 3-7 所示范围。

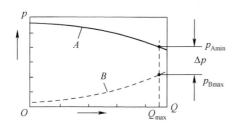

图 3-22　原动机特性和管路特性曲线

表 3-7　管道内流体的正常流速

流体名称	流速 v（m/s）
液体	1～2
低压气体	2～10
中压气体	10～20
低压蒸汽	20～40
中压蒸汽	40～60
高压蒸汽	60～80

2. 求调节阀应具有的最大流量系数 C_{max}

①　如果工艺提供的流量为最大流量 Q_{max}，在计算最大流量时阀压降为 Δp_{max}，则根据表 3-2 中的公式计算得到的流量系数 C 即为最大流量系数 C_{max}。

②　如果工艺提供的流量为正常流量 Q_n，在正常流量条件时阀压降 Δp_n，则根据表 3-2 中的公式计算得到的流量系数 C 即为正常流量系数 C_n 的值。它与最大流量系数 C_{max} 的关系如下。

$$C_{max} = mC_n$$

式中，m 称为流量系数放大倍数，它由式（3-48）确定。

$$m = n\sqrt{S_n / S_{max}} \tag{3-48}$$

式中，$n = Q_{max} / Q_n$ 为最大流量与正常流量之比；$S_n = \Delta p_n / \Sigma \Delta p$ 为正常阀压降与管道系统总压降之比，即正常阀阻比；S_{max} 为计算最大流量时的阀阻比。

● 对于调节阀上下游均有恒压点的场合

$$S_{max} = 1 - n^2(1 - S_n) \tag{3-49}$$

● 对于装在风机或离心泵出口的调节阀，其下游有恒压点的场合

$$S_{max} = \left(1 - \frac{\Delta h}{\Sigma \Delta p}\right) - n^2(1 - S_n) \tag{3-50}$$

式中，Δh 为流量由正常流量增大到计算最大流量时风机或泵出口压力的变化值。

3. 对最大流量系数 C_{max} 进行圆整确定额定流量系数 C_{100}

根据选定的调节阀类型，在该系列调节阀的各额定流量系数中，选取不小于并最接近最大流量系数 C_{max} 的一个作为选定的额定流量系数，即 C_{100}。

4．选定调节阀口径

根据与上述选定的额定流量系数 C_{100} 值，利用表 3-1 确定与其相对应的调节阀口径 D_g 和 d_g，即为选定的调节阀公称直径和阀座直径。

表 3-8　调节阀相对开度范围

流量 \ 阀特性	相对开度/%	
	直线特性	等百分比特性
最大	80	90
最小	10	30

5．调节阀相对开度的验算

由于在选定 C_{100} 值时是根据标准系列进行圆整后确定的，故需要对计算时的最大流量 Q_{max} 进行开度验算。调节阀工作时其相对开度应处于表 3-8 所示范围。

阀门的最小开度不能太小，否则流体对阀芯、阀座冲蚀严重，容易损坏阀芯，致使特性变坏，甚至调节失灵。最大开度也不能过小，否则将调节范围缩小，阀门口径偏大，调节特性变差，不经济。

对于直线特性和等百分比特性的调节阀，其相对开度进行验算公式分别为

$$l \approx C/C_{100} \text{ 和 } l = 1 + \frac{1}{\lg R} \lg \frac{C}{C_{100}}$$

式中，C 为不同相对行程 l 时，阀的相应流量系数；R 为调节阀可调范围，目前国产阀一般为 30，也有 50 的，但很少使用。

6．调节阀可调比验算

对于选定的调节阀也要对其可调比进行验算。串联管系中工作的调节阀可以通过式（3-44），即

$$R_s = R_o \sqrt{S_{100}} = 30\sqrt{S_{100}}$$

验算其可调比。

① 对于调节阀上、下游均有恒压点的场合

$$S_{100} = \frac{1}{1 + \left(\dfrac{C_{100}}{C_n}\right)^2 \left(\dfrac{1}{S_n} - 1\right)}$$

② 对于调节阀装于风机或离心泵出口，而下游又有恒压点的场合

$$S_{100} = \frac{1 - \dfrac{\Delta h}{\Sigma \Delta p}}{1 + \left(\dfrac{C_{100}}{C_n}\right)^2 \left(\dfrac{1}{S_n} - 1\right)}$$

【例 3-1】　某控制系统拟选用一台直线特性气动直通单座调节阀（流开形）。已知流体

为液氨。最大计算流量条件下的数据为： $p_1 = 26200\text{kPa}$； $\Delta p = 24500\text{kPa}$； $Q_L = 10.86\text{m}^3/\text{h}$； $\rho_L = 0.58\text{kg/m}^3$； $\nu = 0.1964\times10^{-6}\text{m}^2/\text{s}$； $D_1 = D_2 = 20\text{mm}$。

解： 由液体理化数据手册查得 $p_c = 11378\text{kPa}$； $p_v = 1621\text{kPa}$。

（1）阻塞流判别

由表 3-3 查得柱塞形单座调节阀（流开形）的 $F_L = 0.9$，则

$$F_F = 0.96 - 0.28\sqrt{p_v / p_c} = 0.96 - 0.28\sqrt{1621/11378} = 0.85$$

产生阻塞流最小压降

$$\Delta p_{cr} = F_L^2(p_1 - F_F p_v) = (0.9)^2(26200 - 0.85\times1621) = 20106\text{kPa}$$

因为 $\Delta p = 24500\text{kPa} > 20106\text{kPa} = \Delta p_{cr}$，故为阻塞流。

（2） C_{max} 值计算

根据表 3-2 知流量系数的计算机公式为

$$C_{max} = 10Q_L\sqrt{\rho_L / F_L^2(p_1 - F_F p_v)} = 10\times10.86 / \sqrt{0.58 / 20106} = 0.583$$

（3）低雷诺数修正

$$\text{Re} = \frac{70700Q_L}{\nu\sqrt{C_{max}}} = \frac{70700\times10.86}{0.1964\times\sqrt{0.583}} = 5.12\times10^6$$

由于 Re>3500，故以上计算出的流量系数不必作低雷诺数修正。

（4）初选 C_{100} 值

查表 3-1 得知，额定流量系数比 0.583 大且最接近的一个为 $C_{100} = 0.8$，对应的单座阀公称直径 $D_g = 3/4''$，阀座直径 $d_g = 8\text{mm}$。

（5）管件形状修正

因为 $D_1/D_g = 20/19 = 1.05$，所以不必作此项修正。

（6）调节阀相对开度验算

调节阀为直线特性，最大流量时的相对开度

$$l_{max} \approx \frac{C_{max}}{C_{100}} = \frac{0.583}{0.80} \approx 73\%$$

$l_{max} < 80\%$，可满足要求。

（7）调节阀可调比验算

由于没有提出 Q_{max}/Q_{min} 的要求，对调节阀的可调比不作验算。

【例 3-2】 某化肥厂合成氨车间拟选一台气动单座调节阀（流开形）。已知流体为氨气。正常流量条件下的数据为： $p_1 = 410\text{kPa}$； $\Delta p = 330\text{kPa}$； $T_1 = 271.5\text{K}$； $Q_g = 252\text{m}^3/\text{h}$； $\rho_H = 0.771\text{kg/m}^3$； $S_n = 0.7$； $n = 1.3$； $D_1 = D_2 = 25\text{mm}$； $Q_{max}/Q_{min} = 16$。

解： 由气体理化数据手册查得 $Z = 1$； $k = 1.32$。

（1）阻塞流判别

查表 3-3 知柱塞形单座调节阀（流开形）的 $x_T = 0.72$，则

$$F_K x_T = \frac{k}{1.4} x_T = \frac{1.32}{1.4} \times 0.72 = 0.678 \; ; \quad x = \Delta p / p_1 = 330 / 410 = 0.8$$

由于 $x > F_K x_T$，故为阻塞流。

（2）C_n 值计算

根据表 3-2 知流量系数的计算公式为

$$C_n = \frac{Q_g}{2.9 p_1} \sqrt{\frac{T_1 \rho_H Z}{k x_T}} = \frac{252}{2.9 \times 410} \sqrt{\frac{271.5 \times 0.771 \times 1}{1.32 \times 0.72}} = 3.145$$

（3）C_{max} 值计算

$$S_{max} = 1 - n^2 (1 - S_n) = 1 - 1.3^2 (1 - 0.7) = 0.49$$

$$m = n \sqrt{S_n / S_{max}} = 1.3 \sqrt{0.7 / 0.49} = 1.55$$

$$C_{max} = m C_n = 1.55 \times 3.145 = 4.87$$

（4）口径选定

由表 3-1 中选 $C_{100} = 5$，对应的调节阀口径 $D_g = d_g = 20\text{mm}$。

（5）管件形状修正

因为 $D_1 / D_g = 25/20 = 1.25$，所以不必作此项修正。

（6）调节阀相对开度验算

对于直线特性调节阀，其正常流量时开度

$$l_{max} \approx \frac{C_n}{C_{100}} = \frac{3.15}{5} \approx 63\%$$

因此满足要求。

（7）调节阀可调比验算

假设调节阀上下游均有恒压点，则

$$S_{100} = \frac{1}{1 + \left(\dfrac{C_{100}}{C_n}\right)^2 \left(\dfrac{1}{S_n} - 1\right)} = \frac{1}{1 + \left(\dfrac{5}{3.15}\right)^2 \left(\dfrac{1}{0.7} - 1\right)} = 0.48$$

$$R_s = R_o \sqrt{S_{100}} = 30 \sqrt{0.48} = 20.8$$

足以满足 $Q_{max}/Q_{min} = 16$ 的要求。

【例 3-3】 某蒸汽厂选择气动双座调节阀（流开形）。已知流体为过热蒸汽。正常流量条件下的数据为：$p_1 = 1500\text{kPa}$；$\Delta p = 100\text{kPa}$；$T_1 = 368℃$；$W_s = 400\text{kg/h}$；$\rho_s = 5.09\text{kg/m}^3$；$S_n = 0.48$；$n = 1.25$；$D_1 = D_2 = 45\text{mm}$；$Q_{max}/Q_{min} = 9$。

解：由气体理化数据手册查得 $k = 1.29$。

（1）阻塞流判别

查表 3-3 知柱塞形双座调节阀的 $x_T = 0.70$，则

$$F_K x_T = \frac{k}{1.4} x_T = \frac{1.29}{1.4} \times 0.70 = 0.645 ; \quad x = \Delta p / p_1 = 100/1500 = 0.067$$

由于 $x < F_K x_T$，故为非阻塞流。

（2）C_n 值计算

$$Y = 1 - \frac{x}{3 F_K x_T} = 1 - \frac{0.067}{3 \times 0.645} = 0.97$$

$$C_n = \frac{W_S}{3.16 Y} \sqrt{\frac{1}{x p_1 \rho_S}} = \frac{400}{3.16 \times 0.97} \sqrt{\frac{1}{0.067 \times 1500 \times 5.09}} = 5.81$$

（3）C_{max} 值计算

$$S_{max} = 1 - n^2 (1 - S_n) = 1 - 1.25^2 (1 - 0.48) = 0.1875$$

$$m = n \sqrt{S_n / S_{max}} = 1.25 \sqrt{0.48 / 0.1875} = 2$$

$$C_{max} = m C_n = 2 \times 5.77 = 11.62$$

（4）口径选定

由表 3-1 中选 $C_{100} = 16$，对应的调节阀口径 $D_g = d_g = 32\text{mm}$。

（5）管件形状修正

因为 $D_1/D_g = 45/32 = 1.4$，所以对双座阀可不必作此项修正。

（6）调节阀相对开度验算

对于等百分比特性的调节阀，其正常流量和最大流量时的相对开度分别为

$$l_n = 1 + \frac{1}{\lg R} \lg \frac{C_n}{C_{100}} = 1 + \frac{1}{\lg 30} \lg \frac{5.81}{12} = 70\%$$

$$l_m = 1 + \frac{1}{\lg 30} \lg \frac{11.62}{12} = 90.6\%$$

因此满足要求。

（7）调节阀可调比验算

假设调节阀上下游均有恒压点，则

$$S_{100} = \frac{1}{1 + \left(\frac{C_{100}}{C_n}\right)^2 \left(\frac{1}{S_n} - 1\right)} = \frac{1}{1 + \left(\frac{16}{5.81}\right)^2 \left(\frac{1}{0.48} - 1\right)} = 0.1085$$

$$R_s = R_o \sqrt{S_{100}} = 30 \sqrt{0.1085} = 9.88$$

满足 $Q_{max}/Q_{min} = 9$ 的要求。

▌ 3.5　利用 MATLAB 确定调节阀的口径

利用 MATLAB 可以方便地计算出调节阀的额定流量系数 C_{100}、阀座直径 d_g 和公称直径 D_g。

1. 确定计算流量系数需要的数据

根据以上三个例题可知，计算流量系数 C 值时，在不同的介质下所需数据不同。例如：

（1）计算液体介质 C 值所需数据

① 最大体积流量 Q_{max}（m^3/h）或质量流量 W_{max}（kg/h）；

② 正常体积流量 Q_n（m^3/h）或质量流量 W_n（kg/h）；

③ 正常情况下阀压降 Δp_n（kPa）；

④ 阀前绝对压力 p_1（kPa）；

⑤ 正常阀阻比 S_n；

⑥ 液体密度 ρ_L（kg/m^3）；

⑦ 液体的运动黏度 v（m^2/s）；

⑧ 介质的临界压力 p_c（kPa）；

⑨ 阀入口温度下介质饱和蒸汽压力 p_v（kPa）；

⑩ 压力恢复系数 F_L；

⑪ 阀上下游管道直径 D_1 和 D_2（mm）。

（2）计算气体介质 C 值所需数据

① 最大体积流量 Q_{max}（m^3/h）或正常体积流量 Q_n（m^3/h）；

② 正常情况下阀压降 p_n（kPa）；

③ 阀前绝对压力 p_1（kPa）；

④ 正常阀阻比 S_n；

⑤ 标准状态下（273K，100kPa）气体密度 ρ_H（kg/m^3）；

⑥ 气体压缩系数 Z；

⑦ 气体绝热指数（等熵指数）k；

⑧ 临界压差比 x_T；

⑨ 介质入口温度 T_1（K）；

⑩ 阀上下游管道直径 D_1 和 D_2（mm）。

（3）计算蒸汽液介质 C 值所需数据

① 最大体积流量 Q_{max}（m^3/h）或正常体积流量 Q_n（m^3/h）；

② 正常情况下阀压降 p_n（kPa）；

③ 阀前绝对压力 p_1（kPa）；

④ 正常阀阻比 S_n；

⑤ 标准状态下（273K，100kPa）蒸汽密度 ρ_s（kg/m^3）；

⑥ 气体压缩系数 Z；

⑦ 气体绝热指数（等嫡指数）k；

⑧ 临界压差比 x_T；

⑨ 介质入口温度 T_1（K）；

⑩ 阀上下游管道直径 D_1 和 D_2（mm）。

2．利用 MATLAB 计算

利用 MATLAB 计算液体介质和气体（蒸汽）介质调节阀口径的程序框图，分别如图 3-23 和图 3-24 所示。

【**例 3-4**】　针对例 3-1 所给条件，试利用 MATLAB 计算其拟选用的直线特性气动直通单座调节阀（流开形）的口径。

解：利用例 3-1 所给最大流量条件下的计算数据，根据图 3-23 计算液体介质 C 值的程序流程图，编写的 MATLAB 程序 ex3_4.m 如下。

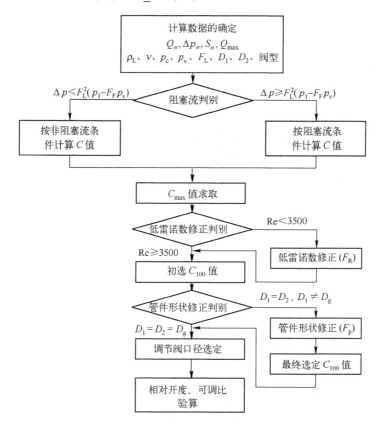

图 3-23　液体介质调节阀口径计算程序框图

```
%ex3_4.m
%定义计算液体介质 C 值所需数据
p1=26200;deltap=24500;QL=10.86;rhoL=0.58;v=0.1964;
D1=20;D2=D1;pc=11378;pv=1621;FL=0.9;
MAX=1;              %以上数据为最大（或正常）流量状态下的值，MAX 取 1（或 0）
```

```
%阻塞流判别
FF=0.96-0.28*sqrt(pv/pc);deltapcr=FL^2*(p1-FF*pv);
if (deltap<deltapcr)
    C=10*QL*sqrt(rhoL/deltap);            %非阻塞流
else
    C=10*QL*sqrt(rhoL/deltapcr);          %阻塞流
end
%计算 Cmax 值
if (MAX ==0)
        Smax=1-n^2*(1-Sn);m=n*sqrt(Sn/Smax);
        Cmax=m*C;   %根据正常状态的 C 值求最大状态的 Cmax
    else
        Cmax=C; %以上计算的 C 就为最大流量状态下的值 Cmax
end
%低雷诺数修正判别
Re=70700*QL/(v*sqrt(Cmax));
if (Re<=3500)
    FR=input('需要进行低雷诺数修正，请输入修正系数 FR=')
    Cmax=Cmax/FR;
end
a=1;
while (a= =1)
    %针对单座阀，初选额定流量系数 C100
    if (Cmax<0.08); C100=0.08,dg=3,Dg=19.15,end
    if (0.08<=Cmax & Cmax <0.12); C100=0.12;dg=4;Dg=19.15;end
    if (0.12<=Cmax & Cmax<0.20); C100=0.20;dg=5;Dg=19.15;end
    if (0.20<=Cmax & Cmax<0.32); C100=0.32;dg=6;Dg=19.15;end
    if (0.32<=Cmax & Cmax<0.50); C100=0.50;dg=7;Dg=19.15;end
    if (0.50<=Cmax & Cmax<0.80); C100=0.80;dg=8;Dg=19.15;end
    if (0.8<=Cmax & Cmax<1.2); C100=1.2;dg=10;Dg=20;end
    if (1.2<=Cmax & Cmax<2.0); C100=2.0;dg=12;Dg=20;end
    if (2.0<=Cmax & Cmax<3.2); C100=3.2;dg=15;Dg=20;end
    if (3.2<=Cmax & Cmax<5.0); C100=5.0;dg=20;Dg=20;end
    if (5.0<=Cmax & Cmax<8); C100=8;dg=25;Dg=25;end
    if (8<=Cmax & Cmax<12); C100=12;dg=32;Dg=32;end
    if (12<=Cmax & Cmax<20); C100=20;dg=40;Dg=40;end
    if (20<=Cmax & Cmax<32); C100=32;dg=50;Dg=50;end
    if (32<=Cmax & Cmax<56); C100=56;dg=60;Dg=65;end
    if (56<=Cmax & Cmax<80); C100=80;dg=80;Dg=80;end
    if (80<=Cmax & Cmax<120); C100=120;dg=100;Dg=100;end
    if (120<=Cmax & Cmax<200); C100=200;dg=125;Dg=125;end
    if (200<=Cmax & Cmax<280); C100=280;dg=150;Dg=150;end
    if (280<=Cmax & Cmax<=450); C100=450;dg=200;Dg=200;end
    if (Cmax>450); disp('单座阀不满足要求，建议改用双座阀');end
    %管件形状修正
    if (D1/Dg<1.5);
```

```
        break            %管件形状不需要修正，去显示最终选定的参数
    else
        Fp=input（'需要进行管件形状修正，请输入修正系数 Fp='）
        Cmax=Cmax/Fp;
    end
end
Cmax,C100,dg,Dg          %显示最终选定的调节阀的有关参数
```

运行结果显示

```
Cmax = 0.5834
C100 = 0.8000
dg = 8
Dg = 19.1500
```

由此可见，单座调节阀的额定流量系数为 $C_{100} = 0.8$、阀座直径为 $d_g = 8$mm、公称直径为 $D_g = 19.15$mm = 3/4″。与例 3-1 结果一致。

【例 3-5】 针对例 3-2 所给化肥厂合成氨车间控制系统，试利用 MATLAB 计算其拟选用的气动单座调节阀（流开形）的额定流量系数 C_{max}。

解： 利用例 3-2 所给正常流量条件下的计算数据，根据图 3-24 所示的气体介质调节阀口径计算程序框图计算气体介质 C 值，编写的 MATLAB 程序 ex3_5.m 如下。

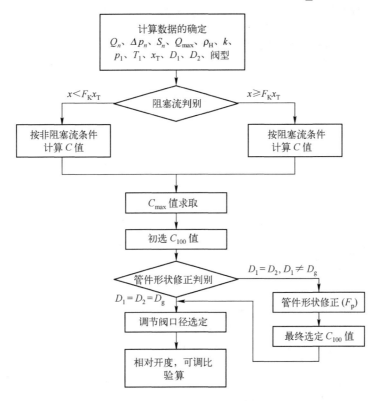

图 3-24 气体介质调节阀口径计算程序框图

```
%ex3_5.m
%定义计算气体介质 C 值所需数据
Qmax_min=16;
p1=410;deltap=330;T1=271.5;Qg=252;rhoH=0.771;
Sn=0.7;n=1.3;D1=25;D2=D1;Z=1;k=1.32;xT=0.72;
MAX=0;              %以上数据为最大（或正常）流量状态下的值，MAX 取 1（或 0）
%阻塞流判别
FK=k/1.4;x=deltap/p1;
if (x<FK*xT)
    Y=1-x/(3*FK*xT);
    C=Qg*sqrt(T1*rhoH*Z/x)/(5.19*p1*Y);      %非阻塞流
  else
    C=Qg*sqrt(T1*rhoH*Z/(k*xT))/(2.9*p1);    %阻塞流
end
%计算 Cmax 值
if (MAX = =0)
    Smax=1-n^2*(1-Sn);m=n*sqrt(Sn/Smax);
    Cmax=m*C;          %根据正常状态的 C 值求最大状态的 Cmax
  else
    Cmax=C;            %以上计算的 C 就为最大流量状态下的值 Cmax
end
%管件形状修正
if (D1/Dg>=1.5);
  Fp=input('需进行管件形状修正，请输入修正系数 Fp=')
  Cmax=Cmax/Fp;
end
Cmax                   %显示最终选定的 Cmax
```

运行结果显示

Cmax =4.8724

由此可见，单座调节阀的最大流量系数为 $C_{max} = 4.8724$。与例 3-2 结果一致。

【例 3-6】 针对例 3-3 所给蒸汽厂控制系统，试利用 MATLAB 计算其拟选用的气动双座调节阀（流开型）的额定流量系数 C_{100}、阀座直径 d_g 和公称直径 D_g。

解： 利用例 3-3 所给正常流量条件下的计算数据，根据计算蒸汽介质 C 值的程序流程图（见图 3-24），编写的 MATLAB 程序 ex3_6.m 如下。

```
%ex3_6.m
%定义计算蒸汽介质 C 值所需数据
Qmax_min=10;p1=1500;deltap=100;T1=368;Ws=400;rhos=5.09;
Sn=0.48;n=1.25;D1=45;D2=D1;k=1.29;xT=0.70;
MAX=0;             %以上数据若为最大（或正常）流量状态下的值，MAX 取 1（或 0）
%阻塞流判别
FK=k/1.4;x=deltap/p1;
if (x<FK*xT)
```

```
        Y=1-x/(3*FK*xT);
        C=Ws*sqrt(1/(x*p1*rhos))/(3.16*Y);              %非阻塞流
    else
        C=Ws*sqrt(1/(k*xT*p1*rhos))/1.78;               %阻塞流
    end
%计算 Cmax 值
if (MAX = =0)
        Smax=1-n^2*(1-Sn);m=n*sqrt(Sn/Smax);
        Cmax=m*C;           %根据正常状态的 C 值求最大状态的 Cmax
    else
        Cmax=C;             %以上计算的 C 就为最大流量状态下的值 Cmax
end
a=1;
while (a= =1)
    %针对双座阀,初选额定流量系数 C100
    if (Cmax<8); disp('双座阀不满足要求,建议改用单座阀'),end
    if (8<=Cmax & Cmax<10); C100=10;dg=25;Dg=25;end
    if (10<=Cmax & Cmax<16); C100=16;dg=32;Dg=32;end
    if (16<=Cmax & Cmax<25); C100=25;dg=40;Dg=40;end
    if (25<=Cmax & Cmax<40); C100=40;dg=50;Dg=50;end
    if (40<=Cmax & Cmax<63); C100=63;dg=60;Dg=65;end
    if (63<=Cmax & Cmax<100); C100=100;dg=80;Dg=80;end
    if (100<=Cmax & Cmax<160); C100=160;dg=100;Dg=100;end
    if (160<=Cmax & Cmax<250); C100=250;dg=125;Dg=125;end
    if (250<=Cmax & Cmax<400); C100=400;dg=150;Dg=150;end
    if (400<=Cmax & Cmax<=630); C100=630;dg=200;Dg=200;end
    if (630<=Cmax & Cmax<1000); C100=1000;dg=250;Dg=250;end
    if (1000<=Cmax & Cmax<=1600); C100=1600;dg=300;Dg=300;end
    if (Cmax>1600); disp('直通单、双座阀均不满足要求,建议改用其他阀');end
    %管件形状修正
    if (D1/Dg<1.5);
        break               %管件形状不需要修正,去显示最终选定的参数
    else
        Fp=input('需进行管件形状修正,请输入修正系数 Fp=')
        Cmax=Cmax/Fp;
    end
end
Cmax,C100,dg,Dg             %显示最终选定的调节阀的有关参数
```

运行结果显示

```
Cmax = 11.6217
C100 = 16
dg = 32
Dg = 32
```

由此可见，双座调节阀的额定流量系数为 $C_{100} = 16$、阀座直径为 $d_g = 32\text{mm}$ 和公称直径为 $D_g = 32\text{mm}$。与例 3-3 结果一致。

本 章 小 结

在过程控制系统中，最常用的执行器是调节阀，按其所用能源可分为气动、电动和液动三类。

气动调节阀由执行机构和阀（或称阀体组件）两部分组成。气动执行机构有薄膜式和活塞式两种。气动薄膜执行机构有正作用和反作用两种形式。阀芯有正装和反装两种形式。气动调节阀又可分为气开、气关两种作用方式。在调节阀气开与气关形式的选择上，应根据具体的生产工艺要求，使生产处于安全状态。

流量系数 C 的计算是选定调节阀口径最主要的理论依据，阀全开时的流量系数称为额定流量系数，以 C_{100} 表示。C_{100} 是表示阀流通能力的参数。它作为每种调节阀的基本参数由阀门制造厂提供给用户。对不同性质的流体，以及同一流体在不同的流动工况条件下，流量系数 C 要采用不同的计算公式。

调节阀结构特性是指阀芯与阀座间节流面积与阀门开度之间的关系。调节阀结构特性取决于阀芯的形状，不同的阀芯曲面对应不同的结构特性。阀芯形状有快开、直线、抛物线和等百分比四种。

调节阀的流量特性是指，流体流过阀门的流量与阀门开度之间的关系。调节阀流量特性的选择实际上采用经验准则，即从控制系统特性、负荷变化和阀阻比 S 值大小三个方面综合考虑。

调节阀的可调比 R（也称可调范围）是反映调节阀特性的一个重要参数，也是选择调节阀是否合适的指标之一。全开阀阻比 S_{100} 是表示串联管系中配管状况的一个重要参数。而阀全开流量比 S'_{100} 是表征并联管系配管状况的一个重要参数。

目前选定调节阀口径的通用方法是流通能力法（简称 C 值法）。

习 题

3-1 气动调节阀执行机构的正、反作用形式是如何定义的？在结构上有何不同？

3-2 试说明气动阀门定位器的工作原理及其适用场合。

3-3 调节阀流量系数 C 的含义？如何根据 C 选择调节阀口径？

3-4 调节阀的气开、气关形式是如何实现的？在使用时应根据什么原则选择。

3-5 什么是调节阀的结构特性、理想流量特性和工作流量特性？如何选择调节阀的流量特性？

3-6 什么是调节阀的可调比？串联管系的 S_{100} 值和并联管系的 S'_{100} 值对调节阀的可调比有何影响？

3-7 试为某厂选择一台气动单座调节阀（流开形）。已知流体为过热蒸汽。正常流量条件下的数据为：$p_1 = 1500\text{kPa}$；$\Delta p = 100\text{kPa}$；$T_1 = 368℃$；$W_s = 400\text{kg/h}$；$\rho_s = 5.09\text{kg/m}^3$；$S_n = 0.48$；$n = 1.25$；$D_1 = D_2 = 45\text{mm}$；$Q_{max}/Q_{min} = 10$；$k = 1.29$。

3-8 试为某水厂选择一台气动双座调节阀。已知流体为水，正常流量条件下的数据为：$p_1 = 1500\text{kPa}$；$\Delta p = 50\text{kPa}$；$Q_L = 10\text{m}^3/\text{h}$；$\rho_L = 897.3\text{kg/m}^3$；$\nu = 0.181\times10^{-6}\text{m}^2/\text{s}$；$S_n = 0.65$；$n = 1.25$；$D_1 = D_2 = 300\text{mm}$；$p_c = 21966.5\text{kPa}$；$p_v = 808\text{kPa}$。

3-9 试确定安装在空气管道上的气动双座调节阀的口径。已知正常流量条件下的数据为：$p_1 = 2760\text{kPa}$；$\Delta p = 10\text{kPa}$；$T_1 = 538\text{K}$；$Q_g = 12000\text{m}^3/\text{h}$；$\rho_H = 1.293\text{kg/m}^3$；$S_n = 0.7$；$n = 1.3$；$D_1 = D_2 = 250\text{mm}$；$Z = 1.6$；$k = 1.40$。

第 3 章 习题
解答

第 4 章 ➤➤

PID 控制原理

PID 控制是比例（Proportional）积分（Integral）微分（Differential）控制的简称。在生产过程自动控制的发展历程中，PID 控制是最常用的控制方式，是历史最久、应用最广和适应性最强的一种基本控制方式。在工业生产过程中，PID 控制算法占 85%～90%，即使在计算机控制已经得到广泛应用的现在，PID 控制仍是主要的控制算法。

4.1 PID 控制的特点

第 15 讲

在 20 世纪 40 年代以前，除在最简单的情况下可采用开关控制外，PID 控制是唯一的控制方式。此后，随着科学技术的发展特别是电子计算机的诞生和发展，涌现出许多新的控制方法。然而直到现在，PID 控制由于它自身的优点仍然是得到最广泛应用的基本控制方式。即使目前最新式的计算机过程控制系统，其基本的控制方式也仍然保留 PID 控制。一般来说，PID 控制具有以下优点：

（1）原理简单，使用方便

PID 控制算法简单，容易采用机械、流体、电子、计算机算法等各种方式实现，因此非常容易做成各种标准的控制装置或模块，方便各种工业控制场合应用。

（2）整定方法简单

由于 PID 控制参数相对较少，且每个参数作用明确，相互干扰较少，使得 PID 控制器参数的调整较为方便，且可以总结、归纳出一种适用于各种不同领域的整定方法。

（3）适应性强

基于偏差消除偏差的 PID 反馈控制思想，使得系统可以克服一切引起误差变化的干扰，不必像前馈控制这类的控制系统，需要针对每一个扰动设计独立的控制器，简化了系统结构。使得 PID 控制可以广泛应用于化工、热工、冶金、炼油、造纸和建材等各种生产部门。

（4）鲁棒性强

不同于基于模型的控制，PID 反馈控制对模型的适应性强，采用 PID 控制时，对象的非线性、时变性对控制结果影响相对较小，系统控制品质对被控对象特性的变化敏感程度较低。

（5）具有朴素的"智能"思想

PID 控制规律中的比例调节规律依据当前存在的偏差产生调节作用；积分依据偏差的持续累计，用于消除那种变化缓慢，幅度较小但持续存在的偏差；微分控制对速度敏感，依据"未来的偏差"有"预见"性地进行调节。可以看出，PID 控制在消除偏差时，综合考虑了现在（P）、过去（I）和未来（D），如同一个有经验的控制者。

由于具有这些优点，使得 PID 反馈控制系统至今仍广泛用于过程控制中的各个行业。一个大型的现代化生产装置的控制回路可能多达一二百种甚至更多，其中绝大部分都采用 PID 控制。只有被控对象特别难以控制，而控制要求又特别高的情况下，如果 PID 控制难以达到生产要求才考虑采用更先进的控制方法。

尽管 PID 控制有着许多优点，同开环控制相比，闭环控制最显著的问题是稳定性问题及误差问题。只有根据系统的要求适当选择控制规律，根据被控对象的特性正确整定 PID 参数，才能使 PID 控制的优势得以显现。本章比较详细地讨论 PID 控制中的各种控制规律，分析 PID 参数对过程特性的影响。通过本章的学习，希望读者不仅可以更加深入地认识 PID 控制，还可以运用所学知识，掌握分析问题和解决问题的方法。

■ 4.2   比例控制（P 控制）

第 16 讲

4.2.1   比例控制的调节规律和比例带

1．比例控制的调节规律

在比例控制（或 P 控制）中，控制器的输出信号 $u(t)$ 与偏差信号 $e(t)$ 成比例，即

$$u(t) = K_c e(t) + u_0 \quad \text{或} \quad \Delta u(t) = K_c e(t) \tag{4-1}$$

式中，K_c 为比例增益（视情况可设置为正或负）。

由式（4-1）可知，$e(t)$ 既是增量，又是实际值。当偏差 $e(t)$ 为零时，并不意味着控制器没有输出，此时控制器输出 $u(t)$ 实际上就是其起始值 u_0。u_0 的大小是可以通过调整控制器的工作点加以改变的，假设 $u_0 = 0$，则比例控制器的传递函数可以表示为

$$G_c(s) = \frac{U(s)}{E(s)} = K_c \tag{4-2}$$

在实际应用中，由于执行器的运动（如阀门开度）有限，控制器的输出 $u(t)$ 也就被限制在一定的范围之内，换言之，在 K_c 较大时，偏差 $e(t)$ 仅在一定的范围内与控制器的输出保持线性关系。图 4-1 说明了偏差与输出之间保持线性关系的范围。图中，偏差在 $-50\%\sim50\%$ 范围变化时，如果 $K_c = 1$，则控制器输出 $u(t)$ 变化在 $0\%\sim100\%$ 范围（对应阀门的全关到全开），并与输入 $e(t)$ 之间保持线性关系。当 $K_c > 1$ 时，控制器输出 $u(t)$ 与输入 $e(t)$ 之间的线性关系只在 $-50\%/K_c\sim50\%/K_c$ 范围满足。当 $|e(t)|$ 超出该范围时，控制器输出具有饱和特性，保持在最小值或最大值。因此，比例控制有一定的应用范围，超过该范围时，控制器输出与输入之间不成比例关系。这表明，从局部范围看，比例控制作用表示控制器输出与输入之间是线性关系，但从整体范围看，两者之间是非线性关系。

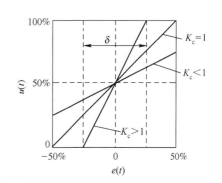

图 4-1   比例控制的范围

2. 比例带及其物理意义

（1）比例带的定义

在过程控制中，通常用比例度表示控制输出与偏差成线性关系的比例控制器输入（偏差）的范围。因此，比例度又称为比例带，其定义为

$$\delta = \frac{e / |e_{max} - e_{min}|}{u / |u_{max} - u_{min}|} \times 100\% \tag{4-3}$$

式中，$[e_{min}, e_{max}]$ 为偏差信号范围，即仪表的量程；$[u_{min}, u_{max}]$ 为控制器输出信号范围，即控制器输出的工作范围。

如果采用的是单元组合仪表，控制器的输入和输出都是统一的标准信号，此时 $|e_{max} - e_{min}| = |u_{max} - u_{min}|$，则有

$$\delta = \frac{e}{u} \times 100\% = \frac{1}{K_c} \times 100\% \tag{4-4}$$

这表明，比例带 δ 与控制器比例增益 K_c 的倒数成正比。当采用无量纲形式（如采用单元组合仪表）时，比例带 δ 就等于控制器比例增益 K_c 的倒数。比例带 δ 小，意味着较小的偏差就能激励控制器产生 100% 的开度变化，相应的比例增益 K_c 就大。

（2）比例带的物理意义

从式（4-4）可以看出，如果 u 直接代表调节阀开度的变化量，那么 δ 就代表使调节阀开度改变 100%，即从全关到全开时所需的被控变量的变化范围。只有当被控变量处在这个范围以内，调节阀的开度（变化）才与偏差成比例。超出这个"比例带"以外，调节阀已处于全关或全开的状态，此时控制器的输入与输出已不再保持比例关系，而控制器至少也暂时失去其控制作用了。

实际上，控制器的比例带 δ 习惯用它相对于被控变量测量仪表的量程的百分数表示。例如，若测量仪表的量程为 100℃，则 $\delta = 50\%$ 就表示被控变量需要改变 50℃ 才能使调节阀从全关到全开。

根据比例控制器的输入/输出测试数据，利用 $\delta = e/u$ 很容易确定它的比例带 δ 的大小。

4.2.2　比例控制的特点

比例控制的特点就是有差控制。它是将当前存在的误差放大 K_c 倍，进而驱动执行机构，用于消除误差。换句话说，比例控制中误差的当前值是消除误差的基础。误差越小，控制器的输出也越小，因此这种方式无法彻底消除误差。

工业过程在运行中经常会发生负荷变化。所谓负荷是指物料流或能量流的大小。处于自动控制下的被控过程在进入稳态后，流入量与流出量之间总是达到平衡的。因此，人们常常根据调节阀的开度来衡量负荷的大小。如果采用比例控制，则在负荷扰动下的控制过程结束后，被控变量不可能与设定值准确相等，它们之间一定有残差，系统存在稳态误差。

图 4-2 所示为一个热水加热器的出口水温控制系统。在这个控制系统中，热水温度 θ 是由温度测量变送器 TT 获取信号并送到温度控制器 TC 的，控制器控制加热蒸汽的调节阀开度 μ 以保持出口水温恒定，加热器的热负荷既决定于热水流量 Q 也决定于热水温度 θ 的值。假

定现在采用比例控制器，并将调节阀开度 μ 直接视为控制器的输出。

　　比例控制器的静特性如图 4-3 所示，其中的直线 1 是比例控制器的静特性，即调节阀开度随水温变化的情况。水温越高，控制器应把调节阀开得越小，因此它在图中是一条左高右低的直线，比例带越大，则直线的斜率越大。图 4-3 中曲线 2 和曲线 3 分别代表加热器在不同的热水流量下的静特性。它们表示加热器在没有控制器控制时，在不同的热水流量下的稳态出口水温与调节阀开度之间的关系，可以通过单独对加热器进行的一系列实验得到。直线 1 与曲线 2 的交点 O 代表在热水流量为 Q_0，业已投入自动控制并假定控制系统是稳定的情况下，最终要达到的稳态运行点，那时的出口水温为 θ_0，调节阀开度为 μ_0。如果假定 θ_0 就是水温的设定值（这可以通过调整控制器的工作点做到），从这个运行点开始，如果热水流量减小为 Q_1，那么在控制过程结束后，新的稳态运行点将移到直线 1 与曲线 3 的交点 A。这就出现了被控变量残差 $\theta_A - \theta_0$，它是由比例控制规律所决定的。不难看出，残差既随着流量变化幅度也随着比例带的加大而加大。

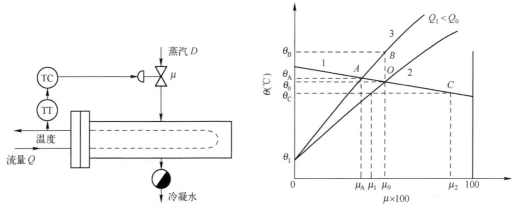

图 4-2　加热器的出口水温控制系统图　　　　图 4-3　比例控制器的静特性

　　比例控制虽然不能准确保持被控变量恒定，但效果还是比不加自动控制好。在图 4-3 中可见，从运行点 O 开始，如果不进行自动控制，那么热水流量减小为 Q_1 后，水温将根据其自平衡特性一直上升到 θ_B 为止。

　　从热量平衡观点来看，在加热器中，蒸汽带入的热量是流入量，热水带走的热量是流出量。在稳态下，流出量与流入量保持平衡。无论是热水流量还是热水温度的改变，都意味着流出量的改变，此时必须相应改变流入量才能重建平衡关系。因此，蒸汽调节阀开度必须有相应的改变。从比例控制器看，这就要求水温必须有残差。下面通过一个例子来从理论上对以上结论进行验证。

　　【例 4-1】 已知控制系统方框图如图 4-4 所示，试分析系统在给定信号为阶跃函数时的稳态特性。

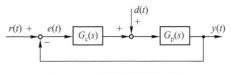

图 4-4　控制系统方框图

其中，控制器 $G_c(s)$ 和广义被控对象 $G_p(s)$ 的传递函数分别为

$$G_c(s) = K_c ; \quad G_p(s) = \frac{K}{Ts+1} e^{-\tau s}$$

解： 当系统在幅值为 A 的阶跃给定信号 $r(t) = A \cdot 1(t)$ 作用时，其稳态误差为

$$e_{ssr} = \lim_{s \to 0} sE_r(s) = \lim_{s \to 0} s \frac{1}{1 + G_c(s)G_p(s)} R(s) = \lim_{s \to 0} s \frac{1}{1 + G_c(s)G_p(s)} \frac{A}{s} = \frac{A}{1 + K_c K}$$

由此可见，该系统采用比例控制时，在给定信号作用下的稳态误差与输入的幅值成正比，与其开环增益 $K_c K$ 成反比，它是一个有限值。也就是说，只要广义被控对象的增益 K 与控制器的增益 K_c 乘积不为无穷大，系统的稳态误差就不会为零。

加热器是具有自衡特性的工业过程，另有一类过程则不具有自衡特性，工业锅炉的水位控制就是一个典型例子。这种非自衡过程本身没有所谓的静特性，但仍可以根据流入、流出量的平衡关系进行有无残差的分析。为了保持水位稳定，给水量必须与蒸汽负荷取得平衡。一旦失去平衡关系，水位就会一直变化下去。因此当蒸汽负荷改变后，在新的稳态下，给水调节阀开度必须有相应的改变，才能保持水位稳定。如果采用比例控制器，当蒸汽负荷改变后，这就意味着水位必须有残差。但水位设定值的改变不会影响锅炉的蒸汽负荷，因此在水位设定值改变后，水位不会有残差。

【例 4-2】 已知控制系统方框图，试分析系统在阶跃信号作用下的稳态特性。其中，控制器 $G_c(s)$ 和广义被控对象 $G_p(s)$ 的传递函数分别为

$$G_c(s) = K_c ; \quad G_p(s) = \frac{K}{Ts} e^{-\tau s}$$

解： ① 当系统在幅值为 A 的阶跃给定信号 $r(t) = A \cdot 1(t)$ 作用下，其稳态误差为

$$e_{ssr} = \lim_{s \to 0} sE_r(s) = \lim_{s \to 0} s \frac{1}{1 + G_c(s)G_p(s)} R(s) = \lim_{s \to 0} s \frac{1}{1 + G_c(s)G_p(s)} \frac{A}{s} = \frac{A}{1 + \infty} = 0$$

② 当系统在幅值为 A 的阶跃扰动信号 $d(t) = A \cdot 1(t)$ 作用下，且 $G_c(s)G_p(s) \gg 1$ 时，其稳态误差为

$$e_{ssd} = -\lim_{s \to 0} s \frac{G_p(s)}{1 + G_c(s)G_p(s)} D(s) \approx -\lim_{s \to 0} s \frac{1}{G_c(s)} \frac{A}{s} \approx -\frac{A}{K_c}$$

由此可见，无自衡特性的对象采用比例控制时，系统在阶跃给定信号作用下的稳态误差为零，但在阶跃扰动信号作用下的稳态误差不会为零。

4.2.3 比例带对控制过程的影响

上面已经证明，比例控制的残差随着比例带 δ 的加大而加大。从这一方面考虑，人们希望尽量减小比例带。然而，减小比例带 δ 就等于加大控制系统的开环增益 K_c，其后果是导致系统激烈振荡甚至不稳定。稳定性是任何闭环控制系统的首要要求，比例带 δ 的设置必须保证系统具有一定的稳定裕度。此时，如果残差过大，则需通过其他途径解决。

对于典型的工业过程，比例带 δ 对于控制过程的影响如图 4-5 所示。

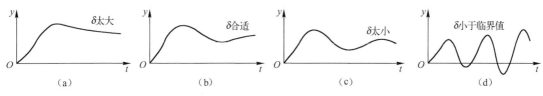

图 4-5　比例带对控制过程的影响

比例带 δ 很大意味着调节阀的动作幅度很小，因此被控变量的变化会比较平稳，甚至可以没有超调，但残差很大，控制时间也很长。减小比例带 δ 就加大了调节阀的动作幅度，引起被控变量来回波动，但系统仍可能是稳定的，残差相应减小。比例带 δ 具有一个临界值 δ_{cr}（临界比例带），此时系统处于稳定边界的情况，进一步减小比例带 δ 系统就不稳定了。临界比例带 δ_{cr} 可以通过试验测定出来。如果被调对象的数学模型已知，则不难根据控制理论计算出来。

由于比例控制器只是一个简单的比例环节，因此不难理解 δ_{cr} 的大小只取决于被控对象的动态特性。根据奈氏稳定判据可知，在稳定边界上有

$$\frac{1}{\delta_{cr}} K_{cr} = 1 \quad 即 \quad \delta_{cr} = K_{cr} \tag{4-5}$$

式中，K_{cr} 为广义被控对象在临界频率下的增益。

比例控制器的相角为零，因此被控对象在临界频率 ω_{cr} 下必须提供 $-180°$ 相角，由此可以计算出临界频率。临界比例带 δ_{cr} 和临界频率 ω_{cr} 可认为是被控对象动态特性的频域指标。

【例 4-3】　针对例 4-1 所给系统，试分析系统的动态特性和稳定性。

解：（1）根轨迹分析法

系统的开环传递函数为：

$$G_K(s) = G_c(s)G_p(s) = \frac{K_c K}{Ts+1} e^{-\tau s}$$

根据绘制根轨迹的规则，可得该系统的根轨迹如图 4-6 所示。

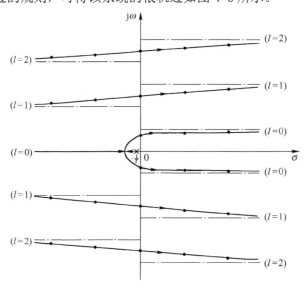

图 4-6　例 4-3 系统 $\tau \neq 0$ 时的根轨迹

由图 4-6 可以看出，系统有无穷多条根轨迹，其中 $l=0$ 的根轨迹称为主根轨迹；$l=1,2,\cdots$ 的根轨迹称为辅助根轨迹。系统的动态响应主要由主根轨迹上的两个主导极点来决定。当 K_c 较小时，根轨迹均在根左半平面，但随着 K_c 的增大，系统的主导极点由实数变为复数。当 K_c 继续大到某一值时，系统的主根轨迹首先进入根平面右半部分。这样的根轨迹分布表明，随着 K_c 的增加，系统的动态过程由不振荡变为振荡，最后变为发散振荡。系统的稳定性随着 K_c 的增大不断下降，直至变为不稳定系统。

若该系统的广义被控对象不含纯延迟时，系统的开环传递函数为

$$G_K(s) = G_c(s)G_p(s) = \frac{K_c K}{Ts+1}$$

其根轨迹如图 4-7 所示，此时不论 K_c 为何值，系统始终是稳定的，而且动态过程是单调变化的。而当广义被控对象有纯延迟环节 $e^{-\tau s}$ 时，系统稳定性变差，变成只有当 K_c 小于某一值时，系统才稳定。

（2）频域分析法

系统的开环频率特性为：

$$G_K(j\omega) = G_c(j\omega)G_p(j\omega) = \frac{K_c K}{j\omega T+1}e^{-j\omega\tau}$$

该系统的 Nyquist 图（$\omega=0\rightarrow+\infty$）如图 4-8 中实线所示。由图可以看出，系统的稳定性随着 K_c 的增大不断下降，直至当 K_c 大于某一值时，系统的 Nyquist 曲线（ω 从 $-\infty\rightarrow0\rightarrow+\infty$）包围 $(-1,j0)$ 点，变为不稳定系统。

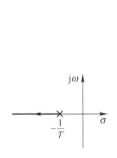

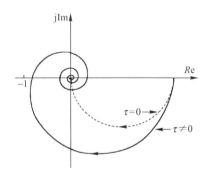

图 4-7 系统 $\tau=0$ 时的根轨迹　　　　　图 4-8 系统的 Nyquist 图

若广义被控对象不含纯延迟（$\tau=0$）时，该系统的 Nyquist 图如图 4-8 中虚线所示。此时不论 K_c 为何值，系统的 Nyquist 曲线都不会包围 $(-1,j0)$ 点，系统始终是稳定的。

▌ 4.3 比例积分控制（PI 控制）

第 17 讲

4.3.1 积分控制的调节规律

4.2 节的分析表明，比例控制无法做到稳态误差为零，这就无法满足一些要求较高的控

制系统。分析原因，发现比例控制是将当前存在的误差放大 K_c 倍，进而驱动执行机构，用于消除误差。换句话说，误差的当前值是消除误差的基础。误差越小，控制器的输出也越小，因此这种方式无法彻底消除误差。那能否让误差很小甚至为零时控制器还有足够的输出呢？积分环节的特点正好可以满足这一要求。积分控制的输出不仅与误差的大小相关，还与误差的累计相关。这样，只要误差不为零，积分环节输出将持续变化，误差等于零时，积分环节输出保持不变。

1．积分控制的输入/输出关系

在积分控制（或 I 控制）中，控制器的输出信号的变化速度 $\mathrm{d}u/\mathrm{d}t$ 与偏差信号 e 成正比，即

$$\frac{\mathrm{d}u}{\mathrm{d}t} = K_i e \qquad 或 \qquad u = K_i \int_0^t e\,\mathrm{d}t \tag{4-6}$$

式中，K_i 称为积分增益。

式（4-6）表明，控制器的输出与偏差信号的积分成正比。

2．积分控制的特点

积分控制的特点是无差控制，与比例控制的有差控制形成鲜明对比。积分调节可以做到稳态无差的原因在于积分作用输出与误差的累加相关，而不是与误差当前的大小相关。式（4-6）表明，只有当被控变量偏差 e 为零时，积分控制器的输出才会保持不变。然而与此同时，控制器的输出却可以停在任何数值上。这意味着被控对象在负荷扰动下的控制过程结束后，被控变量没有残差，而调节阀则可以停在新的负荷所要求的开度上。采用积分控制的控制系统，其调节阀开度与当时被控变量的数值本身没有直接关系，因此，积分控制也称为浮动控制。

【例 4-4】 已知系统控制方框图（见图 4-4），试分析系统在阶跃给定信号作用下的稳态特性。其中，控制器 $G_c(s)$ 和广义被控对象 $G_p(s)$ 的传递函数分别为

$$G_c(s) = \frac{K_i}{s} ; \quad G_p(s) = \frac{K}{Ts+1} \mathrm{e}^{-\tau s}$$

解： 当系统在幅值为 A 的阶跃给定信号 $r(t) = A \cdot 1(t)$ 激励下时，其稳态误差为

$$e_{\mathrm{ssr}} = \lim_{s \to 0} s \frac{1}{1 + G_c(s)G_p(s)} R(s) = \lim_{s \to 0} s \frac{1}{1 + G_c(s)G_p(s)} \cdot \frac{A}{s} = \frac{A}{1+\infty} = 0$$

由此可知，该系统采用积分控制时，在阶跃给定信号作用下的稳态误差始终为零。

积分控制的另一个特点是它的稳定作用较比例控制差。例如，根据 Nyquist 稳定判据可知，对于非自衡的被控对象采用比例控制时，只要加大比例带总可以使系统稳定（除非被控对象含有一个以上的积分环节）；如果采用积分控制则不可能得到稳定的系统。

【例 4-5】 已知系统方框图如图 4-4 所示，试利用频域分析法分析系统的稳定性。其中，控制器 $G_c(s)$ 和广义被控对象 $G_p(s)$ 的传递函数分别为

$$G_c(s) = \frac{K_i}{s} \; ; \quad G_p(s) = \frac{K}{Ts}e^{-\tau s}$$

解： 系统的开环频率特性为：

$$G_K(j\omega) = G_c(j\omega)G_p(j\omega) = -\frac{K_i K}{\omega^2 T}e^{-j\omega\tau}$$

该系统的 Nyquist 图（$\omega=0 \to +\infty$）如图 4-9 所示。由图可以看出，当 ω 从 $-\infty \to 0 \to +\infty$ 变化时，系统的 Nyquist 曲线包围 $(-1,j0)$ 点，即系统总是不稳定的。

针对该例系统，如果控制器 $G_c(s)$ 选用比例控制时，系统的开环频率特性为：

$$G_K(j\omega) = G_c(j\omega)G_p(j\omega) = \frac{K_c K}{j\omega T}e^{-j\omega\tau}$$

此时系统的 Nyquist 图（$\omega=0 \to +\infty$）如图 4-10 所示。由图可以看出，系统的稳定性随着 K_c 的增大不断下降，直至当 K_c 大于某一值时，系统的 Nyquist 曲线（ω 从 $-\infty \to 0 \to +\infty$）包围 $(-1,j0)$ 点，才变为不稳定系统。

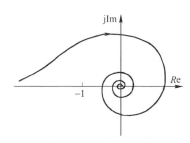

图 4-9　积分控制的 Nyquist 图

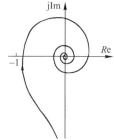

图 4-10　比例控制的 Nyquist 图

对于同一个对象，采用积分控制时其控制过程的进行总比采用比例控制时缓慢，表现在振荡频率较低。把它们各自在稳定边界上的振荡频率加以比较就可以知道，在稳定边界上若采用比例控制则被控对象需提供 180° 相角滞后。若采用积分控制则被控对象只需提供 90° 相角滞后。这就说明了为什么用积分控制取代比例控制就会降低系统的振荡频率。

对于同一被控对象若分别采用比例控制和积分控制，并调整到相同的衰减率 $\psi=0.75$，则它们在负荷扰动下的控制过程如图 4-11 中曲线 P 和曲线 I 所示。它们清楚地显示出两种控制规律的不同特点。

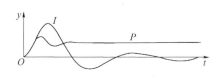

图 4-11　比例控制和积分控制过程的比较

4.3.2　比例积分控制的调节规律

积分控制虽然可以做到消除稳态误差，但积分控制的输出同误差的累计相关，而不是与误差当前的大小相关。误差产生的初期，误差数值较小，调节作用弱，调节相对滞后，所以积分控制一般不单独使用，通常与比例控制联合使用，构成比例积分控制。

比例积分控制（PI 控制）就是综合比例和积分两种控制的优点，利用比例控制快速抵消干扰的影响，同时利用积分控制消除残差。它的控制规律为

$$u = K_c e + K_i \int_0^t e \, \mathrm{d}t \tag{4-7}$$

或 $$u = K_c \left(e + \frac{1}{T_i} \int_0^t e \, \mathrm{d}t \right) = \frac{1}{\delta} \left(e + \frac{1}{T_i} \int_0^t e \, \mathrm{d}t \right) \tag{4-8}$$

式中，K_c 称为比例增益；K_i 称为积分增益；δ 为比例带，可视情况取正值或负值；T_i 为积分时间。其中，δ 和 T_i 是 PI 控制器的两个重要参数。

PI 控制器的传递函数为

$$G_c(s) = \frac{U(s)}{E(s)} = \frac{1}{\delta} \left(1 + \frac{1}{T_i s} \right) \tag{4-9}$$

如图 4-12 所示是 PI 控制器的阶跃响应，它是由比例动作和积分动作两部分组成的。在施加阶跃输入的瞬间，控制器立即输出一个幅值为 $\Delta e / \delta$ 的阶跃，然后以固定速度 $\Delta e / (\delta T_i)$ 变化。当 $t = T_i$ 时，控制器的总输出为 $2\Delta e / \delta$。这样，就可以根据图 4-12 确定 δ 和 T_i 的数值。还可以注意到，当 $t = T_i$ 时，输出的积分部分正好等于比例部分。由此可见，T_i 可以衡量积分部分在总输出中所占的比重：T_i 越小，积分部分所占的比重越大。积分越大（K_i 增加或 T_i 减小），消除稳态误差越快，积分越小（K_i 减小或 T_i 增加），消除稳态误差越慢。

应当指出，PI 控制引入积分动作带来消除系统残差好处的同时，却降低了原有系统的稳定性。为保持控制

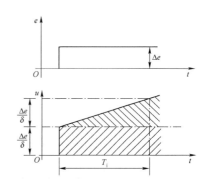

图 4-12　PI 控制器的阶跃响应

系统与比例控制相同的衰减率，PI 控制器的比例带较纯比例控制应适当加大。所以 PI 控制是通过稍微牺牲控制系统的动态品质来换取系统无稳态误差的。

比例积分控制（PI 控制）中，在比例带不变的情况下，减小积分时间 T_i，将使控制系统稳定性降低、振荡加剧，直到最后出现发散的振荡过程。图 4-13 所示为 PI 控制系统不同积分时间的响应过程。

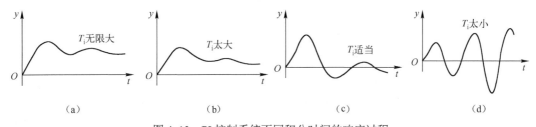

| (a) | (b) | (c) | (d) |

图 4-13　PI 控制系统不同积分时间的响应过程

4.3.3　积分饱和现象与抗积分饱和的措施

1. 积分饱和现象

具有积分作用的控制器，只要被控变量与设定值之间有偏差，其输出就会不停地变化。如果由于某种原因（如阀门关闭、泵故障等），被控变量偏差一时无法消除，然而控制器还是

要试图校正这个偏差，结果经过一段时间后，控制器输出将进入深度饱和状态，这种现象称为积分饱和。进入深度积分饱和的控制器，要等被控变量偏差反向以后才慢慢从饱和状态中退出来，重新恢复控制作用。

积分饱和是实际积分控制器中存在的一个特殊问题。积分饱和不同于电子电路一般意义的饱和，它是由电路或算法中人为引入的"限幅"引起的。造成积分饱和现象的内因是控制器包含积分作用，外因是系统长期存在偏差。因此，在偏差长期存在的情况下，控制器输出会不断增加或减小，直到极限值。

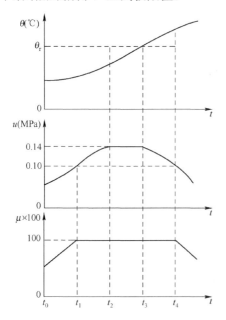

图 4-14 温度比例积分控制系统积分饱和现象

图 4-2 所示的加热器水温控制系统为消除残差采用了 PI 控制器，调节阀选用气开式，控制器为反作用方式。设 t_0 时刻加热器投入使用，此时水温尚低，离设定值 θ_r 较远，正偏差较大，控制器输出逐渐增大。如果采用气动控制器，在 t_1 时刻控制器的输出达到 0.10MPa，调节阀全开，但此时水温尚低还没达到设定值 θ_r。随着时间的推移，控制器的输出继续增大，最后可达 0.14MPa（气源压力），称为进入饱和状态，见图 4-14 中的 $t_1 \sim t_2$ 部分。在 $t_2 \sim t_3$ 阶段，水温上升但仍低于设定值，控制器输出仍保持在 0.14MPa，称为深度饱和状态。从 t_3 时刻以后，偏差反向，控制器输出减小，但因为输出气压大于 0.10MPa，调节阀仍处于全开状态。直到 t_4 时刻过后，调节阀才开始关小。这就是积分饱和现象，其结果可使水温大大超出设定值，控制品质变坏，甚至会有危险。

在用算法语言实现积分运算时，这样的问题也同样存在。假定某一数字控制系统，算法采用双字节的定点数表示，其数值范围是 0~65535，输出采用 8 位的 D/A 转换器，将 0~255 转换为 0~5V。假定积分算法采用简单的累加方式，当输入信号偏差 e 不变时，累加输出将持续增加；当输出超过 255 时，D/A 的输出将维持 5V 不变，但数值积分器的输出还将持续增加，直至 65535 的上限。在控制器输出处于 255~65535 范围内时，偏差反相，数值控制器的输出将开始逐步减小，但只要数值控制器的输出仍大于 255，D/A 转换器的输出将维持 5V 不变，在这段时间，控制器的输出完全无法反映偏差的变化，相当于系统处于开环状态。

以上这类问题称为积分控制器的积分饱和。积分饱和导致系统处于不受控的状态，系统的稳定性、安全性会严重下降。积分饱和现象常出现在自动启动间歇过程的控制系统、串级系统中的主控制器及像选择性控制这样的复杂控制系统中，后者积分饱和的危害性也许更为严重。

2. 抗积分饱和的措施

简单地限制 PI 控制器的输出在规定范围内，虽然能缓和积分饱和的影响，但并不能真正解决问题,反而在正常操作中不能消除系统的残差。根本的解决办法还得从比例积分动作规律中去找。如前所述,PI 控制器积分部分的输出在偏差长期存在时会超过输出额定值,从而引起积分饱和。因此,必须在控制器内部限制这部分的输出,使得偏差为零时 PI 控制器的输出在额定值以内。

为了防止积分饱和现象发生或降低积分饱和带来的危害,在传统的模拟仪表中,常采用积分分离、限制偏差和局部反馈等多种措施。在数字仪表中,积分饱和可以采用累加器输出上限限幅的方法方便解决。

4.4　比例积分微分控制（PID 控制）

第 18 讲

4.4.1　微分控制的调节规律

以上讨论的比例控制和积分控制都是根据当时偏差的方向和大小进行控制的。当对象滞后较大时,控制的作用就无法得到及时响应,也就是说控制的输出很大,但误差没有变化或变化很小,这时控制器被误差较大的假象所欺骗,根据现有的偏差继续维持较强的控制输出。一段时间后,控制的作用得以体现,对象的输出出现较大的变化,导致偏差反相,控制器依据现在的偏差又会做出相反的控制,同样这一控制作用仍然不会得到对象的及时响应,如此周而复始,系统将出现强烈振荡,系统稳定性无法得到保障。要想解决这个问题,必须提高控制器的“预见”性,让控制器不要仅仅依据误差的大小进行调节,还要判断误差变化的趋势。误差变化的方向和速度是误差变化趋势的重要参数,如果控制器可以依据误差变化的方向和速度及时做出控制反馈,就应当能避免上述控制过头的问题。因此,如果控制器能够根据被控变量的变化速度来控制调节阀,而不要等到被控变量已经出现较大偏差后才开始动作,那么控制的效果将会更好,等于赋予控制器以某种程度的预见性,这种控制动作称为微分控制。此时控制器的输出与被控变量或其偏差对于时间的导数成正比,即

$$u = K_d \frac{\mathrm{d}e}{\mathrm{d}t} \tag{4-10}$$

式中,K_d 为微分增益。

然而,单纯按上述规律动作的控制器是不能工作的。这是因为微分环节反应的是参数的变化速度,如果被控对象的流入量、流出量只相差很少,以至被控变量只以控制器不能察觉的速度缓慢变化时,控制器并不会动作。但是经过相当长时间以后,被控变量偏差却可以积累到相当大的数字而得不到校正。这种情况当然是不能允许的,因此微分控制只能起辅助的控制作用,它可以与其他控制动作结合成 PD 和 PID 控制动作。

4.4.2　比例微分控制的调节规律

比例微分（PD）控制器的控制规律是

$$u = K_c e + K_d \frac{\mathrm{d}e}{\mathrm{d}t} \qquad 或 \qquad u = \frac{1}{\delta}(e + T_d \frac{\mathrm{d}e}{\mathrm{d}t}) \tag{4-11}$$

式中，K_c 为比例增益；K_d 为微分增益；δ 为比例带，可视情况取正值或负值；T_d 为微分时间。

根据式（4-11）可得 PD 控制器的传递函数为

$$G_c(s) = \frac{1}{\delta}(1 + T_d s) \qquad (4\text{-}12)$$

但严格按式（4-12）动作的控制器在物理上是不能实现的。工业上实际采用的 PD 控制器的传递函数为

$$G_c(s) = \frac{1}{\delta}\left(1 + \frac{T_d s}{(T_d / K_d')s + 1}\right) \qquad (4\text{-}13)$$

式中，K_d' 称为微分系数。工业控制器的微分系数 K_d' 一般在 5～10 范围内。

与式（4-13）相对应的单位阶跃响应为

$$u(t) = \frac{1}{\delta}(1 + K_d' \mathrm{e}^{-\frac{K_d'}{T_d}t}) \qquad (4\text{-}14)$$

图 4-15 所示为 PD 控制器的单位阶跃响应。式（4-14）中共有 δ、K_d'、T_d 三个参数，它们都可以从图 4-15 中的阶跃响应曲线确定出来。

根据 PD 控制器的斜坡响应也可以单独测定它的微分时间 T_d。PD 控制器的斜坡响应如图 4-16 所示，如果 $T_d = 0$ 即没有微分动作，那么输出 u 将按虚线变化。可见，微分动作的引入使输出的变化提前一段时间发生，而这段时间就等于 T_d。因此也可以说，PD 控制器有超前作用，其超前时间即微分时间 T_d。

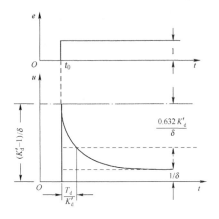

图 4-15　PD 控制器的单位阶跃响应

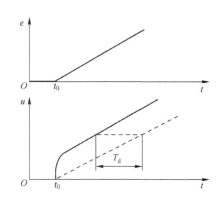

图 4-16　PD 控制器的斜坡响应

最后可以指出，虽然工业 PD 控制器的传递函数严格说应该是式（4-13），但由于微分系数 K_d' 数值较大，该式分母中的时间常数实际上很小。因此，为简单起见，在分析控制系统的性能时，通常都忽略较小的时间常数，直接取式（4-12）为 PD 控制器的传递函数。

4.4.3　比例微分控制的特点

在稳态下，$\mathrm{d}e/\mathrm{d}t = 0$，PD 控制器的微分部分输出为零，因此 PD 控制也是有差控制，与 P 控制相同。式（4-14）表明，微分控制动作总是力图抑制被控变量的振荡，它有提高控制系

统稳定性的作用。适度引入微分动作较纯比例控制可以允许稍微减小比例带，同时保持衰减率不变。图 4-17 所示为 P 控制和 PD 控制过程的比较，表示同一被控对象分别采用 P 控制器和 PD 控制器并整定到相同的衰减率时，两者阶跃响应的比较。从图中可以看到，适度引入微分动作后，由于可以采用较小的比例带，结果不但减小了残差，而且也减小了短期最大偏差并提高了振荡频率。

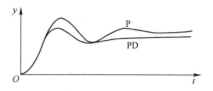

图 4-17　P 控制和 PD 控制过程的比较

以上结论也可以很容易地根据控制理论加以验证。因微分的引入，将在 s 左半平面引入一个开环零点，根轨迹向有利于提高系统稳定性的方向移动。这说明，对同一被控对象，PD 控制的稳定性要高于 P 控制，即微分的引入改善了系统的稳定性。

微分控制动作也有一些不利之处。首先，微分动作太强容易导致调节阀开度向两端饱和。其次，微分会使消除误差的过程变缓，甚至形成"爬行"的响应曲线。因此在 PD 控制中总是以比例动作为主，微分动作只能起辅助控制作用。再次，PD 控制器的抗干扰能力很差，这只能应用于被控变量的变化非常平稳的过程，一般不用于流量和液位控制系统。最后，微分控制动作对于纯迟延过程显然是无效的。

应当特别指出，引入微分动作要适度。这是因为在大多数 PD 控制系统中，随着微分时间 T_d 的增大，其稳定性会提高，但某些特殊系统也有例外，当 T_d 超出某一上限值后，系统反而变得不稳定了。图 4-18 所示为 PD 控制系统在不同微分时间的响应过程。

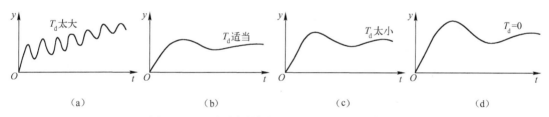

（a）　　　　　　　　（b）　　　　　　　　（c）　　　　　　　　（d）

图 4-18　PD 控制系统在不同微分时间的响应过程

4.4.4　比例积分微分控制的调节规律

当对象的容积滞后较多，同时又要求无稳态误差时，可将比例、积分和微分组合，构成 PID 控制。PID 控制的控制规律为

$$u = K_c e + K_i \int_0^t e \mathrm{d}t + K_d \frac{\mathrm{d}e}{\mathrm{d}t}$$

或

$$u = K_c(e + \frac{1}{T_i}\int_0^t e \mathrm{d}t + T_d \frac{\mathrm{d}e}{\mathrm{d}t}) = \frac{1}{\delta}(e + \frac{1}{T_i}\int_0^t e \mathrm{d}t + T_d \frac{\mathrm{d}e}{\mathrm{d}t}) \tag{4-15}$$

式中，K_c 为比例增益；K_i 为积分增益；K_d 为微分增益；δ 为比例带，可视情况取正值或负值；T_i 为积分时间；T_d 为微分时间。

PID 控制的传递函数为

$$G_c(s) = \frac{1}{\delta}(1 + \frac{1}{T_i s} + T_d s) \tag{4-16}$$

不难看出，由式（4-16）表示的 PID 控制动作规律在物理上是不能实现的。在工业上实际采用的模拟 PID 控制器（如 DDZ 型控制器）中，在忽略比例、积分、微分作用相互干扰的情况下，PID 控制规律的传递函数可表示为

$$G_c(s) = \frac{1}{\delta}\left(1 + \frac{1}{T_i s} + \frac{T_d s}{(T_d / K_d')s + 1}\right) \tag{4-17}$$

式中，δ 为比例带；T_i 为积分时间；T_d 为微分时间；K_d' 为微分系数。

图 4-19 所示为工业 PID 控制器的单位阶跃响应，即工业 PID 控制器在忽略比例、积分、微分作用相互干扰的情况下的单位阶跃响应曲线，其中阴影部分面积代表微分作用的强弱。

此外，为了对各种动作规律进行比较，图 4-20 所示为各种控制规律的响应过程，即同一对象在相同阶跃扰动下，采用不同控制动作时具有同样衰减率的响应过程。显然，PID 控制时控制效果最佳，但这并不意味着在任何情况下采用 PID 控制都是合理的。何况 PID 控制器有 3 个需要整定的参数，如果这些参数整定不合适，则不仅不能发挥各种控制动作应有的作用，还有可能导致系统性能恶化。

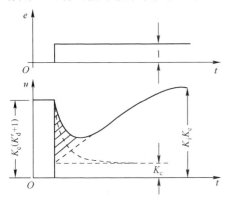

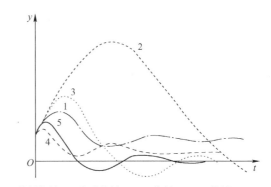

1—比例控制；2—积分控制；3—PI 控制；4—PD 控制；5—PID 控制

图 4-19　工业 PID 控制器的单位阶跃响应　　　　图 4-20　各种控制规律的响应过程

事实上，选择什么样动作规律的控制器与具体对象相匹配，这是一个比较复杂的问题，需要综合考虑多种因素方能合理解决。

还需指出的是，当前控制系统中的 PID 调节规律都是以软件编程的形式实现的，从编程的角度看，什么样的调节规律都可以实现，但由于元器件的惯性，理想微分实际上还是不可能实现的。

▌ 4.5　数字 PID 控制

第 19 讲

早期的 PID 控制器（也称 PID 调节器）是由气动部件、液动部件或晶体管、运算放大器等电子元器件组成的模拟 PID 控制器，它的 PID 运算是靠硬件实现的。近年来，随着计算机技术的飞速发展，由计算机实现的数字 PID 控制器正在逐渐取代由模拟仪表构成的模拟 PID 控制器。在数字 PID 控制器中，它的 PID 运算是靠软件实现的，一般采用基本的数字 PID 控制算法。另外，在过程控制系统的实际应用中，还有多种形式的改进数字 PID

控制算法，以便提高实际 PID 控制的性能。

4.5.1　基本的数字 PID 控制算法

由于数字控制器只能处理数字信号，所以要用数字控制器实现 PID 控制，必须要将 PID 控制算法离散化，即设计数字 PID 控制算法。

为将式（4-15）所示的模拟 PID 控制算法离散化，首先将连续时间 t 离散化为一系列采样时刻点 kT（k 为采样序号，T 为采样周期），然后以求和取代积分，再用差分取代微分，于是得离散化的 PID 控制算法为

$$u(k) = K_c \left\{ e(k) + \frac{T}{T_i} \sum_{j=0}^{k} e(j) + \frac{T_d}{T}[e(k) - e(k-1)] \right\} \tag{4-18}$$

式中，T 为采样周期；$e(k)$ 为 kT 时刻控制器的输入值；$u(k)$ 为 kT 时刻控制器的输出值；参数 K_c、T_i 和 T_d 的意义同前。

式（4-18）就是基本的数字 PID 控制算法。它包含三部分：比例部分 $K_c e(k)$；积分部分 $K_c \frac{T}{T_i} \sum_{j=0}^{k} e(j)$ 和微分部分 $K_c \frac{T_d}{T}[e(k) - e(k-1)]$。

由于数字控制器输出 $u(k)$ 是直接控制执行机构（如调节阀）动作的，$u(k)$ 的值与执行机构的位置（如阀门开度）一一对应，所以通常称式（4-18）为位置式 PID 控制算法。

在位置式 PID 控制算法中，由于数字控制器输出 $u(k)$ 直接对应执行机构的实际位置，所以一旦控制器出现故障，将使得 $u(k)$ 大幅度变化，必会引起执行机构的大幅变化，而这在生产过程中是不允许的，在某些场合甚至会造成重大的生产事故。另外，有些执行机构（如步进电动机）要求控制器的输出为增量形式，在这些情况下位置式 PID 控制就不能使用，为此对位置式 PID 控制算法进行了变换，引入增量式 PID 控制。

所谓增量就是两个相邻时刻控制输出的绝对量之差。根据式（4-18）不难得到 $(k-1)T$ 时刻的输出表达式为

$$u(k-1) = K_c \left\{ e(k-1) + \frac{T}{T_i} \sum_{j=0}^{k-1} e(j) + \frac{T_d}{T}[e(k-1) - e(k-2)] \right\} \tag{4-19}$$

根据式（4-18）和式（4-19）可得 PID 控制算法的增量式

$$\begin{aligned} \Delta u(k) &= u(k) - u(k-1) \\ &= K_c[e(k) - e(k-1)] + K_i e(k) + K_d[e(k) - 2e(k-1) + e(k-2)] \end{aligned} \tag{4-20}$$

式中，K_c 为比例增益；$K_i = K_c T / T_i$ 为积分增益；$K_d = K_c T_d / T$ 为微分增益。

为了编程方便，可将式（4-20）整理成如下形式

$$\Delta u(k) = q_0 e(k) + q_1 e(k-1) + q_2 e(k-2) \tag{4-21}$$

式中，$q_0 = K_c(T/T_i + T_d/T)$；$q_1 = -K_c(1 + 2T_d/T)$；$q_2 = K_c T_d/T$。

与模拟 PID 控制器相比，数字 PID 控制器的参数多了一个采样周期 T。理论上讲，采样周期 T 越小，数字控制器的控制性能越接近模拟控制器的控制性能，但 T 太小会加重控制器的计算负担，采样周期 T 也不能太大，否则系统将会变成为不稳定系统。所以在

数字 PID 控制器中，采样周期 T 在满足采样定理的前提下，要综合考虑。数字 PID 控制器中，参数 K_c、T_i 和 T_d 的选取同前。

4.5.2　改进的数字 PID 控制算法

当系统波动范围大、变化迅速或存在较大的扰动时，基本的数字 PID 控制效果往往不能满足控制的要求。因此，对数字 PID 控制算法进行改进一直是控制界研究的课题，下面介绍几种常用的改进形式。

1. 积分项改进的数字 PID 控制算法

PID 控制中，积分的作用是消除余差，提高稳态控制精度。但在对象滞后较大或过程的启动、结束或大幅度增减设定值时，短时间内系统输出有很大的偏差。对这样的系统，积分的引入将使控制器对误差的响应变缓，系统的稳定性下降，这是人们不期望看到的。由前面的分析可知，这些都是由于积分的引入造成的。因此，为了改善系统性能，有必要针对 PID 控制中的积分项进行改进。

（1）积分分离 PID 算法

鉴于积分作用消除稳态误差是在调整接近结束的阶段，而偏差较大时，系统调整的主要目的在于快速消除误差的影响。所以积分分离的基本思路是，当控制偏差较大时，如大于人为设定的某阈值 ε 时，取消积分作用，以减小超调；而当控制偏差较小时，再引入积分控制，以消除余差，提高控制精度。

以位置式 PID 算式（4-18）为例，积分分离 PID 算法可表示为

$$u(k) = K_c \left\{ e(k) + \beta \frac{T}{T_i} \sum_{j=0}^{k} e(j) + \frac{T_d}{T} [e(k) - e(k-1)] \right\} \tag{4-22}$$

式中，β 为积分项的开关系数。

$$\beta = \begin{cases} 1 & |e(k)| \leqslant \varepsilon \\ 0 & |e(k)| > \varepsilon \end{cases} \tag{4-23}$$

积分分离阈值 ε 应根据具体对象及控制要求确定，若 ε 值过大，则达不到积分分离的目的；若 ε 值过小，则一旦被控量 $y(t)$ 无法跳出各积分分离区，只进行 PD 控制，将会出现余差。

（2）抗积分饱和 PID 算法

在数字 PID 控制中，若被控系统长时间出现偏差或偏差较大，PID 算法计算出的控制变量可能会溢出，即数字控制器运算得出的控制变量 $u(k)$ 超出数模转换器所能表示的数值范围 $[u_{min}, u_{max}]$。而数模转换器的数值范围与执行机构是匹配的，如 $u(k) = u_{max}$ 对应阀门全开，$u(k) = u_{min}$ 对应阀门全关。所以，一旦溢出，执行机构将处于极限位置而不再跟随响应数字控制器的输出，即出现了积分饱和。

前面介绍了防止积分饱和的若干方法，此处仅就遇限削弱积分法的计算机实现予以说明。遇限削弱积分 PID 算法的基本思路是，在计算控制变量 $u(k)$ 时，先判断上一时刻的控制变量 $u(k-1)$ 是否已超过限制范围，若 $u(k-1) > u_{max}$。则只累加负偏差，若 $u(k-1) < u_{min}$，则只累加正偏差，这样就可以避免控制变量长时间停留在饱和区。

2. 微分项改进的数字 PID 控制算法

在 PID 控制中，微分项根据偏差变化的趋势及时施加作用，从而有效地抑制偏差增长，减小系统输出的超调，克服减弱振荡，加快动态过程。但是微分作用对高频干扰非常灵敏，容易引起控制过程振荡，降低调节品质。为此有必要对 PID 算法中的微分项进行改进。以下给出两种微分项改进算法：一种是不完全微分算法，另一种是微分先行算法。

（1）不完全微分算法

微分控制的特点之一是在偏差发生陡然变化的瞬间给出很大的输出，但实际的控制系统，尤其是采样控制系统中，数字控制器对每个控制回路输出时间是短暂的，而驱动执行器动作又需要一定时间，如果输出较大，在短暂时间内执行器达不到应有的开度，会使输出失真。为了克服这一缺点，同时又要使微分作用有效，可以在 PID 控制输出端串联一个惯性环节，这就形成了不完全微分 PID 控制器。

不完全微分算法是在普通 PID 算法中加入一个一阶惯性环节（低通滤波器）$G(s)=1/(1+T_f(s))$，如图 4-21 所示。

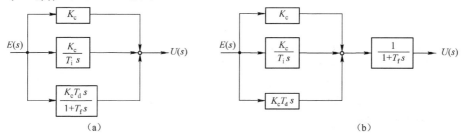

图 4-21　不完全微分 PID 控制框图

图 4-21（a）是将低通滤波器直接加在微分环节上，图 4-21（b）则是将低通滤波器加在整个 PID 控制器之后。

在普通 PID 算法中，微分作用只在第一个采样周期内起作用，而且作用很强，而不完全微分 PID 控制算法中在较长时间内仍有微分输出，且第一次输出也没有标准 PID 控制强，因此可获得比较柔和的微分控制，带来较好的控制效果。

（2）微分先行算法

当系统给定输入作阶跃变化时，会引起偏差突变。微分控制对偏差突变的反应是使控制变量大幅度变化，给控制系统带来冲击，如超调量过大，调节期间动作剧烈，严重影响系统运行的平稳性。

考虑到通常情况下被控变量的变化总是比较和缓，微分先行 PID 就只对测量值 $y(t)$ 微分，而不对偏差 $e(t)$ 微分，也就是说对给定值 $r(t)$ 无微分作用。这样在调整设定值时，控制器的输出就不会产生剧烈的跳变，也就避免了给定值变化给系统造成的冲击。图 4-22 所示为微分先行 PID 控制器结构图，图中 K_d' 为微分系数，PID 算法中的微分环节则被移到了测量值与设定值的比较点之前。

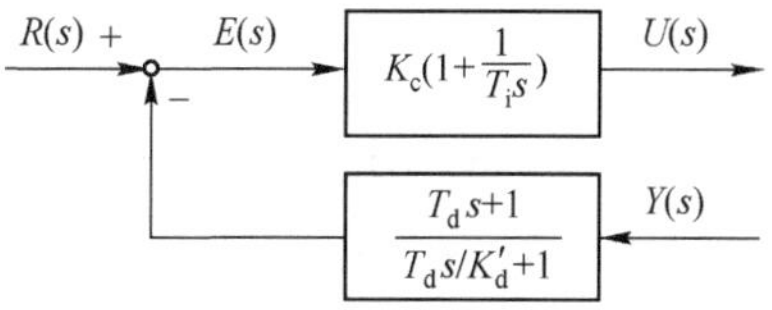

图 4-22　微分先行 PID 控制器结构图

4.6 利用 MATLAB 实现 PID 控制规律

利用 MATLAB 或 Simulink 可以方便地实现 PID 控制器的各种调节规律，也便于观测 PID 控制器不同参数变化时，对控制系统性能的影响。

【例 4-6】 已知系统方框图如图 4-4 所示。其中，控制器 $G_c(s)$ 和广义被控对象 $G_p(s)$ 的传递函数分别为

$$G_c(s) = K_c ; \quad G_p(s) = \frac{1}{(s+1)(2s+1)(5s+1)}$$

试利用 MATLAB 绘制控制器的比例系数分别为 $K_c = 0.15, 0.5, 1, 2, 5, 12.6$ 时，系统在单位阶跃给定信号作用下的输出响应。

解：

方法 1：利用以下 MATLAB 程序，可得如图 4-23 所示的比例控制时的系统单位阶跃响应曲线。

```
%ex4_6_1.m
Gp=tf(1,conv([1,1], conv ([2,1],[5,1])));      %对象传递函数
Kc=[0.15,0.5,1,2,5,12.6];t=0:0.01:25;
for i=1: length(Kc)
   Gb=feedback(Kc(i)*Gp,1);                    %系统闭环传递函数
   step(Gb,t);hold on;                          %绘制阶跃曲线
end
```

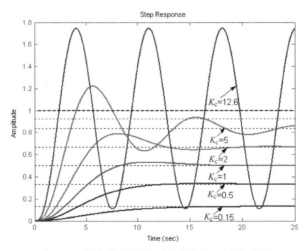

图 4-23　比例控制时的系统单位阶跃响应曲线

方法 2：利用以下 MATLAB 程序

```
%ex4_6_2.m
Gp=tf(1,conv([1,1], conv ([2,1],[5,1])));      %对象传递函数
Kc=1;Gk=Kc*Gp;                                 %比例系数和系统开环传递函数
```

```
sisotool(Gk)                            %调用单变量系统设计工具
```

打开如图 4-24 所示的 SISO Design Tool（单输入单输出系统设计工具）工作窗口，并同时给出该系统的根轨迹图和对数坐标图。

在图 4-24 中，窗口左上角 "C(s)＝" 对话框中的值，即为控制器比例系数 K_c 的当前值。利用图 4-24 中 Analysis 菜单下的 Response to Step Command 或 Other Loop Responses...命令，便可打开该系统在当前 K_c 值下的单位阶跃响应图，如图 4-25 所示的单位阶跃响应即为 $K_c=2$ 时的情况。改变图 4-24 中 "C(s)＝" 对话框中的值，等价于改变控制器比例系数 K_c 的值，同时图 4-25 中对应的单位阶跃响应也随之改变。当 "C(s)＝" 对话框中的值依次为 0.15, 0.5, 1, 2, 5, 12.6 时，便可得到控制器比例系数分别为 $K_c=0.15, 0.5, 1, 2, 5, 12.6$ 时系统的单位阶跃响应曲线，其曲线形状见图 4-23。

另外，利用鼠标直接拖动图 4-24 中系统根轨迹上的方块时，也可方便地改变控制器比例系数 K_c 的值，从而更直观地从图 4-25 中观测到系统的单位阶跃响应随 K_c 值变化而变化的情况。

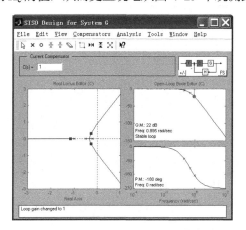

图 4-24　SISO Design Tool 工作窗口

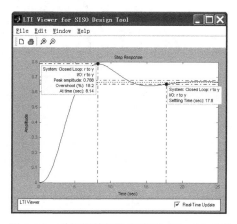

图 4-25　系统的单位阶跃响应（$K_c=2$）曲线

由此可见，在采用比例控制时，例 4-6 中的系统随着比例系数 K_c 值的增大，响应速度加快，超调量也随着增大，调节时间也加长，稳态误差（系统的稳态输出值为 1）变小，但稳态误差不会为零。其系统过渡过程具体表现为，当 $0<K_c<0.15$ 时为单调衰减变化；当 $0.15 \leqslant K_c<12.6$ 时为振荡衰减变化；当 K_c 大到一定值（$K_c=12.6$）后，系统会出现发散的振荡过程。

【例 4-7】 已知控制系统方框图见图 4-4。其中，控制器 $G_c(s)$ 和广义被控对象 $G_p(s)$ 的传递函数分别为

$$G_c(s) = K_c\left(1 + \frac{1}{T_i s}\right); \quad G_p(s) = \frac{1}{(s+1)(2s+1)(5s+1)}$$

试利用 MATLAB 绘制控制器的比例系数为 $K_c=2$，积分时间常数分别为 $T_i=5, 6, 8, 11, 15, 20$ 时，系统在单位阶跃给定信号作用下的输出响应。

解： 利用以下 MATLAB 程序，可得如图 4-26 所示的 PI 控制时的系统单位阶跃响应曲线。

```
%ex4_7.m
Gp=tf(1,conv([1,1], conv ([2,1],[5,1])));    %对象传递函数
```

```
Kc=2;Ti=[5,6,8,11,15,20];t=0:0.01:100;
for i=1: length(Ti)
   Gc=tf([Kc,Kc/Ti(i)],[1,0]);              %控制器传递函数
   Gb=feedback(Gc*Gp,1);step(Gb,t);hold on;
end
```

由图 4-26 可见，在采用比例积分控制时，系统的稳态误差（系统的稳态输出值为 1）总为零，但在比例系数不变的情况下，随着积分作用的加强（T_i 变小），系统的相对稳定性降低、振荡加剧、控制过程加快、振荡频率升高。当 T_i 小到一定值（T_i=1.82）后，系统会出现发散的振荡过程。另外，当 T_i 大到一定值后，系统的过渡过程时间也会随着积分时间 T_i 的变大而加长。

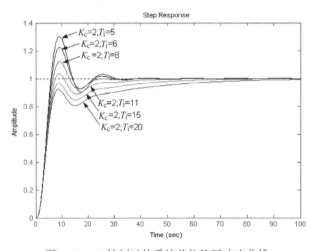

图 4-26　PI 控制时的系统单位阶跃响应曲线

【例 4-8】已知控制系统方框图见图 4-4。其中，控制器 $G_c(s)$ 和广义被控对象 $G_p(s)$ 的传递函数分别为

$$G_c(s) = K_c(1+T_d s)\;;\quad G_p(s) = \frac{1}{(s+1)(2s+1)(5s+1)}$$

试利用 MATLAB 绘制控制器的比例系数为 K_c=2，微分时间常数分别为 T_d=0, 1, 2, 3, 5, 7 时，系统在单位阶跃给定信号作用下的输出响应。

解：利用以下 MATLAB 程序，可得如图 4-27 所示的单位阶跃响应曲线。

```
%ex4_8.m
Gp=tf(1,conv([1,1], conv ([2,1],[5,1])));        %对象传递函数
Kc=2;Td=[0,1,2,3,5,7];t=0:0.01:25;
for i=1: length(Td)
   Gc=tf([Kc*Td(i),Kc],1);                        %控制器传递函数
   Gb=feedback(Gc*Gp,1);step(Gb);hold on
end
```

PD 控制时的系统单位阶跃响应曲线如图 4-27 所示，可见，在采用比例微分控制时，系统的稳态误差（系统的稳态输出值为 1）不为零。系统适度引入微分动作后，随着微分作用的加强（T_d 变大），超调量减小，相对稳定性提高，上升时间减小，快速性提高，稳态误差

不变。但当 T_d 超出某一值后，系统的相对稳定性反而会随着 T_d 的变大而下降。

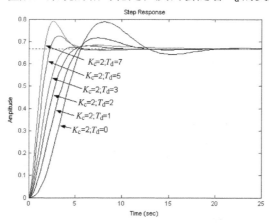

图 4-27　PD 控制时的系统单位阶跃响应曲线

另外，由图 4-25、图 4-26 和图 4-27 可知，对同一被控对象，在控制器比例系数同为 $K_c=2$ 的情况下，比例控制的过渡过程时间为 17.8s，比例积分控制的过渡过程时间总是大于 20s，比例微分控制的过渡过程时间总是远小于 15s。显然微分作用明显提高了系统的快速性。

【例 4-9】 已知控制系统方框图见图 4-4。其中，控制器 $G_c(s)$ 和广义被控对象 $G_p(s)$ 的传递函数分别为

$$G_c(s) = K_c(1 + \frac{1}{T_i s} + T_d s) \; ; \quad G_p(s) = \frac{1}{(s+1)(2s+1)(5s+1)}$$

试求控制器的比例系数、积分时间和微分时间分别为：$K_c=5$，$T_i=15$ 和 $T_d=1$ 时，系统在单位阶跃给定信号作用下的输出响应。

解：

① 利用 Simulink 建立的 PID 控制系统方框图如图 4-28 所示。

② 在 MATLAB 窗口执行以下命令，即

```
>>Kc=5;Ti=15;Td=1;
```

③ 将仿真时间设为 25 后运行系统，便可在示波器中看到如图 4-29 所示的单位阶跃响应曲线。

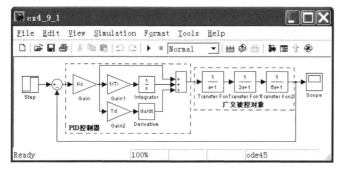

图 4-28　PID 控制系统方框图

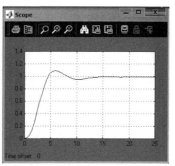

图 4-29　系统单位阶跃响应曲线

另外，对于图 4-28 虚线框中的 PID 控制器，也可直接采用 Simulink 的附加模块集（Simulink Extras）的附加线性模块库（Additional Linear）或连续系统模块库（Continuous）中提供的 PID Controller 模块来代替，采用 PID Controller 模块的系统方框图如图 4-30 所示。由于 PID Controller 模块为 Simulink 的标准模块，其传递函数表示为：$G_c(s) = P + I\frac{1}{s} + Ds$。

将其与图 4-28 虚线框中 PID 控制器的递函数 $G_c(s) = K_c(1 + \frac{1}{T_i s} + T_d s)$ 比较可知，参数 P，I，D 和 K_c，T_i，T_d 之间的关系为：$P = K_c$；$I = K_c/T_i$；$D = K_c \cdot T_d$。因此在图 4-30 中，首先双击 PID Controller 模块，打开其参数设置对话框，设置三个参数值分别为 5、5/15 和 5*1，PID Controller 模块参数设置窗口如图 4-31 所示。然后将仿真时间设置为 25 后，运行系统，便可同样在示波器中看到如图 4-29 所示的单位阶跃响应曲线。

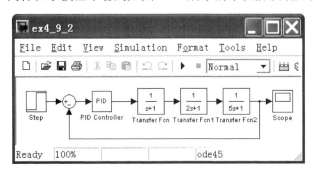

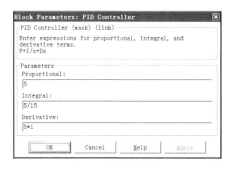

图 4-30　采用 PID Controller 模块的系统方框图　　　图 4-31　PID Controller 模块参数设置窗口

本 章 小 结

比例控制是一种针对当前存在的误差进行的控制，是一种有差控制，系统的稳态误差与控制器的增益成反比。系统的稳定性与控制器的增益有关，随着控制器增益的提高，系统稳定性下降。

积分控制的特点是无差控制，但它的稳定作用比 P 控制差。具有积分作用的控制器，可能产生积分饱和现象。比例积分控制（PI 控制）就是综合比例和积分两种控制的优点，利用 P 控制快速抵消干扰的影响，同时利用积分控制消除残差。在比例带不变的情况下，增大积分作用（即减小积分时间 T_i）将使控制系统稳定性降低、振荡加剧、控制过程加快、振荡频率升高。

微分控制动作总是力图抑制被控变量的振荡，它有提高控制系统稳定性的作用。适度引入微分动作后，由于可以采用较小的比例带，结果不但减小了残差，而且也减小了短期最大偏差并提高了振荡频率。由于微分动作太强（即微分时间 T_d 太大）容易导致调节阀开度向两端饱和，因此在比例微分控制（PD 控制）中总是以比例动作为主，微分动作只能起辅助控制作用。

PID 控制是比例、积分、微分控制的简称。理想的 PID 控制器动作规律在物理上是不能实现的。但在计算机技术基础上，已不存在物理上不能实现的问题。

在数字 PID 控制器中，PID 运算是靠软件实现的，一般采用基本数字 PID 控制算法或改进数字 PID 控制算法。

习　题

4-1　比例、积分、微分控制规律各有何特点？其中哪些是有差调节？哪些是无差调节？

4-2　某电动比例控制器的测量范围为 $100 \sim 200℃$，其输出为 $0 \sim 10mA$。当温度从 $140℃$ 变化到 $160℃$ 时，测得控制器的输出从 $3mA$ 变化到 $7mA$。试求该控制器的比例带。

4-3　为了提高系统的稳定性、消除系统误差，应该选用哪些控制规律？

4-4　什么是积分饱和？引起积分饱和的原因是什么？如何消除？

4-5　已知比例积分控制器的阶跃响应如题图 4-1 所示。

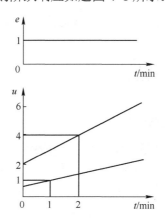

题图 4-1　比例积分控制器的阶跃响应

① 在图中标出比例带 δ 和积分时间 T_i 的数值；

② 若同时把比例带 δ 放大 4 倍，积分时间 T_i 缩小至原来的一半，其输出 u 的阶跃响应作何变化？把 $u(t) \sim t$ 曲线画在同一坐标系中，并标出新的比例带 δ' 和积分时间 T_i' 值；

③ 指出此时控制器的比例作用、积分作用是增强还是减弱？说明 PI 控制器中影响比例作用、积分作用强弱的因素。

4-6　一个系统在比例控制的基础上分别增加积分作用和微分作用后，试问：

① 这两种情况对系统的稳定性、最大动态偏差和稳态误差分别有何影响？

② 为了得到相同的系统稳定性，应如何调整控制器的比例带 δ？请说明理由。

4-7　什么是数字 PID 位置式控制算法和增量式控制算法？

4-8　为什么在数字式控制器中通常采用增量式控制算法？

4-9　简述积分分离 PID 算法，它与基本 PID 算法有何区别？

4-10　数字 PID 控制中采样周期的选择要考虑哪些因素？

第 4 章　习题解答

第 5 章

简单控制系统

所谓简单控制系统，通常是指仅由一个被控过程（或称被控对象）、一个测量变送装置、一个控制器（或称调节器）和一个执行器（如调节阀）所组成的单闭环负反馈控制系统，也称为单回路控制系统。

简单控制系统是最基本的，约占目前工业控制系统的 80% 以上。即使是复杂控制系统也是在简单控制系统的基础上发展起来的。至于高等过程控制系统，往往把它作为最底层的控制系统，例如流量跟随系统等。因此，学习和掌握简单控制系统是非常重要的。

5.1 简单控制系统的分析

第 20 讲

5.1.1 控制系统的工作过程

锅炉是生产蒸汽的设备，几乎是工业生产中不可缺少的设备。工业生产中常见的锅炉汽包工艺流程，如图 5-1 所示。保持锅炉汽包内的液（水）位高度在规定范围内是非常重要的，若水位过低，则会影响产汽量，且锅炉易烧干而发生事故；若水位过高，生产的蒸汽含水量高，会影响蒸汽质量；这些都是危险的。因此锅炉汽包液位是一个重要的工艺参数，对它严加控制是保证锅炉正常生产必不可少的措施。

如果一切条件（包括给水流量、蒸汽量等）都近乎恒定不变，只要将进水阀置于某一适当开度，则锅炉汽包液位能保持在一定的高度。但实际生产过程中这些条件是变化的，如进水阀前的压力变化、蒸汽流量的变化等。此时若不进行控制（即不去改变阀门开度），则液位将偏离规定高度。因此，为保持汽包液位恒定，操作人员应根据液位高度的变化情况，控制进水量。

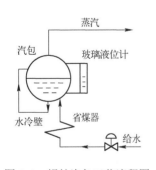

图 5-1　锅炉汽包工艺流程图

为了保持液位为定值，手动控制时主要有以下三步：

① 观察被控变量的数值，即汽包的液位；

② 把观察到的被控变量的值与设定值加以比较，根据两者的偏差大小或随时间变化的情况，做出判断并发布命令；

③ 根据命令操作给水阀，改变进水量，使液位回到设定值。

如果对锅炉汽包液位进行精确控制，就必须采用检测仪表和自动控制装置来代替手动控制，这些自动控制装置和被控的工艺对象就组成了一个简单的过程控制系统，此时系统就成

为自动控制系统。锅炉汽包液位控制的系统图，如图 5-2
所示。

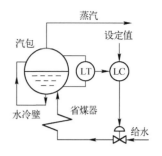

图 5-2　锅炉汽包液位控制的系统图

在此，锅炉汽包为被控对象；工艺所要求的汽包液
位高度称为设定值；所要求控制的液位参数称为被控变
量或输出变量；那些影响被控变量使之偏离设定值的因
素统称为扰动，如给水量、蒸汽量的变化等（设定值和
扰动都是系统的输入变量）；用于使被控变量保持在设定
值范围内的作用称为控制作用，而实现控制作用的变量
称为控制变量或操作变量；控制通道就是控制作用对被
控变量的影响通路；扰动通道就是扰动作用对被控变量的影响通路。

现以图 5-2 所示的锅炉汽包液位过程控制系统为例，说明过程自动控制系统的工作过程。当
该系统受到扰动作用后，被控变量（液位）发生变化，通过液位测量变送仪表 LT 得到其测量值，
并将其传送到液位控制器 LC；在 LC 中，将被控变量（液位）的测量值与设定值比较得到偏差，
控制器 LC 对偏差经过一定的运算后，输出控制信号，这一信号作用于执行器（在此为调节阀），
改变给水量，以克服扰动的影响，使被控变量回到设定值，这样就完成了所要求的控制任务。

由此可见，过程控制系统的工作过程就是应用负反馈原理的控制过程。

将以上锅炉汽包液位控制系统用方框图表示，可得锅炉汽包液位控制系统的方框图，如
图 5-3 所示。

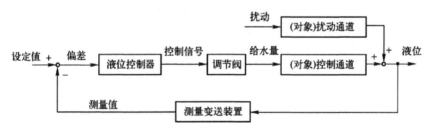

图 5-3　锅炉汽包液位控制系统的方框图

5.1.2　简单控制系统的组成

根据锅炉汽包液位控制系统的方框图，可得简单控制系统的标准方框图如图 5-4 所示。
将各个环节分别用传递函数描述后，可得如图 5-5 所示的简单控制系统方框图。

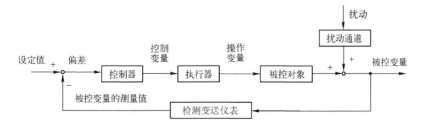

图 5-4　简单控制系统的标准方框图

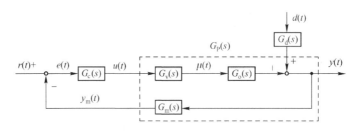

图 5-5　简单控制系统方框图

图 5-5 中，$G_o(s)$、$G_m(s)$、$G_v(s)$ 和 $G_c(s)$ 分别表示被控对象、检测变送仪表、执行器和控制器的传递函数。系统工作时，被控过程的输出信号（被控变量）$y(t)$ 通过检测变送仪表后将其变换为测量值 $y_m(t)$，并将测量值 $y_m(t)$ 反馈到控制器 $G_c(s)$ 的输入端；控制器 $G_c(s)$ 根据系统被控变量的设定值 $r(t)$ 与测量值 $y_m(t)$ 的偏差 $e(t)$，按照一定的控制算法输出控制量 $u(t)$；执行器 $G_v(s)$ 根据控制器 $G_c(s)$ 送来的控制信号 $u(t)$，通过改变操作变量 $\mu(t)$ 的大小，对被控对象 $G_o(s)$ 进行调节，克服扰动 $d(t)$ 对系统的影响，从而使被控变量 $y(t)$ 趋于设定值 $r(t)$，达到预期的控制目标。

根据图 5-5 可得简单控制系统的输出与输入的关系为

$$Y(s) = \frac{G_c(s)G_v(s)G_o(s)}{1 + G_c(s)G_v(s)G_o(s)G_m(s)} R(s) + \frac{G_d(s)}{1 + G_c(s)G_v(s)G_o(s)G_m(s)} D(s)$$

当生产过程平稳运行时，可忽略扰动作用对输出（被控变量）的影响，即 $D(s)=0$。此时系统的主要任务是要求输出 $Y(s)$ 能快速跟踪设定值 $R(s)$，系统的输出 $Y(s)$ 仅与设定值 $R(s)$ 有关，即

$$Y(s) = \frac{G_c(s)G_v(s)G_o(s)}{1 + G_c(s)G_v(s)G_o(s)G_m(s)} R(s)$$

当设定值 $R(s)$ 在一定时间内保持不变，即 $R(s)=0$。此时系统的主要任务是克服扰动 $D(s)$ 对输出 $Y(s)$ 的影响，系统的输出 $Y(s)$ 仅与扰动 $D(s)$ 有关，即

$$Y(s) = \frac{G_d(s)}{1 + G_c(s)G_v(s)G_o(s)G_m(s)} D(s)$$

在简单控制系统分析和设计时，通常将系统中控制器以外的部分组合在一起，即将被控对象、执行器和测量变送装置合并为广义被控对象，用 $G_p(s)$ 表示，即 $G_p(s) = G_v(s)G_o(s)G_m(s)$。因此，也可以将简单控制系统看成由控制器 $G_c(s)$ 和广义被控对象 $G_p(s)$ 两大部分组成，如图 5-6 所示。

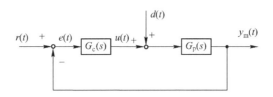

图 5-6　由控制器和广义被控对象组成的简单控制系统方框图

5.1.3 简单离散控制系统的组成

第 21 讲

随着大规模集成电路技术和计算机技术的发展，大量的数字芯片、微处理器和计算机开始应用于过程控制系统。从最简单的显示仪表、记录仪表，到复杂的控制器、执行器，几乎所有的现代化仪表都离不开数字芯片。

尽管目前的任何一块仪表都含有数字芯片，数字仪表已经在控制系统中无处不在了，但这里仅介绍控制器为数字仪表的离散控制系统，其方框图如图 5-7 所示。

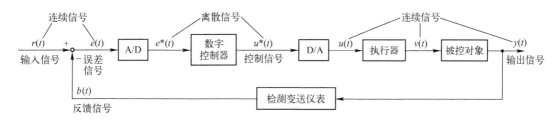

图 5-7 离散控制系统的方框图

与图 5-4 所示的连续控制系统显著不同的特点是，离散控制系统中至少有一处或几处信号在时间上为离散的脉冲或数字信号。实际上，当连续控制系统中的信号以间断方式获得时，该连续控制系统也就变成了离散控制系统。

在如图 5-7 所示的离散控制系统中，由于数字控制器只能处理二进制的数字信号，所以数字控制器接收和输出的信号均为数字信号。模数转换器 A/D 的作用是定时将连续的偏差信号 $e(t)$ 转换成数字控制器能接收的离散的数字偏差信号 $e^*(t)$。离散的数字偏差信号 $e^*(t)$ 以二进制脉冲数码送入数字控制器，数字控制器按一定要求进行运算后输出离散的控制信号 $u^*(t)$。由于执行器通常按连续信号进行控制，所以由数字控制器输出的离散控制信号 $u^*(t)$，应先转换成连续信号 $u(t)$，这种转换是由数模转换器 D/A 来实现的。由于 A/D 转换器精度足够高，所形成的量化误差可以不计，因而输入通道一般把 A/D 转换器用周期为 T 的采样开关来代替。而 D/A 转换器相当于一个保持器。这样，采用数字控制器的离散控制系统可以等效为一个典型离散控制系统，其方框图如图 5-8 所示。离散控制系统也称为采样控制系统或数字控制系统。

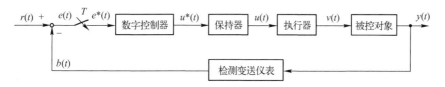

图 5-8 典型离散控制系统方框图

与连续控制系统相比，离散控制系统涉及的一个主要问题是采样周期 T 的选取。采样定理指出，对一个具有有限频谱（ $-\omega_{max} < \omega < \omega_{max}$ ）的连续信号采样，当采样频率 $\omega_s = 1/T \geqslant 2\omega_{max}$，那么采样后的信号可以无失真地复现原连续信号。采样定理给出了采样周期 T 的最大值。显然，采样周期 T 选得越小，也就是采样频率 ω_s 选得越高，对系统控制过程

的信息了解就越多，控制效果就会越好。但是，采样周期 T 选得过小，将增加不必要的计算负担；采样周期 T 选得过长，又会给控制过程带来较大的误差，降低系统的动态性能，甚至有可能导致整个控制系统失去稳定性。因此，采样周期 T 的选择要根据实际情况综合考虑、合理选择。在一般工业过程控制中，数字仪表所能提供的运算速度，对于采样周期 T 的选择来说，有很大的回旋余地。应当指出，离散信号 $u^*(t)$ 通过保持器完全复现原连续信号 $u(t)$ 的前提是选择恰当的采样周期。

在离散控制系统广泛应用的今天，连续控制系统仍然非常重要，因为大多数被控对象的输入/输出、传感器的输入、执行器的输出最终都是以模拟连续信号的形式出现的。再者，目前很多数字仪表的输入/输出信号仍然为模拟连续信号，也就说这些数字仪表都内置了一个采样频率 ω_s 很高的采样开关和保持器。所以说连续控制系统还是过程控制系统的基础，离散控制系统只是在连续控制系统的基础上大幅度提高了整体系统的控制效果和控制水平。

5.2 简单控制系统的设计

第 22 讲

过程控制系统设计是过程工艺、仪表或计算机和控制理论等多学科的综合。在简单控制系统设计中，系统设计的主要任务是：选择被控变量和操作（或控制）变量、建立被控对象的数学模型、控制器的设计、检测变送仪表的选择和执行器的选型。由于被控对象的建模方法和执行器的选择原则已分别在第 2 章和第 3 章予以详细介绍，它们的使用方法和选择原则完全适用于简单控制系统，在此不再赘述。本节仅对被控变量和控制变量的选择、检测变送仪表的选择和控制器的选型予以介绍。

5.2.1 被控变量和操作变量的选择

为了建立被控对象的数学模型，必须首先确定系统的被控变量和操作（或控制）变量。第 1 章介绍的被控变量和操作变量的基本选择原则同样适用于简单控制系统，下面从理论和应用的角度出发，将对其作进一步的讨论。

1. 被控变量的选择

被控变量的选择是控制系统设计的核心问题，被控变量选择的正确与否是决定控制系统有无价值的关键；对任何一个控制系统，总是希望其能够在稳定生产操作、增加产品产量、提高产品质量、保证生产安全及改善劳动条件等方面发挥作用，如果被控变量选择不当，配备再好的自动化仪表，使用再复杂、先进的控制规律也是无用的，都不能达到预期的控制效果。另外，对于一个具体的生产过程，影响其正常操作的因素往往有很多个，但并非所有的影响因素都要加以自动控制。所以，设计人员必须深入实际、调查研究、分析工艺，从生产过程对控制系统的要求出发，找出影响生产的关键变量作为被控变量。

1）被控变量的选择方法

生产过程中的控制大体上可以分为三类：物料平衡或能量平衡控制、产品质量或成分控制及限制条件的控制。毫无疑问，被控变量应是能表征物料和能量平衡、产品质量或成分及限制条件的关键状态变量。所谓"关键"变量，是指这样一些变量。它们对产品的产量或质量及安全具有决定性作用，而人工操作又难以满足要求。或者人工操作虽然可以满足要求，但是这种操作既紧张又频繁，劳动强度又很大。

根据被控变量与生产过程的关系，可将其分为两种类型的控制形式：直接参数控制与间接参数控制。

（1）选择直接参数作为被控变量

能直接反映生产过程中产品的产量和质量，以及安全运行的参数称为直接参数。大多数情况下，被控变量的选择往往是显而易见的。对于以温度、压力、流量、液位为操作指标的生产过程，很明显被控变量就是温度、压力、流量、液位。这是很容易理解的，也无须多加讨论。如前面章节中所介绍过的锅炉汽包液位控制系统和换热器出口温度控制系统，其被控变量的选择即属于这个类型。

（2）选择间接参数作为被控变量

质量指标是产品质量的直接反映，因此，选择质量指标作为被控变量应是首先要进行考虑的。如果工艺上是按质量指标进行操作的，理应以产品质量作为被控变量进行控制，但是，采用质量指标作为被控变量，必然要涉及产品成分或物性参数（如密度、黏度等）的测量问题，这就需要用到成分分析仪表和物性参数测量仪表。有关成分和物性参数的测量问题，目前国内外尚未得到很好地解决，其原因有两个：一是缺乏各种合适的检测手段；二是虽有直接参数可测，但信号微弱或测量滞后太大。

因此，当直接选择质量指标作为被控变量比较困难或不可能时，可以选择一种间接的指标，即间接参数作为被控变量。但是必须注意，所选用的间接指标必须与直接指标有单值对应关系，并且还需具有足够大的灵敏度，即随着产品质量的变化，间接指标必须有足够大的变化。

2）被控变量的选择原则

在实践中，被控变量的选择以工艺人员为主，以自控人员为辅，因为对控制的要求是从工艺角度提出的；但自动化专业人员也应多了解工艺，多与工艺人员沟通，从自动控制的角度提出建议。工艺人员与自控人员之间的相互交流与合作，有助于选择好控制系统的被控变量。

在过程工业装置中，为了实现预期的工艺目标，往往有许多个工艺变量或参数可以被选择作为被控变量，也只有在这种情况下，被控变量的选择才是重要的问题。从多个变量中选择一个变量作为被控变量应遵循下列原则：

① 被控变量应能代表一定的工艺操作指标或能反映工艺操作状态，一般都是工艺过程中比较重要的变量。

② 应尽量选择那些能直接反映生产过程的产品产量和质量，以及安全运行的直接参数作为被控变量。当无法获得直接参数信号，或其测量信号微弱（或滞后很大）时，可选择一个与直接参数有单值对应关系、且对直接参数的变化有足够灵敏度的间接参数作为被控变量。

③ 选择被控变量时，必须考虑工艺合理性和国内外仪表产品的现状。

2. 操作变量的选择

工业过程的输入变量有两类：操作（或控制）变量和扰动变量。如果用 $\mu(s)$ 表示操作变量，而用 $D(s)$ 表示扰动变量，那么，被控对象的输出 $Y(s)$ 与输入之间的关系可用式（5-1）表示。

$$Y(s) = G_o(s)\mu(s) + G_d(s)D(s) \tag{5-1}$$

式中，$G_o(s)$ 为被控对象控制通道的传递函数，也简称为被控对象的传递函数；$G_d(s)$ 为被控对象扰动通道的传递函数。

由式（5-1）可以看出，扰动作用与控制作用同时影响被控变量。不过，在控制系统中通过控制器正反作用方式的选择，使控制作用对被控变量的影响正好与扰动作用对被控变量的影响方向相反。这样，当扰动作用使被控变量发生变化而偏离设定值时，控制作用就可以抑制扰动的影响，把已经变化的被控变量重新拉回到设定值上来。因此，在一个控制系统中，扰动作用与控制作用是相互对立而依存的，有扰动就有控制，没有扰动也就无须控制。

在生产过程中，干扰是客观存在的，它是影响系统平稳操作的因素，而操作变量是克服干扰的影响，使控制系统重新稳定运行的因素。因此，正确选择一个可控性良好的操作（或控制）变量，可使控制系统有效克服干扰的影响，以保证生产过程平稳操作。

（1）操作变量的选择方法

在过程控制系统中，把用来克服扰动对被控变量的影响，实现控制作用的变量称为控制（或操作）变量。操作（或控制）变量一般选系统中可以调整的物料量或能量参数。而石油、化工生产过程中，遇到最多的操作变量则是介质的流量。

在一个系统中，可作为操作变量的参数往往不只一个，因为能影响被控变量的外部输入因素往往有若干个而不是一个。在这些因素中，有些是可控（可以调节）的，有些是不可控的，但并不是任何一个因素都可选为操作变量而组成可控性良好的控制系统。这就是说，操作变量的选择，对控制系统的控制质量有很大的影响。为此，设计人员要在熟悉和掌握生产工艺机理的基础上，认真分析生产过程中有哪些因素会影响被控变量发生变化，在诸多影响被控变量的输入中选择一个对被控变量影响显著而且可控性良好的输入变量作为操作变量，而其他未被选中的所有输入量则统视为系统的扰动。操作变量和扰动均为被控对象的输入变量，因此，可将被控对象看成是一个多输入、单输出的环节。

（2）操作变量的选择原则

实际上被控变量与操作（或控制）变量是放在一起综合考虑的。操作变量应具有可控性、工艺操作的合理性、生产的经济性。操作变量的选取应遵循下列原则：

① 所选的操作变量必须是可控的（即工艺上允许调节的变量），而且在控制过程中该变量变化的极限范围也是生产所允许的。

② 操作变量应该是系统中被控过程的所有输入变量中对被控变量影响最大的一个，控制通道的放大系数要适当大一些，时间常数要适当小一些，纯迟延时间应尽量小；所选的操作变量应尽量使扰动作用点远离被控变量而靠近调节阀。为使其他扰动对被控变量的影响减小，应使扰动通道的放大系数尽可能小，时间常数尽可能大。

③ 在选择操作变量时，除了从自动化角度考虑外，还需考虑到工艺的合理性与生产的经济性。一般来说，不宜选择生产负荷作为操作变量，以免产量受到波动。例如，对于换热器，通常选择载热体（蒸汽）流量作为操作变量。如果不控制载热体（蒸汽）流量，而是控制冷流体的流量，理论上也可以使出口温度稳定。但冷流体流量是生产负荷指标，一般不宜进行控制。另外，从经济性考虑，应尽可能地降低物料与能量的消耗。

当被控变量和操作（或控制）变量选定后，便可利用第 2 章介绍的方法建立被控对象的数学模型。

5.2.2　检测变送仪表的选择

检测变送仪表（又称为测量变送装置或测量变送器）要及时地向系统提供被控对象需要加以控制的各种参数，以便控制器进行计算并发出控制指令。在第 1 章对检测变送仪表的选择进行了简单的介绍，下面将分别从其工作原理、基本要求和信号处理三方面进行详细介绍。

1．检测变送仪表的工作原理

检测变送仪表的作用是将工业生产过程的参数（如流量、压力、温度、物位和成分等）经检测并转换为标准信号。在单元组合仪表中，标准信号通常采用 0～10mA、4～20mA、1～5V 电流或电压，0.02～0.1MPa 气压信号；在现场总线仪表中，标准信号是数字信号。

通常将检测变送仪表分为两部分。一部分用来将被控变量的变化转化为更容易处理的另外一类物理量的变化，从而使得后续的处理工作相对简单，也便于信号的传输与放大，这部分被称为测量元件或传感器，也称为一次仪表；另外一部分将传感器所获得的物理量进行放大、变换和传输，从而使得检测变送仪表的输出为标准信号，这部分被称为变送单元或变送器，也称为二次仪表。检测变送仪表的工作原理如图 5-9 所示。

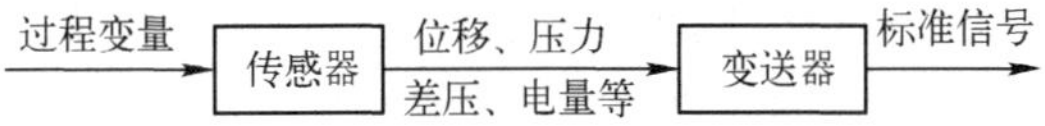

图 5-9　检测变送仪表的工作原理

传感器和变送器的类型繁多，现场总线仪表的出现使检测变送仪表呈现模拟和数字并存的状态。但它们都可用带纯迟延的一阶惯性环节近似，其传递函数为

$$G_m(s) = \frac{K_m}{T_m s + 1} e^{-\tau_m s} \qquad (5\text{-}2)$$

式中，K_m、T_m 和 τ_m 分别为检测变送仪表的增益、时间常数和纯迟延时间。

2．检测变送仪表的基本要求

对检测变送仪表的基本要求是准确、迅速和可靠。准确指传感器和变送器能正确反映被控或被测变量，误差小；迅速指应能及时反映被控或被测变量的变化；可靠是传感器和变送器的基本要求，它应能在环境工况下长期稳定运行。为此需要考虑以下三个主要问题。

（1）在所处环境下能否正常长期工作

由于传感器直接与被测或被控介质接触，因此，在选择传感器时应首先考虑该元件能否适应工业生产过程中的高低温、高压、腐蚀性、粉尘和爆炸性环境；能否长期稳定运行。例如，在高温条件下测温时，常采用铂铑-铂热电偶；对于腐蚀性介质的液位与流量的测量，有的采用非接触测量方法，有的采用耐腐蚀的材质元件和隔离性介质；在易燃易爆的环境中，必须采用防爆型仪表等。

（2）动态响应是否比较迅速

由于检测变送仪表是广义被控对象的一部分。因此，减小 T_m 和 τ_m 对提高控制系统的品质总是有益处的。

相对于过程的时间常数，大多数检测变送仪表的时间常数 T_m 是比较小的，可以忽略不记。但对于成分检测变送仪表的时间常数 T_m 和纯迟延会很大。气动仪表的时间常数较电动仪表要大。采用保护套管的温度计检测温度要比直接与被测介质接触检测温度有更大的时间常数。此外，应考虑时间常数随过程运行而变化的影响。例如，由于保护套管结垢，造成时间常数增大，保护套管磨损，造成时间常数减小等。减小时间常数 T_m 的措施包括检测点位置的合理选择；选用小惯性检测元件；缩短气动管线长度，减小管径；正确使用微分单元等。

检测变送仪表中的纯迟延 τ_m 产生的原因有两个：一是检测点与检测变送仪表之间有一定的传输距离 l；二是被测介质以一定传输速度 w 进行流动。传输速度 w 并非被测介质的流体流速。例如，孔板检测流量时，流体流速是流体在管道中的流动速度，而孔板检测的信号是孔板两端的差压。因此，检测变送仪表的传输速度是差压信号的传输速度。对于不可压缩的流体，该信号的传输速度是极快的。但对于成分的检测变送，由于检测点与检测变送仪表之间有距离 l，被检测介质经采样管线送达仪表有流速 w，因此，存在纯迟延 $\tau_m = l/w$。

减小纯迟延 τ_m 的措施包括选择合适的检测位置，减小传输距离 l；选用增压泵、抽气泵等装置，提高传输速度 w。在考虑纯迟延影响时，应考虑纯迟延与时间常数之比，而不应只考虑纯迟延的大小，应减小纯迟延与时间常数的比值。相对于流量、压力、物位等过程变量的检测变送，过程成分等物性数据的检测变送有较大的纯迟延。有时，温度检测变送的纯迟延相对时间常数也会较大，应充分考虑它们的影响。

（3）测量误差是否满足要求

仪表的精确度影响检测变送仪表的准确性。所以应以满足工艺测量和控制要求为原则，合理选择仪表的精确度。检测变送仪表的量程应满足读数误差的精确度要求，同时应尽量选用线性特性。

测量误差与仪表的精确度有关。出厂时的仪表精度等级，反映了仪表在校验条件下存在的最大百分误差的上限，如仪表的精度等级为 0.5 就表示其最大百分误差不超过 0.5%。对仪表的精度等级应合理选择，由于系统中其他误差的存在，仪表本身的精确度不必要求过高，否则也没有意义。工业上，一般取 0.5～1.0 级，物性及成分仪表可再放宽些。

测量误差也与仪表的量程有关。因为仪表的精确度是按全量程的最大百分误差来定义的，所以量程越宽，绝对误差就越大。例如，同样是一个 0.5 级的测温仪表，当测量范围为 0～1100℃时，可能出现的最大误差是 ±5.5℃；如果测量范围改为 500～600℃，则最大误差将不超过 ±0.5℃。因此，从减小测量误差的角度考虑，在选择仪表量程时应尽量选窄一些。

选择合适的测量范围可改变检测变送仪表的增益 K_m，缩小检测变送仪表的量程，就是

使该环节的增益 K_m 增大。但从控制理论的可控性角度考虑，由于 K_m 在反馈通道，因此，在满足系统稳定性和读数误差的条件下，K_m 较小有利于增大控制器的增益，使前向通道的增益增大，以有利于克服扰动的影响。检测变送仪表增益 K_m 的线性度与整个闭环控制系统输入/输出的线性度有关，当控制回路的前向增益足够大时，整个闭环控制系统输入/输出的增益是 K_m 的倒数。例如，采用孔板和差压变送器检测变送流体的流量时，由于压差与流量之间的非线性，造成流量控制回路呈现非线性，并使整个控制系统的开环增益为非线性。

绝大多数检测变送仪表的增益 K_m 是正值。但也有增益为负值的，不过它们很少使用。在本书的讨论中，均假设检测变送仪表的增益 K_m 为正值。

3．检测变送仪表信号的处理

检测变送仪表信号的数据处理包括信号补偿、线性化、信号滤波、数学运算、信号报警和数学变换等。

热电偶检测温度时，由于产生的热电势不仅与热端温度有关，也与冷端温度有关，因此需要进行冷端温度补偿；热电阻到变送仪表之间的距离不同，所用连接导线的类型和规格不同，导致线路电阻不同，因此需要进行线路电阻补偿；进行气体流量检测时，由于检测点温度、压力与设计值不一致，因此需要进行温度和压力的补偿；精流塔内介质成分与温度、塔压有关，正常操作时，塔压保持恒定，可直接用温度进行控制。当塔压变化时，需要用塔压对温度进行补偿等。

检测变送仪表是根据有关的物理化学规律检测被控变量和被测变量的，它们存在非线性，如热电势与温度、压差与流量等，这些非线性会造成控制系统的非线性。因此，应对检测变送信号进行线性化处理。可以采用硬件组成非线性环节线性化处理，例如采用开方器对压差进行开方运算，也可利用软件实现线性化处理。

由于存在环境噪声，例如泵出口压力的脉动、储罐液位的波动等，它们使检测变送信号波动并影响控制系统的稳定运行，因此需要对信号进行滤波。信号滤波不仅有硬件滤波和软件滤波，而且分高频滤波、低频滤波、带通滤波和带阻滤波等。

硬件滤波通常采用阻容滤波环节，可以用电阻电容组成低通滤波，也可用气阻和气容组成滤波环节。可以组成有源滤波，也可以组成无源滤波等。由于需要硬件的投资，因此成本提高。软件滤波采用计算方法，利用程序编制各种数字滤波器实现信号滤波，具有投资少、应用灵活等特点，受到用户欢迎。在智能仪表、DCS 等装置中通常采用软件滤波。

如果检测变送仪表的信号超出工艺过程的允许范围，就要进行信号报警和联锁处理。

5.2.3　控制器的选型

当被控对象、执行器和检测变送仪表确定后，便可对控制器进行选型。控制器的选型包括控制器的控制规律和正、反作用方式的选择两部分。

第 23 讲

1．控制器控制规律的选择

在简单控制系统中，PID 控制由于它自身的优点仍然是得到最广泛应用的基本控制方式。

通常，选择 PID 控制器的调节规律时，应根据对象特性、负荷变化、主要扰动和系统控制要求等具体情况，同时还应考虑系统的经济性及系统投入是否方便等。

对于由 PID 控制器 $G_c(s)$ 和广义被控对象 $G_p(s)$ 两大部分组成的简单控制系统。PID 控制器的调节规律可以根据广义被控对象的特点进行选择，选择原则如下。

① 广义被控对象控制通道时间常数较大或容积滞后较大时，应引入微分作用。如果工艺允许有残差，可选用比例微分控制；如果工艺要求无残差时，则选用比例积分微分控制，如温度、成分、pH 值控制等。

② 当广义被控对象控制通道时间常数较小，负荷变化也不大，而工艺要求无残差时，可选择比例积分控制，如管道压力和流量的控制。

③ 当广义被控对象控制通道时间常数较小，负荷变化较小，工艺要求不高时，可选择比例控制，如储罐压力、液位的控制。

④ 当广义被控对象控制通道时间常数或容积迟延很大，负荷变化也很大时，简单控制系统已不能满足要求，应设计复杂控制系统或先进控制系统。

特别指出，如果广义被控对象传递函数可用

$$G_p(s) = \frac{Ke^{-\tau s}}{Ts+1} \tag{5-3}$$

近似，则可根据广义被控对象的可控比 τ/T 选择 PID 控制器的调节规律。

● 当 $\tau/T < 0.2$ 时，选择比例或比例积分控制；
● 当 $0.2 \leq \tau/T \leq 1.0$ 时，选择比例微分或比例积分微分控制；
● 当 $\tau/T > 1.0$ 时，采用简单控制系统往往不能满足控制要求，应选用如串级、前馈等复杂控制系统。

2．控制器正、反作用方式的选择

简单控制系统由控制器、调节阀、被控对象和检测变送仪表组成。它们在连接成闭合回路时，可能出现两种情况：正反馈和负反馈。正反馈作用加剧被控对象流入量、流出量的不平衡，从而导致控制系统不稳定；负反馈作用则是缓解对象中的不平衡，这样才能正确达到自动控制的目的。设置控制器正、反作用的目的是保证控制系统构成负反馈。

为了能保证构成工业过程中的控制系统是一种负反馈控制，系统的开环增益必须为负，而系统的开环增益是系统中各环节增益的乘积。显然，只要事先知道了执行器、被控对象和检测变送仪表增益的正负，就可以很容易地确定出控制器增益的正负。

1）系统中各环节的正、反作用方向

控制系统中，各环节的作用方向（增益符号）是这样规定的：当该环节的输入信号增加时，若输出信号也随之增加，即输出与输入变化方向相同，则该环节为正作用方向；反之，当输入增加时，若输出减小，即输出与输入变化方向相反，则该环节为反作用方向。

在控制系统框图中，每一个环节的正、反作用方向都可以用该环节增益的正负来表示。如果作用方向为正，可在该环节的框上标 "+"，表示该环节的增益为正；如果作用方向为负，可在该环节的框上标 "–"，表示该环节的增益为负。

（1）被控对象正、反作用方向的确定

被控对象的作用方向，随具体对象的不同而各不相同。当该被控对象的输入信号（控制变量）增加时，若其输出信号（被控变量）也增加，即被控变量与控制变量变化方向相同，则该对象属正对象，增益为正，取"+"号；反之，则为负对象，增益为负，取"-"号。

（2）执行器正、反作用方向的确定

对于调节阀，其作用方向取决于是气开阀还是气关阀。当控制器输出信号（即调节阀的输入信号）增加时，气开阀的开度增加，因而通过调节阀的流体流量也增加，故气开阀是正作用，增益为正，取"+"号；反之，当气关阀接收的信号增加时，通过调节阀的流体流量反而减少，所以气关阀是反作用，增益为负，取"-"号。

（3）测量变送单元正、反作用方向的确定

对于测量变送单元，其增益一般均为正，取"+"。因为当其输入信号（被控变量）增加时，输出信号（测量值）也是增加的。所以在考虑整个控制系统的作用方向时，可以不考虑测量变送单元的作用方向，只需要考虑控制器、执行器和被控对象三个环节的作用方向，也就是说使它们三者的开环增益之积为负，即可保证系统为负反馈。

（4）控制器正、反作用方向的确定

为了适应不同被控对象实现负反馈控制的需要，工业 PID 控制器都有设置正、反作用的开关或参数，以便根据需要将控制器置于正作用或者反作用方式。对于一个工业生产过程的简单控制系统，它的系统框图如图 5-10 所示。

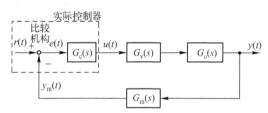

图 5-10　工业生产过程的简单控制系统框图

图 5-10 中，$G_v(s)$，$G_o(s)$ 和 $G_m(s)$ 分别为调节阀、被控对象和检测变送仪表的传递函数；虚线框部分为实际控制器，其中 $G_c(s)$ 为实际控制器运算环节的传递函数（在不引起混淆的情况下，一般将其简称为控制器传递函数）；$r(t)$ 为系统给定值；$u(t)$ 为控制器输出；$y_m(t)$ 为被控变量 $y(t)$ 的测量值。也就是说，过程控制系统中的实际控制器是由信号比较机构和运算环节两部分组成的，在方框图中为了突出比较机构，单独用圆圈将其表示出来。

由于控制器的输出取决于被控变量的测量值与设定值之差，所以被控变量的测量值与设定值变化时，对输出的作用方向是相反的。

在自动控制系统分析中，把系统偏差定义为 $e(t) = r(t) - y_m(t)$。然而在仪表制造行业中，却习惯把偏差定义为 $e'(t) = -e(t) = y_m(t) - r(t)$，就是说在仪表校验时常把 $y_m(t) > r(t)$ 称为正偏差；$y_m(t) < r(t)$ 称为负偏差。在使用中两者正好相差一个负号，这是必须注意的。其实这里的偏差 $e(t)$ 和偏差 $e'(t)$ 分别表示实际控制器运算环节和实际控制器的输入信号。前者对偏差的定义是为了强调系统为负反馈，方框图中信号比较机构上的反馈信号 $y_m(t)$ 是带"-"号的；后者

是为了强调在工业过程控制系统中，实际控制器的输入信号（如反馈信号 $y_m(t)$）是不带负号的。

由于仪表制造厂商和控制理论上对系统偏差的定义正好相反，用偏差与控制器输出的关系来定义控制器正、反作用时会产生混乱。对于实际控制器的正、反作用是这样定义的：当设定值不变，被控变量的测量值增加时，或者当测量值不变，设定值减小时，控制器比例作用时的输出也增大，则称其作用方式为正作用，取"+"号；反之，如果测量值增加（或设定值减小）时，控制器比例作用时的输出减小，则称其作用方式为反作用，取"-"号。

这一定义与仪表制造厂商的正、反作用规定完全一致。即控制器的正作用方式是指实际控制器的输出信号 $u(t)$ 随着偏差值 $e'(t)$ 的增加（如测量值 $y_m(t)$ 增加）而增加。反作用方式是指 $u(t)$ 随着 $e'(t)$ 的增加（如 $y_m(t)$ 增加）而减小。

2）控制器正、反作用的确定

控制器正、反作用方式确定的基本原则是保证系统成为负反馈。它的确定方法有以下两种：逻辑推理法和判别式法。

（1）逻辑推理法

负反馈和作用方式是两个不同的概念，为了保证过程控制系统为负反馈控制，就必须通过正确选定控制器的作用方式来实现。对于一个具体给定的广义被控对象，这个选定只是一个简单的常识问题。

假定被控对象是一个加热过程，即利用蒸汽加热某种介质使其出口温度自动保持在某一设定值上，如图 5-11 所示。如果蒸汽调节阀的开度 $\mu(t)$ 随着控制信号 $u(t)$ 的加大而加大，那么就广义被控对象（调节阀+换热器+温度检测变送仪表）来看，显然介质出口温度的测量值 $y_m(t)$（假设 $y_m(t)$ 与 $y(t)$ 同号）将会随着控制信号 $u(t)$ 的加大而升高。如果介质出口温度的测量值 $y_m(t)$ 升高了，控制器就应减小其输出信号 $u(t)$ 才能正确地起负反馈控制作用，因此控制器应置于反作用方式下。

图 5-12 所示为控制器正、反作用选择的推理过程。

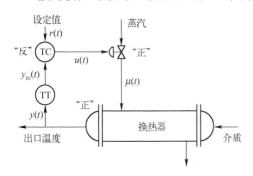

图 5-11 换热器温度控制系统图

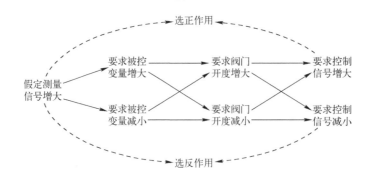

图 5-12 控制器正、反作用选择的推理过程

根据图 5-12 可得以上换热器温度控制系统中控制器正、反作用选择的推理过程为：假定介质出口温度的测量值 $y_m(t)$ 增大了→在测量环节为正作用时，如要维持测量值 $y_m(t)$ 不变，就一定要减小介质出口温度 $y(t)$→对该加热过程，要求减小蒸汽阀的开度 $\mu(t)$→在选用正作用调节阀时，就要求减小控制信号 $u(t)$。因此根据测量值增大、要求控制信号减小可知，在本系统中控制器应选反作用方式。

（2）判别式法

控制器的正、反作用也可以借助于控制系统方框图加以确定。对于包含控制器、执行器、被控对象和检测变送仪表 4 个环节的简单控制系统，这个方法更为简便。

由前可知，为保证使整个系统构成负反馈的闭环系统，系统中实际控制器、执行器、被控对象和检测变送仪表四部分的开环增益之积必须为负，即

（实际控制器±）×（执行器±）×（被控对象±）×（检测变送仪表±）=（-）

在方框图中，为了强调系统为负反馈，将"-"号移到反馈信号上，此时负反馈系统就要求闭合回路上所有环节（仅包括控制器的运算环节）的增益之乘积是正数，即

（实际控制器的运算环节±）×（执行器±）×（被控对象±）×（检测变送仪表±）=（+）

由于检测变送仪表的增益一般为正，控制器正、反作用选择的判别式也可简化为

（实际控制器的运算环节±）×（执行器±）×（被控对象±）=（+）

根据方框图确定控制器正、反作用如图 5-13 所示，其中 K_o、K_v 和 K_m 分别代表被控对象、调节阀和检测变送仪表的增益；K_c 和 $e(t)$ 分别代表实际控制器运算环节的增益和输入信号；$u(t)$ 为控制器的输出信号；$\mu(t)$ 为调节阀的开度信号；$y_m(t)$ 为被控变量 $y(t)$ 的测量值。

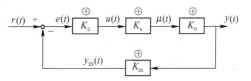

图 5-13　根据方框图确定控制器正、反作用

在该例中，K_o、K_v 和 K_m 都是正数，因此为满足系统为负反馈则要求 K_c 为正。因为实际控制器的增益与其运算环节的增益 K_c 符号相反，所以要求控制器置于反作用方式。

5.3　简单控制系统的整定

简单控制系统是由控制器、调节阀、被控对象和检测变送仪表等构成的，其控制质量的决定性因素是被控对象的动态特性，与此相比其他都是次要的。当系统安装好以后，系统能否在最佳状态下工作，主要取决于控制器各参数的设置是否得当。

过程控制通常都是选用工业成批生产的不同类型的控制器，这些控制器都有一个或几个参数需要设置。系统整定的实质，就是通过调整控制器的这些参数使其特性与被控对象特性相匹配，以达到最佳的控制效果。人们常把这种整定称作"最佳整定"，这时的控制器参数叫作"最佳整定参数"。

应当指出的是，控制系统的整定是一个很重要的工作，但它只能在一定范围内起作用，绝不能误认为控制器参数的整定是"万能"的。如果设计方案不合理、仪表选择不当、安装质量

不高、被控对象特性不好，要想通过控制器参数的整定来满足工艺生产要求也是不可能的。所以，只有在系统设计合理、仪表选择得当和安装正确条件下，控制器参数整定才有意义。

5.3.1　控制器参数整定的基本要求

第 24 讲

衡量控制器参数是否最佳，需要规定一个明确的统一反映控制系统质量的性能指标。如第 1 章所述工程上提出的性能指标可以是各式各样的，如要求最大动态偏差尽可能小、调节时间最短、调节过程系统输出的误差积分值最小等。然而，改变控制器参数可以使某些指标得到改善，而同时又会使其他的指标恶化。此外，不同生产过程对系统性能指标的要求也不一样，因此系统整定时性能指标的选择有一定灵活性。作为系统整定的性能指标，它必须能综合反映系统控制质量，而同时又要便于分析和计算。目前，系统整定中采用的性能指标大致分为单项性能指标和误差积分性能指标两大类，现分别说明如下。

1．单项性能指标

单项性能指标基于系统闭环响应的某些特性，是利用响应曲线上的一些点的指标。这类指标简单、直观、意义明确，但它们往往只是比较笼统的概念，难以准确衡量。常用的有：衰减率（或衰减比）、最大动态偏差、调节时间（又称回复时间）或振荡周期。

必须指出，单项的特性并不足以描述所希望的动态响应。人们往往要求满足更多的指标，例如同时希望最大动态偏差和调节时间都最小。显然，多个指标不可能同时都得到满足。所以，整定时必须权衡轻重，兼顾系统偏差、调节时间方面的要求。

在各种单项性能指标中，应用最广的是衰减率 ψ，而 $\psi = 0.75$ 时的衰减率（即 4:1 衰减比）是对偏差和调节时间的一个合理的折中。当然，还应根据生产过程的具体特点确定衰减率的数值。例如，锅炉燃烧过程的燃料量和送风量的控制不宜有过大幅度的波动，衰减率应取较大数值，如 $\psi \approx 1$（或略小于 1）；对于惯性较大的恒温控制系统，如果它要求温度控制精度高，温度动态偏差小而控制变量又允许有较大幅度的波动，则衰减率可取较小值，如 $\psi = 0.6$ 或更小。

很多控制器具有两个以上的整定参数，它们可以有各种不同的搭配，都能满足给定的衰减率。这时，还应采用其他性能指标，以便从中选择最佳的一组整定参数。

2．误差积分性能指标

第 1 章提出的误差积分性能指标，如 IE、IAE、ISE、ITAE，与上述只利用系统动态响应单个特性的单项指标不同，这一类指标是基于从时间 $t = 0$ 直到稳定为止整个响应曲线的形态定义的，因此比较精确，但使用起来比较麻烦。

采用误差积分指标作为系统整定的性能指标时，系统的整定就归结为计算控制系统中待定参数，以使上述各类积分数值极小，例如

$$IAE = \int_0^\infty |e(t)| \, dt = \min$$

按不同积分指标整定控制器参数，其对应的系统响应不同。不同积分误差指标对应的闭环响应曲线如图 5-14 所示，对抑制大的误差，ISE 比 IAE 好；而抑制小误差，IAE 比 ISE 好；ITAE 能较好地抑制长时间存在的误差。因此，ISE 指标对应的系统响应，其最大动态偏差较小，调节时间较长；与 ITAE 指标对应的系统响应调节时间最短，但最大动态偏差最大。误差积分指标往往与其他指标并用，很少作为系统整定的单一指标。

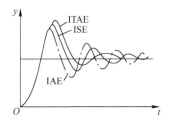

图 5-14　不同积分误差指标对应的闭环响应曲线

在实际系统整定过程中，一般先改变控制器的某些参数（通常是比例带）使系统响应获得规定的衰减率，然后再改变另一些参数，最后经过综合反复调整所有参数，以期在规定的衰减率下使选定的某一误差积分指标最小，从而获得控制器最佳整定参数。当然，如果系统只有一个可供整定的参数，就不必进行积分指标的计算了。

系统整定方法很多，但可归纳为两大类：理论计算法和工程整定法。常用的理论计算法有根轨迹法和频率特性法。这类方法基于被控对象数学模型（如传递函数、频率特性），通过计算方法直接求得控制器整定参数。由第 2 章可知，无论采用机理分析法还是测试法，由于忽略了某些因素，它们所得对象的数学模型是近似的，此外，实际控制器的动态特性与理想控制器的调节规律也有差别。所以，在过程控制系统中，理论计算求得的整定参数并不很可靠，往往还需要通过现场试验加以修正。另外，理论计算法往往比较复杂、烦琐，使用不太方便。这并不是说理论计算法就没有价值了，恰恰相反，理论计算法有助于人们深入理解问题的实质，它所导出的一些结果正是工程整定法的理论依据。

在工程实际应用中，经常采用工程整定法，它们是在理论基础上通过实践总结出来的。虽然它们是一种近似的经验方法，但相当实用。正因为如此，本节在介绍几种常用的工程整定方法的同时，还将介绍一种基于工程整定法的参数自整定方法。

5.3.2　PID 控制器参数的工程整定

工程整定方法通过并不复杂的实验，便能迅速获得控制器的近似最佳整定参数，因而在工程中得到广泛应用。其中有一些是基于对象的阶跃响应曲线，有些则直接在闭环系统中进行，方法简单，易于掌握。

第 25 讲

1. 动态特性参数法

动态特性参数法是一种以被控对象控制通道的阶跃响应曲线为依据，通过一些经验公式求取控制器最佳参数整定值的开环整定方法。

用动态特性参数法计算 PID 控制器参数整定值的前提是，将系统简化为由控制器 $G_c(s)$ 和广义被控对象 $G_p(s)$ 两大部分组成，其中，广义被控对象的阶跃响应曲线可用一阶惯性环节加纯迟延来近似，即

$$G_p(s) = \frac{K}{Ts+1} e^{-\tau s} \tag{5-4}$$

否则根据以下几种动态特性参数整定方法得到的控制器

$$G_c(s) = K_c[1 + \frac{1}{T_i s} + T_d s] = \frac{1}{\delta}[1 + \frac{1}{T_i s} + T_d s] \tag{5-5}$$

中整定参数只能作初步估计值。

（1）Z-N 工程整定法

Z-N 工程整定法是由齐格勒（Ziegler）和尼科尔斯（Nichols）于 1942 年首先提出的，Z-N 控制器整定参数公式见表 5-1。

表 5-1　Z-N 控制器整定参数公式

调节规律参数	δ	T_i	T_d
P	$(K/T)\tau$		
PI	$1.1(K/T)\tau$	3.3τ	
PID	$0.85(K/T)\tau$	2.0τ	0.5τ

（2）C-C 工程整定法

在 Z-N 工程整定法的基础上，经过不断改进，总结出相应的计算 PID 控制器的最佳参数整定公式。这些公式均以衰减率（$\psi = 0.75$）为系统的性能指标，其中广为流行的是柯恩（Cohen）—库思（Coon）整定公式，即

① 比例控制器

$$K_c K = (\tau/T)^{-1} + 0.333 \tag{5-6}$$

② 比例积分控制器

$$\left. \begin{array}{l} K_c K = 0.9(\tau/T)^{-1} + 0.082 \\ T_i/T = [3.33(\tau/T) + 0.3(\tau/T)^2]/[1 + 2.2(\tau/T)] \end{array} \right\} \tag{5-7}$$

③ 比例积分微分控制器

$$\left. \begin{array}{l} K_c K = 1.35(\tau/T)^{-1} + 0.27 \\ T_i/T = [2.5(\tau/T) + 0.5(\tau/T)^2]/[1 + 0.6(\tau/T)] \\ T_d/T = 0.37(\tau/T)/[1 + 0.2(\tau/T)] \end{array} \right\} \tag{5-8}$$

（3）以各种误差积分值为系统性能指标的工程整定方法

随着仿真技术的发展，又提出了以各种误差积分值为系统性能指标的 PID 控制器最佳参数整定公式

$$\left. \begin{array}{l} KK_c = A(\tau/T)^{-B} \\ T_i/T = C(\tau/T)^D \\ T_d/T = E(\tau/T)^F \end{array} \right\} \tag{5-9}$$

整定公式（5-9）中的各系数在不同误差积分性能指标下的取值见表 5-2。

表 5-2　各系数在不同误差积分性能指标下的取值

性 能 指 标	调 节 规 律	系　　数					
		A	B	C	D	E	F
Z-N	P	1.000	1.000				
IAE		0.902	0.985				
ISE		1.411	0.917				
ITAE		0.904	1.084				
Z-N	PI	0.900	1.000	3.333	1.000		
IAE		0.984	0.986	1.644	0.707		
ISE		1.305	0.959	2.033	0.739		
ITAE		0.859	0.977	1.484	0.680		
Z-N	PID	1.200	1.000	2.000	1.000	0.500	1.000
IAE		1.435	0.921	1.139	0.749	0.482	1.137
ISE		1.495	0.945	0.917	0.771	0.560	1.006
ITAE		1.357	0.947	1.176	0.738	0.381	0.995

为便于比较，表 5-2 中也列入最初的 Z-N 计算公式。

2. 稳定边界法

稳定边界法是一种闭环的整定方法。它基于纯比例控制系统临界振荡试验所得数据，即临界比例带 δ_{cr} 和临界振荡周期 T_{cr}，利用一些经验公式，求取 PID 控制器最佳参数值。具体求取步骤如下。

① 置 PID 控制器积分时间 T_i 到最大值（$T_i = \infty$），微分时间 T_d 为零（$T_d = 0$），比例带 δ 置较大值，使控制系统投入运行。

② 待系统运行稳定后，逐渐减小比例带，直到系统出现等幅振荡，即所谓系统的临界振荡响应如图 5-15 所示。记录下此时的比例带 δ_{cr}（临界比例带），并计算两个波峰的时间 T_{cr}（临界振荡周期）。

③ 利用 δ_{cr} 和 T_{cr} 值，按表 5-3 所示的稳定边界法参数整定计算公式，求 PID 控制器各整定参数 δ、T_i 和 T_d 的数值。

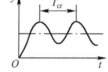

图 5-15　系统的临界振荡响应

表 5-3　稳定边界法参数整定计算公式

调节规律参数	δ	T_i	T_d
P	$2\delta_{cr}$		
PI	$2.2\delta_{cr}$	$0.85T_{cr}$	
PID	$1.67\delta_{cr}$	$0.50T_{cr}$	$0.125T_{cr}$

注意：在采用这种方法时，控制系统应工作在线性区，否则得到的持续振荡曲线可能是极限环，不能依据此数据来计算整定参数。

应当指出，由于被控对象特性的不同，按上述经验公式求得的控制器整定参数不一定都能获得满意的结果。实践证明，对于无自平衡特性的对象，用稳定边界法求得的控制器参数往往使系统响应的衰减率偏大（$\psi > 0.75$）；而对于有自平衡特性的高阶等容对象，用此法整定控制器参数，系统响应的衰减率大多偏小（$\psi < 0.75$）。为此，上述求得的控制器参数，需要针对系统具体情况在实际运行过程中进行在线校正。

稳定边界法适用于许多过程控制系统。但对于如锅炉水位控制系统那样的不允许进行稳定边界试验的系统，或者某些时间常数较大的单容对象，采用纯比例控制时系统本质稳定。对于这些系统是无法用稳定边界法来进行参数整定的。

3．衰减曲线法

与稳定边界法类似，不同的只是衰减曲线法采用某衰减比（通常为 4:1 或 10:1）时设定值扰动的衰减振荡试验数据，然后利用一些经验公式，求取 PID 控制器相应的整定参数。对于 4:1 衰减曲线法的具体步骤如下：

① 置控制器积分时间 T_i 为最大值（$T_i = \infty$），微分时间 T_d 为零（$T_d = 0$），比例带 δ 置较大值，并将系统投入运行。

② 待系统稳定后，作设定值阶跃扰动，并观察系统的响应。若系统响应衰减太快，则减小比例带；反之，系统响应衰减过慢，应增大比例带。如此反复，直到系统出现如图 5-16（a）所示的 4:1 衰减振荡过程。记下此时的比例带 δ_s 和振荡周期 T_s 数值。

③ 利用 δ_s 和 T_s 值，按表 5-4 给出的衰减曲线法整定公式，求控制器整定参数 δ、T_i 和 T_d 的数值。

表 5-4　衰减曲线法整定计算公式

衰减率 ψ	调 节 规 律	PID 参数		
		δ	T_i	T_d
0.75	P PI PID	δ_s $1.2\delta_s$ $0.8\delta_s$	 $0.5T_s$ $0.3T_s$	 $0.1T_s$
0.90	P PI PID	δ_s $1.2\delta_s$ $0.8\delta_s$	 $2T_r$ $1.2T_r$	 $0.4T_r$

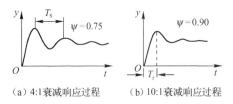

（a）4:1衰减响应过程　　（b）10:1衰减响应过程

图 5-16　系统衰减响应

对于扰动频繁、过程进行较快的控制系统，要准确地确定系统响应的衰减程度比较困难，往往只能根据控制器输出摆动次数加以判断。对于 4:1 衰减过程，控制器输出应在摆动两次后稳定。摆动一次所需时间即为 T_s。显然，这样测得的 T_s 和 δ_s 值，会给控制器参数整定带来误差。

衰减曲线法也可以根据实际需要，在衰减比为 $n = 10:1$ 的情况下进行。系统衰减响应如图 5-16 所示。此时要以图 5-16（b）中的上升时间 T_r 为准，按表 5-4 给出的公式计算。

以上介绍的几种系统参数工程整定法有各自的优缺点和适用范围，要善于针对具体系统的特点和生产要求，选择适当的整定方法。不管用哪种方法，所得 PID 控制器整定参数都需要通过现场试验，反复调整，直到取得满意的效果为止。

4．经验整定法

在现场控制系统整定工作中，经验丰富的运行人员常常采用经验整定法。这种方法实质上是一种经验试凑法，它不需要进行上述方法所要求的试验和计算，而是根据运行经验，先确定一组 PID 控制器参数，并将系统投入运行，然后人为加入阶跃扰动（通常为 PID 控制器的设定值扰动），观察被控变量或控制器输出的阶跃响应曲线，并依照控制器各参数对调节过程的影响，改变相应的整定参数值。一般先 δ 后 T_i 和 T_d，如此反复试验多次，直到获得满意的阶跃响应曲线为止。表 5-5 和表 5-6 分别就不同对象，给出控制器参数的经验数据及设定值扰动下 PID 控制器各参数对调节过程的影响，尽管有些系统会超出此范围，但它毕竟为经验整定法提供了凑试范围。

表 5-5　控制器参数的经验数据

被控对象整定参数	$\delta/\%$	T_i/min	T_d/min
液　　位	20～80	—	—
流　　量	40～100	0.1～1	—
压　　力	30～70	0.4～3	—
温　　度	20～60	3～10	0.5～3

表 5-6　设定值扰动下 PID 控制器各参数对调节过程的影响

性能指标整定参数	$\delta\downarrow$	$T_i\downarrow$	$T_d\uparrow$
最大动态偏差	↑	↑	↓
残差	↓	—	—
衰减率	↓	↓	↑
振荡频率	↑	↑	↑

这种方法使用得当，同样可以获得满意的 PID 控制器参数，取得最佳的控制效果。而且此方法省时，对生产影响小。

由于经验整定法是行之有效的整定法，在现场调试中得到了普遍的应用，因此下面详细给出经验整定法的具体整定过程。

因为比例控制是最基本的控制作用，所以首先取 PID 控制器中的积分时间 $T_i=\infty$，微分时间 $T_d=0$，使其成为纯比例控制，然后调整比例带 δ 使系统的过渡过程为 4∶1 的衰减振荡，最后再将原比例带 δ 增加 10%～20% 的情况下加入积分作用。这是因为加入积分作用以后，系统的稳定性会比原来纯比例作用时降低，所以用增加 δ 来补偿。针对温度控制系统，还应加入微分作用。因为加入微分作用以后，会增加系统的稳定性，所以这时 δ 可以减小一些。在具体整定过程中，要随时观察过渡过程曲线的形状来修正整定参数。如曲线振荡很频繁，则表明 δ 太小，需要加大 δ；如曲线漂浮波动大，表明 δ 太大，应减小 δ；如曲线偏离给定值恢复很慢，这是因为 T_i 太大造成的，应减小 T_i。如过渡过程曲线呈 4∶1 衰减过程，且经历两个波就基本结束，则认为控制过程满足要求。

5. 等效控制器

在利用动态特性参数法整定计算 PID 控制器参数时，需要把简单控制系统简化为控制器和广义被控对象两大部分。如将被控对象、执行器和检测变送仪表合并为广义被控对象 $G_p(s)$，而其他部分（包括比较机构）就是实际控制器。当然，在实际应用中，由于广义被控对象所包含的环节略有不同，它可能仅包含被控对象和执行器或

第 26 讲

被控对象和检测变送仪表两部分，也可能只包含被控对象本身，这里将其称为等效广义被控对象，在不引起混淆的情况下以下仍简称为广义被控对象，用 $G_p(s)$ 表示。故另一部分（包括实际控制器）所包含的内容也可能不同，这里将其称为等效控制器 $G_c^*(s)$，这时系统可以看成由等效控制器 $G_c^*(s)$ 和广义被控对象 $G_p(s)$ 两大部分组成，由 $G_c^*(s)$ 和 $G_p(s)$ 组成的简单控制系统框图如图 5-17 所示。

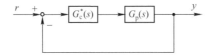

图 5-17   由 $G_c^*(s)$ 和 $G_p(s)$ 组成的简单控制系统框图

由于利用动态特性参数法整定计算所得的参数均为等效控制器的参数，所以必须经过换算后才能得到实际控制器（在不引起混淆的情况下，也简称为控制器）的参数。等效控制器和广义被控对象之间如何划分会直接影响实际控制器参数与等效控制器参数之间的关系，下面将对其进行讨论。

① 在通过试验测取动态特性时，如果调节阀并未考虑在广义被控对象的范围之内，则广义被控对象的传递函数 $G_p(s)$ 为

$$G_p(s) = G_o(s)G_m(s) \tag{5-10}$$

此时等效控制器的传递函数 $G_c^*(s)$ 为

$$G_c^*(s) = G_c(s)G_v(s) \tag{5-11}$$

由于调节阀 $G_v(s)$ 可近似视为比例环节，即 $G_v(s) = K_v$。因此，当控制器为 PID 作用时，等效 PID 控制器的传递函数为

$$G_c^*(s) = K_v K_c \left(1 + \frac{1}{T_i s} + T_d s\right) = K_v \frac{1}{\delta}\left(1 + \frac{1}{T_i s} + T_d s\right) = \frac{1}{\delta'}\left(1 + \frac{1}{T_i s} + T_d s\right) \tag{5-12}$$

式中，δ 为实际控制器的比例带；$\delta' = \delta / K_v = 1/K_v K_c$ 为等效控制器的比例带；K_v 为调节阀的增益。

② 如果试验测取的广义对象动态特性已包括调节阀，即

$$G_p(s) = G_c(s)G_v(s)G_m(s) \tag{5-13}$$

则等效控制器就是实际控制器本身，即

$$G_c^*(s) = G_c(s) = K_c \left(1 + \frac{1}{T_i s} + T_d s\right) = \frac{1}{\delta}\left(1 + \frac{1}{T_i s} + T_d s\right) \tag{5-14}$$

③ 如果用机理法求得被控对象动态特性为 $G_o(s)$，此时可认为广义被控对象 $G_p(s) = G_o(s)$。如将检测变送仪表也近似视为比例环节，即 $G_m(s) = K_m$，那么，当控制器为 PID 作用时，等效控制器的传递函数为

$$G_c^*(s) = G_c(s)G_v(s)G_m(s) = \frac{1}{\delta'}\left(1 + \frac{1}{T_i s} + T_d s\right) \tag{5-15}$$

式中，$\delta' = \delta /(K_v K_m) = 1/(K_c K_v K_m)$ 为等效控制器的比例带；K_m 为检测变送仪表的转换系数；

其余参数定义同上。

由上可知，实际控制器 $G_c(s)$ 和等效控制器 $G_c^*(s)$ 的参数中仅比例带不同，需进行转换。而它们的其他两个参数积分时间 T_i 和微分时间 T_d 完全相同，不需转换。

6. PID 控制器参数的实际值与刻度值

根据以上方法整定计算得到的是实际工业 PID 控制器各参数的实际值。对于模拟 PID 控制器或早期仿模拟的数字 PID 控制器，由于 δ、T_i 和 T_d 各参数之间存在相互干扰，必须考虑控制器各参数实际值与刻度值之间的转换关系。

由 PID 控制器动态特性分析可知，干扰系数 F 为

$$F = 1 + \alpha \frac{T_d^*}{T_i^*} \tag{5-16}$$

式中，T_d^* 和 T_i^* 分别为 PID 控制器微分时间和积分时间的刻度值或设定值；α 为与 PID 控制器结构有关的系数。

对于不同类型的 PID 控制器，系数 α 各不相同，且随 T_d^*、T_i^* 取值的不同而变化。通过分析可知，PID 控制器整定参数的刻度值、实际值与干扰系数 F 之间关系如下：

$$\delta^* = F\delta, T_i^* = \frac{1}{F}T_i, T_d^* = FT_d \tag{5-17}$$

式中，δ^*、T_i^* 和 T_d^* 分别为 PID 控制器比例带、积分时间、微分时间的刻度值；δ、T_i 和 T_d 分别为 PID 控制器比例带、积分时间、微分时间的实际值；F 为相互干扰系数。

当 PID 控制器处于 P、PI 和 PD 工作状态时，$F \approx 1$，可近似认为 PID 控制器参数的刻度值和实际值是一致的。但是，当处于 PID 工作状态时，$F > 1$，且为 T_d^*/T_i^* 的函数。所以，在整定 PID 控制器各参数时，必须按式（5-17）进行转换，由它的实际值计算 PID 控制器参数的刻度值，然后根据 PID 控制器参数的刻度值，对 PID 控制器进行设置。

【例 5-1】 对于如图 5-18 所示的温度控制系统，PID 控制器采用 PI 调节规律。温度变送器量程为 $0 \sim 100℃$，且温度变送器和 PID 控制器均为 DDZ-III 型仪表。系统在调节阀扰动量 $\Delta\mu = 20\%$ 时，测得温度控制通道阶跃响应特性参数：稳定时温度变化 $\Delta\theta(\infty) = 60℃$；时间常数 $T = 300s$；纯迟延时间 $\tau = 10s$。试求 PID 控制器 δ、T_i 的刻度值。

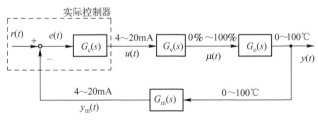

图 5-18 温度控制系统

解：（1）确定控制器的比例带

由题可知，被控对象的传递函数为

$$G_o(s) = \frac{Y(s)}{\mu(s)} = \frac{K_o}{Ts+1}e^{-\tau s} = \frac{K_o}{300s+1}e^{-10s}$$

式中，$K_o = \dfrac{\Delta\theta}{\Delta\mu} = \dfrac{60}{20} = 3(℃/\%)$

如果检测变送仪表和调节阀均近似视为比例环节，则根据图 5-18 可得检测变送仪表的转换系数和调节阀的增益分别为

$$K_m = \frac{20-4}{100-0} = \frac{16}{100} \, (mA/℃), \quad K_v = \frac{100-0}{20-4} = \frac{100}{16} \, (\%/mA)$$

① 如果广义被控对象的传递函数为

$$G_p(s) = G_v(s)G_o(s)G_m(s) = \frac{K_v K_o K_m}{300s+1}e^{-10s} = \frac{K}{300s+1}e^{-10s}$$

则广义被控对象的有关参数为：$T = 300s$；$\tau = 10s$；$K = K_v K_o K_m = 3$

采用动态特性参数法，按 Z-N 公式

$$KK_c' = 0.900(\tau/T)^{-1.000}$$

计算等效控制器的等效比例增益，即

$$K_c' = \frac{0.9}{3}(10/300)^{-1.000} = 9$$

因为等效控制器仅由实际控制器本身组成，因此上式就是控制器比例增益的实际值，即 $K_c = K_c'$。相应的比例带

$$\delta = 1/K_c = 1/9 = 11\%$$

② 如果广义被控对象不包括调节阀，即

$$G_p(s) = G_o(s)G_m(s) = \frac{K_o K_m}{300s+1}e^{-10s} = \frac{K}{300s+1}e^{-10s}$$

则广义被控对象的有关参数为：$T = 300s$；$\tau = 10s$；$K = K_o K_m = 3 \times 16/100 \, (mA/\%)$

采用动态特性参数法，按 Z-N 公式

$$KK_c' = 0.900(\tau/T)^{-1.000}$$

计算等效控制器的等效比例增益，即

$$K_c' = \frac{0.9 \times 100}{3 \times 16}(10/300)^{-1.000} = 900/16$$

因为等效控制器由实际控制器和调节阀组成，因此

$$K_c' = K_c K_v$$

所以控制器比例增益的实际值为

$$K_c = \frac{K_c'}{K_v} = \frac{900/16}{100/16} = 9$$

相应的比例带为

$$\delta = 1/K_c = 1/9 = 11\%$$

③ 如广义被控对象仅为被控对象本身，即

$$G_p(s) = G_o(s) = \frac{K_o}{300s+1}e^{-10s} = \frac{K}{300s+1}e^{-10s}$$

则广义被控对象的有关参数为：$T = 300s$；$\tau = 10s$；$K = K_o = 3(℃/\%)$

采用动态特性参数法，按 Z-N 公式

$$KK_c' = 0.900(\tau/T)^{-1.000}$$

计算等效控制器的等效比例增益，即

$$K_c' = \frac{0.9}{3}(10/300)^{-1.000} = 9$$

因为等效控制器由控制器、调节阀和检测变送仪表组成，因此

$$K_c' = K_c K_v K_m$$

所以控制器比例增益的实际值为

$$K_c = \frac{K_c'}{K_v K_m} = \frac{9}{1} = 9$$

相应的比例带为

$$\delta = 1/K_c = 1/9 = 11\%$$

（2）确定控制器的积分时间

控制器积分时间 T_i 的实际值，由公式 $T_i/T = 3.33(\tau/T)^{1.000}$ 计算，得

$$T_i = 3.33\tau = 3.33 \times 10 = 33.3s$$

（3）确定控制器比例带和积分时间的刻度值

因为 PID 控制器为 PI 工作方式，故控制器参数的实际值就是它的刻度值。

5.3.3　PID 控制器参数的自整定

1．PID 控制器参数自整定的基本概念

传统的 PID 控制器参数采用工程整定法由人工整定。这种整定工作不仅需要熟练的技巧，而且还相当费时。更为重要的是，当被控对象特性发生变化需要控制器参数进行相应调整时，传统的 PID 控制器没有这种"自适应"能力，只能依靠人工重新整定参数。由于生产过程的连续性及参数整定所需的时间成本，这种重新整定实际很难进行，甚至几乎是不可能的。如前所述，控制器的整定参数与系统控制质量是直接有关的，而控制质量往往意味着显著的经济效益。因此，多年来众多工程技术人员一直关注着控制器参数自整定的研究和开发。

研究控制器参数自整定的目的是寻找一种对象验前知识不需要很多，简单且鲁棒性好的方法。

图 5-19 所示的自校正控制系统是调整控制器参数的一种方法。参数估计器首先假定对象为一阶线性模型，即

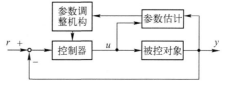

图 5-19　自校正控制系统

$$\frac{Y(s)}{U(s)} = \frac{Ke^{-\tau s}}{Ts+1} \tag{5-18}$$

然后，利用控制变量 u 及被控变量 y 的测量值，应用工程整定法对被控对象参数 K、T 和 τ 值进行估计。一旦求出对象参数 K、T 和 τ 值，参数调整机构就能按照给定的整定规则（根据规定的闭环系统性能指标建立的对象参数与控制器参数的"最佳"值间的关系），求出控制器参数"最佳"值，修改控制器参数。

2．PID 控制器参数自整定的方法

自校正控制器需要相当多的被控对象的验前知识，特别是有关对象时间常数的数量级，以便选择合适的采样周期或数字滤波器的时间常数。此外，参数估计器和调整机构均涉及大量计算，只有借助于数字计算机，该方法才能实现。这里仅讨论 PID 控制器的参数自整定。目前，基于继电器型反馈的极限环法是一种常用的 PID 控制器的参数自整定方法。它是瑞典学者 Astrom 于 1984 年首先提出的。以下仅就这种方法进行详细讨论。

临界频率，即开环系统相角滞后 180° 时的频率，是整定 PID 控制器的一个关键参数。在 PID 控制器参数的稳定边界法的整定规则（见表 5-3）中，这一频率是这样确定的，首先 PID 控制器置成纯比例作用，然后增大 PID 控制器比例增益，直到闭环系统处于稳定边界，此时系统的振荡频率即为临界频率 $\omega_{cr}(\omega_{cr}=2\pi/T_{cr})$。这种实验有时很容易做，但是对于具有显著干扰的慢过程，这样的实验既费时又困难。为此，可以利用引入非线性因素使系统出现极限环，从而获得 ω_{cr}。基于极限环法的继电器自动整定器原理框图如图 5-20 所示。使用整定器时，先通过人工控制使系统进入稳定工况，然后按下整定按钮，开关 S 接通 B，获得极限环，最后根据极限环的幅值和振荡周期 T_{cr} 计算出控制器参数值，继而控制器自动切至 PID 控制。

为防止由于噪声产生的颤动，继电器应有滞环，同时反馈系统应使极限环振荡保持在规定的范围内。临界频率由系统输出过零的时间确定，而临界增益 K_{cr} ($1/\delta_{cr}$)则由振荡的峰值确定。比较各个相隔半周期的输出测量值，就可以确认系统是否已获得稳定的不衰减振荡。这也是防止负荷干扰，判别系统进入稳定边界的一种简单的方法。极限环法必须提供的唯一的验前知识就是继电器特性幅值 d 的初始值。继电器滞环的宽度 h 由测量噪声级来确定。这种整定方法也可能因负荷干扰太大，不存在稳定的极限环，导致整定失败，此时会产生一个信号通知操作人员。

继电器型非线性控制系统框图如图 5-21 所示。利用非线性元件的描述函数不难说明图 5-21 具有继电器型非线性系统存在极限环的条件，以及确定振动的振幅和频率 ω_{cr}。图中 $G_p(s)$ 为广义被控对象的传递函数，N 表示非线性元件的描述函数，对于继电器型非线性，有

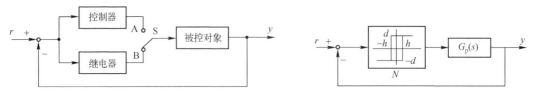

图 5-20　继电器自动整定器原理框图　　　　图 5-21　继电器型非线性控制系统框图

$$N = \frac{4d}{\pi a} \underline{/0°} \qquad (5\text{-}19)$$

对于具有滞环的继电器非线性，有

$$N = \frac{4d}{\pi a} \underline{/ -\arcsin\left(\frac{h}{a}\right)} \qquad (5\text{-}20)$$

式中，d 为继电器型非线性特性的幅值；h 为滞环的宽度；a 为继电器型非线性环节输入的一次谐波振幅。

只要满足方程

$$G_p(j\omega) = -\frac{1}{N} \qquad (5\text{-}21)$$

则系统输出将出现极限环。

也就是说，如果-1/N 轨线和 $G_p(j\omega)$ 轨线相交，那么系统的输出可能出现极限环。极限环用交点处-1/N 轨线上的 a 值和 $G_p(j\omega)$ 轨线上的 ω_{cr} 值表征，系统-1/N 和 $G_p(j\omega)$ 曲线图如图 5-22 所示，临界增益为

$$K_{cr} = \frac{4d}{\pi a} \qquad (5\text{-}22)$$

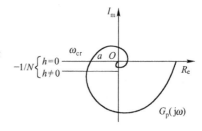

图 5-22　系统-1/N 和 $G_p(j\omega)$曲线图

临界振荡周期 T_{cr} 如前所述，通过直接测量相邻两个输出过零的时间值确定。

极限环法的优点是，概念清楚，方法简单。但是，系统极限环是通过比较输出采样值加以判别的，而高频噪声等干扰会对采样值测量带来误差，这些都影响 K_{cr}、T_{cr} 值的精度。这是该方法的不足之处，但仍不失为一种极好的控制器参数初步整定方法。

5.4　简单控制系统的投运

简单控制系统设计完成后，即可按设计要求进行正确安装。控制系统按设计要求安装完毕，线路经过检查确实无误，所有仪表经过检查符合精度要求，并已运行正常，即可着手进行控制系统的投运。

所谓控制系统的投运，就是将系统由手动工作状态切换到自动工作状态。控制器在手动工作状态时，调节阀接收的是控制器手动输出信号；当控制器从手动工作状态切换到自动工作状态时，将以自动输出信号代替手动输出信号控制调节阀，此时调节阀接受的是控制器根据偏差信号的大小和方向按一定控制规律运算所得的输出信号（称为自动输出）。如果控制器在切换之前，自动输出与手动输出信号不相等，那么，在切换过程中必然会给系统引入扰动，这将破坏系统原先的平衡状态，是不允许的。因此，要求切换过程必须保证无扰动地进行。也就是说，从手动工作状态切换到自动工作状态的过程中，不应造成系统的扰动，不应该破坏系统原有的平衡状态，即切换过程中不能改变调节阀的原有开度。

由于在工业生产中普遍存在高温、高压、易燃、易爆、有毒等工艺场合，所以在这些地

方投运控制系统，自控人员会承担一定的风险。因而，控制系统投运工作往往是鉴别自控人员是否具有足够的实践经验和清晰的控制理论知识的一个重要标准。

1. 投入运行前的准备工作

自动控制系统安装完毕或是经过停车检修之后，都要（重新）投入运行。在投运每个控制系统前必须要进行全面细致的检查和准备工作。

投运前，首先应熟悉工艺过程，了解主要工艺流程和对控制指标的要求，以及各种工艺参数之间的关系，熟悉控制方案，对测量元件、调节阀的位置、管线走向等都要做到心中有数。投运前的主要检查工作如下。

① 对组成控制系统的各组成部件，包括检测元件、变送器、控制器、显示仪表、调节阀等，进行校验检查并记录，保证其精确度要求，确保仪表能正常使用。

② 对各连接管线、接线进行检查，保证连接正确。例如，孔板上下游导压管与变送器高低压端的正确连接；导压管和气动管线必须畅通，不得中间堵塞；热电偶正负极与补偿导线极性、变送器、显示仪表的正确连接；三线制或四线制热电阻的正确接线等。

③ 如果采用隔离措施，应在清洗导压管后，灌注流量、液位和压力测量系统中的隔离液。

④ 应设置好控制器的正/反作用和内外设定等；并根据经验或估算，预置控制器的参数值，或者先将控制器设置为纯比例作用，比例带置于较大的位置。

⑤ 检查调节阀气开、气关形式的选择是否正确，关闭调节阀的旁路阀，打开上下游的截止阀，并使调节阀能灵活开关，安装阀门定位器的调节阀应检查阀门定位器能否正确动作。

⑥ 进行联动试验，用模拟信号替代检测变送信号，检查调节阀能否正确动作，显示仪表是否正确显示等；改变比例带、积分和微分时间，观察控制器输出的变化是否正确。

2. 控制系统的投运

合理、正确地掌握控制系统的投运，使系统无扰动地、迅速地进入闭环，是工艺过程平稳运行的必要条件。对控制系统投运的唯一要求，是系统平稳地从手动操作转入自动控制，即按无扰动切换（指手动/自动切换时阀上的信号基本不变）的要求将控制器投入自动控制。

控制系统的投运应与工艺过程的开车密切配合，在进行静态试车和动态试车的调试过程中，对控制系统和检测系统进行检查和调试。控制系统各组成部分的投运次序一般如下所述。

（1）检测系统投运

温度、压力等检测系统的投运比较简单，可逐个开启仪表和检测变送仪表，检查仪表显示值的正确性。流量、液位检测系统应根据检测变送仪表的要求，从检测元件的根部开始，逐个缓慢地打开有关根部阀、截止阀，要防止变送器受到压力冲击，直到显示正常。

如果启动以后，变送器各个部分一切都正常，就可以将它投入运行。在运行中如发生故障，需要紧急停车时，停运的操作顺序应和上述的启动步骤相反。

（2）控制系统投运

应从手动遥控开始，逐个将控制回路过渡到自动操作，应保证无扰切换。

① 手动遥控（调节阀的投运）。

手动遥控阀门实际上是在控制室中的人工操作，即操作人员在控制室中，根据显示仪表所示被控变量的情况，直接开关调节阀。手动遥控时，由于操作人员可脱离现场，在控制室中用仪表进行操作，因此很受人们的欢迎。在一些比较稳的装置上，手动遥控阀门应用较为广泛。

② 投入自动（控制器的手动和自动切换）。

控制器的手动操作平稳后，被控变量接近或等于设定值。将内/外设定选择为内给定，然后调整内给定值的大小使偏差为零；设置 PID 参数后即可将控制器由手动状态切换到自动状态。至此，初步投运过程结束。

与控制系统的投运相反，当工艺生产过程受到较大扰动、被控变量控制不稳定时，需要将控制系统退出自动运行，改为手动遥控，即自动切向手动，这一过程也需要达到无扰动切换。

（3）控制系统的参数调整

控制系统投运后，系统的过渡过程不一定满足要求，这时需要根据工艺过程的特点，进一步调整控制器的 δ、T_i 和 T_d 三个参数，直到满足工艺要求和控制品质的要求。

在工艺过程开车后，应进一步检查控制系统的运行情况，发现问题及时分析原因并予以解决。例如，检查调节阀口径是否正确，调节阀流量特性是否合适，变送器量程是否合适等。当改变控制系统中某一参数时，应考虑它的改变对控制系统的影响，例如，调节阀口径改变或变送器量程改变后，应相应改变控制器的比例带等。

3. 控制系统的维护

控制系统和检测系统投运后，为保持系统长期稳定地运行，应做好系统维护工作。

① 定期和经常性的仪表维护。主要包括各种仪表的定期检查和校验，要做好记录和归档工作；要做好连接管线的维护工作，对隔离液等应定期灌注。

② 发生故障时的维护。一旦发生故障，应及时、迅速、正确地分析和处理；应减少故障造成的影响；事后要进行分析；应找到第一事故原因并提出改进和整改方案；要落实整改措施并做好归档工作。

控制系统的维护是一个系统工程，应从系统的观点分析出现的故障。例如，测量值不准确的原因可能是检测变送仪表出现故障，也可能是连接的导压管线有问题，或者显示仪表的故障，甚至可能是调节阀阀芯的脱落。因此，具体问题应具体分析，要不断积累经验，提高维护技能，缩短维护时间。

▌5.5　简单控制系统的故障与处理

过程控制系统是工业生产正常运行的保障。一个设计合理的控制系统，如果在安装和使用维护中稍有闪失，便会造成因仪表故障停车带来的重大经济损失。正确分析判断、及时处理系统和仪表故障，不但关系到生产的安全和稳定，还涉及产品质量和能耗，而且也反映出自控人员的工作能力及业务水平。因此，在生产过程的自动控制中，仪表维护、维修人员除需掌握基本的控制原理和控制工程基础理论外，更需熟练掌握控制系统维护的操作技能，并在工作中逐步积累一定的现场实际经验，这样才能具有判断和处理现场中出现的千变万化的故障的能力。

1. 故障产生的原因

过程控制系统在线运行时，如果不能满足质量指标的要求，或者指示记录仪表上的数值偏离质量指标的要求，说明方案设计合理的控制系统存在故障，需要及时处理，排除故障。

一般来说，开工初期或停车阶段，由于工艺生产过程不正常、不稳定，各类故障较多。当然，这种故障不一定都出自控制系统和仪表本身，也可能来自工艺部分。自动控制系统的故障是一个较为复杂的问题，涉及面也较广泛，自动化工作人员要按照故障现象分析和判断故障产生的原因，并采取相应的措施进行故障处理。多年来，自动化工作者在配合生产工艺处理仪表故障的实践中，积累了许多成功而宝贵的经验，如下所述。

① 工艺过程设计不合理或工艺本身不稳定，从而在客观上造成控制系统扰动频繁。扰动幅度变化很大，自控系统在调整中不断受到新的扰动，使控制系统的工作复杂化，从而反映在记录曲线上的控制质量不够理想。这时需要对工艺和仪表进行全面分析，才能排除故障。可以在对控制系统中各仪表进行认真检查并确认可靠的基础上，将自动控制切换为手动控制，在开环情况下运行。若工艺操作频繁，参数不易稳定，调整困难，则一般可以判断是由工艺过程设计不合理或工艺本身不稳定引起的。

② 自动控制系统的故障也可能是控制系统中个别仪表造成的。多数仪表故障的原因出现在与被测介质相接触的传感器和调节阀上，这类故障约占60%以上。尤其安装在现场的调节阀，由于腐蚀、磨损、填料的干涩而造成阀杆摩擦力增加，使调节阀的性能变坏。

③ 用于连接生产装置和仪表的各类取样取压管线、阀门、电缆电线、插接板件等仪表附件所引起的故障也很常见，这与其周边恶劣的环境密切相关。此外，因仪表电源引起的故障也会发生，并呈现上升趋势。

④ 过程控制系统的故障与控制器参数的整定是否合适有关。众所周知，控制器参数的不同，会使系统的动态、静态特性发生变化，控制质量也会发生改变。因控制器参数整定不当而造成控制系统的质量不高属于软故障一类。需要强调的是，控制器参数的确定不是静止不变的，当负荷发生变化时，被控过程的动态、静态特性随之变化，控制器的参数也要重新整定。

⑤ 控制系统的故障也有人为因素。因安装、检修或误操作造成的仪表故障，多数是因为缺乏经验造成的。

在实践中出现的问题是没有确定的约束条件的，而且比理论问题更为复杂。在生产实践中，一旦摸清了仪表故障的规律性，就能配合工艺快速、准确地判明故障原因，排除故障，防患于未然。

2. 故障的判断和处理

仪表故障分析是一线维护人员经常遇到的工作。分析故障前要做到"两个了解"：一是应比较透彻地了解控制系统的设计意图、结构特点、施工、安装、仪表精度、控制器参数要求等；二是应了解有关工艺生产过程的情况及其特殊条件，这对分析系统故障是极有帮助的。

在分析和检查故障前，应首先向当班操作工了解情况，包括处理量、操作条件、原料等是否改变，再结合记录曲线进行分析，以确定故障产生的原因，尽快排除故障。

① 如果记录曲线产生突变，记录指针偏向最大位置或最小位置时，故障多半出现在仪表部分。因为工艺参数的变化一般都比较缓慢，并且有一定的规律性，如热电偶或热电阻断路。

② 记录曲线不变化而呈直线状，或记录曲线原来一直波动，突然变成了一条直线。在这种情况下，故障极有可能出现在仪表部分。因记录仪表的灵敏度一般都较高，工艺参数或多或少的变化都应该在记录仪表上反映出来。必要时可以人为地改变一下工艺条件，如果记录仪表仍无反应，则是检测系统仪表出了故障，如差压变送器引压管的堵塞。

③ 记录曲线一直较正常，有波动，但以后的记录曲线逐渐变得无规则，使系统自动控制很困难，甚至切入手动控制后也没有办法使之稳定。此类故障有可能出于工艺部分，如工艺负荷突变。

对于控制系统发生的故障，常用的分析办法是"层层排除法"。简单控制系统由四部分组成，无论故障发生在哪个部分，首先检查最容易出现故障的部分，然后再根据故障现象，逐一检查各部分、各环节的工作状况。在层层排查的过程中，终究会发现故障出现在哪个部分、哪个位置的，即找出了故障的原因。处理系统故障时，最困难的工作是查找故障原因，一旦故障原因找到了，处理故障的办法就迎刃而解了。

5.6　利用 MATLAB 对简单控制系统进行仿真

第 27 讲

利用 MATLAB 或 Simulink 可以方便地实现简单控制系统的仿真研究，以及 PID 控制器参数的整定和自整定。

5.6.1　利用 MATLAB 对 PID 控制器参数进行整定

【例 5-2】　已知广义被控对象的传递函数为

$$G_{\mathrm{p}}(s) = \frac{8}{(360s+1)} \mathrm{e}^{-180s}$$

试利用 C-C 工程整定方法，计算系统采用 P、PI、PID 调节规律时的 PID 控制器参数，并绘制整定后系统的单位阶跃响应。

解：由题可知系统的增益 K、时间常数 T 和纯迟延时间 τ 分别为：$K=8$、$\tau=180$、$T=360$。

（1）C-C 工程整定方法

根据 C-C 工程整定方法的计算公式，可得

① P 控制时：$K_{\mathrm{c}}=(T/\tau+0.333)/K=0.2916$。

利用图 5-23 所示的 Simulink 系统仿真图（P 控制），将仿真时间设置为 2000，启动仿真，便可在示波器中看到如图 5-24 所示的系统在 P 控制时的单位阶跃响应。

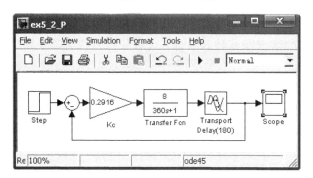

图 5-23　Simulink 系统仿真图（P 控制）

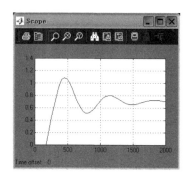

图 5-24　系统在 P 控制时的单位阶跃响应

② PI 控制时：$K_c = (0.9T/\tau + 0.082)/K = 0.2353$；

$$T_i = (3.33\tau/T + 0.3(\tau/T)^2)/(1 + 2.2\tau/T)T = 298.2857$$

利用图 5-25 所示的 Simulink 系统仿真图（PI 控制），将仿真时间设置为 2000，启动仿真，便可在示波器中看到如图 5-26 所示的系统在 PI 控制时的单位阶跃响应。

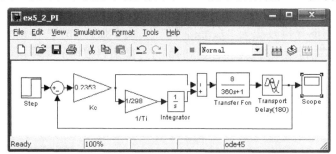

图 5-25　Simulink 系统仿真图（PI 控制）

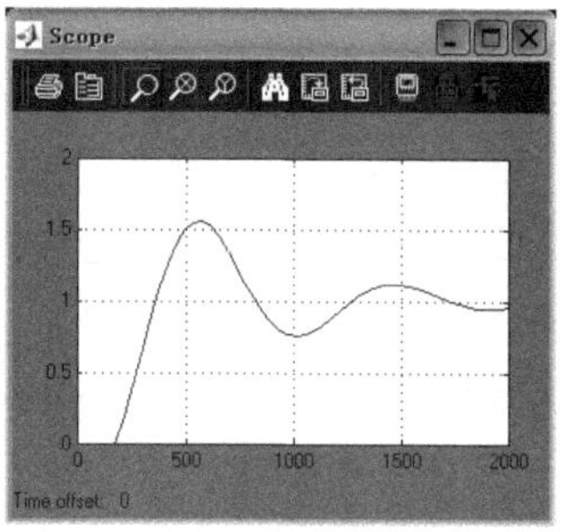

图 5-26　系统在 PI 控制时的单位阶跃响应

③ PID 控制时：　　　　　$K_c = (1.35T/\tau + 0.27)/K = 0.3713$；

$$T_i = (2.5\tau/T + 0.5(\tau/T)^2)/(1 + 0.6\tau/T)T = 380.7692;$$

$$T_d = (0.37\tau/T)/(1 + 0.2\tau/T)T = 60.5455$$

利用图 5-27 所示的 Simulink 系统仿真图（PID 控制），将仿真时间设置为 2000，启动仿真，便可在示波器中看到如图 5-28 所示的系统在 PID 控制时的单位阶跃响应。

由图 5-28 可知，根据 C-C 工程整定方法得到的控制器参数，系统在 PID 控制时阶跃响应的超调量约为 60%，上升时间约为 300s；过渡过程时间约为 2000s。

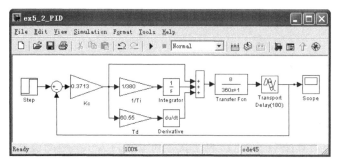

图 5-27　Simulink 系统仿真图（PID 控制）

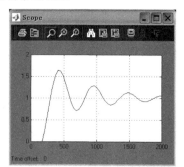

图 5-28　系统在 PID 控制时的单位阶跃响应

（2）Z-N 工程整定方法

根据表 5-1，可得

① P 控制时：$K_c = 1/\delta = T/(\tau \cdot K) = 0.25$；

② PI 控制时：$K_c = 1/\delta = T/(1.1 \cdot \tau \cdot K) = 0.2273$；$T_i = 3.3\tau = 594$；

③ PID 控制时：$K_c = 1/\delta = T/(0.85 \cdot \tau \cdot K) = 0.2941$；$T_i = 2\tau = 360$；$T_d = 0.5\tau = 90$。

利用以上所示系统的 Simulink 方框图，设置相应的控制器参数后，启动仿真，便可在示波器中看到如图 5-29 所示的系统的单位阶跃响应。

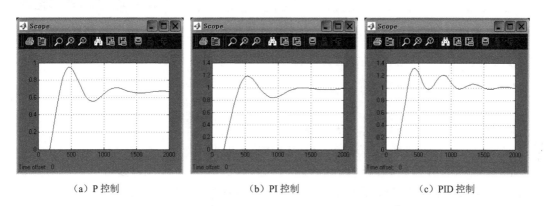

（a）P 控制　　　　　　　　（b）PI 控制　　　　　　　　（c）PID 控制

图 5-29　系统的单位阶跃响应（Z-N 工程整定法）

由图 5-29（c）可知，根据 Z-N 工程整定法得到的控制器参数，系统在 PID 控制时阶跃响应的超调量约为 30%，上升时间约为 300s；过渡过程时间约为 1500s。

【例 5-3】　已知广义被控对象的传递函数为

$$G_p(s) = \frac{8}{(360s+1)} e^{-180s}$$

试利用稳定边界法，计算系统采用 P、PI、PID 调节规律时的 PID 控制器参数，并绘制整定后系统的单位阶跃响应。

解： ① 首先建立如图 5-30 所示的 Simulink 系统仿真框图。

② 首先在 MATLAB 工作窗口中，利用以下命令将图 5-30 中 PID 控制器的积分时间设置为无穷大，微分时间设置为零，比例增益 K_c 设置较小的值。然后在图 5-30 中，将仿真时间设置为 2000，启动仿真，便可在示波器中看到系统的单位阶跃响应曲线。

```
>>Ti=inf;Td=0;Kc=0.1;
```

③ 逐渐增大比例系数 K_c，直到 $K_c = 0.483$ 系统出现等幅振荡，即所谓系统临界振荡过程，如图 5-31 所示。此时的比例系数被称为临界比例系数 K_{cr}，两个波峰间的时间被称为临界振荡周期 T_{cr}。由上可知，临界比例带 $\delta_{cr} = 1/K_{cr} = 1/0.483$；临界振荡周期 $T_{cr} = 635s$。

④ 利用 δ_{cr} 和 T_{cr} 值，根据表 5-3，求控制器各整定参数 K_c、T_i 和 T_d 的数值。

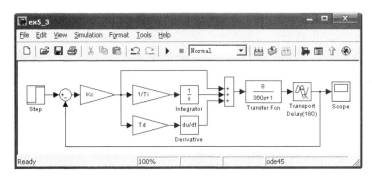

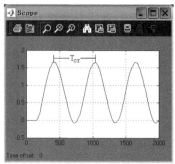

图 5-30　Simulink 系统仿真图 　　　　　　　图 5-31　系统临界振荡过程

P 控制时：　　　$K_c = 1/(2\delta_{cr}) = K_{cr}/2 = 0.2415$

PI 控制时：　　　$K_c = 1/(2.2\delta_{cr}) = K_{cr}/2.2 = 0.2195$；

　　　　　　　　$T_i = 0.85T_{cr} = 540$

PID 控制时：　　$K_c = 1/(1.67\delta_{cr}) = K_c/1.67 = 0.2892$

　　　　　　　　$T_i = 0.50T_{cr} = 317.5$；　$T_d = 0.125T_{cr} = 79.4$

利用图 5-30 所示系统的 Simulink 框图，分别设置相应的控制器参数后，启动仿真，便可在示波器中看到如图 5-32 所示的系统的单位阶跃响应。

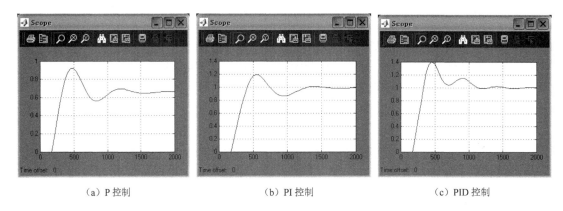

（a）P 控制　　　　　　　　（b）PI 控制　　　　　　　　（c）PID 控制

图 5-32　系统的单位阶跃响应（稳定边界法）

由图 5-32 可知，根据稳定边界方法得到的控制器参数，系统在 PID 控制时阶跃响应的超调量约为 40%，上升时间约为 350s；过渡过程时间约为 1200s。

5.6.2　利用 Simulink 对 PID 控制器参数进行自整定

利用 Simulink 中的 NCD Outport 模块（适用于 MATLAB 6.5）、Signal Constraint 模块（适用于 MATLAB 7.5）或 Check Step Response Characteristics 模块（适用于 MATLAB 7.13 及以上），可以对系统中的 PID 控制器参数进行优化设计，即进行 PID 控制器参数的自整定。

【例 5-4】　已知广义被控对象的传递函数为

$$G_{\mathrm{p}}(s) = \frac{8}{(360s+1)} e^{-180s}$$

试利用 Simulink 中的 NCD Outport 模块，对系统采用 PID 调节规律时的 PID 控制器进行参数自整定，并绘制整定后系统的单位阶跃响应曲线。

解： ① 利用 NCD Outport 模块，建立如图 5-33 所示 PID 控制系统的 Simulink 参数优化模型。

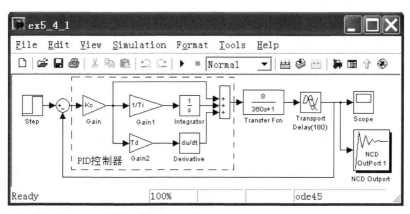

图 5-33　PID 控制系统的 Simulink 参数优化模型

② 在系统模型窗口中，首先打开阶跃信号（Step）模块的参数对话框，并将初始时间改为 0；然后执行 Simulation→Simulation parameters 命令，将仿真的停止时间设置为 2000，其余参数采用默认值。

③ 在 MATLAB 窗口中利用以下命令对 PID 控制器的初始值进行任意设置：

　　>>Kc=0.5;Ti=100;Td=50;

④ 根据系统给定的时域性能指标设置阶跃响应特性参数。在系统模型窗口中，用鼠标双击 NCD Outport 模块，即打开一个 NCD Outport 模块的时域性能约束窗口，如图 5-34 所示。

在 NCD Outport 模块的时域性能约束窗口中，执行 Options→Step response 命令，打开设置阶跃响应特性约束参数的设置窗口。在该窗口中，设置阶跃响应曲线的调整时间（Settling Time）为 600、上升时间（Rise Time）为 350、超调量（Percent overshoot）为 20、阶跃响应的优化终止时间（Final time）为 2000，其余参数采用默认值，阶跃响应设置窗口如图 5-35 所示。

⑤ 设置优化参数。在本例中为进行 PID 控制器的优化设计，将 PID 控制器的参数 Kc、Ti 和 Td 作为 NCD Outport 模块的优化参数，故首先执行 Optimization→Parameters 命令，打开设置优化参数（Optimization Parameters）的窗口。然后在该窗口中的优化变量名称（Tunable Varables）对话框中填写：Kc,Ti,Td（各变量间用西文逗号或空格分开），其余参数采用默认值，优化参数设置窗口如图 5-36 所示。最后单击该窗口中的"Done"按钮接收以上数据。

⑥ 开始控制器参数的优化计算。在完成上述参数设置过程后，用鼠标单击 NCD Outport

模块的时域性能约束窗口中的"Start"按钮，便开始对系统中的 PID 控制器模块的参数进行优化计算。在优化计算过程中，系统的响应曲线变化情况在时域约束窗口中显示，系统输出响应如图 5-37 所示。

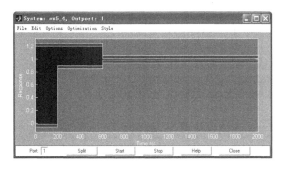

图 5-34　NCD Outport 模块的时域性能约束窗口

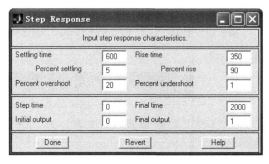

图 5-35　阶跃响应设置窗口

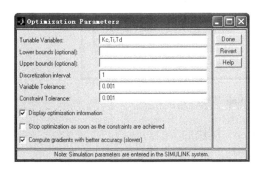

图 5-36　优化参数设置窗口

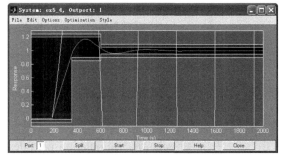

图 5-37　系统输出响应

从显示结果可以看出，优化过程中系统的响应曲线特性逐渐接近约束的要求。图中的曲线分别为优化计算前的初始曲线和优化计算后的优化曲线，优化曲线完全满足设计要求。

⑦ 优化结束后，在系统模型窗口图 5-33 中，再次启动仿真，在示波器中便可得到如图 5-38 所示的系统的单位阶跃响应（利用 NCD Outport 模块优化）。该曲线应该就是图 5-37 中优化结束后的最优曲线。由此可见，PID 控制器参数进行优化后，系统的动态性能指标完全满足设计要求。在 MATLAB 窗口中利用以下命令：

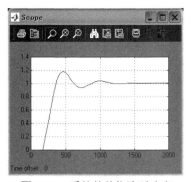

图 5-38　系统的单位阶跃响应
（利用 NCD Outport 模块优化）

>>Kc,Ti,Td

便可得到 PID 控制器的优化参数 $K_c = 0.2668$、$T_i = 514.1796$ 和 $T_d = 58.1693$。

根据以上 PID 控制器的优化参数，得到系统阶跃响应的动态特性就是系统时域性能指标的设置参数，即在 PID 控制时系统阶跃响应的超调量为 20%，上升时间为 350s；过渡过程时间为 600s。

由以上可知，利用 NCD Outport 模块和工程整定法所得 PID 控制器的优化参数 Kc、Ti

和 Td 的值是有区别的，这一点不难理解，因为对同一系统，满足相同性能指标的优化参数可能有多种组合。

对于图 5-33 虚线框中的 PID 控制器，也可直接采用 Simulink 的附加模块集（Simulink Extras）的附加线性模块库（Additional Linear）或连续系统模块库（Continuous）中提供的 PID Controller 模块来代替，基于 PID Controller 模块的系统参数优化模型如图 5-39 所示。若将 PID Controller 模块的三个参数分别设置为 Kc、Ki 和 Kd，则可将 Kc、Ti 和 Td 作为 NCD Outport 模块的优化参数对系统进行优化。然后仿照例 5-4 的运行步骤，便可同样得到系统优化后的 PID Controller 模块的优化参数值。

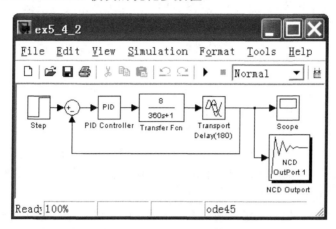

图 5-39　基于 PID Controller 模块的系统参数优化模型

采用 Signal Constraint 模块（适用于 MATLAB 7.5）或 Check Step Response Characteristics 模块（适用于 MATLAB 7.13）与 PID Controller 模块，建立的系统参数优化模型如图 5-40 所示。

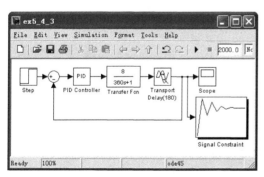

（a）基于 Signal Constraint 模块的系统

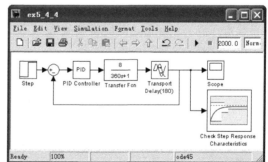

（b）基于 Check Step Response Characteristics 模块的系统

图 5-40　基于 PID Controller 模块的系统参数优化模型

Signal Constraint 模块和 Check Step Response Characteristics 模块的使用方法与 NCD Outport 模块类似，这里就不一一介绍了。

本 章 小 结

在简单控制系统分析和设计时，通常将系统中控制器以外的部分组合在一起，即被控对象、执行器和检测变送仪表合并为广义被控对象。

系统设计的主要任务是被控变量和控制变量的选择、建立被控对象的数学模型、控制器的设计、检测变送仪表和执行器的选型。

如果广义被控对象传递函数可用一阶惯性加纯迟延近似，则可根据广义被控对象的可控比 τ/T 选择 PID 控制器的调节规律。① 当 $\tau/T<0.2$ 时，选择比例或比例积分控制；② 当 $0.2<\tau/T\leqslant1.0$ 时，选择比例微分或比例积分微分控制；③ 当 $\tau/T>1.0$ 时，选用如串级、前馈等复杂控制系统。

为了能保证构成工业过程中的控制系统是一种负反馈控制，系统的开环增益必须为负，而系统的开环增益是系统中各环节增益的乘积。

控制器的正作用方式是指实际控制器的输出信号 u 随着被控变量 y 的增大而增大，此时称实际控制器的增益为正，取"+"号。反之为反作用方式，此时称其增益为负，取"−"号。

过程控制系统中的实际 PID 控制器是由信号比较机构和运算坏节两部分组成的。实际 PID 控制器的增益 = $(-1)^*$ 控制器运算环节的增益。

系统整定方法很多，但可归纳为两大类：理论计算法和工程整定法。在工程实际应用中，常采用工程整定法，它一般有动态特性参数法、稳定边界法、衰减曲线法和经验整定法。

PID 控制器参数的整定，不论采用的是理论计算方法还是工程整定法中的动态特性参数法，都是以由广义被控对象和等效控制器两部分组成的控制系统为基础的。等效控制器和广义被控对象之间如何划分会直接影响实际控制器参数与等效控制器参数之间的关系。

对于工业 PID 控制器来说，由于 δ、T_i 和 T_d 各参数之间存在相互干扰，必须考虑控制器各参数实际值与刻度值之间的转换关系。

PID 控制器参数的自整定多年来一直是众多工程技术人员重点研究的内容。

习 题

5-1 简单控制系统的定义是什么？画出其典型方框图。

5-2 控制系统中，控制器正、反作用方式选择的依据是什么？

5-3 已知被控对象的传递函数为

$$G_o(s)=\frac{1.67}{(4.05s+1)}\frac{8.22}{(s+1)}e^{-1.5s}$$

试利用 Z-N 工程整定方法，计算系统采用 P、PI、PID 调节规律时的 PID 控制器参数。

5-4 已知被控对象为二阶惯性环节，其传递函数为

$$G_o(s) = \frac{1}{(5s+1)(2s+1)}$$

测量装置和调节阀的特性分别为

$$G_m(s) = \frac{1}{10s+1}, G_v(s) = 1$$

试用动态特性参数法和稳定边界法整定 PID 控制器参数。

5-5　已知被控对象的传递函数为

$$G_o(s) = \frac{1}{s(s+1)(s+5)}$$

试利用稳定边界法，计算系统采用 P、PI、PID 调节规律时的 PID 控制器参数。

5-6　某加热温度控制系统，控制器采用 PID 控制规律。温度变送器量程为 0～300℃，且温度变送器和控制器均为 DDZ-II 型仪表。系统在控制器的输出量变化 $\Delta u = 10mA$ 时，测得温度控制通道阶跃响应特性参数：稳定时温度变化 $\Delta \theta(\infty) = 150℃$；时间常数 $T = 300s$；纯迟延时间 $\tau = 10s$。试确定控制器 δ、T_i 和 T_d 的刻度值和正、反作用方式。其中控制器干扰系数 $F = 1.05$。

第 5 章　习题
解答

第 6 章

串级控制系统

随着生产过程向着大型、连续和强化方向发展，对操作条件要求更加严格，参数间相互关系更加复杂，对控制系统的精度和功能提出许多新的要求，对能源消耗和环境污染也有明确的限制。为此，需要在简单控制系统的基础上，采取其他措施，组成复杂控制系统，也称为多回路控制系统。在这种系统中，或是由多个测量值、多个控制器；或是由多个测量值、一个控制器、一个补偿器或一个解耦器等组成多个回路的控制系统。

从本章开始将陆续介绍几种已在生产过程中采用的复杂控制系统，如串级控制系统、补偿控制系统、比值控制系统、均匀控制系统、分程控制系统、选择性控制系统和解耦控制系统等。

▌ 6.1 串级控制系统的基本概念

第 28 讲

在生产过程的常规控制系统中，串级控制系统是提高过程控制品质非常有效的方案之一，因此，得到了广泛的应用。

6.1.1 串级控制的提出

串级控制系统是随着工业的发展，新工艺不断出现，生产过程日趋强化，对产品质量要求越来越高，简单控制系统已不能满足工艺要求的情况下产生的。

隔焰式隧道窑是对陶瓷制品进行预热、烧成、冷却的装置。如果火焰直接在窑道烧成带

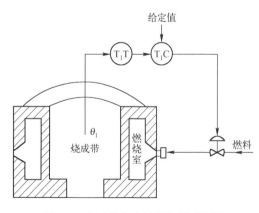

图 6-1 烧成带温度简单控制系统图

燃烧，燃烧气体中的有害物质将会影响产品的光泽和颜色，所以火焰在燃烧室中燃烧，热量经过隔焰板辐射加热烧成带。制品在窑道的烧成带内按工艺规定的温度进行烧结，烧结温度一般为 1300℃，偏差不得超过±5℃。所以烧成带的烧结温度是影响产品质量的重要控制指标之一，因此将窑道烧成带的温度作为被控变量，将燃料的流量作为控制变量。

为了保证陶瓷制品的质量，必须严格控制烧成带温度 θ_1，为此采用调节阀来改变燃料的流量，被控对象具有三个热容积，即燃烧室、隔焰板和烧成带，图 6-1 所示为烧成

带温度简单控制系统图。

　　为简单起见，在其原理方框图中，把这三个热容积画成了串联的形式，即忽略了它们之间的相互作用（容积之间的相互作用有助于改善被控对象的控制性能），隔焰式隧道窑温度简单控制系统方框图如图 6-2 所示。引起温度 θ_1 变化的扰动因素来自两个方面：在物料方面有陶瓷制品的移动速度、原料成分和数量等；在燃料方面有它的压力和热值。在图 6-2 中，用 D_1 和 D_2 分别代表来自物料方面和燃料方面的扰动，它们的作用地点不同，因此对于温度 θ_1 的影响也不一样。

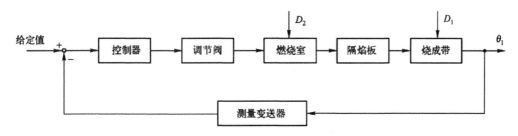

图 6-2　隔焰式隧道窑温度简单控制系统方框图

　　在以上简单控制系统中，影响烧成带温度 θ_1 的各种干扰因素都被包括在控制回路中，只要干扰造成 θ_1 偏离设定值，控制器就会根据偏差的情况，通过调节阀改变燃料的流量，从而把变化了的 θ_1 重新调回到设定值。但是实践证明这种控制方案的控制质量很差，远远达不到生产工艺的要求。原因就是从调节阀到窑道烧成带滞后时间太大，如果燃料的压力发生波动，尽管调节阀门开度没变，但燃料流量将发生变化，必将引起燃烧室温度的波动，再经过隔焰板的传热、辐射，引起烧成带温度的变化。因为只有烧成带温度出现偏差时，才能发现干扰的存在，所以对于燃料压力的干扰不能够及时发现。烧成带温度出现偏差后，控制器根据偏差的性质立即改变调节阀的开度，改变燃料流量，对烧成带温度加以控制。但是这个调节作用同样要经历燃烧室的燃烧、隔焰板的传热及烧成带温度的变化这个时间滞后很长的通道，当调节过程起作用时，烧成带的温度已偏离设定值很远了。也就是说，即使发现了偏差，也得不到及时调节，造成超调量增大，稳定性下降。如果燃料压力干扰频繁出现，对于单回路控制系统，无论 PID 控制器采用什么控制作用，还是参数如何整定，都得不到满意的控制效果。

　　假定燃料的压力波动是主要干扰，发现它到燃烧室的滞后时间较小、通道较短，而且还有一些次要干扰，例如，燃料热值的变化、助燃风流量的改变及排烟机抽力的波动等（图 6-2 中 D_2），都是首先进入燃烧室。因此，如果把燃烧室的温度 θ_2 测量出来并送入控制器 T_2C，让它来控制调节阀，那么调节动作就提前了很多，失去的时间就会争取过来，从而加快了速度。以燃烧室温度 θ_2 为被控变量的单回路控制系统如图 6-3 所示。这种控制系统对于上述干扰有很强的抑制作用，

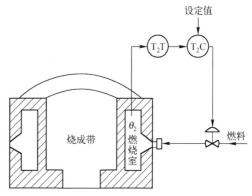

图 6-3　燃烧室温度控制系统图

不等到它们影响烧成带温度，就被较早发现，及时进行控制，将它们对烧成带温度的影响降低到最小限度。

但是，又不能简单地仅仅依靠这一个控制器 T_2C 来代替图 6-1 中的控制器 T_1C 的全部作用。这是因为最后的目标是要保持温度 θ_1 不变，控制器 T_2C 只能起稳定温度 θ_2 的作用，而在发生物料方面的扰动 D_1 的情况下，并不能保证温度 θ_1 符合要求。因为，对 θ_1 的影响除 θ_2 外，还有直接影响烧成带温度的干扰 D_1，如窑道中装载制品的窑车速度、制品的原料成分、窑车上装载制品的数量及春夏秋冬或刮风下雨带来环境温度的变化等。由于在这个控制系统中，烧成带温度不是被控变量，所以对于干扰 D_1 造成烧成带温度的变化，控制系统无法进行调节。

为了解决这个问题，可以设想用改变控制器 T_2C 的设定值来改变燃烧室温度 θ_2，这样就可以在物料方面发生扰动的情况下，也能把温度 θ_1 调节到所需要的数值上。通过分析可知，如将 T_1C 的输出作为 T_2C 的设定值，则系统就可以根据温度 θ_1 的变化而自动改变控制器 T_2C 的设定值，从而使得系统在扰动 D_1 和 D_2 的作用下都能使 θ_1 满足要求，这就是串级控制的基本思想。

在串级控制系统中，控制燃烧室的温度 θ_2 并不是目的，真正的目的是烧成带的温度 θ_1 稳定不变，所以烧成带温度控制器 T_1C 应该是定值控制，起主导作用。而燃烧室温度控制器 T_2C 则起辅助作用，它在克服干扰 D_2 的同时，应该受烧成带温度控制器的操纵，操纵方法就是烧成带温度控制器 T_1C 的输出作为燃烧室温度控制器 T_2C 的设定值，串级控制系统图如图 6-4 所示。

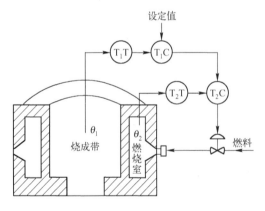

图 6-4　隔焰式隧道窑温度-温度串级控制系统图

所谓串级控制系统，就是采用两个控制器串联工作，主控制器的输出作为副控制器的设定值，由副控制器的输出去操纵调节阀，从而对主被控变量具有更好的控制效果。与图 6-4 串级控制系统的系统图对应的方框图如图 6-5 所示。

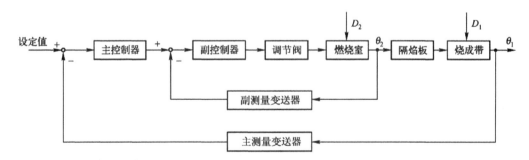

图 6-5　隔焰式隧道窑串级控制系统方框图

6.1.2　串级控制系统的组成

1. 串级控制系统的方框图

根据隔焰式隧道窑串级控制系统方框图（见图 6-5），可得串级控制系统的标准方框图如图 6-6 所示。

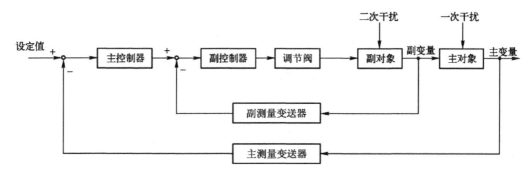

图 6-6　串级控制系统的标准方框图

2. 串级控制系统的术语

① 主、副回路。在外面的闭合回路称为主回路（主环），在里面的闭合回路称为副回路（副环）。

② 主、副控制器。处于主回路中的控制器称为主控制器，一般用 $G_{c1}(s)$ 表示；处于副回路中的控制器称为副控制器，一般用 $G_{c2}(s)$ 表示。

③ 主、副被控变量。主回路的被控变量称为主被控变量，简称为主变量或主参数，一般用 y_1 表示；副回路的被控变量称为副被控变量，简称为副变量或副参数，一般用 y_2 表示。

④ 主、副被控对象。主回路所包括的对象称为主被控对象，简称为主对象，一般用 $G_{o1}(s)$ 表示；副回路所包括的对象称为副被控对象，简称为副对象，一般用 $G_{o2}(s)$ 表示。

⑤ 主、副测量变送器。检测和变送主变量的测量变送器称为主测量变送器，一般用 $G_{m1}(s)$ 表示；检测和变送副变量的测量变送器称为副测量变送器，一般用 $G_{m2}(s)$ 表示。

⑥ 一次、二次干扰。进入主回路的干扰称为一次干扰，一般用 D_1 表示；进入副回路的干扰称为二次干扰，一般用 D_2 表示。

6.1.3　串级控制系统的工作过程

串级控制系统是由两个控制器串联工作的，只有副控制器的输出去操纵调节阀，两个控制器能否协调一致地工作，会不会发生矛盾，下面以隔焰式隧道窑温度串级控制系统为例来加以说明。考虑到生产的安全，调节阀选择"气开"工作方式。两个控制器都选择"反"作用方式。

1. 只存在二次干扰

假定系统只受到来自燃料压力波动的干扰。由于它进入副回路，所以属于二次干扰 D_2。例如，整个系统处于稳定状态下，突然燃料压力升高，这时尽管调节阀门开度没变，可燃料的流量增大了，首先将引起燃烧室温度 θ_2 升高，经副温度检测变送器后，副控制器接受的测量值增大。由于燃料流量的变化，并不能立即引起烧成带温度 θ_1 的变化。所以此时主控制器的输出暂时还没有变化，因此副控制器处于定值控制状态。根据副控制器的"反"作用，其输出将减小，"气开"式的调节阀门将被关小，燃料流量将被调节回稳定状态时的大小。如果这个干扰幅度并不大，经副回路的调节，很快得到克服，不至于引起主变量（烧成带温度 θ_1）的改变。如果这个干扰作用比较强，尽管副回路的控制作用已大大削弱了它对主变量的影响，但随着时间的推移，主变量仍然会受到它的影响，偏离了稳态值而升高。经主温度检测变送器后，主控制器接受到的测量信号增大。主控制器是定值控制，而且是"反"作用，所以主控制器的输出将减小。这就意味着副控制器的设定值减小，也就是副控制器的输出在原来的基础上变得更小，从而阀门开度也将再关小一点，以克服干扰对主变量的影响。

2. 只存在一次干扰

假定串级控制系统只受到来自窑车速度的干扰，比如窑车的速度加快，必然导致窑道中烧成带温度 θ_1 的降低。对于定值控制的主控制器来说，其测量值减小，由于主控制器的"反"作用，它的输出必然增大，也就是说副控制器的设定值增大了。因为窑车的速度属于一次干扰，它对副变量（燃烧室的温度 θ_2）没有影响，所以这时副控制器的测量值暂时还没有改变。对于副控制器来说，设定值增大而测量值没变，可以等效为其设定值不变而测量值减小。根据副控制器的"反"作用，其输出将增大，"气开"式的调节阀门开度增大，从而加大燃料的流量，使燃烧室温度 θ_2 升高，进而使窑道烧成带温度回升至设定值。

在整个控制过程中，燃烧室的温度 θ_2 也发生了变化，然而副控制器并没有对它加以调节，原因就在于串级控制系统中，主控制器起着主导作用，体现在它的输出作为副控制器的设定值。而副控制器则处于从属地位，它首先是接受主控制器的命令，然后才进行控制操作。在这种情况下，燃烧室温度 θ_2 的改变是作为对烧成带温度 θ_1 的控制手段来利用的，而不是作为干扰加以克服的。

3. 一次干扰和二次干扰同时存在

两种干扰同时存在又可分为以下两种不同情况。

① 一次干扰和二次干扰引起主变量和副变量同方向变化，即同时增大或同时减小。

假定一次干扰为窑车的前进速度减小，将引起主变量（烧成带温度）θ_1 升高；二次干扰为燃料压力增大，导致副变量（燃烧室温度）θ_2 也升高。对于主控制器来讲，由于它的测量值升高，根据它的"反"作用关系，它的输出将在稳态时的基础上减小，也就是副控制器的设定值将减小。而对于副控制器来讲，由于它的测量值增大，其输出的变化应该根据它的"反"作用及设定值和测量值的变化方向共同决定。不妨将设定值的变化等效为设定值不变而测量值变化的情况，设定值减小可以等效为设定值不变而测量值增大。根据副控制器的"反"作用关系，上述两种干扰都将使副控制器的输出减小，都要求阀门开度关小。调节阀的调节作用是主、副控制器控制作用的叠加。减小燃料的流量不仅是为了克服二次干扰把燃烧室的温度调回到稳态值，而且使燃烧室的温度比稳态值更低一些，用于克服一次干扰对主变量的影响。

② 一次干扰和二次干扰引起主、副变量反方向变化，即一个增大而另一个减小。

假定一次干扰为窑车前进速度增大，引起主变量（烧成带温度）θ_1 下降；二次干扰为燃料压力增大，导致副变量（燃烧室温度）θ_2 升高。对主控制器来说，由于其测量值减小，根据其"反"作用关系，它的输出将增大，也将使副控制器的设定值增大。对副控制器来说，由于其测量值增大，设定值也增大，如果它们同步增大，幅度相同，即副控制器的输入信号偏差没有改变，控制器的输出当然也就不变，调节阀开度不变。实际上就是用二次干扰补偿了一次干扰，阀门无须调节。

如果两个干扰引起副控制器的设定值和测量值的方向变化不相同，也就是说二次干扰还不足以补偿一次干扰时，副控制器再根据偏差的性质做小范围调节即可将主变量稳定在设定值上。

从串级控制系统的工作过程可以看出，两个控制器串联工作，以主控制器为主导，保证主变量稳定为目的，两个控制器协调一致，互相配合。尤其是对于二次干扰，副控制器首先进行"粗调"，主控制器再进一步"细调"，因此控制质量必然高于简单控制系统。

6.2　串级控制系统的分析

第 30 讲

串级控制系统与简单控制系统相比，只是在结构上增加了一个副回路，但是实践证明，对于相同的干扰，串级控制系统的控制质量是简单控制系统所无法比拟的。本节将从理论上对串级控制系统的特点加以分析。

6.2.1　增强系统的抗干扰能力

由于串级控制系统中的副回路具有快速作用，它能够有效地克服二次扰动的影响。可以说串级系统主要是用来克服进入副回路的二次干扰的。现在对图 6-7 所示串级控制系统的方框图进行分析，可进一步揭示问题的本质。

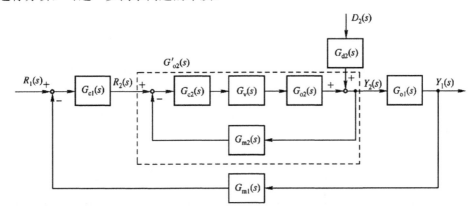

图 6-7　串级控制系统的方框图

在图 6-7 中，$G_{c1}(s)$、$G_{c2}(s)$是主、副控制器传递函数；$G_{o1}(s)$、$G_{o2}(s)$是主、副对象传递函数；$G_{m1}(s)$、$G_{m2}(s)$是主、副测量变送器传递函数；$G_{v}(s)$是调节阀传递函数；$G_{d2}(s)$是二次干扰通道的传递函数。

在图 6-7 所示的串级控制系统中，当二次干扰 D_2 经过干扰通道环节 $G_{d2}(s)$后，进入副回路，首先影响副参数 y_2，于是副控制器立即动作，力图削弱干扰对 y_2 的影响。显然，干扰经过副回路的抑制后再进入主回路，对 y_1 的影响将有较大的减弱。根据图 6-7 所示串级控制系统，可以写出二次干扰 D_2 至主参数 y_1 的传递函数为

$$\left.\frac{Y_1(s)}{D_2(s)}\right|_{串} = \frac{\dfrac{G_{d2}(s)G_{o1}(s)}{1+G_{c2}(s)G_{v}(s)G_{o2}(s)G_{m2}(s)}}{1+G_{c1}(s)G_{m1}(s)G_{o1}(s)\dfrac{G_{c2}(s)G_{v}(s)G_{o2}(s)}{1+G_{c2}(s)G_{v}(s)G_{o2}(s)G_{m2}(s)}} \tag{6-1}$$

$$= \frac{G_{d2}(s)G_{o1}(s)}{1+G_{c2}(s)G_{v}(s)G_{o2}(s)G_{m2}(s)+G_{c1}(s)G_{c2}(s)G_{v}(s)G_{o2}(s)G_{o1}(s)G_{m1}(s)}$$

而对于如图 6-8 所示的简单控制系统，干扰 D_2 至 y_1 的传递函数为

$$\left.\frac{Y_1(s)}{D_2(s)}\right|_{单} = \frac{G_{d2}(s)G_{o1}(s)}{1+G_{c}(s)G_{v}(s)G_{o2}(s)G_{o1}(s)G_{m}(s)} \tag{6-2}$$

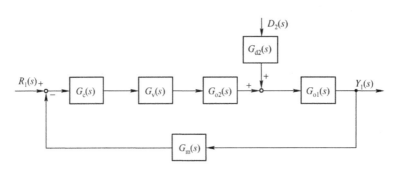

图 6-8　简单控制系统的方框图

比较式（6-1）和式（6-2）。先假定 $G_{c}(s)=G_{c1}(s)$，且注意到单回路系统中的 $G_{m}(s)$就是串级系统中的 $G_{m1}(s)$，可以看到，串级 $Y_1(s)/D_2(s)$的分母中多了一项，即 $G_{c2}(s)G_{v}(s)G_{o2}(s)G_{m2}(s)$。在主回路工作频率下，这项乘积的数值一般是比较大的，而且随着副控制器比例增益的增大而加大；另外式（6-1）的分母中第三项比式（6-2）分母中第二项多了一个 $G_{c2}(s)$。一般情况下，副控制器的比例增益是大于 1 的。因此可以说，串级控制系统的结构使二次干扰 D_2 对主参数 y_1 这一通道的动态增益明显减小。当二次干扰出现时，很快就被副控制器所克服。与单回路控制系统相比，被控变量受二次干扰的影响往往可以减小到原来的 $1/100 \sim 1/10$，这要视主回路与副回路中容积分布情况而定。

另外，串级控制系统对于进入主回路的一次干扰 D_1 的抗干扰能力也有一定提高。因为副回路的存在，减小了副对象的时间常数，对于主回路来讲，其控制通道缩短了，克服一次干扰比同等条件下的简单控制系统更及时。

6.2.2　改善对象的动态特性

由于串级控制系统中副回路起了改善对象动态特性的作用，因此可以加大主控制器的增益，提高系统的工作频率。

1．减小了对象的时间常数

分析比较图 6-7 和图 6-8，可以发现串级系统中的副回路似乎代替了简单控制系统中的一部分对象，即可以把整个副回路看成一个等效对象 $G'_{o2}(s)$，记作

$$G'_{o2}(s) = \frac{Y_2(s)}{R_2(s)} = \frac{G_{c2}(s)G_v(s)G_{o2}(s)}{1 + G_{c2}(s)G_v(s)G_{o2}(s)G_{m2}(s)} \qquad (6\text{-}3)$$

假设副回路中各环节传递函数为

$$G_{c2}(s) = K_{c2};\ G_v(s) = K_v;\ G_{o2}(s) = \frac{K_{o2}}{T_{o2}s + 1};\ G_{m2}(s) = K_{m2} \qquad (6\text{-}4)$$

将式（6-4）代入式（6-3），可得

$$G'_{o2}(s) = \frac{Y_2(s)}{R_2(s)} = \frac{K_{c2}K_v\dfrac{K_{o2}}{T_{o2}s + 1}}{1 + K_{c2}K_vK_{m2}\dfrac{K_{o2}}{T_{o2}s + 1}} = \frac{\dfrac{K_{c2}K_vK_{o2}}{1 + K_{c2}K_vK_{m2}K_{o2}}}{1 + \dfrac{T_{o2}s}{1 + K_{c2}K_vK_{m2}K_{o2}}}$$

若令，
$$K'_{o2} = \frac{K_{c2}K_vK_{o2}}{1 + K_{c2}K_vK_{m2}K_{o2}}\ ;\quad T'_{o2} = \frac{T_{o2}}{1 + K_{c2}K_vK_{m2}K_{o2}} \qquad (6\text{-}5)$$

则上式改写为

$$G'_{o2}(s) = \frac{K'_{o2}}{T'_{o2}s + 1} \qquad (6\text{-}6)$$

式中，K'_{o2} 和 T'_{o2} 分别为等效对象的增益和时间常数。

由于在任何情况下，$1 + K_{c2}K_vK_{m2}K_{o2} > 1$ 不等式都是成立的，因此有

$$T'_{o2} < T_{o2}$$

这就表明，由于副回路的存在，起到改善动态特性的作用。等效对象的时间常数缩小到原来的 $1/(1 + K_{c2}K_vK_{m2}K_{o2})$，而且随着副控制器比例增益的增大而减小。时间常数的减小，意味着控制通道的缩短，从而使控制作用更加及时，响应速度更快，控制质量必然得到提高。

在通常情况下，副对象是单容或双容对象，因此副控制器的比例增益可以取得很大，这样，等效时间常数就可以减到很小的数值，从而加快了副回路的响应速度，提高了系统的工作频率。

另外，由式（6-5）可以看到，等效对象的增益也减小了，即 $K'_{o2} < K_{o2}$。这种减小不仅不会影响控制质量，反而此时串级控制系统中主控制器的增益 K_{c1} 可以整定得比简单控制系统中更大一些，对提高系统抗干扰能力更加有效。

2．提高了系统的工作频率

根据图 6-7 所示的串级控制系统，可以得到其特征方程为

$$1 + G_{c1}(s)G'_{o2}(s)G_{o1}(s)G_{m1}(s) = 0 \tag{6-7}$$

将式（6-3）代入式（6-7）整理后可得

$$1 + G_{c2}(s)G_v(s)G_{o2}(s)G_{m2}(s) + G_{c1}(s)G_{c2}(s)G_v(s)G_{o2}(s)G_{o1}(s)G_{m1}(s) = 0 \tag{6-8}$$

假设主副回路中各环节传递函数为

$$\left. \begin{array}{l} G_{c1}(s) = K_{c1}; G_{m1}(s) = K_{m1}; G_{o1}(s) = \dfrac{K_{o1}}{T_{o1}s + 1} \\[3mm] G_{c2}(s) = K_{c2}; G_{m2}(s) = K_{m2}; G_{o2}(s) = \dfrac{K_{o2}}{T_{o2}s + 1}; G_v(s) = K_v \end{array} \right\} \tag{6-9}$$

将式（6-9）代入式（6-8）中后整理得串级控制系统的特征方程为

$$s^2 + \frac{T_{o1} + T_{o2} + K_{c2}K_vK_{o2}K_{m2}T_{o1}}{T_{o1}T_{o2}}s + \frac{1 + K_{c2}K_vK_{o2}K_{m2} + K_{c1}K_{c2}K_vK_{o1}K_{o2}K_{m1}}{T_{o1}T_{o2}} = 0$$

对比二阶标准系统的特征方程 $s^2 + 2\zeta\omega_n s + \omega_n^2 = 0$，可知串级控制系统的工作频率为

$$\omega_{d串} = \omega_{n串}\sqrt{1 - \zeta_串^2} = \frac{T_{o1} + T_{o2} + K_{c2}K_vK_{o2}K_{m2}T_{o1}}{T_{o1}T_{o2}} \cdot \frac{\sqrt{1 - \zeta_串^2}}{2\zeta_串} \tag{6-10}$$

而对于图 6-8 中的简单控制系统，特征方程为

$$1 + G_c(s)G_v(s)G_{o2}(s)G_{o1}(s)G_m(s) = 0 \tag{6-11}$$

假定 $G_c(s) = G_{c1}(s)$，且注意到简单控制系统中的 $G_m(s)$ 就是串级控制系统中的 $G_{m1}(s)$ 后，将式（6-9）中的有关传递函数代入式（6-11）中整理得

$$s^2 + \frac{T_{o1} + T_{o2}}{T_{o1}T_{o2}}s + \frac{1 + K_{c1}K_vK_{o1}K_{o2}K_{m1}}{T_{o1}T_{o2}} = 0$$

对比二阶标准系统的特征方程，同样可得简单控制系统的工作频率为

$$\omega_{d单} = \omega_{n单}\sqrt{1 - \zeta_单^2} = \frac{T_{o1} + T_{o2}}{T_{o1}T_{o2}} \cdot \frac{\sqrt{1 - \zeta_单^2}}{2\zeta_单} \tag{6-12}$$

假定通过控制器参数的整定，使串级控制系统与简单控制系统的阻尼比（或衰减率）相同，即 $\zeta_串 = \zeta_单$，则利用式（6-10）和式（6-12）得

$$\frac{\omega_{d串}}{\omega_{d单}} = \frac{T_{o1} + T_{o2} + K_{c2}K_vK_{o2}K_{m2}T_{o1}}{T_{o1} + T_{o2}} = \frac{1 + (1 + K_{c2}K_vK_{o2}K_{m2})\,T_{o1}/T_{o2}}{1 + T_{o1}/T_{o2}}$$

因为 $(1 + K_{c2}K_vK_{o2}K_{m2}) > 1$，所以 $\omega_{d串} > \omega_{d单}$。即串级控制系统的工作频率大于简单控制系统的工作频率。

由以上分析可知，串级控制系统由于副回路的存在，改善了对象特征，使整个系统的工作频率提高了，过渡过程的振荡周期减小了，阻尼比（或衰减率）相同的条件下，调节时间缩短了，提高了系统的快速性，改善了系统的控制品质。当主、副对象的特性一定时，副控制器的增益 K_{c2} 整定的越大，这种效果越显著。

6.2.3 对负荷变化有一定的自适应能力

众所周知，生产过程往往包含一些非线性因素。随着操作条件和负荷的变化，对象的静态增益也将发生变化。因此，在一定负荷下，即在确定的工作点情况下，按一定控制质量指标整定的控制器参数只适应于工作点附近的一个小范围。如果负荷变化过大，超出这个范围，那么控制质量就会下降。在简单控制中若不采取其他措施是难以解决的。但在串级系统中情况就不同了，负荷变化引起副回路内各环节参数的变化，可以较少影响或不影响系统的控制质量。一方面可以用式（6-3）所表示的等效副对象来表示，即等效对象的传递函数为

$$G_{o2}'(s) = \frac{Y_2(s)}{R_2(s)} = \frac{G_{c2}(s)G_v(s)G_{o2}(s)}{1 + G_{c2}(s)G_v(s)G_{o2}(s)G_{m2}(s)}$$

一般情况下，$G_{c2}(s)G_v(s)G_{o2}(s)G_{m2}(s) \gg 1$，因此

$$G_{o2}'(s) \approx \frac{1}{G_{m2}(s)} \tag{6-13}$$

由式（6-13）可知，串级系统中的等效对象仅与测量变送装置有关。如果副对象或调节阀的特性随负荷变化时，对等效对象的影响不大。只要测量变送环节进行了线性化处理，副对象和调节阀的非线性特性对整个系统的控制品质影响是很小的。因而在不改变控制器整定参数的情况下，系统的副回路能自动地克服非线性因素的影响，保持或接近原有的控制质量。

另一方面，由于副回路通常是一个流量随动系统，当系统操作条件或负荷改变时，主控制器将改变其输出值，副回路能快速跟踪而又精确地控制流量，从而保证系统的控制品质。从上述两个方面看，串级控制系统对负荷的变化有一定自适应能力。

综上所述，可以将串级控制系统具有较好的控制性能的原因归纳为：

① 对二次干扰有很强的克服能力；
② 改善了对象的动态特性，提高了系统的工作频率；
③ 对负荷或操作条件的变化有一定自适应能力。

第 31 讲

▌6.3 串级控制系统的设计

一般来说，一个设计合理的串级控制系统，当干扰从副回路进入时，其最大偏差将会减小到简单控制系统时的 1/10～1/100。即使是干扰从主回路进入，最大偏差也会缩小到简单控制系统时的 1/3～1/5。但是，如果串级控制系统设计得不合理，其优越性就不能够充分体现。因此，应该十分重视串级控制系统的设计工作。

如果把串级控制系统中整个闭环副回路作为一个等效对象来考虑，可以看到主回路与一般简单控制系统没有什么区别，主变量的选择原则与简单控制系统的选择原则是一致的，无须特殊讨论。下面就副回路的设计，副参数的选择，主、副回路之间的关系，一个系统中有两个控制器会产生什么问题等予以讨论。

6.3.1 副回路的选择

从 6.2 节分析可知，串级控制系统的种种特点都是因为增加了副回路的缘故。可以说，副回路的设计质量是保证发挥串级控制系统优点的关键所在。从结构上看，副回路也是一个单回路，问题的实质在于如何从整个对象中选取一部分作为副对象，然后组成一个副控制回路，这也可以归纳为如何选择副参数。下面是有关副回路设计的几个原则。

1．副参数的选择应使副回路的时间常数小，调节通道短，反应灵敏

通常串级控制系统被用来克服对象的容积滞后和纯迟延。也就说，通过选择副参数，使得副回路时间常数小，调节通道短，从而使等效副对象的时间常数大大减小，提高了系统的工作频率，加速了反应速度，缩短了控制时间，最终改善系统的控制品质。

例如，对于以上所举的隔焰式隧道窑温度串级控制系统，在组成系统时，选择一个反映灵敏的温度 θ_2 作为副参数，副对象是一个一阶对象，它可以迅速反映燃料方面的干扰，然后加以克服，使得在主要干扰影响主参数之前就被克服，副回路的这种超前控制作用，必然使控制质量有很大提高。

2．副回路应包含被控对象所受到的主要干扰

由前面的分析可知，串级控制系统的副回路具有动作速度快，对二次干扰有较强的克服能力等特点。所以在设计串级控制系统时，应尽可能地把更多的干扰纳入副回路，特别是那些变化剧烈、幅度最大、频繁出现的主要干扰包括在副回路中，一旦出现，副回路首先把它们克服到最低程度，减小它们对主变量的影响，从而提高控制质量。当然也不能走极端，试图把所有扰动都包括进去，这样将使主控制器失去作用，也就不称其为串级控制了。因此，在要求副回路调节通道短、反应快与尽可能多地纳入干扰这两者之间存在着矛盾，应在设计中加以协调。为此，在串级控制系统设计之前，需要对生产工艺中各种干扰来源及其影响程度进行必要的研究。

在具体情况下，将更多的干扰包括在副回路当中只是相对而言的，并不是副回路包括的干扰越多越好。副回路的范围应当多大，决定于整个对象的容积分布情况及各种扰动影响的大小。副回路的范围也不是越大越好，太大了，副回路本身的调节性能就差，克服干扰的灵敏度下降，其优越性就体现不出来，同时还可能使主回路的调节性能恶化。一般应使副回路的频率比主回路的频率高得多。当副回路的时间常数超过了主回路时，采用串级调节没有什么效果。因此，在选择副回路时，究竟要把哪些干扰包括进去，应针对具体情况进行具体分析。

以管式加热炉串级控制方案系统为例，如图 6-9 所示。管式加热炉是原料油

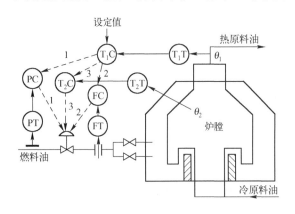

图 6-9　管式加热炉串级控制方案系统图

加热或重油裂解的重要设备之一，为了延长设备的使用寿命，保证下一道工序精馏分离的质量，经过加热炉后原料油出口温度的稳定十分重要，工艺上只允许在±2%以内波动。显然原料油的出口温度应作为主变量，燃料油的流量作为控制变量，调节阀安装在燃料油的管线上。可供选为副变量的有燃料油的阀前压力、燃料油的流量及炉膛温度。如果燃料油的压力波动是生产过程中的主要干扰，选择燃料油阀前压力作为副变量构成出口温度与阀前压力串级控制系统，如图 6-9 中虚线 1。或者选择燃料流量为副变量构成温度-流量串级控制系统，如图 6-9 中虚线 2 所示。这两种方案都是正确的。但是，假如燃料的压力和流量都比较稳定，而生产过程中原料油的流量频繁波动，或原料油的入口温度受外界影响波动较大，上述两个方案都是不可行的，因为它们没有把主要干扰纳入副回路之中。这时应将炉膛温度选作副变量构成图 6-9 中虚线 3 的温度-温度串级控制系统就显得更为合理了。它不仅将主要干扰纳入副回路，而且将更多的次要干扰也包括在副回路中了，例如，燃料油热值的变化、原料油组分的变化、助燃风的流量波动、烟囱抽力的变化等。

3．应考虑工艺上的合理性、可能性和经济性

以上对副变量选择的讨论都是从控制质量角度来考虑的，而在实际应用时，首先要考虑生产工艺的要求。

① 副变量的选择，应考虑工艺上主、副变量有对应关系，即调整副变量能有效地影响主变量，而且可以在线检测。

② 串级控制系统的设计，有时从控制角度看是合理的、可行的，但从工艺角度看，却是不合理的。这时就应该根据工艺的具体情况改进设计。

例如，在流化床催化裂化反应中设计的反应器温度与增压风流量串级控制系统。流化床反应器是石油炼制过程中的催化裂化装置，反应器中催化剂表面的结焦会引起活性的衰退，故生产过程中催化剂从待生 U 形管进入再生器烧尽表面的炭层恢复活性，再由再生 U 形管进入反应器重复使用。由于反应器中的温度是反映工艺情况的指标，所以被选为主被控变量。反应器中的催化裂化过程是一个吸热反应，其热量靠载热体与催化剂在反应器与再生器之间的循环来提供。而增压风的流量可以改变催化剂的循环量。风量大，催化剂的循环量多，携带热量大，反应温度高。因此这个串级控制系统的设计从控制理论角度看是合理的。但是实际使用效果却不理想，因为催化剂循环量的变化必然引起反应器内催化剂储存量的改变，而催化剂在反应器中的储存量却是裂化的一个重要操作条件，是应该稳定不变的。因此这个串级控制方案在工艺上来说是不合理的，应改变设计。如果把这一串级控制方案改为增压风流量简单控制系统，以稳定催化剂循环量，而反应器温度可通过反应器进料预热来控制，则效果更好。实践证明，这样的方案是可行的。

③ 在副回路的设计中，当出现几个可供选择的方案时，应把经济原则和控制品质要求有机结合起来。在保证生产工艺要求的前提下，尽量选择投资少、见效快、成本低、效益高的方案。这个思想应作为工程设计人员的指导原则。

控制（操作）变量的选择原则与简单控制系统中的选择原则基本相同，这里不再赘述。

6.3.2　主、副回路工作频率的选择

为了避免串级控制系统发生共振，应使主、副对象的工作频率匹配。

1. 产生共振的原因

因为对于二阶系统，当系统阻尼比 $\zeta < 0.707$ 时，系统的幅频特性呈现一个峰值。如果外界干扰信号的频率等于谐振频率，则系统进入谐振，或称为共振，这是二阶振荡系统所具有的特性。

对于二阶振荡系统

$$G(s) = \frac{\omega_n^2}{s^2 + 2\zeta\omega_n + \omega_n^2}$$

式中，ω_n 为系统的自然频率；ζ 为系统的阻尼比。

由自动控制理论可知，系统的工作频率 ω_d 和谐振频率 ω_r 与自然频率 ω_n 之间有如下关系

$$\omega_d = \omega_n \sqrt{1-\zeta^2} \; ; \quad \omega_r = \omega_n \sqrt{1-2\zeta^2} \tag{6-14}$$

系统的幅频特性 $M(\omega)$ 与 ω/ω_r 的关系为

$$M\left(\frac{\omega}{\omega_r}\right) = \frac{1}{\sqrt{\left[1-(1-2\zeta^2)\left(\dfrac{\omega}{\omega_r}\right)^2\right]^2 + 4\zeta^2(1-2\zeta^2)\left(\dfrac{\omega}{\omega_r}\right)^2}} \tag{6-15}$$

这个关系曲线如图 6-10 所示。

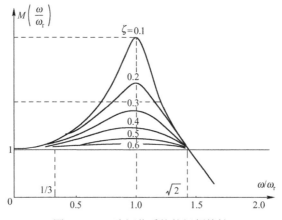

图 6-10　二阶振荡系统的幅频特性

从图中可以看出，除当 $\omega = \omega_r$ 时有一个峰值点外，二阶振荡系统还有一个增幅区域，即在谐振频率的一定区域内，系统的幅值将有明显地增大，可以称这个区域为广义共振区。这个共振区的频率范围是

$$\frac{1}{3} < \frac{\omega}{\omega_r} < \sqrt{2} \tag{6-16}$$

也就是说，当外界干扰频率在这个区域之外时，系统增幅是很小的，甚至没有增幅。式（6-16）是二阶振荡系统的广义共振频率条件。

在串级控制系统中，如果主、副回路都是一个二阶振荡系统。由于主、副回路是两个相互独立又密切相关的回路。从副回路看，主控制器无时无刻地向副回路输送信号，相当于副回路一直受到从主回路来的一个连续性干扰，这个干扰信号的频率就是主回路的工作频率 ω_{d1}。从主回路看，副回路的输出对主回路也相当于是一个持续作用的干扰，这个干扰信号的频率就是副回路的工作频率 ω_{d2}。如果主、副回路的工作频率很接近，彼此都落入了对方的广义共振区，那么在受到某种干扰作用时，主参数的变化进入副回路时会引起副参数振幅的增加，而副参数的变化传送到主回路后，又迫使主参数变化幅度增加，如此循环往复，就会使主、副参数长时间地大幅度波动，这就是所谓串级系统的共振现象。一旦发生了共振，系统就失去控制，不仅使控制品质恶化，如不及时处理，甚至可能导致生产事故，引起严重后果。为了避免这种现象发生，在设计时必须将主、副回路的工作频率错开。

2. 产生共振的条件

假定串级控制系统的主、副回路都是一个二阶振荡系统，而且都按 4:1 衰减曲线的要求进行整定，即系统阻尼比 $\zeta = 0.216$。从副回路看，主控制器一直向副回路输送信号，相当于副回路一直受到一个从主回路来的频率为 ω_{d1} 的连续性干扰信号。如果要避免副回路进入共振区，则主回路的工作频率 ω_{d1} 与副回路的共振频率 ω_{r2} 必须满足

$$\frac{1}{3} > \frac{\omega_{d1}}{\omega_{r2}} \quad \text{或} \quad \frac{\omega_{d1}}{\omega_{r2}} > \sqrt{2} \tag{6-17}$$

由式（6-14）知，在 $\zeta = 0.216$ 时，ω_r 与 ω_d 十分接近。对于副回路，则有 $\omega_{r2} \approx \omega_{d2}$，则式（6-17）可以写成

$$\frac{1}{3} > \frac{\omega_{d1}}{\omega_{d2}} \quad \text{或} \quad \frac{\omega_{d1}}{\omega_{d2}} > \sqrt{2} \tag{6-18}$$

同样，从主回路看，副回路的输出对主回路也相当于是一个持续作用的频率为 ω_{d2} 的干扰。为了避免主回路进入共振区，同理可得以下条件

$$\frac{1}{3} > \frac{\omega_{d2}}{\omega_{d1}} \quad \text{或} \quad \frac{\omega_{d2}}{\omega_{d1}} > \sqrt{2} \tag{6-19}$$

考虑到副回路通常是快速回路，其工作频率总是高于主回路工作频率，为了保证主、副回路均避免进入共振区，从式（6-18）和式（6-19）可以得到的条件是

$$\omega_{d2} > 3\omega_{d1}$$

为确保串级控制系统不受共振现象的威胁，一般取

$$\omega_{d2} = (3 \sim 10)\omega_{d1}$$

又根据系统的工作频率与时间常数近似成反比关系，所以在选择副变量时，应考虑主、副回路时间常数的匹配关系，通常取

$$T_1 = (3 \sim 10)T_2 \tag{6-20}$$

上述结论虽然是在假定主、副回路均是二阶系统的前提下得到的，但也不失其一般性。原因是系统经过整定后，总有一对起主导作用的极点，整个回路的工作频率由它们决定，即

可以把这个系统看作一个近似二阶振荡系统。

当然，为了满足式（6-20），使主回路的时间常数为 3～10 倍于副回路的时间常数，除了副回路设计中加以考虑外，还与主、副控制器的整定参数有关。

另外，实际应用中 T_1/T_2 究竟取多大为好，应根据具体对象的情况和控制系统要达到的目的要求而定。如果串级控制系统的目的是为了克服对象的主要干扰，那么副回路的时间常数小一点为好，只要将主要干扰纳入副回路就行了。如果串级控制系统的目的是为了克服对象时间常数过大和滞后严重，以便改善对象特性，那么副回路的时间常数可适当大一些。如果想利用串级控制系统克服对象的非线性，那么主、副回路的时间常数最好相差远一些。

6.3.3 主、副控制器的选型

主、副控制器的选型包括主、副控制器调节规律的选择，控制器正、反作用的选择及防止控制器积分饱和的措施。

1. 主、副控制器调节规律的选择

在串级控制系统中，由于主控制器和副控制器的任务不同，生产工艺对主、副变量的控制要求不同，因而主、副控制器调节规律的选择也有不同考虑。

从串级控制系统的结构上看，主回路是一个定值控制系统，因此主控制器调节规律的选择与简单控制系统类似。但凡是需要采用串级控制的场合，工艺上对控制品质的要求总是很高的，不允许被控变量存在偏差，因此，主控制器都必须具有积分作用，一般都采用 PI 控制器。如果副回路外面的容积数目较多，同时有主要扰动落在副回路外面，就可以考虑采用 PID 控制器。主控制器的任务是准确保持被控变量符合生产要求。

副回路既是随动控制系统又是定值控制系统。而副变量则是为了稳定主变量而引入的辅助变量，一般无严格的指标要求，即副参数并不要求无差，所以副控制器一般都选 P 控制器。如果主、副回路的频率相差很大，也可以考虑采用 PI 控制器。副控制器的任务是要快动作以迅速抵消落在副回路内的二次扰动。

总之，对主、副控制器调节规律的选择，应根据生产工艺的要求，通过具体分析而妥善进行。

2. 控制器正、反作用的选择

与简单控制系统一样，一个串级控制系统要实现正常运行，其主、副回路都必须构成负反馈，因而必须正确选择副、主控制器的正、反作用方式。

（1）副控制器正、反作用的选择

在串级控制系统中，副控制器作用方式的选择，是根据工艺安全等要求，在选定调节阀的气开、气关形式后，按照使副回路构成副反馈系统的原则来确定的。因此，副控制器的作用方式与副对象特性及调节阀的气开、气关形式有关，其选择方法与简单控制系统中控制器正、反作用方式的选择方法相同。这时可不考虑主控制器的作用方式，只是将主控制器的输出作为副控制器的设定值即可。

在假定副测量变送装置的增益为正的情况下，副控制器正、反作用选择的判别式为

$$（副控制器\pm）\times（调节阀\pm）\times（副对象\pm）=（-）$$

式中，调节阀的"±"取决于它的"气开"还是"气关"作用方式，"气开"为"+"，"气关"为"-"；而副对象的"±"取决于控制变量和副被控变量的关系，控制变量增大，副被控变量也增大时称其为"+"，否则称其为"-"。

（2）主控制器正、反作用的选择

在串级控制系统中，主控制器作用方式的选择完全由工艺情况确定，而与调节阀的气开、气关形式及副控制器的作用方式完全无关，即只需根据主对象的特性，选择与其作用方向相反的主控制器就行了。

在选择主控制器的作用方式时，首先把整个副回路简化为一个环节，该环节的输入信号是主控制器的输出信号（即副回路的设定值），而输出信号就是副变量。由于副回路是一个随动控制系统，其副回路的输入信号与输出信号之间总是正作用，即输入增加，输出也增加。因此，整个副回路可看成一个增益为正的环节。这样，在假定主测量变送装置的增益为正的情况下，主控制器正、反作用的选择实际上只取决于主对象的增益符号。

主控制器正、反作用方式选择的判别式为

$$（主控制器\pm）\times（主对象\pm）=（-）$$

由这个判别式也可看出，当主测量变送器为正环节时，主控制器的作用方向与主对象的特性相反。即当主对象为正作用时，主控制器选反作用；而当主对象为负作用时，主控制器选正作用。

在串级系统的设计和实施中，除上述讨论的几个问题外，还有一点在实施中要特别注意。即在控制器正、反作用选择时，应当考虑有些生产过程要求控制系统既可以进行串级控制又可以仅由主控制器进行单独控制，此时主控制器的输出信号直接作用到调节阀的输入端，即调节阀直接由主控制器控制，副控制器对调节阀不起作用，它等价于方框图中的副回路反馈信号断开，副控制器运算部分的增益为 1。在这两种方式进行切换时，有可能要改变主控制器的作用方向。如果副控制器是反作用，则主控制器在串级控制和单独控制时的作用方向一致，无须改变。反之，若副控制器是正作用，则主控制器在两种不同控制方式下作用方向不同，切换时主控制器的作用方式必须改变。这是因为，在假定副测量变送装置的增益为正的情况下，当副控制器为正作用时，调节阀和副对象的增益之积一定为负。

3. 防止控制器积分饱和的措施

对于具有积分作用的控制器，当系统长时间存在偏差而不能消除时，控制器将出现积分饱和现象。这一现象将造成系统控制品质下降甚至失控。在串级控制系统中，如果副控制器只是 P 作用，而主控制器是 PI 或 PID 控制时，出现积分饱和的条件与简单控制系统相同，利用外部积分反馈法，只要在主控制器的反馈回路中加一个间歇单元就可以有效地防止积分饱和。

但是如果主、副控制器均具有积分作用，就存在两个控制器输出分别达到极限值的可能，此时，积分饱和的情况显然比简单控制系统要严重得多。虽然利用间歇单元可以防止副控制器的积分饱和，但对主控制器却无所助益。如果由于其他原因，副控制器不能对主控制器的输出变化做出响应，主控制器将会出现积分饱和。同样，如果副控制器逐渐到达饱和，那么

主控制器的输出无须到达极限，主回路就会开环，在这种情况下，必须采取其他抗积分饱和措施。

图 6-11 所示为根据副回路的偏差来防止主控制器积分饱和的方案。它是采用副参数 $Y_2(s)$ 作为主控制器的外部反馈信号。在动态过程中，主控制器的输出为

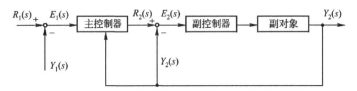

图 6-11　串级系统的抗积分饱和原理方框图

$$R_2(s) = K_{c1}E_1(s) + \frac{1}{T_{i1}s+1}Y_2(s) \tag{6-21}$$

在系统正常工作时，$Y_2(s)$ 应不断跟踪 $R_2(s)$，即有 $Y_2(s) = R_2(s)$，此时主控制器输出可以写成

$$R_2(s) = K_{c1}(1+\frac{1}{T_{i1}s})E_1(s) \tag{6-22}$$

从式（6-22）可以看到，主控制器实现比例积分动作，与通常采用 $R_2(s)$ 作为正反馈信号时相同。当副回路受到某种约束而出现长期偏差，即 $Y_2(s) \neq R_2(s)$，则主控制器的输出 $R_2(s)$ 与输入 $E_1(s)$ 之间存在比例关系，而由 $Y_2(s)$ 决定其偏置项。此时主控制器失去积分作用，在稳态时有

$$r_2 = K_{c1}e_1 + y_2$$

显然，r_2 不会因副回路偏差的长期存在而发生积分饱和。

这种方案的另一个特点是将副回路包围在主控制器的正反馈回路之中，实现了补偿反馈，这必定会改善主回路的性能。

6.4　串级控制系统的整定

第 32 讲

串级控制系统在结构上为主、副两个控制器相互关联，两个控制器的参数都需要进行整定。其中两个控制器的任一参数值发生变化，对整个串级系统都有影响，因此，串级控制系统的参数整定要比简单控制系统复杂一些。但参数整定的实质都是相同的，这就是通过改变控制器的参数来改善控制系统的静态、动态特性，从而获得最佳的控制过程。所以在整定串级控制系统的控制器参数时，首先必须明确主、副回路的作用，以及对主、副变量的控制要求，然后通过控制器参数整定，使系统运行在最佳状态。

从整体上看，串级控制系统的主回路是一个定值控制系统，要求主变量有较高的控制精度，其控制品质的要求与简单定值控制系统控制品质的要求相同；但就一般情况而言，串级控制系统的副回路是为提高主回路的控制品质而引入的一个随动控制系统，因此，对副回路

没有严格的控制品质的要求，只要求变量能够快速、准确地跟踪主控制器的输出变化，作为随动控制系统考虑。这样对副控制器的整定要求不高，从而可以使整定简化。由于两个控制器完成任务的侧重点不同，对控制品质的要求也就往往不同。因此，必须根据各自完成的任务和控制品质要求去确定主、副控制器的参数。串级控制系统的整定方法比较多，如逐步逼近法、两步整定法和一步整定法等。

6.4.1　逐步逼近法

如果受到副参数选择的限制，主、副对象的时间常数相差不大，当主、副回路的动态联系比较密切时，主、副控制器的参数相互影响比较大，需要在主、副回路之间反复进行试凑，才能达到最佳的整定。逐步逼近法就是这种依次整定副回路、主回路，然后循环进行，逐步接近主、副控制回路的最佳整定的一种方法。其步骤如下：

① 首先整定副回路。此时断开主回路，按照简单控制系统的整定方法，求取副控制器的整定参数，得到第一次整定值，记作 $[G_{c2}]_1$。

② 整定主回路。把刚整定好的副回路作为主回路中的一个环节，仍按简单控制系统的整定方法，求取主控制器的整定参数，记作 $[G_{c1}]_1$。

③ 再次整定副回路。注意，此时副回路、主回路都已闭合。在主控制器的整定参数为 $[G_{c1}]_1$ 的条件下，按简单控制系统的整定方法，重新求取副控制器的整定参数为 $[G_{c2}]_2$。至此已完成一个循环的整定。

④ 重新整定主回路。在两个回路闭合，副控制器整定参数为 $[G_{c2}]_2$ 的情况下，按照简单控制系统的整定方法重新整定主控制器，得到 $[G_{c1}]_2$。

⑤ 如果调节过程仍未达到品质要求，按上面③、④步继续进行，直到控制效果满意为止。

在一般情况下，完成第③步甚至只要完成第②步就已满足品质要求，无须继续进行。

这种方法往往费时较多，尤其是副控制器也采用 PI 控制作用时。因此，逐步逼近法在一般情况下很少采用。

6.4.2　两步整定法

当串级控制系统中主、副对象的时间常数相差较大，主、副回路的动态联系不紧密时，可采用两步法进行整定。这种整定方法的理论根据是：由于主、副对象的时间常数相差很大，则主、副回路的工作频率差别很大，当将整定好的副回路视作主回路的一个环节来整定主回路时，可认为对副回路的影响很小，甚至可以忽略。另外，在工业生产中，工艺上对主变量的控制要求较高，而对副变量的控制要求较低，多数情况下副变量的设置目的是为了进一步提高主变量的控制品质。因此，当副控制器整定好以后，再去整定主控制器时，虽然多少会影响到副变量的控制品质，但只要保证主变量的控制品质，副变量的控制品质差一点也是允许的。两步法的整定步骤如下。

① 先整定副回路。在主、副回路均闭合，主、副控制器都置于纯比例作用条件下，将主控制器的比例带 δ_1 放在 100%处。按简单控制系统的衰减曲线法整定副回路，这时可得到当副控制器的衰减率 $\psi = 0.75$ 时的比例带 δ_{2s} 和副参数振荡周期 T_{2s}。

② 整定主回路。主、副回路仍然闭合，副控制器置于 δ_{2s} 值上，用同样的方法整定主控制器，得到主控制器在 $\psi=0.75$ 下的比例带 δ_{1s} 值和主被控变量的振荡周期 T_{1s}。

③ 依据上面两次整定得到的 δ_{1s}、δ_{2s} 和 T_{1s}、T_{2s}，按所选控制器的类型，利用简单控制系统的"衰减曲线法"的计算公式，分别求出主、副控制器的整定参数值。

④ 按照"先副后主"、"先 P 再 I 后 D"的顺序，将计算出的参数设置到控制器上，做一些扰动试验，观察过渡过程曲线，做适当的参数调整，直到控制质量最佳。

6.4.3　一步整定法

两步整定法虽然比逐步逼近法简便得多，但仍然要分两步进行整定，要寻求两个 4:1 的衰减振荡过程，因而仍比较麻烦。人们在采用两步法整定参数的实践中，对两步法反复进行总结、简化，从而得到了一步整定法。所谓一步整定法，就是根据经验先确定副控制器的比例带，然后按照简单控制系统的整定方法整定主控制器的参数。一步法的整定准确性虽然比两步法低一些，但由于方法更简便，易于操作和掌握，因而在工程上得到了广泛的应用。

一步整定法是在工程实践中被发现的。对于一个串级控制系统，在纯比例控制的情况下，要得到主变量的 4:1 衰减振荡过程，主、副控制器的放大系数 K_{c1}、K_{c2} 可以有好几组搭配，它们的相互关系近似满足 $K_{c1} \cdot K_{c2} = K_s$（常数），主、副控制器放大系数匹配实验数据见表 6-1。当采用 1~3 组整定参数时，主变量均可得到 4:1 衰减振荡过程，且过渡过程时间均约 9min，而 K_s 一般为 3.3。这说明主、副控制器的放大系数可以在一定范围内任意匹配，而控制效果基本相同。这样就可以依据经验，先将副控制器的比例带确定一个数值，然后按一般简单控制系统参数整定方法整定主控制器的参数。虽然副控制器按经验设置的比例带不一定很合适，但可以通过调整主控制器的比例带进行补偿，使主变量最终得到 4:1 的衰减振荡过程。

表 6-1　主、副控制器放大系数匹配实验数据

参 数 序 号	副 控 制 器		主 控 制 器		过渡过程时间 /min	K_s
	δ_2	K_{c2}	δ_1	K_{c1}		
1	40%	2.5	75%	1.33	9	3.32
2	30%	3.33	100%	1	10	3.33
3	25%	4	125%	0.8	8	3.2

对副控制器的比例带 δ_2 或放大系数 K_{c2} 的估计，可利用表 6-2 中的经验数值确定一个范围。

表 6-2　副控制器比例带取值范围

副 变 量	放大系数 K_{c2}	比例度 δ_2（%）
温度	5~1.7	20~60
压力	3~1.4	30~70
流量	2.5~1.25	40~80
液位	5~1.25	20~80

一步整定法的具体步骤为：

① 由表 6-2 选择副控制器的比例带 δ_2，使副回路按纯比例控制运行；

② 将系统投入串级控制状态运行，按简单控制系统参数整定的方法对主控制器进行参数整定，使主变量的控制品质最佳。

6.5　串级控制系统的投运

为了保证串级控制系统顺利投入运行，并能达到预期的控制效果，必须做好投运前的准备工作，具体准备工作与简单控制系统相同，这里不再赘述。

选用不同类型的仪表组成的串级控制系统，投运方法也有所不同，但是所遵循的原则基本上都是相同的。

① 一是投运顺序，串级控制系统有两种投运方式：一种是先投副回路后投主回路；另一种是先投主回路后投副回路。目前一般都采用"先投副回路，后投主回路"的投运顺序。

② 二是和简单控制系统的投运要求一样，在投运过程中必须保证无扰动切换。

这里以 DDZ-III 型仪表组成的串级控制系统的投运方法为例，介绍其投运顺序。具体投运步骤如下。

① 将主、副控制器都置于手动位置，主控制器设置为"内给（定）"，并设置好主设定值，副控制器设置为"外给（定）"，并将主、副控制器的正、反作用设置到正确的位置。

② 在副控制器处于软手动状态下进行遥控操作，使生产处于要求的工况，即使主变量逐步在主设定值附近稳定下来。

③ 调整副控制器手动输出至偏差为零时，将副控制器切换到"自动"位置。

④ 调整主控制器的手动输出至偏差为零时，将主控制器切入"自动"。这样就完成了串级控制系统的整个投运工作，而且投运过程是无扰动的。

6.6　利用 MATLAB 对串级控制系统进行仿真

利用 MATLAB 或 Simulink 可以方便地实现串级控制系统的仿真研究，以及主、副 PID 控制器参数的整定。

【例 6-1】　某隧道窑系统，构成以烧成带温度为主变量，燃烧室温度为副变量的串级控制系统，假设主、副对象传递函数分别为

$$G_{p1}(s) = \frac{1}{(30s+1)(3s+1)} \; ; \; G_{p2}(s) = \frac{1}{(10s+1)(s+1)^2}$$

试采用串级控制设计主、副 PID 控制器的参数，给出整定后系统的阶跃响应特性曲线，并与等效的简单控制系统进行比较。

解：（1）简单控制系统

① 利用 NCD Outport 模块，首先建立如图 6-12 所示的简单控制系统的 Simulink 结构图。

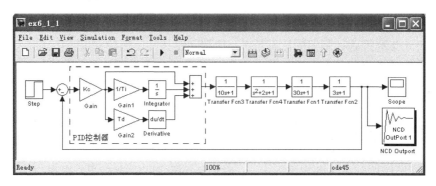

图 6-12　简单控制系统的 Simulink 结构图

② 在系统模型窗口图 6-12 中，首先将阶跃信号（Step）模块的初始时间改为 0。然后利用 Simulation→Simulation parameters 命令，将仿真的停止时间设置为 100，其余参数采用默认值。

③ 在 MATLAB 窗口中利用以下命令对 PID 控制器的初始值进行任意设置。

> >>Kc=1;Ti=1;Td=1;

④ 根据时域性能指标设置阶跃响应特性参数。在 NCD Outport 模块的时域性能约束窗口中，利用 Options→Step response 命令，打开设置阶跃响应特性约束参数的设置窗口。在该窗口中，设置阶跃响应曲线的调整时间（Settling Time）为 25、上升时间（Rise Time）为 15、超调量（Percent over shoot）为 12 和阶跃响应的优化终止时间（Final time）为 100，其余参数采用默认值。

⑤ 设置优化参数。在本例中为进行 PID 控制器的优化设计，将 PID 控制器的参数 Kc、Ti 和 Td 作为 NCD Outport 模块的优化参数，故首先利用 Optimization→Parameters 命令，打开设置优化参数（Optimization Parameters）的窗口。然后在该窗口中的优化变量名称（Tunable Varable）对话框中填写：Kc,Ti,Td（各变量间用西文逗号或空格分开），其余参数采用默认值后接收以上数据。

⑥ 开始控制器参数的优化计算。在完成上述参数设置过程后，用鼠标单击 NCD Outport 模块的时域性能约束窗口中的"Start"按钮，便开始对系统中 PID 控制器模块的参数进行优化计算。在优化计算过程中，系统的响应曲线变化情况在时域约束窗口中显示，如图 6-13 所示。

从显示结果可以看出，优化过程中系统的响应曲线特性逐渐接近约束的要求。图中的曲线分别为优化计算前的初始曲线和优化计算后的优化曲线，优化曲线完全满足设计要求。

⑦ 优化结束后，在系统模型窗口图 6-12 中，再次启动仿真，在示波器中便可得到如图 6-14 所示的简单控制系统的单位阶跃响应。该曲线应该就是图 6-13 中所得的最优解。由此可见，PID 控制器参数进行优化后，系统的动态性能指标完全满足设计要求。在MATLAB 窗口中可以利用以下命令，便可得到 PID 控制器的优化参数：Kc = 10.3813；Ti = 81.6846；Td = 6.9227。

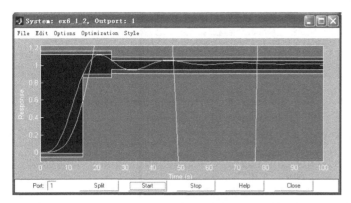

图 6-13　系统输出响应

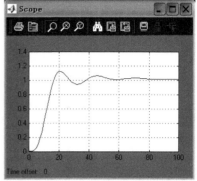

图 6-14　简单控制系统的单位阶跃响应

>> Kc,Ti,Td

根据以上 PID 控制器的优化参数，得到的系统阶跃响应的动态特性就是系统的时域性能指标设置参数，即在 PID 控制时单回路控制系统阶跃响应的超调量为 12%，上升时间为 15s；过渡过程时间为 25s。

（2）串级控制系统

① 设定控制系统所用主、副控制器的传递函数分别为

$$G_{c1}(s) = K_{c1}[1 + \frac{1}{T_{i1}s + 1} + T_{d1}s]; G_{c2}(s) = K_{c2}$$

② 利用 NCD Outport 模块，建立如图 6-15 所示的串级控制系统的 Simulink 结构图。

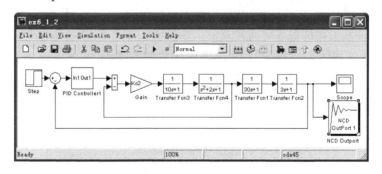

图 6-15　串级控制系统的 Simulink 结构图

其中图 6-15 中的 Gain 模块代表比例控制器 $G_{c2}(s)$；PID Controller1 模块代表比例积分微分控制器 $G_{c1}(s)$，它已处理为 Simulink 的子系统模块，其内部结构如图 6-16 所示。

③ 在系统模型窗口图 6-15 中，首先将阶跃信号（Step）模块的初始时间改为 0。然后利用 Simulation→Simulation parameters 命令，将仿真的停止时间设置为 100，其余参数采用默认值。

④ 在 MATLAB 窗口中利用以下命令对 PID 控制器的初始值进行任意设置。

>>Kc1=1;Ti1=1;Td1=1;Kc2=1;

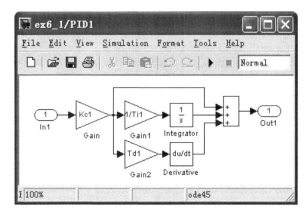

图 6-16　PID Controller1 子系统模块的内部结构

⑤ 在 NCD Outport 模块的时域性能约束窗口中，利用 Options→Step response 命令，打开设置阶跃响应特性约束参数的设置窗口。在该窗口中，设置阶跃响应曲线的调整时间（Settling Time）为 20、上升时间（Rise Time）为 10、超调量（Percent over shoot）为 10、阶跃响应的优化终止时间（Final time）为 100，其余参数采用默认值。

⑥ 在本例中为进行 PID 控制器的优化设计，将主副控制器的参数 Kc1、Ti1、Td1 和 Kc2 作为 NCD Outport 模块的优化参数，故首先利用 Optimization→Parameters 命令，打开设置优化参数（Optimization Parameters）窗口。然后在该窗口中的优化变量名称（Tunable Varable）对话框中填写：Kc1,Ti1,Td1,Kc2（各变量间用西文逗号或空格分开），其余参数采用默认值后接收以上数据。

⑦ 在完成上述参数设置过程后，用鼠标单击 NCD Outport 模块的时域性能约束窗口中的"Start"按钮，便开始对系统中的 PID 控制器模块的参数进行优化计算。在优化计算过程中，系统的响应曲线变化情况在时域约束窗口中显示，如图 6-17 所示。

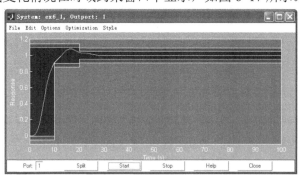

图 6-17　系统输出响应

⑧ 优化结束后，在 MATLAB 窗口中可以利用以下命令，得到 PID 控制器的优化参数：
Kc1 = 6.2275; Ti1 = 33.6704; Td1 = 0.6807; Kc2 = 12.0096。

　　>> Kc1,Ti1,Td1,Kc2

根据以上主、副控制器的优化参数，得到的系统主变量阶跃响应的动态特性就是系统的时域性能指标设置参数，即系统在串级控制时，主变量单位阶跃响应的超调量为 10%，上升时间为 10；过渡过程时间为 20s。

由以上可知，利用 NCD Outport 模块所得串级控制系统的调节过程和性能指标明显比与之等效的简单控制系统好。

【例 6-2】 针对【例 6-1】中整定好的隧道窑串级控制系统和等效简单控制系统，试分析它们的抗干扰能力。

解：① 对于串级控制系统，扰动进入的位置与系统的抗干扰特性密切相关。对于进入副回路的扰动，串级控制系统具有很强的抗干扰能力。在串级控制系统的副回路中加入干扰项后的 Simulink 仿真图如图 6-18 所示。

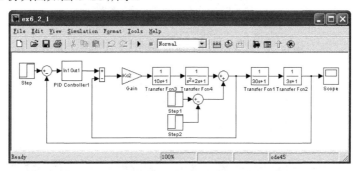

图 6-18　在串级控制系统的副回路中加入干扰项后的 Simulink 仿真图

② 在系统模型窗口图 6-18 中，将阶跃信号 Step1 和 Step2 模块的起始时间（Step time）分别设为 50 和 60，其终值（Final value）均设为 2。也就是相当于在时间 $t=50\sim60$ 之间，对系统的副回路叠加了一个幅度为 2，持续时间为 10 的脉冲扰动信号。

③ 利用 Simulation→Simulation Parameters 命令，将仿真的停止时间设置为 100，其余参数采用默认值。启动仿真，便可得到串级控制系统对进入副回路干扰的抗干扰特性曲线，如图 6-19 所示。

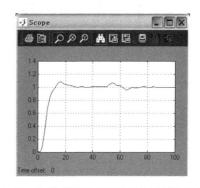

图 6-19　串级系统对副回路的抗干扰特性曲线

④ 同样，由图 6-20 所示的加入干扰的等效简单控制系统仿真图，可得等效的简单控制系统的抗干扰特性曲线如图 6-21 所示。

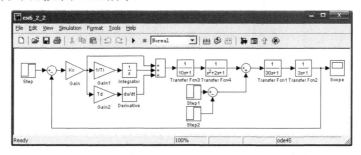

图 6-20　加入干扰的等效简单控制系统仿真图

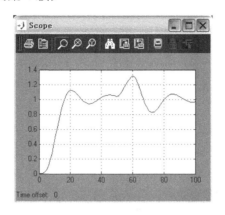

图 6-21 等效的简单控制系统的抗干扰特性曲线

对比图 6-19 与图 6-21，可得出如下结论：在相同干扰作用下，串级控制系统的超调量明显比等效的简单控制系统要小得多，可见串级控制系统对二次干扰有很好的抑制能力。

⑤ 如果将同样的扰动项加在主回路中，如图 6-22 所示。此时得到的仿真曲线如图 6-23所示。

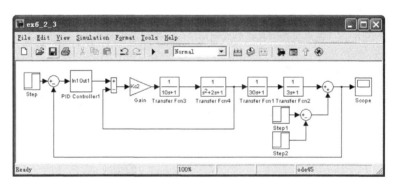

图 6-22 在主回路加入干扰的串级控制仿真图

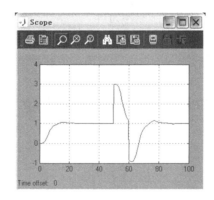

图 6-23 串级系统对主回路的抗干扰特性曲线

由此可知，与进入副回路的干扰完全不同，对于进入主回路的扰动，串级控制系统的抗干扰能力并未得到明显的改善。其原因在于，扰动变化直接作用在主对象，由于控制通道存在较大的滞后，容易造成超调量较大。

本 章 小 结

串级控制系统是一种具有两个闭合回路的复杂控制系统，它采用两个控制器串联工作，主控制器的输出作为副控制器的设定值，由副控制器的输出去操纵调节阀。以主控制器为主导，以保证主变量稳定为目的，尤其是对于二次干扰，副控制器首先进行"粗调"，主控制器再进一步"细调"。

串级控制系统相比简单控制系统有四大优点，即：①减小了对象的时间常数，缩短了控制通道，使控制作用更加及时，提高了系统的响应速度；②提高了系统的工作频率，在衰减比相同的条件下，缩短了调节时间；③提高了系统的抗干扰能力，尤其是对于二次干扰，具有超前控制作用；④对负荷或操作条件的改变具有一定的自适应能力。

设计串级控制系统时，副变量的选择条件为：①应将主要的和更多的干扰包括在副回路当中；②应使副回路时间常数小，调节通道短，一般副回路的工作频率为主回路的3～10倍；③应保证生产工艺的合理性、实现的可能性和投入产出的经济性。

由于在串级控制系统中，主控变量不允许存在偏差，因此主控制器都必须具有积分作用，一般采用 PI 控制器或 PID 控制器；副控制器的任务是要快动作以迅速抵消落在副回路内的二次扰动，一般选 P 控制器。

副控制器正、反作用选择的判别式为：（副控制器±）×（调节阀±）×（副对象±）=（-）。

主控制器正、反作用方式选择的判别式为：（主控制器±）×（主对象±）=（-）。

在串级控制系统中必须采取抗积分饱和措施。

串级控制系统参数整定有三种方法，即逐步逼近法、两步整定法和一步整定法。

习　　题

第6章　习题
解答

6-1　什么是串级控制系统？请画出串级控制系统的原理方框图。

6-2　试举例说明串级控制系统克服干扰的工作过程。

6-3　串级控制系统与简单控制系统相比有什么特点？

6-4　串级控制系统的副变量选择原则有哪些？

6-5　结合实例用逻辑推理法和判别式法确定副、主控制器的正、反作用方式。

6-6　怎样防止主控制器的积分饱和？其原理是什么？

6-7　串级控制系统多用于哪些场合？

6-8　图 6-4 隔焰式隧道窑温度-温度串级控制系统中，工艺安全要求一旦停电或断气，调节阀应立即切断燃料气源。试确定：

① 调节阀的作用方式；② 主、副控制器的正、反作用方式。

第 7 章

补偿控制系统

在前面所讨论的控制系统中，控制器都是按照被控变量与设定值的偏差进行控制的，这就是所谓的反馈控制系统。反馈控制的特点在于总是在被控变量出现偏差后，控制器才开始动作，以调节扰动对被控变量的影响，它是一种基于偏差而消除偏差的调节过程。如果扰动虽已发生，但被控变量还未发生变化时，控制器则不会有任何控制作用。因此，反馈控制作用总是落后于扰动作用，控制很难达到及时，尤其对于某些存在较大频繁变化扰动的系统，控制效果很不理想。另外，对于存在较大迟延的系统，利用前面介绍的反馈控制方式也很难满足要求。本章针对该问题提出两种根据扰动和大迟延对象实施的补偿控制系统。

▌ 7.1 补偿控制的原理

随着生产过程的强化和设备的大型化，对自动控制提出越来越高的要求，虽然反馈控制能满足大多数控制对象的要求，但是在对象特性呈现大迟延（包括容积迟延和纯迟延）、多干扰等难以控制的特性，而又希望得到较好的过程响应时，反馈控制系统往往会令人失望。因为反馈控制的性质意味着存在一个可以测量出来的偏差，并且用于产生一个控制作用，从而达到闭环控制的目的。也就是说系统在控制过程中必定存在着偏差，因此不能得到完善的控制效果。另外，反馈控制器不能事先规定它的输出值，而只是改变它的输出值直到被控变量与设定值一致为止，所以可以说反馈控制是依靠尝试法来进行控制的，显然这是一种原始的控制方法。为了适应更高的控制要求，各种特殊控制规律和措施便应运而生。控制理论中提出来的不变性原理在这个发展过程中得到较充分的应用。所谓不变性原理就是指控制系统的被控变量与扰动量绝对无关或者在一定准确度下无关，即被控变量完全独立或基本独立。

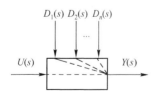

图 7-1　扰动与输出关系

设被控对象受到干扰 $d_i(t)$ 的作用如图 7-1 所示。则被控变量 $y(t)$ 的不变性可表示为

当 $d_i(t) \neq 0$ $(i=1,2,\cdots,n)$时，则
$$y(t)=0$$
即被控变量 $y(t)$与干扰 $d_i(t)$独立无关。

基于不变性原理组成的自动控制系统称为补偿控制系统，它可以实现系统对全部干扰或部分干扰的不变性，实质上是一种按照扰动进行补偿的开环系统。这种补偿原理不仅用于对扰动的补偿，还可以推广应用于改善对象的动态特性，如被控对象存在着大迟延环节或者非线性环节，常规 PID 控制往往难以驾驭，解决的办法之一就是采用补偿原理。如果预先测出对象的动态特性，按照希望的即易控的对象特性设计出一个补偿器，控制器将把难控对象和补偿器看作一个新的对象进行控制。对于具有大迟延环节的对象来说，经过改造后的对象将会把被控变量超前反映到控制器，从而克服了大迟延环节的影响，使控制系统的品质得到很大的改善，达到满意的效果。

本章将就补偿原理在过程控制中应用的两种系统：前馈控制系统和大迟延系统，进行比较详细的讨论。

7.2　前馈控制系统

7.2.1　前馈控制的概念

前馈控制是以不变性原理为理论基础的一种控制方法，在原理上完全不同于反馈控制系统。反馈控制是按被控变量的偏差进行控制的。其控制原理是将被控变量的偏差信号反馈到控制器，由控制器去修正控制变量，以减小偏差量。因此，反馈控制能产生作用的前提条件是被控变量必须偏离设定值。应当注意，在反馈系统把被控变量调回到设定值之前，系统一直处于受扰动的状态。

考虑到产生偏差的直接原因是扰动，因此，如果直接按扰动实施控制，而不是按偏差进行控制，从理论上说，就可以把偏差完全消除，即在这样的一种控制系统中，一旦出现扰动，立即将其测量出来，通过控制器，根据扰动量的大小和方向来改变控制变量，以补偿扰动对被控变量的影响。由于扰动发生后，在被控变量还未出现变化时，控制器就已经进行控制，所以称这种控制方式为前馈控制或扰动补偿控制。这种前馈控制是按扰动量的变化进行补偿控制的，这种补偿作用如能恰到好处，可以使被控变量不再因扰动而产生偏差，因此它比反馈控制及时。

例如，对于如图 7-2 所示的换热器温度控制系统。利用蒸汽对物料进行加热，系统的被控变量为物料的出口温度 θ_2。在这系统中，引起温度 θ_2 改变的因素很多，如被加热的物料流量 Q_1、入口温度 θ_1 和调节阀前的蒸汽压力 p 等，其中主要的扰动因素是物料的流量，即进料量 Q_1。

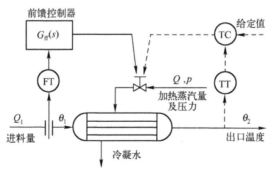

图 7-2　换热器温度控制系统图

为了维持物料的出口温度 θ_2 一定，采用了温度单回路反馈控制系统，如图 7-2 中的虚线部分。对于蒸汽侧的扰动如蒸汽压力 p 扰动等，该系统能达到较好的控制效果。如果有其他因素影响了出口温度 θ_2，也能通过温度反馈控制收到一定的效果。但由于换热器的干扰主要是进料量 Q_1，即根据生产的需要应随时改变进料量 Q_1 的大小。当进料量 Q_1 发生扰动时，物料的出口温度 θ_2 就会偏离设定值。温度控制器 TC 接受偏差信号，运算后改变调节阀的阀位，从而改变蒸汽量 Q 来适应进料量 Q_1 的要求。如果进料量 Q_1 的变化幅度大而且十分频繁，那么这个系统是难以满足要求的，物料出口温度 θ_2 将会有较大的波动。

如果根据主要扰动进料量 Q_1 的变化设计一个前馈控制系统，如图 7-2 中的实线部分。此时，可先通过流量变送器 FT 测得进料量 Q_1，并送至前馈控制器 $G_{ff}(s)$，前馈控制器对此信号经过一定的运算处理后，输出合适的控制信号去操纵蒸汽调节阀，从而改变加热蒸汽量，以补偿进料量 Q_1 对被控温度 θ_2 的影响。例如，当进料量 Q_1 减少时，会使出口温度 θ_2 上升。前馈控制器的校正作用是在测取进料量 Q_1 减少时，就按照一定的规律减小加热蒸汽量 Q，只要蒸汽量改变的幅值和动态过程合适，就可以显著减小由于进料量 Q_1 的波动而引起的出口温度 θ_2 的波动。从理论上讲，只要前馈控制器设计合理，就可以实现对扰动量 Q_1 的完全补偿，从而使被控变量 θ_2 与扰动量 Q_1 完全无关。

由换热器温度控制的例子可以看到，反馈控制对于变化幅度较大而且十分频繁的扰动往往是不能满足要求的。而前馈控制却能把影响过程的主要扰动因素预先测量出来，再根据对象的物质（或能量）平衡条件，计算出适应该扰动的控制变量然后进行控制。所以，无论何时，只要干扰出现，就立即进行校正，使得它在影响被控变量之前就被抵消掉。因此，即使对难控过程，在理论上，前馈控制也可以做到尽善尽美。当然，事实上前馈控制受到测量和计算准确性的影响，一般情况下，不可能达到理想的控制效果。

图 7-3 所示为前馈控制系统方框图。它的特点是信号向前流动，系统中的被控变量没有像反馈控制那样用于进行控制，只是将负荷扰动测出并送达前馈控制器。十分明显，前馈控制与反馈控制之间存在着一个根本的差别，即前馈控制是开环控制而不是闭环控制，它的控制效果将不通过反馈来加以检验；而反馈控制是闭环控制，它的控制效果却要通过反馈来加以检验。

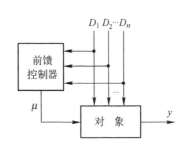

图 7-3　前馈控制系统方框图

7.2.2　前馈控制系统的结构

常用的前馈控制系统有单纯前馈控制系统、前馈-反馈控制系统和前馈-串级控制系统三种结构形式。

1. 单纯前馈控制系统

单纯前馈控制系统是开环控制系统。根据图 7-2 中实线所示的换热器前馈控制系统，可得单纯前馈控制系统方框图如图 7-4 所示。图中，$D(s)$ 和 $Y(s)$ 分别为扰动量和被控变量的拉氏变换；$G_d(s)$ 为干扰通道的传递函数；$G_p(s)$ 为控制通道的传递函数；$G_{ff}(s)$ 为前馈控制器的传递函数。

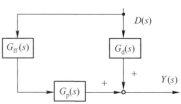

图 7-4　单纯前馈控制系统方框图

确定前馈控制器的控制规律是实现对单纯前馈控制系统干扰完全补偿的关键。

由图 7-4 可知，在扰动量 $D(s)$ 作用下，系统的输出 $Y(s)$ 为

$$Y(s) = G_d(s)D(s) + G_{ff}(s)G_p(s)D(s)$$

或者写为

$$\frac{Y(s)}{D(s)} = G_d(s) + G_{ff}(s)G_p(s) \tag{7-1}$$

系统对于扰动量 $D(s)$ 实现完全补偿的条件是：$D(s) \neq 0$，而 $Y(s) = 0$，即

$$G_d(s) + G_{ff}(s)G_p(s) = 0$$

于是，可得前馈控制器的传递函数为

$$G_{ff}(s) = -\frac{G_d(s)}{G_p(s)} \tag{7-2}$$

由式（7-2）可知，不论扰动量 $D(s)$ 为何值，总有被控变量 $Y(s) = 0$，即扰动量 $D(s)$ 对于被控变量 $Y(s)$ 的影响将为零，从而实现了完全补偿。这就是"不变性"原理。不难看出，要实现对扰动量的完全补偿，必须保证 $G_d(s)$、$G_p(s)$ 和 $G_{ff}(s)$ 等环节的传递函数是精确的。否则，就不能保证 $Y(s) = 0$，被控变量与设定值之间就会出现偏差。因此，在实际工程中，一般不单独采用单纯前馈控制（以下在不引起混淆的情况下，将其简称为前馈控制）方案。

前馈控制分为静态前馈控制和动态前馈控制两种。

（1）静态前馈控制

所谓静态前馈控制，就是指前馈控制器的控制规律为比例特性，即

$$G_{ff}(s) = -\frac{G_d(s)}{G_p(s)} = -K_{ff} \tag{7-3}$$

式中，K_{ff} 称为静态前馈系数。

由式（7-3）可知，静态前馈控制器的输出仅仅是输入信号的函数，与时间无关，满足这个条件就称为静态前馈控制。静态前馈控制的目标是在稳态下实现对扰动的补偿，即使被控变量最终的静态偏差接近或等于零，而不考虑由于两通道时间常数的不同而引起的动态偏差。

静态前馈系数 K_{ff} 可以通过实验方法来确定，若能建立有关参数的静态方程，则 K_{ff} 可通过计算来确定，也可根据过程扰动通道和控制通道的静态增益来决定。

以图 7-2 所示换热器温度控制系统为例说明静态前馈控制算法。当换热器的进料量 Q_1 为主要干扰时，为了实现静态前馈补偿控制，可根据热量平衡关系列写出静态前馈控制方程。在忽略热损失的前提下，其热量平衡关系为

$$QH = Q_1 c_p(\theta_2 - \theta_1) \tag{7-4}$$

式中，Q 为加热蒸汽量；H 为蒸汽汽化潜热；Q_1 为被加热物料量；c_p 为物料比热；θ_1 为被加热物料入口温度；θ_2 为被加热物料出口温度。

由式（7-4）可得静态前馈控制方程式为

$$\theta_2 = \theta_1 + \frac{QH}{Q_1 c_p} \tag{7-5}$$

如果被加热物料的入口温度 θ_1 不变，则根据式（7-5）可得控制通道的增益为

$$K_p = \frac{\mathrm{d}\theta_2}{\mathrm{d}Q} = \frac{H}{Q_1 c_p} \tag{7-6}$$

扰动通道的增益为

$$K_d = \frac{\mathrm{d}\theta_2}{\mathrm{d}Q_1} = -\frac{QH}{Q_1^2 c_p} = -\frac{\theta_2 - \theta_1}{Q_1} \tag{7-7}$$

于是，静态前馈控制器的增益为

$$K_{ff} = -\frac{K_d}{K_p} = \frac{c_p(\theta_2 - \theta_1)}{H} \tag{7-8}$$

由于静态前馈控制器与时间无关，一般不需要专用的控制装置，单元组合仪表或其他运算环节都能满足实际要求。特别是对于当 $G_d(s)$ 与 $G_p(s)$ 的纯迟延相差不大时，采用静态前馈控制方法仍然可以获得较好的控制精度。

这种静态前馈控制除了有较高的控制精度外，还具有固有的稳定性和很强的自身平衡倾向。例如，由于任何原因料液流量没有了，蒸汽流量就会自动截断。上述这种以物质和能量平衡为基础的控制计算是非常重要的。首先，对于一个生产过程来说它们的方程是最容易写出来的，而且通常只包含最少的未知变量。其次，它们不随时间而变。最后，这种静态前馈控制实施起来相当方便，不需要特殊仪表，一般的比值器、比例控制器均可用做静态前馈装置，而且能满足相当多工业对象的要求。

但是必须注意静态前馈控制的两个缺点：一是每一次负荷变化都伴随着一段动态不平衡过程，它以瞬时温度误差的形式表现出来；二是如果负荷情况与当初调整系统时的情况不同，那么就有可能出现残差。这种偏差是静态前馈补偿所不能解决的。

（2）*动态前馈控制*

在实际的过程控制系统中，被控对象的控制通道和干扰通道的传递函数往往都是时间的函数。因此采用静态前馈控制方案，就不能很好地补偿动态误差，尤其是在对动态误差控制精度要求很高的场合，必须考虑采用动态前馈控制方式。

动态前馈控制的设计思想是，通过选择适当的前馈控制器，使干扰信号经过前馈控制器至被控变量通道的动态特性能够完全复制对象干扰通道的动态特性，并使它们的符号相反，从而实现对干扰信号进行完全补偿的目标。这种控制方案不仅保证了系统的静态偏差等于零或接近于零，又可以保证系统的动态偏差等于零或接近于零。

仍以图 7-3 中的换热器前馈控制系统为例说明动态前馈控制算法。在对进料量干扰的前馈补偿控制中，假设干扰通道和控制通道的传递函数分别为

$$G_d(s) = \frac{K_d \mathrm{e}^{-\tau_d s}}{T_d s + 1} \qquad \text{和} \qquad G_p(s) = \frac{K_p \mathrm{e}^{-\tau_p s}}{T_p s + 1} \tag{7-9}$$

于是，当对扰动量完全补偿时，有

$$G_{ff}(s) = -\frac{G_d(s)}{G_p(s)} = -\frac{K_d(T_p s + 1)e^{-(\tau_d - \tau_p)s}}{K_p(T_d s + 1)} \qquad (7\text{-}10)$$

若实际系统的 $\tau_p = \tau_d$，则动态前馈控制器为

$$G_{ff}(s) = -\frac{K_{ff}(T_p s + 1)}{T_d s + 1} \qquad (7\text{-}11)$$

如果 $T_p = T_d$，则

$$G_{ff}(s) = -K_{ff} \qquad (7\text{-}12)$$

显然，当被控对象的控制通道和干扰通道的动态特性完全相同时，动态前馈补偿器的补偿作用相当于一个静态前馈补偿器。实际上，静态前馈控制只是动态前馈控制的一种特殊情况。

由于动态前馈控制器是时间 t 的函数，必须采用专门的控制装置，所以实现起来比较困难。

综上所述，前馈控制系统的特点如下。

① 前馈控制是一种开环控制。如在图 7-2 所示的换热器温度控制系统中，当冷物料的流量变化后，前馈控制器就检测到其变化情况，及时有效地抑制扰动对被控变量的影响，而不是像反馈控制那样，将换热器的温度反馈回来，待被控变量产生偏差后再进行控制，前馈控制有利于对系统中的主要干扰进行及时控制。

② 前馈控制是一种按扰动大小进行补偿的控制。如在图 7-2 所示的换热器温度控制系统中，当测量到冷物料流量变化的扰动信号后，前馈控制器就根据扰动信号的大小和方向，直接控制调节阀的开度，从而正确改变加热蒸汽的流量。在理论上，前馈控制可以把偏差完全消除。

③ 一种前馈控制器只能克服一种扰动。由于前馈控制作用是按扰动进行工作的，而且整个系统也是开环的。因此根据一种扰动设计的前馈控制器只能克服这一扰动，而对于其他扰动，前馈控制器无法检测到也就无能为力了。

④ 前馈控制只能抑制可测不可控扰动对被控变量的影响。如果扰动不可测，就无法采用前馈控制；而如果扰动可测又可控，则只要设计一个简单的定值控制系统就可以，而无须采用前馈控制。

⑤ 前馈控制使用的是视对象特性而定的专用控制器。一般的反馈控制系统中的控制器可采用通用类型的 PID 控制器；而前馈控制器的控制规律与被控对象控制通道和干扰通道的特性有关。

2. 前馈-反馈控制系统

由于单纯的前馈控制是一种开环控制，它在控制过程中完全不测取被控变量的信息，因此，它只能对指定的扰动量进行补偿控制，而对其他的扰动量无任何补偿作用。即使是对指定的扰动量，由于环节或系统数学模型的简化、工况的变化及对象特性的漂移等，也很难实现完全补偿。此外，在工业生产过程中，系统的干扰因素较多，如果对所有的扰动量进行测量并采用前馈控制，必然增加系统的复杂程度。而且有些扰动量本身就无法直接测量，也就不可能实现前馈控制。因此，在实际应用中，通常采用前馈控制与反馈控制相结合的复合控

制方式。前馈控制器用来消除可测扰动量对被控变量的影响，而反馈控制器则用来消除前馈控制器不精确和其他不可测干扰所产生的影响。

将前馈控制和反馈控制结合起来，就可得到一个前馈-反馈控制系统，典型的前馈-反馈控制系统结构图如图7-5所示。

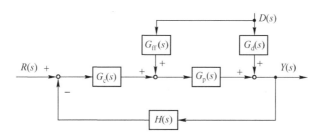

图7-5　典型的前馈-反馈控制系统结构图

在图7-5中，$R(s)$、$D(s)$和$Y(s)$分别为系统的输入变量、扰动量和被控变量的拉氏变换；$G_d(s)$为扰动通道的传递函数；$G_p(s)$为控制通道的传递函数；$G_{ff}(s)$为前馈控制器的传递函数；$G_c(s)$为反馈控制器的传递函数；$H(s)$为反馈通道的传递函数。

根据图7-5可得，干扰$D(s)$对被控变量$Y(s)$的闭环传递函数为

$$\frac{Y(s)}{D(s)} = \frac{G_d(s) + G_{ff}(s)G_p(s)}{1 + H(s)G_c(s)G_p(s)} \tag{7-13}$$

在干扰$D(s)$作用下，对被控变量$Y(s)$完全补偿的条件是：$D(s) \neq 0$，而$Y(s) = 0$，因此有

$$G_{ff}(s) = -\frac{G_d(s)}{G_p(s)} \tag{7-14}$$

由式（7-14）可知，从实现对系统主要干扰完全补偿的条件看，无论是采用单纯的前馈控制或是采用前馈-反馈控制，其前馈控制器的特性不会因为增加了反馈回路而改变。

综上所述，前馈-反馈控制系统的优点有：

① 在前馈控制中引入反馈控制，有利于对系统中的主要可测干扰进行前馈补偿，对系统中的其他干扰进行反馈补偿。这样既简化了系统结构，又保证了控制精度。

② 由于增加了反馈控制回路，所以降低了前馈控制器精度的要求。这样有利于前馈控制器的设计和实现。

③ 在单纯的反馈控制系统中，提高控制精度与系统稳定性是一对矛盾。往往为保证系统的稳定性而无法实现高精度的控制。而前馈-反馈控制系统既可实现高精度控制，又能保证系统稳定运行。因而在一定程度上解决了稳定性与控制精度之间的矛盾。

正由于前馈-反馈控制具有上述优点，因而它在实际工程上已经获得了十分广泛的应用。

3．前馈-串级控制系统

在实际生产过程中，如果被控对象的主要干扰频繁而又剧烈，而生产过程对被控参量的精度要求又很高，这时可以考虑采用前馈-串级控制方案。

例如，对于如图7-6所示的供汽锅炉水位控制系统图。给水G经过蒸汽锅炉受热产生蒸

汽 D 供给用户。为了维持锅炉水位 H 稳定，采用了液位-给水流量串级系统。对于供水侧的扰动如给水压力扰动等；串级系统能达到较好的控制效果。如有其他因素影响了水位，也能通过串级控制收到一定的效果。由于工业供汽锅炉主要是负荷扰动，即外界用户根据需要随时改变负荷的大小。当负荷 D 发生扰动时，锅炉水位就会偏离设定值。液位控制器 LC 接受偏差信号，运算后经加法器改变流量控制器 FC 的设定值，流量控制器响应设定值的变化，改变调节阀的阀位，从而改变给水流量来适应负荷 D 的要求。如果 D 的变化幅度大而且十分频繁，那么这个系统是难于满足要求的，水位 H 将会有较大的波动。另外，由于负荷对水位的影响还存在着"假水位"现象，调节过程会产生更大的动态偏差，调节过程也会加长。此时，如果增加图中虚线框内的部分，该部分根据外界负荷的变化先行调节给水量，使得给水量紧紧地跟随负荷量，而不需要像反馈系统那样，一直等到水位变化后再进行调节。如果操作得当，使得锅炉中给水和负荷之间一直保持着物质平衡，水位可以调节到几乎不偏离设定值，这是反馈控制器无法达到的控制效果。

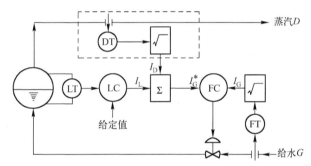

图 7-6　供汽锅炉水位控制系统图

图 7-6 中加法器实现了下述方程

$$I_G^* = I_D + I_L - I_0$$

式中，I_G^* 是给水流量的设定值；I_D 是蒸汽的流量；I_L 是液位控制器的输出，一般等于 I_0。由上式可以看到，加法器的作用就是使给水的设定值一直跟随着负荷 I_D，从而保持了锅炉水位系统的物质平衡。这样就从根本上消除了由于物质不平衡所引起的水位偏差，这就是前馈控制。

根据图 7-6 所示的供汽锅炉的前馈-串级控制系统，可得典型的前馈-串级控制系统结构图如图 7-7 所示。

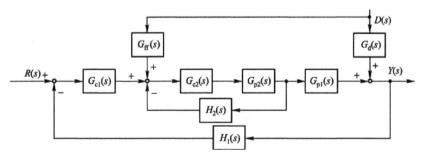

图 7-7　典型的前馈-串级控制系统结构图

由图 7-7 可知，干扰 $D(s)$ 对系统输出 $Y(s)$ 的闭环传递函数为

$$\frac{Y(s)}{D(s)} = \frac{G_d(s)}{1 + \dfrac{G_{c2}(s)G_{p2}(s)}{1 + G_{c2}(s)G_{p2}(s)}H_2(s)H_1(s)G_{c1}(s)G_{p1}(s)}$$

$$+ \frac{G_{ff}(s)\dfrac{G_{c2}(s)G_{p2}(s)}{1 + G_{c2}(s)G_{p2}(s)}H_2(s)G_{p1}(s)}{1 + \dfrac{G_{c2}(s)G_{p2}(s)}{1 + G_{c2}(s)G_{p2}(s)}H_2(s)H_1(s)G_{c1}(s)G_{p1}(s)} \tag{7-15}$$

在串级控制系统中，当副回路的工作频率远大于主回路的工作频率时，如副回路等效时间常数是主回路时间常数的 1/10，则副回路的传递函数可以近似表示为

$$\frac{G_{c2}(s)G_{p2}(s)}{1 + G_{c2}(s)G_{p2}(s)}H_2(s) \approx 1 \tag{7-16}$$

又因为扰动 $D(s)$ 对被控变量 $Y(s)$ 完全补偿的条件是：$D(s) \neq 0$，但 $Y(s) = 0$。

因此，可求得前馈控制器的传递函数

$$G_{ff}(s) = -\frac{G_d(s)}{G_{p1}(s)} \tag{7-17}$$

7.2.3　前馈控制系统的设计

1．扰动量的选择

前馈控制器的输入变量是扰动，扰动量选择的依据如下所述。

① 扰动量可测但不可控，如换热器进料量和供汽锅炉的负荷变化等；

② 扰动量应是主要扰动，变化频繁且幅度较大；

③ 扰动量对被控变量影响大，用反馈控制较难实现所需控制要求；

④ 扰动量虽然可控，但工艺要经常改变其数值，进而影响被控变量。

2．系统引入前馈控制的原则

当存在反馈控制难以克服的频率高、幅值大、对于被控变量影响显著、可测而不可控的扰动的情况，或当控制系统控制通道纯迟延时间较大、反馈控制又不能得到良好的控制效果时，为了改善和提高系统的控制质量，可以引入前馈控制。由于前馈控制的依据是扰动量，前馈控制器的传递函数又是由干扰通道和控制通道的特性所确定的，因此，采用前馈控制的条件必然与干扰及对象特性有关。一般来说，在系统中引入前馈必须遵循以下几个原则。

① 系统中的扰动量是可测不可控的。如果前馈控制所需的扰动量不可测，前馈控制也就无法实现。如果扰动量可控，则可设置独立的控制系统予以克服，也就无须设计较为复杂的前馈控制系统。

② 系统中的扰动量的变化幅值大、频率高。扰动量幅值变化越大，对被控变量的影响

也就越大，偏差也越大，因此，按扰动变化设计的前馈控制要比反馈控制更有利。高频干扰对被控对象的影响十分显著，特别是对纯迟延时间小的流量控制对象，容易导致系统产生持续振荡。采用前馈控制，可以对扰动量进行同步补偿控制，从而获得较好的控制品质。

③ 控制通道的纯迟延时间较大或干扰通道的时间常数较小。当系统控制通道的纯迟延时间较大时，采用反馈控制难以满足工艺要求，这时可以采用前馈控制，把主要扰动引入前馈，构成前馈-反馈控制系统。

④ 当工艺上要求实现变量间的某种特殊关系，需要通过建立数学模型来实现控制时，可选用前馈控制。这实质上是通过把扰动量代入已建立的数学模型中，从模型中求解控制变量，从而消除扰动对被控变量的影响。

3．前馈控制系统的选用原则

当决定选用前馈控制方案后，还需要确定前馈控制系统的结构，其结构的选择要遵循以下原则：

（1）优先性原则

采用前馈控制的优先性次序为：静态前馈控制、动态前馈控制、前馈-反馈控制和前馈-串级控制。

在实际工业生产过程中，当需要引入前馈控制时，尤其当过程扰动通道与控制通道的纯迟延相差不大时，静态前馈控制可获得较高的控制精度，这时首先考虑采用静态前馈控制。

静态前馈控制只能保证被控变量的静态偏差接近或等于零，不考虑由于过程扰动通道的时间常数和控制通道的时间常数不同，不能消除过渡过程中所产生的动态偏差。当系统需要严格控制动态偏差时，就要采用动态前馈控制。

当被控对象的干扰较多，或不能精确辨识扰动对被控对象的影响时，可以采用前馈-反馈控制。利用前馈控制对主要扰动对象进行控制，通过反馈控制抑制由于辨识不精确及其他扰动引起的误差。也就是说，前馈-反馈控制系统将扰动分成两个等级，影响大的扰动采用前馈补偿，保证系统输出不会有过大波动，影响小的扰动通过反馈进行修正。

当被控对象较复杂，干扰较多，要求控制较为精细时，应采用前馈-串级控制。

（2）经济性原则

由于动态前馈的设备投资高于静态前馈，而且整定也较复杂，因此，当静态前馈能满足工艺要求时，不必选用动态前馈。如前所述，当对象的扰动通道和控制通道时间常数和纯迟延时间相当时，用静态前馈即可获得满意的控制品质。

（3）控制系统精确辨识原则

在采用单纯前馈控制系统中，要求构成系统的任何一个环节都应尽可能精确辨识，因为开环控制系统中的任一环节对系统的控制精度都有一定的影响。

另外，在非自平衡系统中，不能采用单纯前馈控制，因为开环系统不改变被控系统的非自衡性。

4．前馈控制系统的实施

通过对前馈控制系统几种典型结构形式的分析可知，前馈控制器的控制规律取决于被控对象的控制通道和干扰通道的动态特性。而工业对象的特性极为复杂，这就导致了前馈控制规律的形式繁多，按不变性原理实现完全补偿在很多情况下只有理论意义，实际上是做不到的。一方面是因为过程的动态特性很难测得准确，而且一般也具有不可忽视的非线性，特别是在不同负荷下动态特性变化很大。因此，用一般的线性补偿器就无法满足不同负荷下的要求；另外，写出了补偿器的传递函数并不等于能够实现它。如果 $G_p(s)$ 中包含的纯迟延时间比 $G_d(s)$ 中包含的纯迟延时间大，那就没有实现完全补偿的可能。但从工业应用的观点来看，尤其是使用常规控制仪表组成的控制系统，总是力求控制系统的模式具有一定的通用性，以利于设计、投运和维护。

实际上可以采用前馈控制的大部分过程，其扰动通道和控制通道的传递函数在性质上和数量上都是相近的，通常可用一阶环节或二阶环节来表示。虽然在两者中还可能碰到纯迟延，但是它们的数值一般也比较接近。所以在大多数情况下，只需要考虑主要的惯性环节，也就是实现部分补偿。通常采用简单的超前-滞后装置作为动态补偿器也就能够满足要求。它的传递函数是

$$G_{ff}(s) = -K_f \frac{T_{f1}s + 1}{T_{f2}s + 1} \tag{7-18}$$

如超前-滞后环节的输出是 $c_f(t)$，当输入为单位阶跃时，则

$$c_f(t) = 1 + \frac{T_{f1} - T_{f2}}{T_{f2}} \mathrm{e}^{-\frac{t}{T_{f2}}} \tag{7-19}$$

式中，T_{f1} 为超前时间；T_{f2} 为滞后时间。

超前-滞后环节的阶跃响应曲线如图 7-8 所示。当 $T_{f1} > T_{f2}$ 时，前馈补偿具有超前特性，适用于控制通道滞后大于扰动通道滞后的对象；当 $T_{f1} < T_{f2}$ 时，前馈补偿具有滞后特性，适用于控制通道滞后小于扰动通道滞后的对象。当 $T_{f1} = T_{f2}$ 时，前馈补偿呈现比例特性，即为静态特性。动态补偿器的阶跃响应曲线表明，它有一个瞬时增益为 T_{f1}/T_{f2}，而恢复到稳态值的 63% 所需的时间为 T_{f2}。

超前-滞后环节最重要的性能是静态精度。如果在静态下不能准确地复现输入，超前-滞后环节就要降低前馈控制的性能。因此作为动态补偿器，在线性、复现性和没有滞环特性等方面的要求比对常规控制器的要求还要高。另外，超前和滞后时间必须是可以调整的，以便与大多数过程的时间常数相匹配。

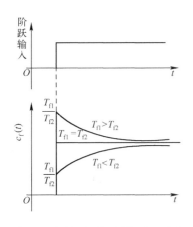

图 7-8 超前-滞后环节的阶跃响应

利用超前-滞后补偿器进行前馈控制时，当负荷发生变化，补偿器能通过控制通道给过程输入比较多（或比较少）的能量或物质，以改变过程的能量水平。在它的输入和输出函数间的累积面积应该与未经补偿的过程响应曲线中的面积相匹配。如果那样做了，那么响应曲线的净增面积将是零。

式（7-18）所示的超前-滞后前馈补偿器已经成为目前广泛应用的一种动态前馈补偿模

式，在定型的 DDZ-Ⅲ型仪表、组合仪表及微型控制机中都有相应的硬件模块。在没有定型仪表的情况下，也可用一些常规仪表组合而成，如用比值器、加法器和一阶惯性环节来实施，如图 7-6 所示。

在前面所示的换热器中，应用超前-滞后环节对料液流量扰动进行动态补偿后，得到前馈控制系统如图 7-9 所示。将换热器出口温度在动态前馈控制下的负荷响应曲线与在反馈控制下的负荷响应曲线进行比较，如图 7-10 所示，可以看到，当进料流量 Q_1 发生变化时，静态前馈将使出口温度 θ_2 的静态偏差为零，动态偏差也可以补偿到很小的数值，几乎可以说 θ_2 基本上保持不变，控制效果显然优于反馈控制。应该指出，对入口温度 θ_1 也可以进行动态补偿，只是由于入口温度变化缓慢，通常无须考虑。

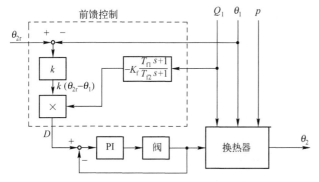

图 7-9 换热器前馈控制系统图

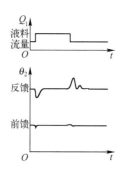

图 7-10 换热器前馈和反馈控制响应

从以上描述中可以看出前馈控制的优越性，与反馈控制相比不但控制质量好，而且不出现闭环控制系统中所存在的稳定性问题。在前馈控制系统中甚至不需要被控变量的测量信号，这种情况有时使得前馈控制成为唯一可行的控制方案。

图 7-11 所示为换热器前馈-反馈控制系统方案。当负荷扰动 Q_1 或入口温度 θ_1 变化时，由前馈通道改变蒸汽量 D 进行控制，除此以外的其他各种扰动的影响及前馈通道补偿不准确带来的偏差，均由反馈控制器来校正。例如，它可以用来校正热损失。也就是要求在所有负荷下都给过程增添一些热量，这好像对前馈控制起了调零的作用；又如反馈控制器可以校正和控制加热蒸汽压力 p 的变化等其他干扰的作用。因此，可以说，在前馈-反馈系统中，前馈回路和反馈回路在控制过程中起着相辅相成、取长补短的作用。

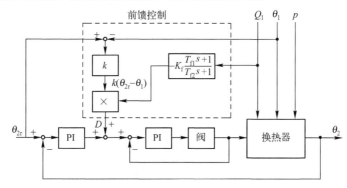

图 7-11 换热器前馈-反馈控制系统方案 1

图 7-12 所示为在换热器上实现前馈-反馈控制的另一种方案。从图中可以看到，由于前馈回路包含了一个反馈信号，它就能够通过这个反馈信号控制那些未加以测量的扰动。同样，前馈回路也反过来使反馈回路能适应过程增益的变化。从图 7-11 所示上述换热器在反馈控制下的负荷响应可以看到，随着负荷的增加，过渡过程衰减得很快；随着负荷减小，过渡过程振幅变大，衰减变慢。这表明过程的增益与料液流量成反比，过程呈现出非线性特性。若使反馈控制器的增益与流量成正比，则将弥补此非线性特性，使系统增益不随负荷变化。图 7-12 中的方案恰好能做到这一点。反馈回路把 θ_2 作为输入信号，把 D 作为输出。但是在回路的内部，反馈控制器的输出值要先减去 θ_1，然后再乘以 Q_1。其中减法是线性运算，而乘法却是非线性运算，它使反馈回路的开环增益与流量成正比，正好抵消了换热器本身增益的变化。

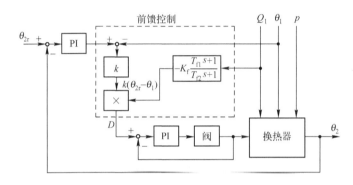

图 7-12 换热器前馈-反馈控制系统方案 2

由上例可以看到，前馈控制和反馈控制之间，前馈是快的，是智能的或敏感的，但是它不准确；反馈是慢的但却是准确的，而且在负荷条件不明的情况下还有控制能力。这两种回路的相互补充、相互适应构成了一种十分有效的控制方案。

毫无疑问，为了控制难控的过程，在所有一切方法中前馈是最有力的方法。某些反馈方式如补偿反馈、采样和非线性环节等，可能把单位负荷变化下的累积误差减小至原来的一半，而前馈控制却可能大幅度改善。一个与反馈系统相结合的前馈系统，只需要模型精确到±10%它的精确性就可以改善至原来的 10 倍。

实现前馈控制当然也需要代价，这就是要求干扰是可以在线检测的，这一点正妨碍了前馈控制的广泛采用。

虽然前馈控制承担着大部分负荷，但反馈控制在应用中仍然十分重要。在实践中，前馈-反馈控制系统正越来越多地得到采用，而且收到十分显著的控制效果。

7.2.4 前馈控制系统的整定

前馈控制系统整定的主要任务是确定反馈控制器（针对前馈-反馈控制系统或前馈-串级控制系统）和前馈控制器的参数。确定前馈控制器的方法与反馈控制器类同，也主要有理论计算法和工程整定法。其中，如前所述的理论计算法是通过建立物质平衡方程或能量平衡方程求取相应参数的方法。实际上，往往理论计算法所得参数与实际系统相差较大，精确性较差，甚至有时前馈控制器的理论整定难以进行。因此，工程应用中广泛采用工程整定法。

1. 静态前馈控制系统的工程整定

静态前馈控制系统的工程整定就是确定静态前馈控制器的静态前馈系数 K_{ff}，它主要有以下三种方法。

① 实测扰动通道和控制通道的增益，然后相除就可得到静态前馈控制器的增益 K_{ff}。

② 静态前馈控制系统整定方框图如图 7-13 所示，当无前馈控制（图中开关处于打开状态）时，设系统在输入为 r_1（对应的控制变量为 u_1）、扰动为 d_1 的作用下，输出为 y_1。改变扰动为 d_2 后，调节输入为 r_2（对应的控制变量为 u_2），以维持系统输出 y_1 不变。则所求的静态前馈系数 K_{ff} 为

$$K_{ff} = \frac{u_2 - u_1}{d_2 - d_1}$$

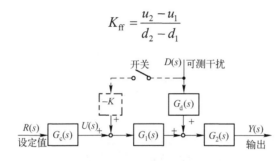

图 7-13　静态前馈控制系统整定方框图

③ 若系统允许，则也可以按图 7-13 进行现场调节。首先，系统无前馈控制（图中开关处于打开状态）时，在输入为 r_1（对应的控制变量为 u_1）、扰动为 d_1 的作用下，系统输出为 y_1。然后关闭开关，调节前馈补偿增益 K，使系统的输出恢复为 y_1，此时的 K 值即为所求的静态前馈系数 K_{ff}。

2. 动态前馈控制系统的工程整定

当采用动态前馈控制时，需确定超前-滞后环节的参数，它也有以下两种方法。

一是利用实验法得到扰动通道和控制通道的带纯迟延的一阶惯性传递函数，其中控制通道的对象包含扰动量的测量变送装置、执行器和被控对象。当扰动量是流量时，可用实测的执行器和被控对象的传递函数近似；当扰动量不是流量或动态时间常数较大时，应实测扰动量测量变送装置的传递函数，然后确定动态前馈的超前-滞后环节的参数 T_{f1} 和 T_{f2}。

二是经验法，系统方框图如图 7-14 所示，整定分成系数整定和时间常数整定两步。

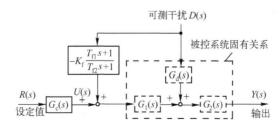

图 7-14　动态前馈控制系统整定方框图

（1）系数 K_f 的整定

当系数整定时，令 $T_{f1}=0$ 和 $T_{f2}=0$，并将系统时间常数和纯迟延均设为零，即不考虑时间的影响。此时，动态前馈控制相当于静态前馈控制，系数的整定方法同前。

（2）时间常数 T_{f1} 和 T_{f2} 的整定

在静态前馈系数整定的基础上，对时间常数进行整定。动态前馈的超前-滞后环节的参数整定比较困难。在整定时，首先，要判别系统扰动通道和前馈通道的超前和滞后关系。其次，利用超前或滞后关系确定超前-滞后环节中两个时间常数的大小关系，即若起超前补偿作用，$T_{f1}>T_{f2}$；若起滞后补偿作用，$T_{f1}<T_{f2}$。最后就是逐步细致地调整系数 T_{f1} 和 T_{f2} 使系统的输出 $y(t)$ 的振荡幅度最小。

3. 前馈-反馈和前馈-串级控制系统的工程整定

前馈-反馈控制系统和前馈-串级控制系统的工程整定主要有两种方法：一是前馈控制系统和反馈或串级控制系统分别整定，各自整定好参数后再把两者组合在一起；二是首先整定反馈或串级控制系统，然后再在整定好的反馈或串级控制系统基础上，引入并整定前馈控制系统。

（1）前馈控制系统和反馈或串级控制系统分别整定

整定前馈控制时，不接入反馈或串级控制。前馈控制的整定方法与静态前馈控制或动态前馈控制相同。

整定反馈或串级控制时，不引入前馈控制。它们的整定方法也与简单控制系统和串级控制系统相同。

前馈控制和反馈或串级控制分别整定好后，将它们组合在一起即可。

（2）先整定反馈或串级控制系统，后整定前馈控制系统

前馈-反馈控制系统和前馈-串级控制系统的工程整定方法基本相同，下面针对前馈-反馈控制系统的整定过程予以介绍，整定系统图如图7-15所示。

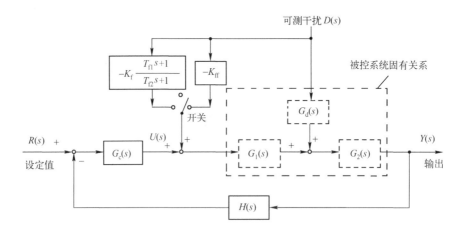

图7-15 前馈-反馈控制系统整定方框图

① 整定反馈或串级控制。

当整定反馈或串级控制系统时，将图 7-15 中的开关置于中间位置。反馈或串级控制的整定方法与简单控制系统或串级控制系统相同。

② 整定静态前馈系数。

当整定静态前馈控制时，首先把图 7-15 中的开关置于右侧，将静态前馈系数引入控制系统。然后保证系统的设定值端信号不变，干扰端产生一个阶跃扰动信号。整定的过程就是逐步调整静态前馈系数使系统的输出振荡幅度减小的过程，系统输出的振荡幅度为最小时的静态前馈系数即为所求。

③ 整定动态前馈的超前-滞后环节的参数。

当整定动态前馈控制时，首先把图 7-15 中的开关置于左侧，将超前-滞后环节引入控制系统。首先，要判别系统扰动通道和前馈通道的超前和滞后关系。其次，利用超前或滞后关系确定超前-滞后环节中两个时间常数的大小关系。最后就是逐步调整各系数使系统的输出振荡幅度最小。

7.3　大迟延控制系统

第 36 讲

7.3.1　大迟延控制系统的概述

在工业生产过程中，被控对象除了具有容积时延外，往往不同程度地存在着纯迟延。如在热交换器中，被控变量是被加热物料的出口温度，而控制变量是载热介质，当改变载热介质流量后，对物料出口温度的影响必然要滞后一个时间，即介质经管道所需的时间。此外，如反应器、管道混合、皮带传送、轧辊传输、多容量、多个设备串联及用分析仪表测量流体的成分等过程都存在着较大的纯迟延。在这些过程中，由于纯迟延的存在，使得被控变量不能及时反映系统所受到的扰动，即使测量信号到达控制器，控制机构接受控制信号后立即动作，也需要经过纯迟延时间 τ 以后，才波及被控变量，使之受到控制。因此，这样的过程必然会产生较明显的超调量和较长的调节时间。所以，具有纯迟延的过程被公认为是较难控制的过程，其难控程度将随着纯迟延时间 τ 占整个过程动态的份额的增加而增加。一般认为，广义被控对象的纯迟延时间 τ 与时间常数 T 之比大于 0.5，则说该过程是具有大迟延的工艺过程。当 τ/T 增加时，过程中的相位滞后增加，使上述现象更为突出，有时甚至会因为超调严重而出现聚爆、结焦等停产事故；有时则可能引起系统的不稳定，被控变量超过安全限，从而危及设备及人身安全。因此大迟延系统一直受到人们的关注，成为控制理论研究的重要课题之一。

为了突出广义被控对象包含了大迟延时间 τ，本节中凡涉及广义被控对象的特性均用 $G_p(s)\mathrm{e}^{-\tau s}$ 表示，其中，$G_p(s)$ 表示广义被控对象除去纯迟延环节 $\mathrm{e}^{-\tau s}$ 后剩下的动态数学模型。

7.3.2　大迟延控制系统的设计

大迟延系统的解决方法很多，最简单的是利用常规控制器适应性强、调整方便的特点，经过仔细个别的调整，在控制要求不太苛刻的情况下，满足生产过程的要求。当对系统进行特别整定后还不能获得满意结果时，还可以在常规控制的基础上稍加改动。如果在控制精度要求很高的场合，则需要采取其他控制手段，如补偿控制等。

1. 常规控制方案

在大迟延系统控制中，为了充分发挥 PID 控制的作用，改善滞后问题，主要采用常规 PID 的变形方案，如微分先行控制方案和中间微分控制方案等。

微分先行控制和中间微分控制都是为了发挥微分作用提出的。微分的作用是超前，根据变化规律提前求出其变化率，相当于提取信息的变化趋势。所以可对大迟延系统进行有效的提前控制。

（1）微分先行控制

在微分先行控制方案中，将微分作用移到反馈回路，微分环节的输出信号包括了被控变量及其变化速度值。将它们作为测量值输入到 PI 控制器中，这样使系统克服超调的作用加强，从而补偿过程滞后，达到改善系统控制品质的目的。微分先行控制系统方框图如图 7-16 所示。

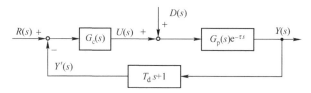

图 7-16　微分先行控制系统方框图

在图 7-16 中，$G_p(s)$ 为广义被控对象除去纯迟延环节 $e^{-\tau s}$ 后的传递函数；$G_c(s)$ 为比例积分控制器的传递函数；$(T_d s + 1)$ 为微分环节的传递函数。

若系统采用微分环节，从图 7-16 可以推导出系统输出 $Y(s)$ 与输入 $R(s)$ 之间的传递函数为

$$\frac{Y(s)}{R(s)} = \frac{G_c(s)G_p(s)e^{-\tau s}}{1 + (T_d s + 1)G_c(s)G_p(s)e^{-\tau s}} \tag{7-20}$$

如果不采用微分环节，则系统输出 $Y(s)$ 与输入 $R(s)$ 之间的传递函数为

$$\frac{Y(s)}{R(s)} = \frac{G_c(s)G_p(s)e^{-\tau s}}{1 + G_c(s)G_p(s)e^{-\tau s}} \tag{7-21}$$

显然，采用微分环节的微分先行控制与不采用微分环节的常规控制形式相比，系统的开环传递函数多了一个零点。实践表明，采用 PI 控制器的微分先行控制方案可较好抑制系统的超调量，反映速度明显加快，控制品质得到较大改善。

（2）中间微分反馈控制

与微分先行控制方案的设想类似，中间微分反馈控制也是通过适当配置零极点来改善控制品质的。中间微分反馈控制系统方框图如图 7-17 所示。

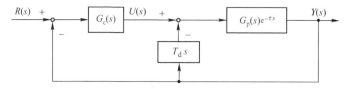

图 7-17　中间微分反馈控制系统方框图

由图 7-17 可见，微分只是对系统输出起作用，并作为控制变量的一部分，这样的方式能在被控变量变化时及时根据其变化的速度大小起附加校正作用。微分校正作用与 PI 控制器的输出信号无关，仅在动态时起作用，而在静态时或在被控变量变化速度恒定时就失去作用。

根据图 7-17 可得系统输出 $Y(s)$ 与输入 $R(s)$ 之间的传递函数为

$$\frac{Y(s)}{R(s)} = \frac{G_c(s)G_p(s)e^{-\tau s}}{1 + [T_d s + G_c(s)]G_c(s)G_p(s)e^{-\tau s}} \quad (7\text{-}22)$$

微分先行和中间微分反馈控制都能有效地克服超调现象，缩短调节时间，而且它无须特殊设备，因此有一定的使用价值。但这两种控制方式仍有较大的超调，且响应速度很慢，不适于应用在控制精度要求很高的场合。

2．Smith 补偿控制方案

在大迟延系统中采用的补偿方法不同于前馈补偿，它按照过程的特性设想出一种模型加入到反馈控制系统中，以补偿过程的动态特性。这种补偿反馈也因其构成模型的方法不同而形成不同的方案。史密斯（Smith）预估补偿方法是得到广泛应用的方案之一。

（1）Smith 预估器

为了改善大迟延系统的控制品质，1957 年史密斯（O.J.M.Smith）提出了一种以模型为基础的预估器补偿控制方法。它的特点是预先估计出过程在基本扰动下的动态特性，然后由预估器进行补偿，力图使被滞后了 τ 的被控变量超前反映到控制器，使控制器提前动作，从而明显地减小超调量和加速调节过程。Smith 预估器控制系统方框图如图 7-18 所示。

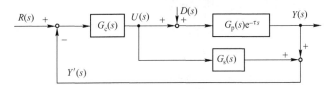

图 7-18　Smith 预估器控制系统方框图

图 7-18 中，$G_p(s)$ 是广义被控对象除去纯迟延环节 $e^{-\tau s}$ 以后的传递函数；$G_s(s)$ 是 Smith 预估补偿器的传递函数。

如果不采用 Smith 预估器，控制器输出 $U(s)$ 到系统输出 $Y(s)$ 之间的传递函数为

$$\frac{Y(s)}{U(s)} = G_p(s)e^{-\tau s} \quad (7\text{-}23)$$

式（7-23）表明，受到控制作用之后的被控变量要经过纯迟延 τ 之后才能返回到控制器。若系统采用 Smith 预估器，则控制变量 $U(s)$ 与反馈到控制器的信号 $Y'(s)$ 之间的传递函数是两个并联通道之和，即

$$\frac{Y'(s)}{U(s)} = G_p(s)e^{-\tau s} + G_s(s) \quad (7\text{-}24)$$

为了使控制器的输出信号与反馈信号 $Y'(s)$ 之间无迟延，必须要求

$$\frac{Y'(s)}{U(s)} = G_p(s)e^{-\tau s} + G_s(s) = G_p(s) \tag{7-25}$$

出式（7-25）可求得 Smith 预估器的传递函数为

$$G_s(s) = G_p(s)(1 - e^{-\tau s}) \tag{7-26}$$

一般称式（7-26）表示的预估器为 Smith 预估器，其实施框图如图 7-19 所示。

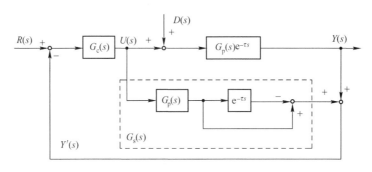

图 7-19　Smith 预估器补偿控制系统方框图

由图 7-19 可见，只要用一个与广义被控对象除去纯迟延环节后的传递函数 $G_p(s)$ 相同的环节和一个时延时间等于 τ 的纯迟延环节就可以组成 Smith 预估模型，它将消除大迟延对系统过渡过程的影响，使调节过程的品质与过程无纯迟延环节时的情况一样，只是在时间坐标上向后推迟了一个时间 τ。

从图 7-19 可以推导出系统的闭环传递函数为

$$\frac{Y(s)}{R(s)} = \frac{G_c(s)G_p(s)e^{-\tau s}}{1 + G_c(s)G_p(s)e^{-\tau s} + G_c(s)G_p(s)(1 - e^{-\tau s})} = \frac{G_c(s)G_p(s)e^{-\tau s}}{1 + G_c(s)G_p(s)} \tag{7-27}$$

$$\frac{Y(s)}{D(s)} = \frac{G_p(s)e^{-\tau s}[1 + G_c(s)G_p(s)(1 - e^{-\tau s})]}{1 + G_c(s)G_p(s)e^{-\tau s} + G_c(s)G_p(s)(1 - e^{-\tau s})}$$

$$= \frac{G_p(s)e^{-\tau s} + G_c(s)G_p^2(s)e^{-\tau s} - G_c(s)G_p^2(s)e^{-2\tau s}}{1 + G_c(s)G_p(s)} \tag{7-28}$$

显然，在系统的闭环特征方程中，已不再包含纯迟延环节 $e^{-\tau s}$。因此，采用 Smith 预估补偿控制方法可以消除纯迟延环节对控制系统品质的影响。当然，闭环传递函数分子上的纯迟延环节 $e^{-\tau s}$ 表明被控变量的响应比设定值要滞后 τ 时间。

由于 Smith 预估器对模型的误差十分敏感，因而难以在工业中广泛应用。对于如何改进 Smith 预估器的性能，研究人员提出了许多改进方案。

（2）增益自适应补偿控制

1977 年贾尔斯（R.F.Giles）和巴特利（T.M.Bartley）在 Smith 方法的基础上，提出了增益自适应补偿方案，其补偿控制系统方框图如图 7-20 所示。

增益自适应补偿方法是在 Smith 预估模型之外加了一个除法器、一个比例微分和一个乘法器。除法器是将过程的输出值除以模型的输出值。比例微分环节中的 $T_d = \tau$，它是将过程输出与模型输出之比提前送入乘法器。乘法器是将预估器的输出乘以比例微分环节的输出,然后送到控制器。这三个环节的作用是要根据模型和过程输出信号之间的比值提供一个自动校正预估器的增益信号。

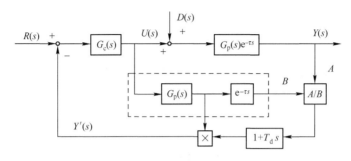

图 7-20　增益自适应补偿控制系统方框图

在理想条件下,预估器模型准确地复现了过程的输出,除法器输出值为 1,其等效方框图如图 7-21 所示。很明显,过程的纯迟延环节已被有效地排除在闭环控制回路之外。

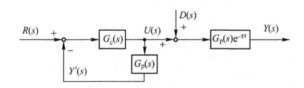

图 7-21　理想条件下的增益自适应补偿系统等效方框图

在非理想条件下,预估器模型输出和过程输出一般是不完全相同的。此时,增益自适应补偿系统变成一个较为复杂的控制系统。其等效方框图如图 7-22 所示。

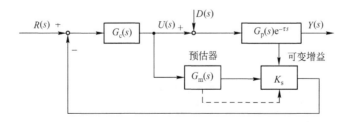

图 7-22　带可变反馈增益的预估补偿系统等效方框图

图 7-22 中增益 K_s 的大小随着预估模型和过程输出值的变化而变化,从而在一定程度上补偿系统的时变特性。

为了与 Smith 预估补偿控制进行比较,贾尔斯和巴特利对二阶纯滞后环节做了大量的数字仿真和模拟实验。实验结果表明,在负载扰动作用时,增益自适应方案优于 Smith 预估方案,而在设定值变化时,Smith 预估方案优于增益自适应方案。

（3）改进型 Smith 预估器

由 Hang 等人提出了一种改进型 Smith 预估器，它比原方案多了一个控制器，其方框图如图 7-23 所示。

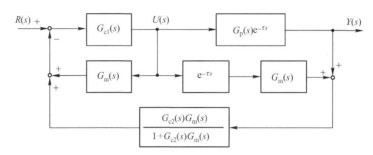

图 7-23　改进型 Smith 预估器控制系统方框图

从图 7-23 中可以看到，它与 Smith 补偿器方案的区别在于主反馈回路，其反馈通道传递函数不是 1 而是 $G_f(s)$，即

$$G_f(s) = \frac{G_{c2}(s)G_m(s)}{1 + G_{c2}(s)G_m(s)} \tag{7-29}$$

通过理论分析可以证明改进型方案的稳定性优于原 Smith 补偿方案，且其对模型精度的要求明显降低，有利于改善系统的控制性能。

尽管在改进型 Smith 预估器方案中多了一个控制器，其参数整定还比较简单。为了保证系统输出响应无余差，要求两个控制器均为 PI 动作控制器。其中主控制器 $G_{c1}(s)$ 只需按模型完全准确的情况进行整定。至于辅助控制器 $G_{c2}(s)$ 的整定似乎要复杂一些，但经分析发现，辅助控制器在反馈通道上，且与模型传递函数 $G_m(s)$ 一起构成了 $G_f(s)$。如果假设 $G_m(s)$ 是一阶环节，且设 $T_{i2} = T_m$，使控制器的积分时间等于模型的时间常数，则 $G_f(s)$ 可以简化为

$$G_f(s) = \frac{G_{c2}(s)G_m(s)}{1 + G_{c2}(s)G_m(s)} = \frac{K_{c2}\left(1 + \dfrac{1}{T_{i2}s}\right)\dfrac{K_m}{T_m s + 1}}{1 + K_{c2}\left(1 + \dfrac{1}{T_{i2}s}\right)\dfrac{K_m}{T_m s + 1}} = \frac{1}{\dfrac{T_m}{K_{c2}K_m}s + 1} = \frac{1}{T_f s + 1} \tag{7-30}$$

这样，反馈回路上出现了一个一阶滤波器，其中只有一个整定参数 T_f，实质上只有 $G_{c2}(s)$ 中的比例增益 K_{c2} 需要整定，它是比较容易在线调整的。

近年来，在 Smith 预估器基础上，虽然出现了不少克服大迟延的方案，有的已经推广到多变量系统，但至今仍无一个通用的行之有效的方法，关于克服大迟延的控制策略仍在研究发展之中。

7.4　利用 MATLAB 对补偿控制系统进行仿真

第 37 讲

利用 MATLAB 或 Simulink 可以方便地实现补偿控制系统的仿真研究，以及控制器参数的整定。

【例 7-1】 已知前馈-反馈控制系统中控制通道和干扰通道的传递函数分别为

$$G_p(s) = \frac{1}{10s+1}e^{-s} \; ; \quad G_d(s) = \frac{1}{2s+1}e^{-2s}$$

假设反馈控制器 $G_c(s)$ 采取 PI 控制，试整定该系统。

解： ① 根据前馈-反馈控制系统的方框图，利用题目给定的传递函数建立如图 7-24 所示的前馈-反馈控制系统的 Simulink 仿真模型。图中 PID Controller 模块（PID Controller）复制于 Simulink 的扩展模块库 Simulink Extras 中，它的参数分别设置为 Kc、Ki 和 0。

② 断开图中开关 Switch1 和 Switch2，使系统处于无干扰的反馈运行状态下，按照反馈控制系统方法整定该系统的反馈控制器的参数，直到得出满意的结果，单位阶跃响应如图 7-25 所示（Kc=1.6；Ki=0.618）。

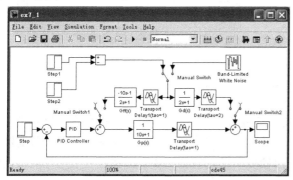

图 7-24 前馈-反馈控制系统的 Simulink 仿真模型 　　图 7-25 反馈控制的单位阶跃响应

③ 由于系统干扰通道和控制通道的传递函数已知，故前馈控制器的传递函数可直接根据式（7-14）求得，即

$$G_{ff}(s) = -\frac{G_d(s)}{G_p(s)} = -\frac{10s+1}{2s+1}e^{-s}$$

④ 闭合开关 Switch1 和 Switch2，并将 Switch 分别置于左侧和右侧，即前馈-反馈控制系统在脉冲干扰（时间为 $t=30\sim35$，幅值为 0.5）和随机噪声干扰作用下的阶跃响应，如图 7-26 所示。

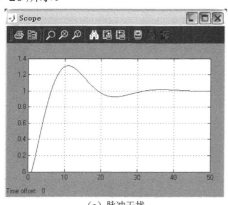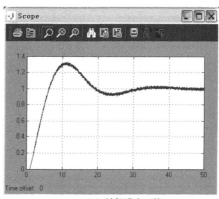

（a）脉冲干扰　　　　　　　　　　　　　　　（b）随机噪声干扰

图 7-26 前馈-反馈系统的抗干扰特性

⑤ 断开开关 Switch1，闭合开关 Switch2，并将 Switch 分别置于左侧和右侧，即反馈控制系统分别在脉冲干扰和随机噪声干扰作用下的阶跃响应，如图 7-27 所示。

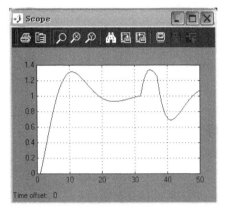 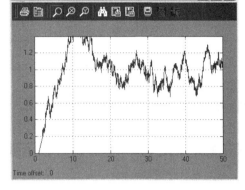

（a）脉冲干扰　　　　　　　　　　　　　　　　（b）随机噪声干扰

图 7-27　反馈系统的抗干扰特性

根据上述仿真结果，可知前馈-反馈系统具有较强的抗干扰能力。从反馈的角度来看，由于增加了前馈环节，对扰动做了及时的粗调工作，大大减少了反馈控制的负担。从前馈的角度看，由于反馈控制的作用，降低了对前馈控制模型精度的要求，并能对未选作前馈信号的扰动产生校正作用。

【例 7-2】 已知某过程控制系统的广义被控对象为一阶惯性环节加纯迟延，其中 $K=2$，$T=4s$，$\tau=4s$。试分别用 PID、微分先行和中间微分反馈三种方法进行控制。

解： ① 根据控制系统的方框图，利用题给传递函数建立如图 7-28 所示系统的 Simulink 仿真模型。图中三个 PID Controller 模块的参数分别设置为 K_c、K_i 和 0。

② 当控制器参数 $K_c=0.35$，$K_i=0.1$ 时，系统在以上三种控制方法下，所得阶跃响应，如图 7-29 所示。

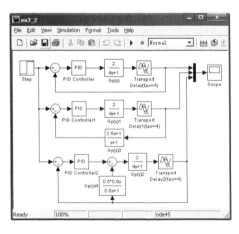 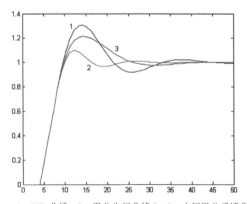

1—PID 曲线；2—微分先行曲线 2；3—中间微分反馈曲线

图 7-28　系统的 Sinmulink 仿真框图　　图 7-29　PID、微分先行和中间微分反馈三种方案的阶跃响应

可以看到，微分先行和中间微分反馈控制都能有效地克服超调现象，缩短调节时间，而且它无须特殊设备，因此有一定使用价值。

由图 7-28 还可以看到，不管上述哪种方案，被控变量无一例外地存在较大的超调，且响应速度很慢，如果在控制精度要求很高的场合，则需要采取其他控制手段，如补偿控制等。

【例 7-3】 如对【例 7-2】所示 PID 控制系统采用 Smith 预估器进行补偿，试将补偿后的系统与原 PID 控制系统进行比较。

解： ① 根据 Smith 预估器的控制系统方框图，利用题目给定的传递函数建立如图 7-30 所示的带 Smith 预估器的 Simulink 仿真框图。图中两个 PID Controller 模块的参数均分别设置为 Kc、Ki 和 0。

② 当 PID 控制器参数 Kc＝0.35，Ki＝0.1 时，系统在 PID 控制和 Smith 预估器进行补偿后的阶跃响应，如图 7-31 所示。

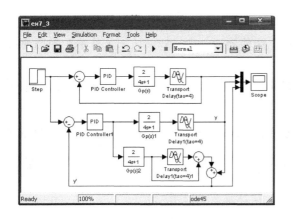

图 7-30 带 Smith 预估器的 Simulink 仿真框图

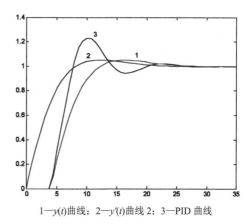

1—y(t)曲线；2—y′(t)曲线 2；3—PID 曲线

图 7-31 纯滞后加一阶惯性环节的仿真曲线

系统在设定值阶跃变化下的过程和预估后的阶跃响应曲线 $y(t)$ 和 $y'(t)$ 分别绘于图 7-31 中，图中预估信号使控制器动作明显提前。与 PID 控制相比（曲线 3），效果十分显著。

本 章 小 结

基于不变性原理组成的自动控制系统称为补偿控制系统，它实现了系统对全部干扰或部分干扰的补偿。补偿控制器可以改变控制器的响应，从而使整个系统获得期望的性能指标。按其结构的不同，补偿控制系统一般有前馈控制系统和大迟延控制系统两种。

前馈控制是以不变性原理为理论基础的一种控制方法，属开环控制系统。常用的前馈控制系统有单纯前馈控制系统、前馈-反馈控制系统和前馈-串级控制系统三种结构形式。

采用前馈控制的优先性次序为：静态前馈控制、动态前馈控制、前馈-反馈控制和前馈-串级控制。前馈控制系统整定的主要任务是确定反馈控制器（针对前馈-反馈控制系统或前馈-串级控制系统）和前馈控制器的参数。

前馈-反馈控制和前馈-串级控制的工程整定主要有两种方法：一是它们分别整定，各自整定好参数后再把两者组合在一起；二是首先整定反馈或串级控制系统，然后再在整定好的反馈或串级控制系统基础上，引入并整定前馈控制系统。

一般认为，广义对象的纯迟延时间 τ 与时间常数 T 之比大于 0.5，则说明该过程是具有大迟延的工艺过程。大迟延系统的解决方法很多，最简单的是利用常规 PID 控制器的变形方案，如微分先行控制方案和中间微分反馈控制方案等。

如果在控制精度要求很高的场合，则需要采取其他控制手段，如补偿控制等。史密斯（Smith）预估补偿方法就是得到广泛应用的方案之一。目前，对 Smith 预估器主要有三种改进方法：①增益自适应补偿控制；②完全抗干扰的 Smith 预估器；③改进型 Smith 预估器。

习　题

7-1　前馈控制与反馈控制各有什么特点？在前馈控制中，如何达到全补偿？静态前馈与动态前馈有什么联系和区别？

7-2　前馈控制有哪些结构形式？在工业控制中为什么很少单独使用单纯前馈控制，而选用前馈-反馈控制系统？

7-3　有一个前馈-反馈控制系统，其对象干扰通道的特性为 $G_d(s) = \dfrac{2}{10s+1}$；控制通道的特性为 $G_p(s) = \dfrac{4}{20s+1}$；反馈控制器为 PID 调节规律，试设计前馈控制器，并给出前馈-反馈控制系统的方框图，画出单位阶跃干扰作用下前馈控制器的输出。

7-4　为什么说带有大迟延的过程是难控过程，举例加以分析。

7-5　什么是 Smith 补偿器？为什么又称它为预估器？

7-6　如果 Smith 补偿器中采用了不准确的对象数学模型，将会对系统产生什么影响？有什么方法可以减轻或克服这种模型精度的影响？请举出一两种方法。

第 7 章　习题解答

第8章

特殊控制系统

前面介绍的串级控制系统，从结构上看，两个控制器串联工作，一个控制器的输出作为另一个控制器的设定值，共同完成对主变量的定值控制任务。除去这类系统外，过程工业现场还存在两个控制器同时工作的控制系统，如双闭环比值控制系统和均匀控制系统等；一个控制器控制多个执行装置，如分程控制系统等；或一个控制器控制多个被控参数，如选择性控制系统等。对这类特殊控制系统的系统结构、控制目的和整定方式等将在本章分别讨论。

▋ 8.1 比值控制系统

8.1.1 比值控制的概念

第38讲

在许多生产过程中，工艺上常常要求两种或两种以上的物料保持一定的比例关系。一旦比例失调，就会影响生产的正常进行，造成产量下降、质量降低、能源浪费、环境污染，甚至造成安全事故。

例如，燃气隧道窑在陶瓷制品的烧结过程中，利用的是煤气燃料，煤气在窑内燃烧时应混合一定比例的助燃风。工艺上要求煤气与助燃空气的比例为 1∶1.05 为最佳，若助燃空气不足，煤气得不到充分燃烧，则会造成能源浪费、环境污染；若助燃空气过量，空气中不助燃的气体又将大量热量带走，造成热效率降低。因此，在考虑节能、环保的情况下，对煤气和助燃空气流量的比例加以控制是非常必要的。

又如，硝酸的生产过程中，氨气和空气按一定比例在氧化炉中进行氧化反应。为了使氧化反应能顺利进行，二者的流量应保持一个合适的比例。同时还应考虑生产安全，因为在低温下氨气在空气中的含量为 15%～28%，高温时为 14%～30%的范围，都会有发生爆炸的危险。因此，对进入氧化炉的氨气和空气的流量比例要加以控制，不让它进入爆炸范围，这对于安全生产具有重要意义。

再如，送入尿素合成塔的二氧化碳压缩气与液氨的流量要保持一定比例；在聚乙烯醇生产中，树脂和氢氧化钠必须以一定比例混合，否则树脂将会自聚而影响生产；在锅炉或任何加热炉的燃烧过程中，需要保持燃料量和空气量按一定比例进入炉膛，才能保持燃烧的经济性。

这种自动保持两个或多个参数之间比例关系的控制系统就是比值控制所要完成的任务。因此，比值控制系统就是用于实现两个或两个以上物料保持一定比例关系的控制系统。

需要保持一定比例关系的两种物料中，总有一种起主导作用的物料，称这种物料为主物料；另一种物料在控制过程中则跟随主物料的变化而成比例地变化，这种物料称为从物料。由于主、从物料均为流量参数，故又分别称为主物料流量（简称主流量）和从物料流量（简称从流量），通常，主物料流量用 Q_1 表示，从物料流量用 Q_2 表示，工艺上要求两物料的比值为 K，即

$$K = \frac{Q_2}{Q_1} \tag{8-1}$$

由此可见，在比值控制系统中，从物料是跟随主物料变化的物料流量。因此，在比值控制系统中，对从物料流量的控制是一种随动控制。

8.1.2 比值控制系统的类型

在生产过程中，根据工艺允许的负荷波动幅度、干扰因素性质、产品质量要求的不同，对两物料流量比值的控制方案也不同。

1．开环比值控制

开环比值控制是一种结构最简单的比值控制系统，其工艺流程图和原理方框图如图 8-1 所示。其中，FT 为流量测量变送器，FY 为比值器。

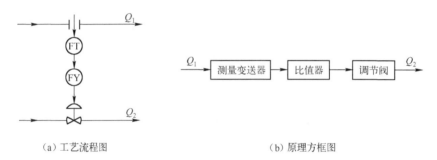

（a）工艺流程图   （b）原理方框图

图 8-1　开环比值控制系统

在稳定状态下，开环比值控制系统中的两种物料流量满足 $Q_2 = KQ_1$ 的关系。当主物料流量 Q_1 由于受到干扰而发生变化时，比值器根据 Q_1 的变化情况，按比例去改变调节阀的开度，使从物料流量 Q_2 与变化后的 Q_1 仍保持原有的比例关系。但也不难看到当从物料流量 Q_2 受到外界干扰而发生变化时，Q_1 与 Q_2 的比值关系将遭到破坏。因此，开环比值控制在要求较高的场合无法应用。

2．单闭环比值控制

为了克服开环比值控制系统中从物料流量不抗干扰的缺点，在它的基础上，对从物料增加了一个控制回路，从而形成了单闭环比值控制系统。其工艺流程图和原理方框图如图 8-2 所示。其中，F_1T 和 F_2T 为流量测量变送器；FY 为比值器；FC 为流量控制器。

在稳定状态下，单闭环比值控制系统中的两种物料流量保持 $Q_2 = KQ_1$ 的比值关系。当主物料不变时，比值器的输出保持不变，此时，从物料回路是一个定值控制系统，如果从物料

Q_2 受到外界干扰发生变化时，经过从物料回路的控制作用，把变化了的 Q_2 再调回到稳态值，维持 Q_1 与 Q_2 的比值关系不变。当主物料 Q_1 受到干扰发生变化时，比值器经过比值运算后其输出也相应发生变化，也即从物料控制回路的给定值发生变化，经过从物料控制回路的调整使从物料 Q_2 随着主物料 Q_1 的变化而成比例变化，将变化后的 Q_2 和 Q_1 仍维持原来比值关系不变。可以看出，此时从物料控制回路是一个随动控制系统。当主物料 Q_1 和从物料 Q_2 同时受到干扰而发生变化时，从物料回路的控制过程是上述两种情况的叠加，不过从物料回路首先应满足使 Q_2 随 Q_1 成比值关系的变化。

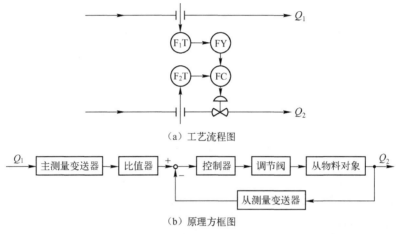

（a）工艺流程图

（b）原理方框图

图 8-2 单闭环比值控制系统

单闭环比值控制比开环比值控制要优越得多，它不但能使从物料 Q_2 跟随主物料 Q_1 的变化而变化，而且也可以克服从物料 Q_2 本身干扰对比值的影响，从而实现了主、从物料精确的比值控制。所以在工程上得到广泛应用。

应当指出的是，由于从物料的调整需要一定的时间，不可能做到理想的随动，所以单闭环比值系统一般只用于负荷变化不大的场合。原因是该方案中主物料不是确定值，它是随系统负荷升降或受干扰的作用而任意变化的。因此当主物料 Q_1 出现大幅度波动时，从物料 Q_2 难以跟踪，主、从物料的比值会较大地偏离工艺的要求，这在有的生产过程中是不允许的。

3. 双闭环比值控制

在比值控制精度要求较高而主物料 Q_1 又允许控制的场合下，很自然地就想到对主物料也进行定值控制，这就形成了双闭环比值系统。其工艺流程图和原理方框图如图 8-3 所示。

在双闭环比值控制系统中，当主物料 Q_1 受到干扰发生波动时，主物料回路对其进行定值控制，使主物料始终稳定在设定值附近，因此主物料回路是一个定值控制系统。而从物料回路是一个随动控制系统，主物料 Q_1 发生变化时，通过比值器的输出使从物料回路控制器的设定值也发生改变，从而使从物料 Q_2 随着主物料 Q_1 的变化而成比例地变化。当从物料 Q_2 受到干扰时，和单闭环比值控制系统一样，经过从物料回路的调节，使从物料 Q_2 稳定在比值器输出值上。

双闭环比值控制系统和单闭环比值控制系统的区别仅在于增加了主物料控制回路。显然，由于实现了主物料 Q_1 的定值控制，克服了干扰的影响，使主物料 Q_1 变化平稳。当然与之成比例的从物料 Q_2 变化也将比较平稳。当系统需要升降负荷时，只要改变主物料 Q_1 的设定值，主、从物料就会按比例同时增加或减小，从而克服上述单闭环比值控制系统的缺点。

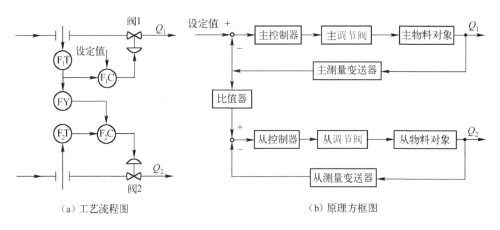

（a）工艺流程图　　　　　　　　　　（b）原理方框图

图 8-3　双闭环比值控制系统

根据双闭环比值控制系统的优点，它常用在主物料干扰比较频繁的场合、工艺上经常需要升降负荷的场合及工艺上不允许负荷有较大波动的场合。

4. 变比值控制系统

前面介绍的几种比值控制系统都属于定比值控制系统，因为它们的主、从物料之间的比值都是确定的，控制的目的是要保持主、从物料的比值关系为恒值。但在有些生产过程中，要求两种物料的比值能灵活地根据另一个参数的变化来不断修正，显然这是一个变比值控制问题。

因为在实际生产过程中，使两种物料的流量比值恒定往往并不是目的，真正的控制目的大多是两种物料混合或反应以后的产品的产量、质量或系统的节能、环保及安全等。也就是说，比值控制只是生产过程的一个中间手段。当两种物料的比值对被控变量影响比较显著时，可以将两物料的比值作为操纵变量加以利用，用于克服其他干扰对被控变量的影响。采用这种通过控制中间变量、保证最终目标的方式，是由于最终目标往往不易测量或这两种物料成分稳定且其比值对最终目标影响显著。例如，燃烧系统中，由于燃烧效率不易测量，这样当燃料的热值稳定、空气中的氧含量稳定时，就可以采用空燃比作为高效燃烧的控制参数。但是，如果燃料的品质无法保持稳定，例如燃烧劣质煤的锅炉；或空气中的氧含量不确定，例如汽车在不同的海拔高度运行，就不能简单地采用空燃比作为高效燃烧的被控参数，而必须引入可以直接反应燃烧效率的直接参数。例如，燃烧系统可以引入烟气中的氧含量作为直接控制目标，并以此修订空燃比。

如图 8-4 所示的氧化炉温度与氨气/空气变比值控制系统。氧化炉是硝酸生产中的一个关键设备。原料氨气和空气首先在混合器中混合，经过滤器后通过预热器进入到氧化炉中，在铂触媒的作用下进行氧化反应，生成一氧化氮气体，同时放出大量热量，反应后生成的一氧化氮气体通过预热器进行热量回收，并经快速冷却器降温，再进入硝酸吸收塔，与空气第二次氧化后再与水作用生成稀硝酸。在整个生产过程中，稳定氧化炉的操作是保证优质高产、低耗、无事故的首要条件。而稳定氧化炉操作的关键条件是反应温度，一般要求炉内反应温度为 840℃±5℃。因此，氧化炉温度可以间接表征氧化生产的质量指标。

经测定，影响氧化炉反应温度的主要因素是氨气和空气的比值，当混合器中氨气含量减小 1% 时，氧化炉温度将会下降 64℃。因此可以设计一个比值控制系统，使进入氧化炉的氨气和空气的比值恒定，从而达到稳定氧化炉温度的目的。然而，对氧化炉温度构成影响的还有其他很多因素，如进入氧化炉的氨气、空气的初始温度、负荷的变化、进入混合器前氨气和空气的压力变化、铂触媒的活性变化及大气环境温度的变化等都会对氧化炉温度造成影响，也就是说，单靠比值控制系统使氨气和空气的流量比值恒定，还不能最终保证氧化炉温度的恒定。因此，必须根据氧化炉温度的变化，适当改变氨气和空气的流量比，以维持氧化炉温度不变。所以就设计出了以氧化炉温度为主变量、以氨气和空气的比值为副变量的串级比值控制系统，如图 8-4 所示，也称为变比值控制系统。变比值控制系统的原理方框图如图 8-5 所示。

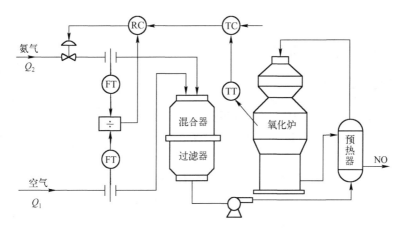

图 8-4　氧化炉温度与氨气/空气变比值控制系统

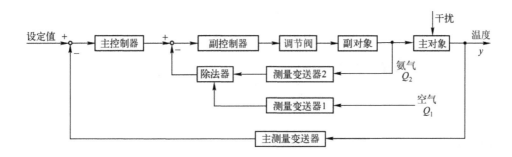

图 8-5　变比值控制系统的原理方框图

变比值控制系统在稳定状态下，主物料 Q_1 和从物料 Q_2 经过测量变送器后送入除法器相除，除法器的输出即为它们的比值，同时又作为副控制器的反馈值。当主被控变量（氧化炉温度）y 稳定不变时，主控制器的输出也稳定不变，并且和比值信号相等，调节阀稳定于某一开度。当上物料 Q_1 受到干扰发生波动时，除法器输出要发生改变，副控制器经过调节作用改变调节阀开度，使从物料 Q_2 也发生变化，保证 Q_1 与 Q_2 的比值不变。但当主对象受到干扰引起主被控变量 y 发生变化时，主控制器的测量值将发生变化。当系统设定值不变时，主控制器的输出将发生改变，也就是改变了副控制器的设定值，从而引起从物料 Q_2 的变化。在主物料 Q_1 不变时，除法器输出要发生改变。所以系统最终利用主物料 Q_1 与从物料 Q_2 的比值变化来稳定主对象的主被控变量 y。

由此可见，变比值控制系统是两物料比值随另一个参数变化的一种比值控制系统。其结构是串级控制系统与比值控制系统的结合。它实质上是一种以某种质量指标为主变量，两物料比值为副变量的串级控制系统，所以也称为串级比值控制系统。根据串级控制系统具有一定自适应能力的特点，当系统中存在温度、压力、成分、触媒活性等随机扰动时，这种变比值控制系统也具有能自动调整两物料比值，保证质量指标在规定范围内的自适应能力。因此，在变比值控制系统中，两物料比值只是一种控制手段，其最终目的通常是保证表征产品质量指标的主被控变量恒定。

8.1.3 比值控制系统的设计

1. 主、从物料的选择

在比值控制系统中，主、从物料的选择影响系统的控制方向、产品质量、经济性及安全性。主、从物料的确定是比值控制系统设计的首要一步。在实际生产中，主、从物料的选择主要遵循以下原则。

① 在可测两种物料中，如果一个物料流量是可控的，另一个物料流量是不可控的。将可测不可控的物料作为主物料，可测又可控的物料作为从物料。

② 分析两种物料的供应情况，将有可能供应不足的物料作为主物料，供应充足的物料作为从物料。

③ 将对生产负荷起关键作用的物料作为主物料。

④ 一般选择流量较小的物料作为从物料，这样可以降低系统建设成本，且易于控制。

⑤ 从安全角度出发，当某种物料供养不足会导致不安全时，应选择该物料为主物料。

2. 比值控制系统的选用原则

比值控制系统常用的类型有单闭环、双闭环和变比值三种，可根据工艺过程控制要求进行选择。

（1）单闭环比值控制系统

如果两种可测物料，一种物料流量是可控的，另一种物料流量是不可控的，可选用单闭环比值控制系统，此时不可控的物料作为主物料，可控的物料作为从物料。

如果主物料流量可测可控，但变化不大，受到的扰动较小或扰动的影响不大时，宜选用单闭环比值控制系统。

　　如果工艺对保持两物料的比值要求较高，而主物料 Q_1 仍然是不可控的，则只能采用单闭环比值控制系统。

　　（2）双闭环比值控制系统

　　如果主物料流量可测也可控，并且变化较大时，宜选用双闭环比值控制系统。

　　（3）变比值控制系统

　　当仅依靠保证两种物料的比值无法保证系统的稳定、高效、安全、环保时，应考虑选择用变比值控制系统。但可应用变比值系统的前提是可以找到一个与系统稳定、高效、安全直接相关，与两种物料流量的比值存在相关性较强的单值关系，且能可靠测量的第三个参数。具体如下：

　　① 当主从物料内在品质变化较大时，应选择变比值控制系统；

　　② 当系统的某些物料对稳定、高效、安全、环保要求影响显著，且这些指标要求较高时，应选择变比值控制系统；

　　③ 当系统运行的周边环境变化较大时，应选择变比值控制系统。

3. 比值系数的换算

　　控制系统中物料流量的大小往往差异很大，而仪表之间的联络信号是统一的。例如，数显仪表的标准信号为 4～20mA 的直流电流或 1～5V 的直流电压；DDZ-Ⅱ型电动仪表的标准信号为 0～10mA 的直流电流；DDZ-Ⅲ型电动仪表的标准信号为 4～20mA 的直流电流；QDZ 型气动仪表的标准信号是 0.02～0.1MPa 的压力等。这就使得不管多大的流量都会通过变送器变为统一的信号范围，仅从仪表间的联络信号的大小并不能看出实际流量的大小。对比值系统而言，两个仪表联络信号的比值不能直接反映两个流量的实际比值是多少，要想通过仪表联络信号的大小了解比值，还必须考虑变送器的量程。例如，两个流量变送器，一个将 0～100m³/h 变成 4～20mA 的信号，另一个将 0～10m³/h 变成 4～20mA 的信号。当两个流量变送器的输出都是 12mA 时，并不能说这两个信号代表的流量就相等。也就是说，对比值控制系统，不能仅用仪表联络信号的比值作为控制的依据，判定比值时，还必须考虑变送器的量程，这样的问题称为比值系数的换算。

　　因为工艺上要求的两种物料的比值，不是重量比就是体积比或流量比，如前面所讲两种物料的比值 $K = Q_2/Q_1$ 是两种物料的实际流量之比，而仪表上体现参数与参数之间的关系是相应的电流（压）信号或气压信号，即仪表联络信号之间的比值为 α。因此，工艺上所要求的流量比不能直接在比值器上设置。所以，当采用常规仪表实施比值控制系统时，由于受仪表测量范围及所采用仪表类型的影响，通常要将工艺上要求的流量比 K 折算成仪表上设置的对应的电信号或气信号之间的比 α。当利用计算机控制来实现比值控制时，如果采用标度变换后的量进行比值计算（直接用流量进行比值计算），则不必考虑比值系数折算，可直接根据工艺所需两物料的比值采用乘法或除法运算即可。如果采用流量变送器的采集信号直接进行比值计算，同样也需要进行比值系数折算。

　　由于流量测量的许多场合采用差压的测量方法，而差压与流量存在非线性关系，因此，比值系数的折算问题还应当考虑变送器的非线性问题。

　　下面以标准信号范围为 4～20mA 的常规仪表为例，讨论仪表比值系数 α 的折算问题。

（1）流量与其测量信号之间成非线性关系

在如图 8-6 所示的比值控制系统中，因为对于节流元件来说，压差与流量的平方成正比，故 A、B 两条管路上的节流元件的压差与流量的关系可以分别写为

$$\left.\begin{array}{l}\Delta p_1 = k_1 Q_1^2 \\ \Delta p_2 = k_2 Q_2^2\end{array}\right\} \qquad 和 \qquad \left.\begin{array}{l}\Delta p_{1\max} = k_1 Q_{1\max}^2 \\ \Delta p_{2\max} = k_2 Q_{2\max}^2\end{array}\right\} \tag{8-2}$$

式中，k_1 和 k_2 分别为节流元件的放大系数；$\Delta p_1, \Delta p_2$ 为相应流量时的差压输出；$\Delta p_{1\max}, \Delta p_{2\max}$ 为流量等于变送器量程上限流量 $Q_{1\max}$ 和 $Q_{2\max}$ 时的差压输出。

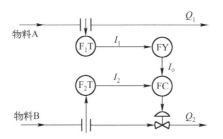

图 8-6　比值控制系统

流量测量变送器 F_1T 和 F_2T 是将压差信号线性地转换为电信号。当流量由零变至最大值 $Q_{\max}$ 时，由于仪表对应的输出信号范围为 4～20mA（DC），因此可以写出变送器转换式为

$$I_1 = \frac{\Delta p_1}{\Delta p_{1\max}}(20-4)+4 \qquad 和 \qquad I_2 = \frac{\Delta p_2}{\Delta p_{2\max}}(20-4)+4 \tag{8-3}$$

将式（8-2）代入式（8-3）可得

$$I_1 = 16\left(\frac{Q_1}{Q_{1\max}}\right)^2 + 4 \qquad 和 \qquad I_2 = 16\left(\frac{Q_2}{Q_{2\max}}\right)^2 + 4 \tag{8-4}$$

因为对于电动仪表和气动仪表，比值器 FY 的输出信号与输入信号以及比值系数之间的一般关系为：输出信号=仪表比值系数×（输入信号–零点）+零点。

所以，物料 A 的流量信号 I_1 经过比值器 FY 后的信号 I_o 为

$$I_o = \alpha(I_1 - 4) + 4 \tag{8-5}$$

式中，α 是比值器 FY 的仪表比值系数，它就是要根据流量 Q_1 与 Q_2 之比值来计算确定的仪表比值系数。

根据式（8-4）和式（8-5）得到

$$I_o = \alpha \times 16\left(\frac{Q_1}{Q_{1\max}}\right)^2 + 4 \qquad 和 \qquad I_2 = 16\left(\frac{Q_2}{Q_{2\max}}\right)^2 + 4 \tag{8-6}$$

为了保证比值控制的准确，通常比值控制系统中的控制器采用 PI 调节规律，以做到稳态误差，也就是说，系统调整结束后，测量信号 I_2 与设定值 I_o 相等，则根据式（8-6）可得

$$\alpha = \left(\frac{Q_2}{Q_1}\frac{Q_{1\max}}{Q_{2\max}}\right)^2 \tag{8-7}$$

假设工艺要求主流量与副流量之比为

$$\frac{Q_2}{Q_1} = K \tag{8-8}$$

将式（8-8）代入式（8-7）得

$$\alpha = K^2 \left(\frac{Q_{1\max}}{Q_{2\max}} \right)^2 \tag{8-9}$$

式（8-9）中的 α 就是比值器 FY 所需的仪表比值系数。

上式说明，虽然流量与其测量信号成非线性关系，但是仪表比值系数却是一个常数，它不仅与工艺要求的流量比值相关，还与主从流量变送器的量程相关。

（2）流量与其测量信号之间呈线性关系

在有些系统中，在流量变送器后又加上开方器，使流量与测量信号之间不再是非线性关系，此时构成的系统如图 8-7 所示。

从流量测量变送器 F_1T 和 F_2T 输出的信号 I_1 和 I_2 仍为式（8-4）所示的形式，它们经过开方器后的信号为

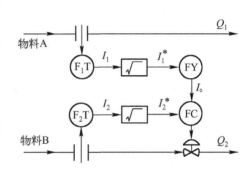

图 8-7　带开方器的比值器方案

$$I_1^* = \sqrt{I_1 - 4} + 4 = 4\left(\frac{Q_1}{Q_{1\max}}\right) + 4 \quad \text{和} \quad I_2^* = \sqrt{I_2 - 4} + 4 = 4\left(\frac{Q_2}{Q_{2\max}}\right) + 4 \tag{8-10}$$

同样，信号 I_1^* 经过比值器 FY 后得到的信号 I_o 为

$$I_o = \alpha(I_1^* - 4) + 4 = \alpha\sqrt{I_1 - 4} + 4 = \alpha \times 4\left(\frac{Q_1}{Q_{1\max}}\right) + 4 \tag{8-11}$$

利用式（8-10）和式（8-11），并使 $I_o = I_2^*$，最后得到仪表比值系数为

$$\alpha = \frac{Q_2}{Q_1}\frac{Q_{1\max}}{Q_{2\max}} = K\frac{Q_{1\max}}{Q_{2\max}} \tag{8-12}$$

在以上推导仪表比值系数换算公式的过程中，采用的是标准信号范围为 4～20mA 的仪表。对于标准信号范围为其他的仪表，利用同样的方法也可以得到式（8-9）或式（8-12）仪表比值系数的换算公式。这说明仪表比值系数的换算方法与仪表的结构型号无关，仅与仪表的测量范围和测量方法有关。

通过仪表比值系数的计算可以看到，在比值系统中，仪表的零点调整非常重要。否则可能得到虚假的比值。

在实际应用中，有时由于生产不够稳定或物料成分的变化，即使比值系数计算正确，两种物料的真实比值仍然不能完全达到要求。这时，也可以适当调节比值系数，直到满意为止。

4．比值控制系统的实施

比值控制系统常用类型有单闭环、双闭环及变比值等，每种类型均可采用气动、电动等不同的仪表构成，因而其构成方案很多。但最根本的是采用什么方式来实现主、从物料的比值运算。

在比值控制系统中，需要对主从物料进行 $Q_2 = KQ_1$ 或 $Q_2/Q_1 = K$ 控制，故通常将比值控制系统的实施方案分为相乘和相除两类。相乘方案是利用主物料信号乘以仪表比值系数作为从物料控制器的设定值，或将主物料信号与仪表比值系数作为乘法器的输入，而乘法器的输出作为从物料控制器的设定值。相除方案是将主、从物料信号相除作为比值控制器的测量反馈值，比值控制器的设定值是所需的仪表比值系数。

（1）相乘方案

应用乘法器实现单闭环比值控制的相乘方案，如图 8-8 所示。图中的虚线框表示对流量检测信号是否进行线性化处理。以标准信号范围为 4～20mA 的仪表为例，此设计的主要任务就是按照工艺要求的流量关系 $Q_2 = KQ_1$，正确设置乘法器的设定值 I_s。

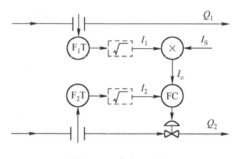

图 8-8   乘法器方案

由图 8-8 可知，乘法器的运算信号为

$$I_o = \frac{(I_1 - 4)(I_s - 4)}{20 - 4} + 4 \tag{8-13}$$

式中，I_1、I_s 为乘法器的输入信号；I_o 为乘法器的输出信号。

当从回路采用 PI 调节规律时，系统稳定后，控制器的设定值 I_o 和测量值 I_2 相等，所以将 $I_o = I_2$ 代入式（8-13）可得

$$I_s = \frac{I_2 - 4}{I_1 - 4}(20 - 4) + 4 \tag{8-14}$$

如果没有使用开方器，流量为非线性变送时，将式（8-4）代入式（8-14）得

$$I_s = K^2 \frac{Q_{1max}^2}{Q_{2max}^2}(20 - 4) + 4 = \alpha \cdot (20 - 4) + 4 \tag{8-15}$$

如果采用开方器，流量为线性变送时，利用式（8-10）和式（8-14）同理可得

$$I_s = K \frac{Q_{1max}}{Q_{2max}}(20 - 4) + 4 = \alpha \cdot (20 - 4) + 4 \tag{8-16}$$

由于仪表的输出信号不可能超出其信号值范围，由式（8-15）或式（8-16）可知，在该方案中，仪表比值系数 α 不能大于 1，也即

$$K^2 \frac{Q_{1\max}^2}{Q_{2\max}^2} \leqslant 1 \qquad \text{或} \qquad K \frac{Q_{1\max}}{Q_{2\max}} \leqslant 1 \qquad (8\text{-}17)$$

所以在选择流量检测仪表的量程时，应满足

$$Q_{2\max} \geqslant K_{\max} Q_{1\max} \qquad (8\text{-}18)$$

式中，$K_{\max}$ 为工艺要求两物料的可能最大比值。

假定由于仪表量程选择的限制和工艺比值 K 的条件造成 $K \dfrac{Q_{1\max}}{Q_{2\max}} > 1$，为了使乘法器的设定电流 I_s 在标准信号范围内，可将乘法器由主流量一侧改接在从流量一侧，如图 8-9 所示，不失原来的比值控制作用。根据乘法器的信号关系有

$$I_o = \frac{(I_2 - 4)(I_s - 4)}{20 - 4} + 4 \qquad (8\text{-}19)$$

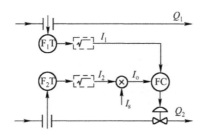

图 8-9　乘法器接从流量一侧

系统稳态时 $I_1 = I_o$，并代入式（8-19）得

$$I_s = \frac{I_1 - 4}{I_2 - 4}(20 - 4) + 4 \qquad (8\text{-}20)$$

从而解决了设定值电流的设置问题。

相乘方案中的比值计算部件除采用以上介绍的比值器和乘法器实施外，还可利用配比器和分流器等实现。在定比值控制系统中，上述常规仪表均可使用。在变比值控制系统中，为了实现比值设定信号可变，比值计算部件必须采用乘法器，此时，只需将比值设定信号换成第三参数就可以了。

由上可知，当采用常规仪表时，乘法器的设定值信号 I_s 的计算公式为：设定值信号 $I_s =$ 仪表比值系数×仪表的量程范围+零点。即

电动 DDZ-Ⅲ型仪表或数显仪表：$I_s = \alpha(20 - 4) + 4 = 16\alpha + 4$（mA）

电动 DDZ-Ⅱ型仪表：$I_s = 10\alpha$（mA）

气动 QDZ 型仪表：$I_s = \alpha(0.1 - 0.02) + 0.02 = 0.08\alpha + 0.02$（MPa）

式中，α 为仪表比值系数，它仅与仪表的测量范围和测量方法及物料流量比值 $K = Q_2/Q_1$ 有关，即

$$\alpha = K \frac{Q_{1\max}}{Q_{2\max}} \qquad 或 \qquad \alpha = K^2 \frac{Q_{1\max}^2}{Q_{2\max}^2}$$

对于分流器、乘法器等仪表可直接设置仪表比值系数α。

（2）除法方案

除法器方案如图 8-10 所示，即应用除法器实现单闭环比值控制的相除方案。图中的虚线框表示对流量检测信号是否进行线性化处理。下面仍以标准信号范围为 4～20mA 的仪表为例加以分析，此设计的主要任务就是按照工艺要求的物料比值 K，正确设置控制器的设定值 I_s。

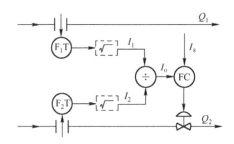

图 8-10 除法器方案

由图 8-10 可知，除法器的输入/输出信号关系为

$$I_o = \frac{I_2 - 4}{I_1 - 4}(20 - 4) + 4 \tag{8-21}$$

由于稳态时 $I_s = I_o$，所以

$$I_s = \frac{I_2 - 4}{I_1 - 4}(20 - 4) + 4 \tag{8-22}$$

与式（8-14）完全一样，可见应用除法器和应用乘法器时计算设定值 I_s 的公式相同。

无论是采用电动仪表还是气动仪表，相除方案均应采用除法器来实现。

因为相除方案中除法器的输出就代表着两流量的比值，所以对比值可以直接显示，非常直观。而且控制器的设定值就是 I_s，便于精确设定，操作方便。若将设定值改作第三参数，就可实现变比值控制。因此，很受操作人员欢迎。但是它也有缺点，使用时应加以注意。

① 为了确保输出不超过仪表的信号变化范围，除法器总是用小信号除以大信号。随着小信号的增大，除法器的输出也随之增大，当小信号增大到与大信号相等时，除法器的输出达到最大。因此，应用除法器构成比值控制系统时，比值系数必须小于 1，且不能设置在 1 附近。因为设置在 1 附近，系统稳态时除法器的输出接近最大，如果出现某种干扰使 Q_1 减小或使 Q_2 增大时，除法器将进入饱和状态，输出不再随比值的变化而变化，造成对比值的失控。

② 对于从物料控制回路而言，除法器被包括在回路当中，除法器的非线性对控制系统品质将会造成影响。在图 8-10 所示的比值控制系统中，根据式（8-21）可知除法器的静态放大系数 $k_\div$，为

$$k_\div = \left. \frac{\mathrm{d}I_o}{\mathrm{d}I_2} \right|_{\substack{I_1 = I_{10} \\ I_2 = I_{20}}} = \frac{16}{I_{10} - 4} \tag{8-23}$$

式中，I_{10}、I_{20} 分别为 I_1、I_2 的静态工作点。

根据流量 Q 和检测仪表输出电流的关系，当采用开方器时

$$k_÷ = \frac{16}{I_{10} - 4} = \frac{Q_{1\max}}{Q_{10}} \tag{8-24}$$

式中，Q_{10} 为主物料的静态工作点。当没有采用开方器时

$$k_÷ = \frac{16}{I_{10} - 4} = \frac{Q_{1\max}^2}{Q_{10}^2} \tag{8-25}$$

由上式可以看出，除法器的静态放大系数 $k_÷$ 与 Q_{10} 成反比。也就是说，除法器的静态放大系数 $k_÷$ 将随着负荷的增大而减小。从而使从物料的控制回路（在参数整定好之后的运行中），随着负荷的减小，系统的稳定性下降，而随着负荷的增大，系统的控制作用又显得呆滞，造成误差偏大。对于这种缺点可以选择具有相应流量特性的调节阀加以补偿。但应该指出，这种方法很难做到全补偿。由于除法器的上述缺点，除了在变比值控制系统中得到采用外，它在其他比值控制方案中的使用已日趋减少。

5. 开方器的采用

当采用 0.02～0.1MPa 信号变化范围的气动仪表，并利用差压法测量流量时，测量信号与流量的关系为

$$p = \left(\frac{Q}{Q_{\max}}\right)^2 \times 0.08 + 0.02 \tag{8-26}$$

它的静态放大系数为

$$k = \frac{\mathrm{d}p}{\mathrm{d}Q}\bigg|_{Q=Q_0} = 0.16\frac{Q_0}{Q_{\max}^2} \tag{8-27}$$

式中，Q_0 为 Q 的静态工作点。

由式（8-27）可知，采用差压法测量流量时，其静态放大系数 k 正比于流量，即随负荷的增大而增大。这样的环节，将影响系统的动态品质，即小负荷时系统稳定。随着负荷的增大，系统的稳定性将下降。若将测量信号经过开方运算后，其输出信号与流量则成线性关系，从而使包括开方器在内的变送环节成为线性环节，它的静态放大系数与负荷大小无关，系统的动态性能不再受负荷变化的影响。

就一个采用差压法测量流量的比值控制系统来说，是否采用开方器，要根据对被控变量的控制精度要求及负荷变化的情况来决定。当控制精度要求不高，负荷变化又不大时，可忽略非线性的影响而不使用开方器。反之，就必须使用开方器，使测量变送环节线性化。

8.1.4　控制器的选型和整定

比值控制系统同其他控制系统一样，为了保证和提高控制品质，在选择好适当的控制器类型后，必须正确选择控制器的参数。由于在比值控制系统中，各个控制器的作用不同，其

参数的整定方法也有所不同。

1．单闭环比值控制系统

在单闭环比值控制系统中，从物料回路是跟随主物料变化的一个随动控制系统。因此，要求从物料能准确、快速地跟随主物料而变化。稳态时，无论负荷高低，主从流量的比值应严格满足规定的比值要求，故从回路控制器应采用 PI 控制规律。由于不希望动态过程严重超调，因此比值控制系统整定时，不能按一般定值控制系统 4∶1 或 10∶1 衰减过程的要求进行整定，而应当将从物料回路的过渡过程整定成非周期临界情况，这时的过渡过程既不振荡而且反应又快。对从物料回路控制器参数的整定步骤可归纳为：

① 根据工艺要求的物料比值 K，换算出仪表信号比值系数 α，按照 α 对比值器进行设置。

② 将从物料回路中控制器的积分时间置于最大值，由大到小逐步改变比例带 δ，直到在阶跃干扰下过渡过程处于振荡与不振荡的临界过程为止。

③ 在适当放宽比例带（一般为 20%）的情况下，逐步缓慢地减小积分时间，直到出现振荡与不振荡的临界过程或稍有一点过调的情况为止。

控制器正、反作用方式的选择与单回路控制系统完全类同。

2．双闭环比值控制系统

双闭环比值控制系统中的主物料回路是定值控制系统，往往工艺要求主物料恒定在设定值上。从物料回路是随动控制系统，它在实现自身稳定控制的同时还要对主物料的变化进行跟踪，从而实现主、从物料的比值恒定。再者，因为比值控制系统对象一般都是流量对象，滞后时间都比较小，而且在管路中存在有很多不规则的干扰噪声，因此主、从控制器都不宜采用微分作用。所以主、从控制器都应选择 PI 控制作用。从整定的角度看，应使从物料回路响应较主物料回路快一些，以便从物料能跟得上主物料的变化，保证主、从物料的比值恒定。因此，应该分别将从物料和主物料控制回路的过渡过程整定成非周期临界状态和非周期状态。

另外，这样整定参数也防止了从物料回路的共振问题。因为，从物料回路通过比值器和主物料回路发生联系，主物料的变化必然引起从物料回路控制器设定值的变化。如果主物料的变化频率接近从物料回路的工作频率，则有可能引起从物料回路的共振，以致系统的控制品质变坏。因此，主从物料控制回路工作频率的错开，可以有效地防止这种情况的发生。

主、从控制器正、反作用方式的选择与单回路控制系统完全类同。

3．变比值控制系统

变比值控制系统，因其结构上是串级控制系统，又可称为串级比值控制系统。因此，其主控制器一般选择 PI 或 PID，其参数整定可按串级控制系统进行。而从物料回路是一个随动控制系统，因此对副控制器的要求和整定方法与单闭环比值控制系统基本相同。

主、副控制器正、反作用方式的选择与串级控制系统完全类同。

8.2　均匀控制系统

8.2.1　均匀控制的概念

均匀控制系统是在连续生产过程中的各种设备前后紧密联系的情况下，提出来的一种特殊的控制要求。其目的在于使一种物料保持在一个允许的变化范围，而另一种物料也保持平稳。从结构上看，它与单回路控制系统和串级控制系统没有什么两样，可是它们的控制目的却不相同。

例如，为了将石油列解气分离成甲烷、乙烷、丙烷、丁烷、乙烯、丙烯等，前后串联了八个塔，除了产品塔将产品送至储罐外，其余各塔都是将物料连续送往下一个塔进行再分离。为了保证精馏塔生产过程稳定地进行，总是要求每个塔的塔底液位稳定，不要超出允许范围。对此设置了液位定值控制系统，以塔底出料量为操作变量；同时为了保证精馏塔的运行正常，每个塔也都要求它的进料量保持平稳，对此设置了流量定值控制系统，如图 8-11 中甲塔的液位控制系统和乙塔的流量控制系统。单独对每一个塔来说，这种设置是可以的，但对于相邻的、前后有物料联系的两个塔整体来看，两个控制系统将会发生矛盾。

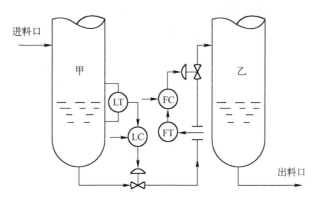

图 8-11　前后精馏塔的供求关系系统图

由图 8-11 可以看出，甲塔要实现其液位稳定，是通过控制它的出料量来实现的，也就是说，要保证液位稳定，它的出料量必然不稳定。而甲塔的出料量恰恰又是乙塔的进料量。乙塔的流量控制系统要保证其进料量的稳定，势必造成甲塔液位不稳定；甲塔的液位控制系统势必造成乙塔的进料量不稳定。甲塔的液位和乙塔的进料量不可能同时都稳定不变。这就是存在于两个控制系统之间的矛盾。早先人们也曾利用缓冲罐来解决这个矛盾，即在甲、乙塔之间增设一个有一定容量的缓冲罐。但这需要增加一套容器设备，加大了投资成本。另外对于某些中间产品在缓冲罐中停留时间一长，会产生分解或自聚现象，从而限制了这种方法的使用。

解决这个矛盾的有效方法就是采用均匀控制系统。条件是工艺上应该允许甲塔的液位和乙塔的进料量在一定范围内可以缓慢变化。控制系统主要着眼于物料平衡，使甲、乙两塔物料供求矛盾的过程限制在一定条件下的慢变化，从而满足甲、乙两塔的控制要求。例如，当甲塔的液位受到干扰偏离设定值时，并不是采取很强的控制作用，立即改变阀门开度，以出料量的大幅波动，换取液位的稳定，而是采取比较弱的控制作用，缓慢地改变调节阀的开度，以出料量的缓慢变化来克服液位所受到的干扰。在这个调节过程中，允许液位适当偏离设定值。从而使甲塔的液位和乙塔的进料量都被控制在允许的范围内。所以，使两个有关联的被控变量在规定范围内缓慢地、均匀地变化，使前后设备在物料的供求上相互兼顾、均匀协调的系统称为均匀控制系统。

根据以上讨论，均匀控制系统可归纳出以下特点：

① 结构上无特殊性。同样一个单回路液位控制系统，由于控制作用强弱不同，它可以是一个单回路液位定值控制系统，也可以是一个简单均匀控制系统。因此，均匀控制是指控制的目的，而不是由控制系统的结构来决定的。

② 两被控变量都应该是变化的，而且应在工艺允许的操作范围内缓慢变化。这与定值控制希望控制过程要短的要求是不同的。均匀控制指的是前后设备物料供求上的均匀，因此，表征前后设备物料的被控变量都不应该稳定在某一固定数值上。图 8-12 所示为均匀控制中可能出现的控制过程曲线。图 8-12（a）为把液位控制成比较稳定的直线，下一设备的进料量必然波动很大。图 8-12（b）为把后面设备的进料量控制成比较稳定的直线，则前一设备的液位必然波动很大。所以这两种过程都不应是均匀控制。只有图 8-12（c）所示的液位和流量的控制过程曲线才符合均匀控制的含义，两者都有波动，但波动比较缓慢。

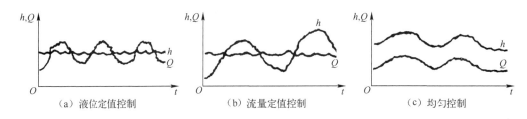

（a）液位定值控制　　　　　（b）流量定值控制　　　　　（c）均匀控制

图 8-12　均匀控制中可能出现的过程曲线

8.2.2　均匀控制系统的设计

常用的均匀控制系统有简单均匀控制系统、串级均匀控制系统和双冲量均匀控制系统三类结构形式。

1. 简单均匀控制系统

简单均匀控制系统如图 8-13 所示，从图中可以看出，在系统的结构形式上，它与纯液位定值控制系统没有什么区别，但两者所要达到的目的却不同。

为了满足均匀控制的要求，必须选择合适的控制规律和控制参数。因为在调节过程中，两个变量都是变化的，所以不应该有微分作用的控制规律，因为微分作用对控制过程的影响与均匀控制的要求背道而驰。比例作用一般都作为基本控制。但纯比例控制在系统出现连续的同向干扰时,容易造成被控变量的波动越过允许范围,因此,可适当引入积分作用,选择 PI 控制。

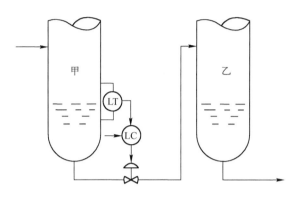

图 8-13 简单均匀控制系统图

为达到均匀控制的目的,在控制器的参数整定时,比例作用和积分作用均不能整定得太强,因此,比例带要宽,积分时间要长。一般比例带为 $\delta = 100\% \sim 200\%$,积分时间为几分钟到十几分钟。

简单均匀控制系统结构简单、所用仪表较少。但是当甲塔的液位对象本身具有自平衡作用时,或者乙塔内的压力发生波动时,尽管调节阀开度没变,其流出量仍会发生相应变化。所以,简单均匀控制系统只适用于干扰较小、对流量的均匀程度要求较低的场合。

2. 串级均匀控制系统

图 8-14 为前后两个精馏塔液位与流量的串级均匀控制系统。由图 8-14 可见,液位控制器 LC 的输出作为流量控制器 FC 的设定值,两者串联工作。因此,从结构上看就是典型的串级控制系统。但是,这里的控制目的却是使液位与流量均匀协调。假如干扰使甲塔的液位上升,正作用的液位控制器输出信号随之增大,通过反作用的流量控制器使调节阀门缓慢地开大;反映在工艺参数上,甲塔的液位不是立即快速下降,而是继续缓慢上升,同时乙塔的进料量也在缓慢增加。当甲塔的液位上升到某一数值时,其出料量等于干扰造成进料量的增加量,液位就不再上升而暂时达到最高液位。这样甲塔的液位和乙塔的流量均处于缓慢变化中,完成了均匀协调的控制目的。如果乙塔内压力受到干扰而发生变化时,乙塔的进料量将发生变化,这时,首先通过流量控制器进行控制。当这一控制作用使甲塔的液位受到影响时,通过液位控制器改变流量控制器的设定值,使流量控制器作进一步的控制,缓慢改变调节阀的开度。两个控制器互相配合,使甲塔的液位和乙塔的流量都在规定的范围内缓慢地均匀变化。

要达到均匀控制的目的,与简单均匀控制系统一样,主、副控制器中都不应有微分作用。液位控制器 LC 宜选择 PI 控制作用。流量控制器 FC 主要用于克服乙塔压力波动对其流量的影响,一般选比例控制就可以了。但如果乙塔的压力波动较大,或对其流量的稳定要求也比较高时，流量控制器也可采用 PI 控制作用。

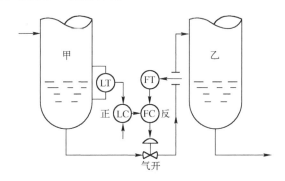

图 8-14　串级均匀控制系统图

串级均匀控制系统中，主控制器的参数整定与简单均匀控制系统相同。副控制器的参数整定与普通流量控制器参数整定没有什么差别，要求副回路的工作频率较高，能较快地克服进入副回路的干扰，因此副控制器要用大的比例带和小的积分时间，其范围一般为：比例带 δ 取 100%～200%，积分时间取 0.1～1min。副控制器若要用纯比例控制，则比例带 δ 取 100%～200% 之间。

串级均匀控制系统能克服较大的扰动，适用于系统前后压力波动较大，或液位对象具有明显自平衡特性，要求流量比较平稳，需要均匀控制的场合。但与简单均匀控制系统相比，使用仪表较多，投运较复杂，因此在方案选定时要根据系统的特点、扰动情况及控制要求来确定。

3. 双冲量均匀控制系统

双冲量均匀控制系统，就是将两个需要兼顾变量的测量信号，经过加法器后作为被控变量的系统。图 8-15 即为精馏塔液位与出料量的双冲量均匀控制系统工艺流程图。假定该系统用气动单元组合式仪表来实施，其运算规律为：

$$I_o = I_h - I_q - R_h + c \tag{8-28}$$

式中，I_o 为流量控制器的输入信号；I_h, I_q 分别为液位和流量测量信号；R_h 为液位的设定值；c 为可调偏置。

在稳定工况时，调整偏置 c 使 I_o 等于流量控制器 FC 的设定值 R_q，一般将它设置在 0.06MPa，使调节阀开度处于 50% 位置。当流量正常时，假若液位受到干扰引起液位上升，I_h 增大，加法器输出 I_o 增大，流量控制器因为是正作用方式，输出也增大。对于气开式的调节阀，阀门开度缓慢开大，使出料量逐渐加大，I_q 也随之增大，到某一时刻，液位开始缓慢下降，当 I_h 与 I_q 之差逐渐减小到稳态值时，加法器的输出重新恢复到控制器的设定值，系统渐趋稳定，调节阀停留在新的开度上，液位新的稳态值比原来有所升高，流量新的稳态值也比原来有所增加，但都在允许的范围内，从而达到均匀控制的目的。同样道理，当液位正常，出料量受到干扰使 I_q 增大时，加法器的输出信号减小，流量控制器的输出逐渐减小，调节阀门慢慢关小，使 I_q 慢慢减小，同时引起液位上升，I_h 逐渐增大，在某一时刻 I_h 与 I_q 之差恢复到稳态值时，系统又达到了一个新的平衡。

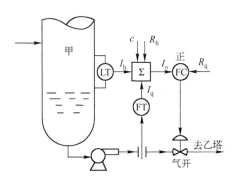

图 8-15 双冲量均匀控制系统图

由于流量控制器接受的是由加法器送来的两个变量之差，并且又要使两变量之差保持在固定值上，所以控制器应该选择 PI 控制规律。

由于双冲量比值控制系统的原理方框图可以画成如图 8-16 所示的形式，所以如果将液位测量变送器看做是一个放大系数等于 1 的比例控制器，双冲量均匀控制系统可以看成是主控制器是液位控制器，且比例带为 100%的纯比例控制，副控制器为流量控制器的串级均匀控制系统。因此它具有串级均匀控制系统的优点，而且比串级均匀控制系统还少用了一个控制器。由于双冲量均匀控制系统的主控制器比例带不可调，所以它只适用于生产负荷比较稳定的场合，其控制效果比简单均匀控制系统要好，但不及串级均匀控制系统。

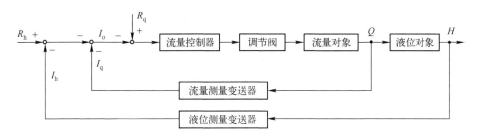

图 8-16 双冲量比值控制系统方框图

既然双冲量控制系统中的流量控制器属于串级均匀控制系统中的副控制器，所以流量控制器应按副控制器的要求进行参数整定，即宽的比例带和长的积分时间，比例带 δ 取值范围为 100%～200%，积分时间在 0.1～1min 之间。

8.2.3 均匀控制系统的整定

简单均匀控制系统和双冲量均匀控制系统，要整定的控制器都是一个，可以按照简单控制系统的整定方法进行，只是要注意比例带要宽、积分时间要长，通过"看曲线、整参数"，使液位和流量达到均匀协调的最终目的。在此仅介绍串级均匀控制系统的参数经验整定方法。

所谓经验整定法就是根据经验给主、副控制器设置一个适当的参数。这里参数整定的目的不是使参数尽快地回到设定值，而是要求参数在允许的范围内作缓慢的变化。参数的整定方法也与一般的串级控制系统不同，一般的串级控制系统的比例带和积分时间是由大到小地进行调整。而串级均匀控制系统则与之相反，它是由小到大进行调整，使被控变量的过渡过程曲线呈缓慢的非周期衰减过程，其具体步骤为：

① 先将主控制器的比例带放到一个适当的经验数值上，然后对副控制器的比例带由小到大调整，直到副变量呈现缓慢的非周期衰减过程为止。

② 已整定好的副控制器比例带不变，由小到大地调整主控制器的比例带，直到主变量呈现缓慢的非周期衰减过程为止。

③ 根据对象的具体情况，为了防止同向干扰造成被控变量出现的余差超过允许范围，可适当加入积分作用。

8.3 分程控制系统

8.3.1 分程控制的概念

第 41 讲

在单回路控制系统中，一台控制器的输出信号只操纵一个调节阀工作。然而，在实际生产中还存在另一种情况，即由一台控制器的输出信号去控制两个或两个以上的调节阀工作，而且每一个调节阀上的控制信号，只是控制器整个输出信号的某一段。分程的意思就是将控制器的输出信号分割成不同的量程范围，去控制不同的调节阀，习惯上称这种控制方式为分程控制。

为了实现分程的目的，在采用气动调节阀的场合，往往要借助于附设在每个阀上的阀门定位器，将控制器的输出压力信号分成若干个区间，再由阀门定位器将不同区间内的压力信号转换成能使相应的调节阀作全行程动作的压力信号 0.02～0.1MPa。如图 8-17 所示，某系统有两个调节阀，A 阀和 B 阀。要求 A 阀在控制器输出压力信号为 0.02～0.06MPa 变化时，做全行程动作。B 阀在控制器输出压力信号为 0.06～0.1MPa 时，做全行程动作。利用 A 阀上的阀门定位器将 0.02～0.06MPa 的控制压力信号转换成 0.02～0.1MPa 的信号。利用 B 阀上的阀门定位器将 0.06～0.1MPa 的控制信号转换成 0.02～0.1MPa 的控制信号，从而使 A 阀在控制器输出信号小于 0.06MPa 时动作；当信号大于 0.06MPa 时，A 阀已处于极限位置，B 阀开始动作，实现了分程控制过程。

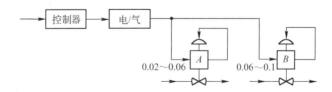

图 8-17 分程控制系统示意图

根据调节阀的气开和气关作用方式，以及两个调节阀是同向动作还是异向动作，在分程控制的应用中，可以形成四种不同的组合形式，如图 8-18 所示。图 8-18（a）为两阀同向动作。随着控制压力信号的增大（减小），两阀都同方向开大（关小）。以气开式为例，控制器输出压力信号为 0.02MPa 时，A、B 两阀都全关闭，随着控制信号的增大，A 阀开始打开，直到控制信号增大到 0.06MPa 时，A 阀全开，此时，B 阀才开始开启，直到控制信号增大到 0.1MPa 时，B 阀也全开。当控制信号由 0.1MPa 减小时，B 阀先关小，直到全关闭后 A 阀才开始关闭。

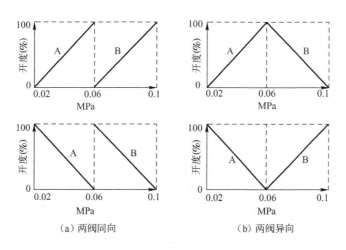

图 8-18　两控制阀的分程组合动作图

图 8-18（b）为两阀异向动作。一个阀是气开式，另一个阀就是气关式。以 A 阀为气开，B 阀为气关为例，控制压力信号为 0.02MPa 时，A 阀为全关，B 阀为全开。随着控制压力信号的增大，A 阀开始打开，B 阀不动作。当控制压力信号至 0.06MPa 时，A 阀全开，B 阀仍全开。控制信号再增大，B 阀开始关闭，直到控制信号为 0.1MPa 时，B 阀全关闭。此时，A 阀全开，B 阀全闭。

对于电动单元组合仪表构成的分程控制系统，要采用分程器将一路电流信号分成两路。而由 DCS、PLC 等构成的分程控制系统，一般则有专用的分程模块，或是用一个特定的算法，将一个控制器的输出分成两个，然后占用两个输出通道，去分别控制两个阀门。

8.3.2　分程控制系统的应用

1．扩大调节阀的可调范围

在过程控制中，有些场合需要调节阀的可调范围很宽。如果仅用一个大口径的调节阀，当调节阀工作在小开度时，阀门前后的压差很大，流体对阀芯、阀座的冲蚀严重，并会使阀门剧烈振荡，影响阀门寿命，破坏阀门的流量特性，从而影响控制系统的稳定。若将调节阀换小，其可调范围又满足不了生产需要，致使系统不能正常工作。在这种情况下，可将大小两个阀并联分程后当作一个阀使用，从而扩大了可调比，改善了阀的工作特性，使得在小流量时有更精确的控制。假定并联的两个阀，其小阀 A 的流通能力为 $C_A = 4$；大阀 B 的流通

能力为 $C_B = 100$。两阀的可调比相同，即 $R_A = R_B = 30$。根据可调比的定义，可以算出小阀 A 的最小流通能力为

$$C_{A\min} = \frac{C_{A\max}}{R_A} = \frac{C_A}{R_A} = \frac{4}{30} = 0.133$$

那么两阀并联组合在一起的可调比 R_{AB} 为

$$R_{AB} = \frac{C_{A\max} + C_{B\max}}{C_{A\min}} = \frac{C_A + C_B}{C_{A\min}} = \frac{4 + 100}{0.133} \approx 782$$

可见，阀组合后的可调比为一个阀可调比的 26 倍多。

图 8-19 所示为一个锅炉主蒸汽压力保护系统，当主蒸汽压力由于某些原因（如突然甩负荷）突然升高时，系统通过把高压蒸汽向低压侧泄放达到保护高压管网的目的。如果高压侧压力升高是由于负荷略微减少或燃烧系统扰动引起的，则稍加泄放就能将压力调回安全值以内，而如果是由于保护等原因，造成高压负荷突然全部甩掉，则需要大量的向低压侧泄放才能满足高压管网安全的要求。如果采用单只调节阀，根据可能出现的最大流量，则需要安装一个口径很大的调节阀。而该阀在正常的生产条件下开度就很小，再加上压差大、温度高，不平衡力使调节阀振荡剧烈，严重影响调节阀的寿命和控制系统品质。为此，改为一个小阀和一个大阀分程控制，在正常的小流量时，只有小阀进行控制，大阀处于关闭状态，如果流量增大到小阀全开时还不够时，在分程控制信号的操纵下，大阀打开参与控制。从而扩大了调节阀的可调范围，改善了控制质量，保证了控制精度。

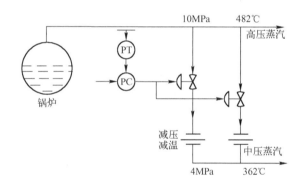

图 8-19 蒸汽减压分程控制系统图

2. 满足工艺操作过程中的特殊要求

在某些间歇式生产的化学反应过程中，当反应物投入设备后，为了使其达到反应的起始温度，往往在反应开始前需要给它提供一定的热量。一旦达到反应温度后，就会随着化学反应的进行而不断释放出热量，这些放出的热量如不及时移走，反应就会越来越剧烈，以至于会有爆炸发生的危险。因此，对这种间歇式化学反应器，既要考虑反应前的预热问题，又要考虑反应过程中及时移走反应热的问题。为此，针对该化学反应器可设计如图 8-20 所示的分程控制系统。

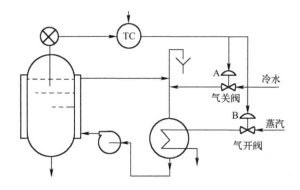

图 8-20　反应器温度分程控制系统图

　　从安全的角度考虑，图 8-20 中冷水控制阀 A 选用气关型，蒸汽控制阀 B 选用气开型，控制器选用反作用的比例积分控制器，用一个控制器带动两个调节阀进行分程控制。这一分程控制系统，既能满足生产上的控制要求，也能满足紧急情况下的安全要求，即当出现突然供气中断时，B 阀关闭蒸汽，A 阀打开冷水，使生产处于安全状态。A 与 B 两个控制阀的关系是异向动作的，它们的动作过程如图 8-21 所示。当控制信号在 0.02～0.06MPa 变化时，A 阀由全开到全关。当控制信号在 0.06～0.1MPa 变化时，则 B 阀由全关到全开。

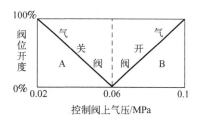

图 8-21　反应器温度控制分程阀动作图

　　针对该分程控制系统，当反应器配料工作完成以后，在进行化学反应前的升温阶段，由于起始温度低于设定值，因此反作用的控制器输出信号将逐渐增大，A 阀逐渐关小至完全关闭，而 B 阀则逐渐打开，此时蒸汽通过热交换器使循环水被加热，再通过夹套对反应器进行加热、升温，以便使反应物温度逐渐升高。当温度达到反应温度时，化学反应发生，于是就有热量放出，反应物的温度将继续升高。当反应温度升高至超过设定值后，控制器的输出将减小，随着控制器输出的减小，B 阀将逐渐关闭，而 A 阀则逐渐打开。这时反应器夹套中流过的将不再是热水而是冷水，反应所产生的热量就被冷水带走，从而达到维持反应温度的目的。

3. 用于安全生产的防护措施

　　在炼油厂或石油化工厂中，有许多储罐存放着各种油品或石油化工产品。这些储罐建造在室外，为使这些油品或产品不与空气中的氧气接触，被氧化变质，或引起爆炸危险，常采用罐顶充氮气（N_2）的办法，使其与外界空气隔绝。例如图 8-22 所示的罐顶氮封分程控制系统。实行氮封的技术要求是要始终保持罐内的 N_2 气压为微量正压。储罐内储存的物料量增减时，将引起罐顶压力的升降，应及时进行控制，否则将会造成储罐变形。因此，当储罐内液位上升时，应停止继续补充 N_2，并将罐顶压缩的 N_2 适量排出。反之，当液位下降时，应停止排放 N_2 而继续补充 N_2。只有这样才能做到既隔绝了空气，又保证了储罐不变形的目的。

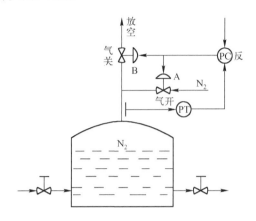

图 8-22 罐顶氮封分程控制系统图

罐顶氮封分程控制系统中，PT 为压力测量变送器，PC 为压力控制器，选择 PI 控制规律，具有反作用；充气阀 A 选择气开式，排气阀 B 选择气关式。当罐顶压力减小时，控制器输出增大，从而将打开充气阀而关闭排气阀。反之，当罐顶压力增大时，控制器输出减小，关闭充气阀，打开排气阀。

为了避免 A、B 两阀频繁开关，从而有效地节省氮气，针对一般罐顶部空隙较大，压力对象时间常数较大，同时对压力的控制精度要求又不高的情况，可以将 B 阀的分程信号压力设置为 0.02～0.058MPa，将 A 阀的分程信号压力设置为 0.062～0.1MPa，中间存在一个间歇区或称为不灵敏区，如图 8-23 所示。

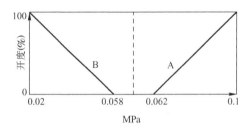

图 8-23 氮封分程控制阀动作图

8.3.3 分程控制系统的实施

1. 分程信号的确定

在分程控制系统中，控制器输出信号的分段是由生产工艺要求决定的。控制器输出信号需要分成几段，哪个区间段控制哪个阀完全取决于生产工艺的要求。

2. 对调节阀泄漏量的要求

泄漏量即阀门完全关闭时的物料流量。在分程控制系统中，应尽量使两个调节阀都无泄漏量。特别在大阀与小阀并联分程使用时，如果大阀的泄漏量过大，小阀将不能正常发挥其控制作用，甚至不起控制作用。

3. 利用阀门定位器实现信号分送

仪表厂家生产的调节阀，接受的控制信号范围一般都为 0.02～0.1MPa，自身没有信号分程能力。可利用阀门定位器，通过调整阀门定位器的零点和范围来实现信号分程。

4. 分程信号的衔接

两个阀并联分程时，实际上就是将两个阀当作一个阀来使用，这时存在由一个阀向另一个阀平滑过渡的问题。例如两个线性阀并联分程使用，小阀流通能力 $C_1 = 4$，大阀流通能力 $C_2 = 100$，若按控制信号的范围对称分程，则它们的分程信号范围：小阀为 0.02～0.06MPa，大阀为 0.06～0.1MPa。两个阀的合成流量特性如图 8-24 中实线所示。由于小阀和大阀流量特性的增益不同，大阀的增益是小阀增益的 24 倍，致使两阀在衔接处有突变现象，形成一个折点，这对控制品质带来不利影响。要克服这种现象，维持全行程的增益恒定，只有令小阀分程信号的范围为 0.02～0.0232MPa，动作范围为 0%～4%；大阀为 0.0232～0.1MPa，动作范围为 4%～100%，大小阀衔接处才没有折点，如图中虚线所示。但这样的分程信号范围太悬殊，几乎和不分程一样。因此，将线性阀用于这种两阀增益差别过大的分程控制，对控制品质是不利的，只有当两个调节阀的流通能力很接近时，采用线性阀作为分程控制使用才比较合适。

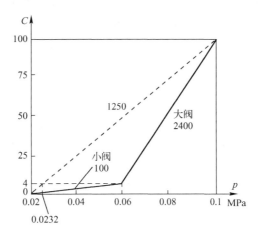

图 8-24　线性阀分程特性

如果使用两个对数流量特性的阀进行并联分程，效果要比两个线性阀分程好得多。例如小阀门和大阀门的流通能力分别为 $C_1 = 4$ 和 $C_2 = 100$，它们的分程信号范围仍是小阀为 0.02～0.06MPa，大阀为 0.06～0.1MPa，如图 8-25 所示。

但是，从图 8-25 可以看出，在两特性的衔接处仍不平滑，还存在有一定的突变现象。此时可采用部分分程信号重叠的办法加以解决。例如小阀和大阀的流通能力分别为 $C_1 = 4$ 和 $C_2 = 100$，可调范围分别为 $R_1 = 25$ 和 $R_2 = 30$，则它们的最小流通能力为 $C_{1min} = 0.16$ 和 $C_{2min} = 3.33$。具体方法步骤如下：

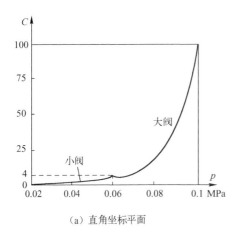

（a）直角坐标平面

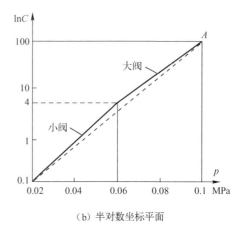

（b）半对数坐标平面

图 8-25 对数阀分程特性

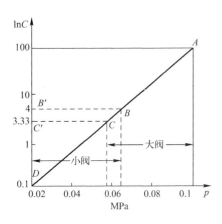

图 8-26 确定重叠分程信号图

① 确定重叠分程信号图如图 8-26 所示，在由控制信号压力为横坐标，以流通能力 C 的对数值为纵坐标的半对数坐标上，找出 0.02MPa 对应小阀的最小流通能力点 D 和 0.1MPa 对应大阀的最大流通能力点 A，连接 AD 即为对数阀的分程流量特性。

② 在纵坐标上找出小阀的最大流通能力（$C_{1max}=4$）点 B' 和大阀的最小流通能力（$C_{2min}=3.33$）点 C'。

③ 过 B'、C' 点作水平线与直线 AD 交于 B、C 点。

④ 找出 B、C 点在横轴的对应坐标值 0.065MPa 和 0.055MPa。

由此可以得到分程信号范围：小阀为 0.02～0.065MPa，大阀为 0.055～0.1MPa。这样，分程控制时，不等到大阀全关，小阀已开始关小；不等到小阀全开，大阀已开始渐开，从而使两阀在衔接处平滑过渡。利用这种重叠信号可以弥补两个调节阀在衔接处流量特性的突变现象，使控制品质得以改善。信号重叠部分的多少，取决于两阀 C 值的差，其差数越大则信号重叠部分越多。

由于对数阀合成的流量特性比线性阀效果好，一般都采用两个对数阀并联分程。如果系统要求合成阀的流量特性为线性，则可以通过添加其他非线性补偿环节的方法，将合成的对数特性校正为线性特性。

分程控制系统属于单回路控制系统。因此，其控制器的选型和参数整定方法与一般单回路控制系统相同。但是，与单回路控制系统相比，分程控制系统的主要特点是分程且阀多。所以，在分程控制系统中，当两个调节阀分别控制两个操纵变量时，这两个调节阀所对应的控制通道特性，可能差异很大。这时，控制器的参数整定必须注意，需要选取一组合适的控制器参数来兼顾两种情况。

另外，在分程控制系统中，除不要把控制器的给定值设在两个分程调节阀的交接处，以免引起两个阀门频繁动作降低阀门寿命外，还要注意调节阀的泄漏问题。特别是大阀与小阀并联分程时，大阀的泄漏量要小，否则小阀不能充分发挥作用，流量的可调范围仍然拉不开。

8.4　自动选择性控制系统

第 42 讲

8.4.1　自动选择性控制的概念

自动选择性控制是过程控制中属于约束性控制类的控制方案。所谓自动选择性控制系统，就是把由工艺生产过程中的限制条件所构成的逻辑关系自动叠加到正常的控制系统中的一种组合逻辑方案。

在生产过程中，一般都会有一定的安全保护措施。例如，声光报警或自动安全联锁。即当生产工艺参数达到安全极限时，报警开关接通，通过报警灯或警铃发出报警信号，改为人工手动操作；或通过自动安全联锁装置，强行切断电源或气源，使整个工艺装置或某些设备停车，待操作人员排除故障后再重新启动。这两种方案被称为"硬保护"措施。随着生产的现代化，现在的生产多数都是大规模的连续生产，安全联锁装置在故障时强行使一些设备停车，引起大面积停工停产，将会造成很大的经济损失。因此，一种既能自动起保护作用而又不停车，从而有效地防止生产事故的发生，减少开停车次数的"软保护"措施就应运而生了。这就是自动选择性控制系统，也称为取代控制系统、超驰控制系统、自动保护控制系统或软保护控制系统等。

在自动选择性控制系统中，把生产过程中的限制条件所构成的逻辑关系叠加到正常的控制系统中去，即当工艺过程参数趋近于危险极限，但还未到达危险极限（也称为安全软限）时，一个用于控制不安全情况的控制方案将取代正常情况下工作的控制方案，用取代控制器自动顶替正常工况下的控制器的工作。即使正常控制器处于开环状态，通过取代控制器的工作，使生产过程参数脱离"安全软限"而回到安全范围内。这时，取代控制器又自动退出，处于开环状态，正常情况下的控制器接通，又恢复到原来的控制方案上。这种正常情况和不正常情况可由高值选择器或低值选择器进行判别，以实现正常控制器与取代控制器的自动切换。因此，自动选择性控制系统也常定义为凡是在控制回路中引入了选择器的控制系统都可称为自动选择性控制系统。

8.4.2　自动选择性控制系统的类型

根据选择器在控制回路中的位置可分为两类：一类是选择器接在控制器与执行器之间，另一类是选择器接在变送器与控制器之间。根据自动选择性控制系统中被选的变量性质，又可分为以下三种类型，其中前两种的选择器接在控制器与执行器之间，后一种的选择器接在变送器与控制器之间。

1. 对被控变量的自动选择性控制系统

当生产过程中某一工况参数超过安全软限时，用另一个控制回路代替原有正常控制回路，使工艺过程能安全运行的控制系统中，选择器位于两个控制器和一个执行器之间，这种对被控变量进行选择的控制系统，是自动选择性控制的基本类型，其方框图如图 8-27 所示。

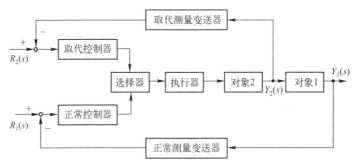

图 8-27　对被控变量的自动选择性控制系统方框图

　　图 8-28 所示为液态氨冷却器自动选择性控制系统图，即一个在温度和液位两个被控变量之间进行选择的液态氨冷却器自动选择性控制系统。液氮蒸发冷却器是工业生产中用得很多的一种换热设备，它利用液氨的蒸发吸取大量的气化热，来冷却流经管内的被冷却物料。工艺上要求被冷却物料的出口温度稳定为某一定值，所以将被冷却物料的出口温度作为被控变量，以液态氨的流量为操纵变量，构成正常工况下的单回路温度定值控制系统如图 8-28（a）所示。从安全角度考虑，调节阀选用气开式，温度控制器选择正作用方式。当被冷却物料的出口温度升高时，控制器的输出增大，调节阀门开度增大，液态氨流量增大，从而有更多的液态氨气化，使被冷却物料的出口温度下降。

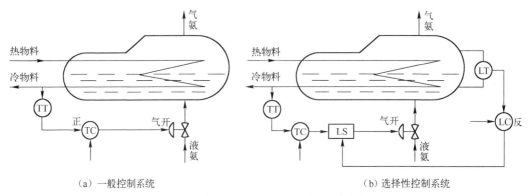

（a）一般控制系统　　　　　　　　　　　　　　（b）选择性控制系统

图 8-28　液态氨冷却器自动选择性控制系统图

　　这一控制方案实际上是基于改变换热器列管淹没在液态氨中的多少，以改变传热面积来达到控制温度的目的的。所以液面的高度也就间接反映了传热面积的变化情况。在正常工况下，操纵液氮流量使被冷却物料的出口温度得到控制，而液位在允许的一定范围内变化。如果突然出现非正常工况，假设有杂质油漏入被冷却物料管线，使导热系数下降，原来的传热面积不能带走同样多的热量，只能使液位升高，加大传热面积。当液位升高到全部淹没换热器的所有列管时，传热面积已达到极限，此时如果出口温度仍没有降下来，温度控制器会不断地开大调节阀门，使液位继续升高。这时就可能导致生产事故。这是因为气化氨要经过压缩机后，变成液态氨重复使用，如果液面太高，会导致气氨中夹带液氨进入压缩机，损坏压缩机叶片。为了保护压缩机的安全，要求氨蒸发器有足够的气化空间，这就限制了氨液面的上限高度（安全软限），这是根据工艺操作所提出的限制条件。为此，需要在温度控制系统的基础上，增加一个液面超限的取代单回路控制系统，如图 8-28（b）所示。显然，从工艺上看，操纵变量只有液氨流量一个，而被控变量却有温度和液位两个，从而形成了对被控变量的自动选择性控制系统。其中液位控制器选择反作用方式，选择器为低值选择器 LS。

液态氨冷却器自动选择性控制系统，在正常工况下，液位处于安全范围，低于界限值，由于液位控制器的反作用使其输出高于温度控制器的输出，从而导致低值选择器选中了温度控制器，液位控制器处于开环待命状态，这是正常工况下的控制系统。当氨的液位达到高限值时，要保护压缩机不致损坏已成为主要矛盾，冷物料出口温度暂时降为次要矛盾。此时，由于液位升高而使液位控制器的输出减小，同时，冷物料出口温度较高，正作用的温度控制器输出较大，因而低值选择器立即选中液位控制器，而温度控制器则成为开环状态，即取代控制器（液位控制器）代替了正常控制器（温度控制器）的工作。在液位控制器的作用下，当液位恢复到正常高度时，温度对象的故障排除后，温度控制器又会自动恢复工作，液位控制器再次处于待命状态。

2. 对操纵变量的自动选择性控制系统

对操纵变量的自动选择性控制系统方框图如图 8-29 所示。其被控变量只有一个，而操纵变量却有两个，选择器对操纵变量加以选择。

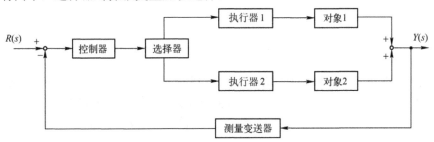

图 8-29　对操纵变量的自动选择性控制系统方框图

图 8-30 所示为对燃料的自动选择控制系统图，即一个在 A 燃料和 B 燃料两个操纵变量之间进行选择的加热炉自动选择性控制系统。当低热值燃料 A 的流量没有超过上限值 A_H 时，尽量用 A 燃料。一旦超过上限值 A_H 时，则用高热值燃料 B 来补充。在正常工况下，温度控制器 TC 的输出为 M，而且 $M<A_H$，经低值选择器 LS 后 M 作为燃料 A 流量控制器 F_AC 的设定值，构成主变量为出口温度、副变量为燃料 A 流量的串级控制系统。此时，由于 $A_r=M$，因此，$B_r=M-A_r=0$，故燃料 B 的阀门全关。

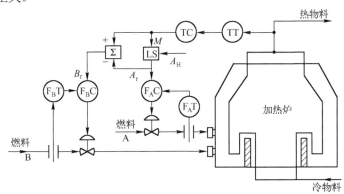

图 8-30　对燃料的自动选择性控制系统图

在工况变化时，若出现 $M>A_H$ 的情况，LS 选择 A_H 作为输出，使得 $A_r=A_H$，则燃料 A 流量控制器 F_AC 成为定值控制系统，使燃料 A 流量稳定在 A_H 值上。这时，由于 $B_r=M-A_r=M-A_H>0$，则构成了出口温度与燃料 B 流量的串级控制系统，打开燃料 B 的阀门，以补充燃料 A 的不足，从而保证了出口温度的稳定。

3. 对测量信号的选择

这类自动选择性控制系统将选择器接在变送器的输出端，主要对被控变量的多点测量信号进行选择，其方框图如图 8-31 所示。

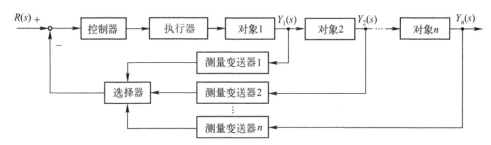

图 8-31　对测量信号的自动选择性控制系统方框图

对某一反应器各处温度测量值进行选择的控制系统如图 8-32 所示。图中的反应器内装有固定触媒层，由于热点温度的位置可能会随着催化剂的老化、变质和流动等原因而有所移动，为防止反应温度过高烧坏触媒，在触媒层的不同位置都安装了温度检测点，并将反应器内各处温度测量信号全部统一送至高值选择器，经过高选器选出其中的最高温度用于控制，这样，系统将一直按反应器的最高温度进行控制，从而保证了触媒层的安全。

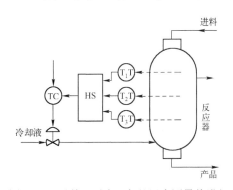

图 8-32　对某一反应器各处温度测量值进行选择的控制系统

以上三种类型是自动选择性控制系统的基本类型，可在这些类型的基础上，根据生产过程的要求，设计其他类型的自动选择性控制系统，在此就不一一列举了。

8.4.3　控制器的选型和整定

1. 选择器的选择

选择器的类型可以根据生产处于不正常情况下，取代控制器输出信号的高低来确定，如果其输出为高信号，则应选高选器 HS；如果为低信号，则应选低选器 LS。处于安全方面的考虑，如果有可能一般选用低选器。取代控制时用能保证安全的信号作为送往调节阀的输出值。如选用低选器，那么即使在失电或其他故障情况下，输出值也为零，能满足安全的需要。同时，也与调节阀气开、气关的选择正好对应，当控制器输出为零时，系统能保证安全。

2．控制器的选择

由于对正常控制器的控制精度要求较高，控制规律的选择和前面讲的单回路定值控制系统一样，一般情况下采用 PI 作用，若容积时延较大，可引入一定的微分，采用 PID 作用。而取代控制器在多数情况下处于开环待命状态，只有在出现故障时，用它作为暂时性的措施，因此，一般选 P 作用就可以了。但当对极限值要求严格时，也可采用 PI 作用。

3．控制器的参数整定

对控制器的参数进行整定时，因为自动选择性控制系统中的两个控制器是分别工作的，故均可按照前面讲过的单回路控制系统的整定方法进行。值得提醒的是，由于取代控制器是为了安全、避免事故发生，所以对取代控制器的要求是，一旦投入工作，控制作用要强，速度要快，因此，比例带 δ 应整定得较小，积分时间也应较短，以便产生及时的保护作用。

4．抗积分饱和措施

在自动选择性控制系统中，无论在正常工况下，还是在异常工况下，总是有控制器处于开环待命状态。对于开环下的控制器，其偏差长时间存在，如果有积分控制作用，其输出将进入深度饱和状态，一旦选择器选中这个控制器工作，控制器因处于饱和状态而失去控制能力，只能等到退出饱和以后才能工作。所以在自动选择性控制系统中，对有积分作用的控制器，务必要采取抗积分饱和措施。

要防止积分饱和现象，就是要消除产生积分饱和的条件。偏差长期存在及控制器处于开环工作状态是由控制系统的性质决定的，这是无法改变的。因此，停止控制器非工作区的积分作用是防止积分饱和的唯一途径。停止控制器非工作区积分作用的方法通常有限幅法、外反馈法和 PI→P 法。

在自动选择性控制系统中，多采用如图 8-33 所示的抗积分饱和方案，即积分外反馈法。图中两个控制器的外反馈信号都取自选择器的输出信号。由图 8-33 可以看出，当控制器 1 处于工作状态时，选择器的输出信号就是控制器 1 的输出信号，所以控制器 1 仍保持 PI 规律。而对于控制器 2 而言，则处于开环状态，其积分的外反馈信号是控制器 1 的输出，它是一个与控制器 2 的偏差 e_2 无关的变量，只能作为控制器 2 输出的一个偏置信号，此时，控制器 2 有比例控制作用，而无积分作用，从而避免了积分饱和现象。反之亦然，有效地防止了两个控制器的积分饱和。

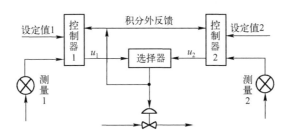

图 8-33　抗积分饱和方案

第43讲

8.5 顺序控制系统

8.5.1 顺序控制系统的概念

过程控制的目标是维持某一个参数在正常范围内以确保生产的安全、高效。过程控制系统可以正常运行的基本条件是相应的工艺设备可以正常运行。但这些相关的设备如何启动、停止，如何正常运行不是过程控制系统考虑的问题。

当生产规模较小，设备、工艺均较简单时，设备的启动、停止以及设备正常运转不会是一个复杂的问题。例如一台小功率的水泵，一条小型运输皮带，简单观察一下现场的情况，基本上随时都可以启动和停止。但随着生产规模的不断扩大，工艺越来越复杂，单台设备的容量越来越大，这时整个工艺中的各设备、各环节紧密关联，互相影响，某一台设备的启动、停止必须考虑生产工艺中其他设备、参数的情况。实现生产工艺中各设备按规定的条件和顺序依次动作的系统被称为顺序控制系统 SCS（Sequence Control System，SCS）。顺序控制是一种按时间顺序或逻辑顺序进行控制的开环控制方式。

顺序控制与一般的过程控制的区别在于：

（1）目的不同

过程控制的目标是确保某一个或数个参数的变化范围满足生产工艺的要求，顺序控制是满足生产工艺中的设备按条件和顺序启动与停止。

（2）输出不同

过程控制的输出一般是模拟量或等效的模拟量（例如 PWM，间歇控制等），顺序控制的输出是开关量。

（3）信息处理方式不同

过程控制是一种以模拟量为主的控制，顺序控制是一种以开关量为主的控制，主要信息处理方式是组合逻辑与时序逻辑运算。

连锁保护系统（Interlock Protection Systems）、紧急停车系统 ESD（Emergency Shutdown Device，ESD）和报警系统等，处理信息的方式及输出与顺序控制系统类似。因此，广义的顺序控制系统还包括这些系统。

由于顺序控制机理相对简单，其在现场的实现与过程控制密切相关，因此，人们常将顺序控制系统归类为过程控制系统的子系统。

8.5.2 顺序控制系统的组成

根据是否需要知道被控设备的状态信号，顺序控制系统也可分为两类，图 8-34 和图 8-35 所示的是这两类顺序控制系统的示意图。

图 8-34 中的系统不需要检测生产过程的信号，顺序控制装置直接按预先输入的指令，根据操作顺序产生操作信号，对生产过程进行操作。现场设备当前的状态及接受顺序控制指令后动作的情况顺序控制装置并不知道。图 8-35 中的系统中则需要检测现场设备的状态信

号，顺序控制装置根据现场设备状态，结合输入控制指令，产生操作信号，并检测现场设备
接受操作指令后的状态。

图 8-34　不需要现场反馈信号的顺序控制系统　　　　图 8-35　具有现场反馈信号的顺序控制系统

　　根据是否需要现场反馈信号，顺序控制系统由两部分或三部分组成，具有现场信号反馈
的顺序控制系统由测量元件、顺序控制装置和执行器三大部分组成，没有现场信号反馈的顺
序控制系统由顺序控制装置和执行器两大部分组成。检测元件的任务是检测生产设备的状态
或现场过程变量的状态，然后转变为顺序控制装置接收的开关信号，测量部分的输出应当是
开关信号。测量部分可以分为两类，一类是直接输出为开关信号，例如压力开关、液位开关、
行程开关、阀位开关等。这类测量装置通常直接安装在生产设备上，由导线将信号传送到顺
序控制装置。其特点是结构简单，价格低廉，便于维护。另一类是根据要求将模拟信号转换
为开关信号，例如将模拟压力信号与某一常数比较后产生开关信号。这种方式通常将模拟信
号传送到控制室或直接送入顺控装置，在控制室或顺控装置内，通过比较运算转变为开关信
号。这种方式有时可与模拟控制系统共用信号。但在紧急停车系统、连锁保护系统等安全要
求较高的系统中，不允许与模拟控制系统共用信号。开关信号的形式可分为干接点开关信号、
半导体开关信号、电位信号等，信号形式应当根据顺序控制装置输入信号的要求进行选择。

　　传统的顺序控制装置有很多种，可分为电动的、气动的、液动的（射流技术）及机械式
的。由于计算机技术的发展，目前大多数控装置均采用以数字处理器为核心的数字式顺序控
制装置，例如 PLC、DCS 和 FCS 等均可实现顺序控制。目前进行顺序控制使用最多的是 PLC。
但在紧急停车系统、连锁保护系统等安全要求较高的系统中，必须独立设置，不得与模拟控
制系统共用。

　　简单的顺序控制系统的执行机构有继电器、电磁铁、电磁阀、气动阀和牵引电磁铁等，
复杂执行机构可能是变频器和软启动装置等，也可能是一套复杂的开停车系统。

8.5.3　顺序控制系统的表示及设计方法

　　顺序控制系统规模大小不一，应用行业广泛，可供选用的顺序控制装置类型繁多，但顺
序控制的原理又比较简单，导致顺序控制的表达方法非常多，缺乏统一的标准。采用什么样
的方法表达顺序控制系统的设计过程，要根据行业、规模、顺序控制的复杂程度、实现顺序
控制的装置等来进行。常用的数控表达方式有如下五种。

　　（1）继电—接触器

　　它是一种基于继电—接触器型顺序控制方案的传统表达方式。采用继电器接点图进行描
述。这种方法的特点是直观、易于掌握，适用于一些简单的组合逻辑描述。当逻辑关系比较
复杂时所用元件数量增多、设计难度增大。图 8-36 所示为 3 取 2 信号的逻辑表达。

　　（2）梯形图

　　梯型图是从继电器接点图引伸出来的，因此具有与继电器接点图相类似的特点，但经过不

断发展，梯形图描述功能更加丰富，并具有相关标准。现在大部分 PLC 都配备这种编程工具。

（3）逻辑功能图

逻辑功能图是指以逻辑符号为基本元素，描述被控对象的动作顺序、逻辑关系的方式，它可以用来描述复杂的逻辑及时序关系，在各个行业均有广泛的应用。其特点是顺序关系和逻辑关系表达清晰明了，对编程、调试、检查和排错具有指导作用。为了描述参与顺序控制的信号，经常与 I/O 表一起表达。

图 8-37 所示为 3 取 2 信号的逻辑表达图。图 8-38 所示为某电厂汽轮机数字电液控制系统保护逻辑图。图 8-39 所示为某化工厂紧急停车系统逻辑图。

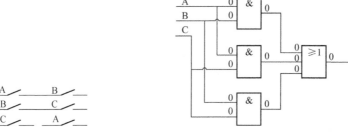

图 8-36　3 取 2 信号的逻辑表达　　　　　图 8-37　3 取 2 信号逻辑功能图

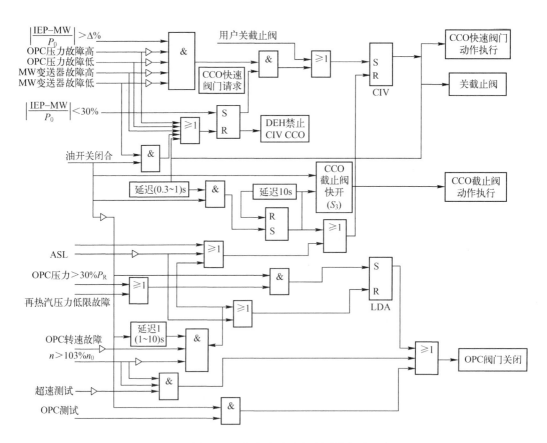

图 8-38　某电厂汽轮机数字电液控制系统保护逻辑图

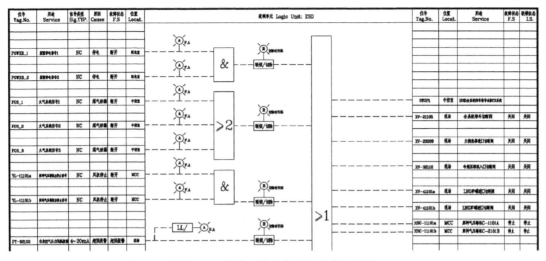

图 8-39 某化工厂紧急停车系统逻辑图

（4）顺序控制流程图

顺序控制流程图以动作的内容及条件的方式描述顺序控制步骤，方便进行顺序控制程序设计，图 8-40 所示为泵启动顺序控制流程图。

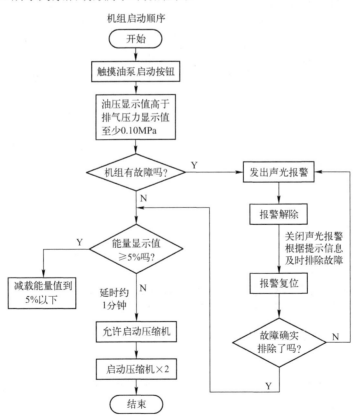

图 8-40 泵启动顺序控制流程图

（5）顺序控制系统时序图

顺序控制系统时序图以时间轴为参考，描述系统中各设备动作关系的表示方法。由于默认以时间为轴，有时不再画出时间轴，这时，时序图就变成了一张时序表。

化工工程设计中预处理塔阀门开关逻辑时序表，见表 8-1，该表配合逻辑时序的说明，可以清楚地描述每一步的动作目的，动作的元件及动作时间。

表 8-1　预处理塔阀门开关逻辑时序表

步序	1	2	3	4
T-0102A	A	A	H	C
T-0102B	C	A	A	H
T-0102C	H	C	A	A
T-0102D	A	H	C	A
	T1	T2	T1	T2
初始值/h	5	5	5	5
程控阀位号				
KV-11300a	ON	ON		
KV-11301a	ON	ON		
KV-11302a				ON
KV-11303a			ON	
KV-11304a				ON
KV-11305a			ON	
KV-11300b		ON	ON	
KV-11301b		ON	ON	
KV-11302b	ON			
KV-11303b				ON
KV-11304b	ON			
KV-11305b				ON
KV-11300c			ON	ON
KV-11301c			ON	ON
KV-11302c		ON		
KV-11303c	ON			
KV-11304c		ON		
KV-11305c	ON			
KV-11300d	ON			ON
KV-11301d	ON			ON
KV-11302d			ON	
KV-11303d		ON		
KV-11304d			ON	
KV-11305d		ON		
符号说明：A：吸附　H：加热　C：冷却　ON：开启				

8.6　利用 MATLAB 对特殊控制系统进行仿真

第 44 讲

利用 MATLAB 或 Simulink 可以方便地实现特殊控制系统的仿真研究，以及控制器参数的整定。

【例 8-1】　某冷热水混合器比值系统要求主流量跟随从流量变化而变化，其中两流量仪表的信号比值系数为 4，假设该系统从对象的传递函数为

$$G_p(s) = \frac{1}{(s+1)(2s+1)} e^{-s}$$

试设计一个单闭环比值控制系统来满足以上条件。

　　解：① 根据单闭环比值控制系统的方框图，建立如图 8-41 所示的 Simulink 仿真框图，图中 PID Controller 模块，复制于 Simulink Extras 模块集，用来作为 PID 控制器，其参数分别设置为 Kc、Ki 和 Kd；Repeating Sequence Stair 模块，复制于 Sources 标准模块库，用来产生阶梯序列信号以模仿主流量的变化，其参数输出幅值向量和采样时间分别设置为[3 1 4 2 1]和 50。

　　② 首先对单回路控制系统进行参数整定，整定后可得 PID 控制器的参数为 Kc=0.3、Ki=0.2、Kd=0，在此基础上将图 8-41 所示单闭环比值控制系统的仿真时间设置为 300，启动仿真，便可得到如图 8-42 所示的单闭环比值控制系统输出曲线。

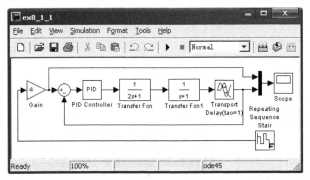

图 8-41　单闭环比值控制系统 Simulink 仿真框图

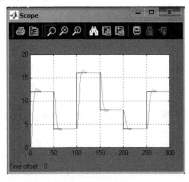

图 8-42　单闭环比值控制系统输出曲线

　　③ 由图 8-42 可以看出，当主流量出现大幅波动时，从流量相对于控制器的设定值会出现较大的偏差，也就是说在这段时间里，主、从流量比值会较大地偏离工艺要求的流量比，即不能保证动态比值。对以上系统进行改进，构建如图 8-43 所示的变比值控制系统Simulink 仿真图。将图 8-43 中 Product 模块的默认参数"2"改为"*/"。

　　④ 变比值控制系统结构上是串级控制系统，因此，其主从控制器的参数整定可按串级控制系统进行。根据串级系统的整定方法，对该系统进行整定，直到得出满意的实验结果，如图 8-44 所示。其中从控制器 Gain 的 Kc2=1.3；主控制器 PID Controller1 的参数 Kc1=0.3、Ki1=0.2、Kd1=0；Repeating Sequence Stair1 模块的参数值分别为[6 2 8 4 2]和 50，其余模块的参数同图 8-41。

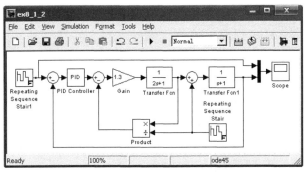

图 8-43　变比值控制系统 Simulink 仿真图

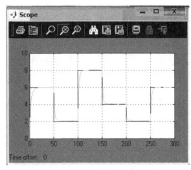

图 8-44　变比值控制系统跟踪曲线

【例 8-2】 某比值系统要求从流量跟随主流量变化而变化，其中两流量仪表的信号比值系数为 4，假设该系统主、从对象的传递函数分别为

$$G_1(s) = \frac{3}{15s+1}e^{-5s} \; ; \quad G_2(s) = \frac{3}{(10s+1)(20s+1)}e^{-5s}$$

试设计一个双闭环比值控制系统来满足以上条件。

解：① 根据双闭环比值控制系统的方框图，建立如图 8-45 所示的 Simulink 仿真框图，其中 PID Controller 和 PID Controller1 模块的参数分别设置为 Kc、Ki、Kd 和 Kc1、Ki1、Kd1；Repeating Sequence Stair 模块的参数输出幅值向量和采样时间分别设置为[3 1 4 2 1] 和 100。

② 首先对两个单回路控制系统分别进行参数整定，整定后可得 PID 控制器的参数分别为 Kc = 0.3、Ki = 0.02、Kd = 0 和 Kc1 = 0.35、Ki1 = 0.012、Kd1 = 0 时，在此基础上将图 8-45 所示双闭环比值控制系统的仿真时间设置为 500，启动仿真，便可得到如图 8-46 所示的双闭环比值控制系统输出曲线。

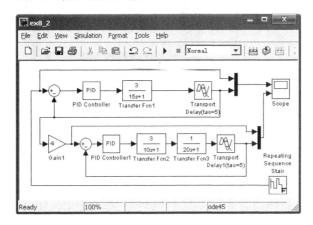 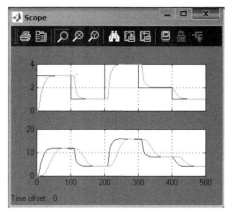

图 8-45　双闭环比值控制系统 Simulink 仿真框图　　图 8-46　双闭环比值控制系统输出曲线

【例 8-3】 某液态氨冷却器控制系统，当输入小于临界值时，选择温度控制，否则为液位控制，假设该系统被控对象的传递函数为

$$G_p(s) = \frac{1}{(10s+1)(s+1)}$$

试设计一个液位-温度自动选择性控制系统。

解：① 根据被控变量自动选择性控制系统的方框图，建立如图 8-47 所示的液位-温度自动选择性控制系统 Simulink 仿真框图。其中 PID Controller 和 PID Controller1 模块的参数分别设置为 Kc、Ki、Kd 和 Kc1、Ki1、Kd1；模块 Step 模拟温度输入；Step1 模拟液位输入；Switch 为选择器，当输入小于阈值时，选择输入下端口 3 进行温度控制，否则，选择输入上端口 1 进行液位控制；模块 Step2 与 Step3 叠加，模拟干扰信号。

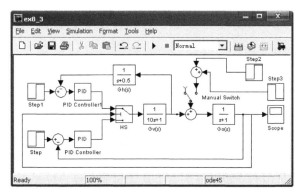

图 8-47　液位-温度自动选择性控制系统 Simulink 仿真框图

② 在无干扰且保护回路不起作用的情况下，PID 控制器参数可完全按照简单控制系统设计原则来确定。整定后得到较好的单位阶跃响应（Kc＝6.5、Ki＝0.5、Kd＝0；Kc1＝1.2、Ki1＝0.1、Kd1＝0），如图 8-48 所示。

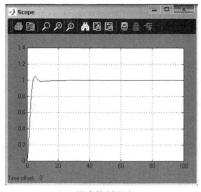

（a）温度控制回路

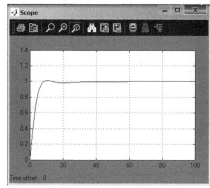

（b）液位控制回路

图 8-48　单位阶跃响应

③ 在时间 t＝50～60 之间加入幅值为 0.5 的干扰信号，此时若无保护回路作用，得到如图 8-49 所示的干扰作用下温度控制回路响应曲线。假设选取选择器的阈值为 1.1，再引入液位控制回路，可得如图 8-50 所示的液位-温度自动选择性控制系统的抗干扰特性曲线。

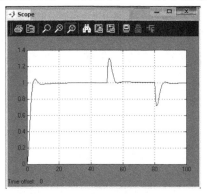

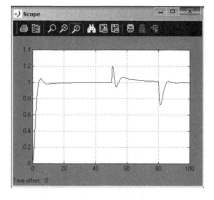

图 8-49　干扰作用下温度控制回路响应曲线　　图 8-50　液位-温度自动选择性控制系统的抗干扰特性曲线

由图 8-49 和图 8-50 可知，引入液位保护控制回路后的液位-温度自动选择性控制系统的超调量明显减少。

本 章 小 结

比值控制系统是为了满足工艺上要求两种或两种以上物料流量保持一定比例关系而设置的。比值控制系统有开环比值控制、单闭环比值控制、双闭环比值控制和变比值控制等类型。比值控制系统的设计中要考虑的问题有主从物料的选择、仪表比值系数的换算、选择具体的实施方案、开方器的选用及从物料对主物料的动态跟踪等。比值控制系统的参数整定，重点为从物料回路的整定，要求从物料回路能快速、准确地跟随主物料的变化而变化，而且不宜有过调。

均匀控制系统是在连续生产过程中的各种设备前后紧密联系的情况下，提出来的一种特殊的控制系统。它可解决前后设备在物料供求上的矛盾。其特点是两个被控变量都是变化的；对两个变量的调节过程都是缓慢的；两个变量的变化应在工艺允许的范围内。它包括简单、串级及双冲量均匀控制系统。

分程控制系统属于单回路控制系统，主要用于扩大调节阀的可调范围，以提高控制系统的品质，或用来满足生产工艺上的特殊要求。信号的分程由阀门定位器来实现。要使两分程信号的衔接处平滑无折点，应采用两个流通能力十分接近的线性阀或采用对数阀并且分程信号部分重叠。

自动选择性控制系统属于一种故障软保护控制系统，也可用于其他方面。按照对不同变量的选择可分为对被控变量的自动选择性控制、对操纵变量的自动选择性控制和对检测变量的自动选择性控制。对被控变量的自动选择性控制系统是其最基本的应用，两个控制器轮流工作，应防止开环状态下控制器的积分饱和。取代控制器是暂时性的保护措施，要求动作要快，控制要强，所以比例带一般整定得较小。

前面介绍的控制系统一般都是在被控对象已经处于正常工况时工作的，对于生产设备在启动、低负荷及停运过程中，由于控制逻辑程序复杂，对象的动态特性又有很大变化，所以这些控制系统是不能适应的，为此需要进行全程控制。凡是对生产设备在启、停及各种负荷下都能进行控制的系统，称为全程控制系统。全程控制主要用于大型工业设备，如大型火力发电厂锅炉给水全程控制系统。采用全程控制可以缩短启、停时间，降低原材料及能量的消耗，提高产品质量，减少运行人员紧张而频繁的操作，防止意外事故，等等。

习 题

8-1 比值控制系统的结构形式有哪几种？对应的工艺流程图和原理方框图如何画？工作过程如何？

8-2 比值控制系统中的主物料、从物料的选择原则是什么？控制器的调节规律如何选取？

8-3 比值控制系统，在有开方器和无开方器的情况下，仪表比值系数的换算公式各是什么？

8-4 在用乘法器实施比值控制时，为什么要求 $K(Q_{1max}/Q_{2max}) \leqslant 1$？如果出现 $K(Q_{1max}/Q_{2max}) > 1$ 时该怎么办？

8-5 一个比值控制系统，主流量 Q_1 变送器量程为 $0\sim8000\mathrm{m^3/h}$，从流量 Q_2 变送器量程为 $0\sim10000^3/\mathrm{h}$，流量经开方后再用气动比值器或用气动乘法器时，若保持 $Q_2/Q_1 = K = 1.2$，问比值器和乘法器上的比值系数应设定为何值？

8-6 设置均匀控制的目的是什么？均匀控制系统有哪些特点？

8-7 如何对均匀控制系统进行参数整定？控制器的调节规律如何选取？

8-8 分程控制有哪些用途？控制器的调节规律如何选取？如何解决两个分程信号衔接处流量特性的折点现象？

8-9 设置自动选择性控制系统的目的是什么？有哪些类型？控制器的调节规律如何选取？

第8章 习题解答

8-10 为什么自动选择性控制系统中容易出现积分饱和？如何防止积分饱和？

8-11 大型复杂设备为什么要采用顺序控制系统？顺序控制系统有何特点？

第 9 章

>>>

解耦控制系统

前面所讨论的控制系统中，假设过程只有一个被控变量（输出量），在影响这个被控变量的诸多因素中，仅选择一个控制变量（输入量），而把其他因素都看成扰动，这样的系统就是所谓的单输入/单输出系统。但实际的工业过程是复杂的，往往有多个过程参数需要进行控制，影响这些参数的控制变量也不只有一个，这样的系统称为多输入/多输出系统。当多输入/多输出系统中输入和输出之间相互影响较强时，不能简单地化为多个单输入/单输出系统，此时必须考虑到变量间的耦合，以便对系统采取相应的解耦措施后再实施有效的控制。本章将讨论多输入多输出系统的基本概念、分析和设计方法。

9.1 解耦控制的基本概念

9.1.1 控制回路间的耦合

第 45 讲

随着现代工业的发展，生产规模越来越复杂，对过程控制系统的要求也越来越高，大多数工业过程是多输入/多输出的过程，其中一个输入将可能影响到多个输出，而一个输出也将可能受到多个输入的影响。如果将一对输入/输出的传递关系称为一个控制通道，则在各通道之间存在相互作用，这种输入与输出间或通道与通道间复杂的因果关系称为过程变量间的耦合或控制回路间的耦合。因此，许多生产过程都不可能仅在一个单回路控制系统作用下实现预期的生产目标。换言之，在一个生产过程中，被控变量和控制变量往往不止一对，只有设置若干个控制回路，才能对生产过程中的多个被控变量进行准确、稳定的调节。在这种情况下，多个控制回路之间就有可能产生某种程度的相互关联、相互耦合和相互影响。而且这些控制回路之间的相互耦合还将直接妨碍各被控变量和控制变量之间的独立控制作用，有时甚至会破坏各系统的正常工作，使之不能投入运行。

图 9-1 所示为化工生产中的精馏塔温度控制方案系统图。图中，T_1C 为塔顶温度控制器，它的输出 u_1 用来控制阀门 1，调节塔顶回流量 Q_r，以便控制塔顶温度 y_1。T_2C 为塔釜温度控制器，它的输出 u_2 用来控制阀门 2，调节加热蒸汽量 Q_s，以便控制塔底温度 y_2。被控变量分别为塔顶温度 y_1 和塔底温度 y_2，控制变量分别为 u_1 和 u_2，参考输入量（设定值）分别为 r_1 和 r_2。显然，u_1 的改变不仅影响 y_1，同时还会影响 y_2；同样地，u_2 的改变不仅影响 y_2，同时还会影响 y_1。因此，这两个控制回路之间存在着相互关联、相互耦合。精馏塔温度控制系统方框图如图 9-2 所示。

耦合是过程控制系统普遍存在的一种现象。耦合结构的复杂程度主要取决于实际的被控对象及对控制系统的品质要求。因此如果对工艺生产不了解，那么设计的控制方案不可能是完善的和有效的。

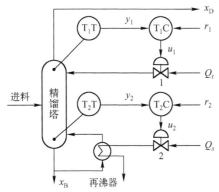

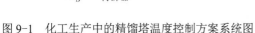

图 9-1　化工生产中的精馏塔温度控制方案系统图

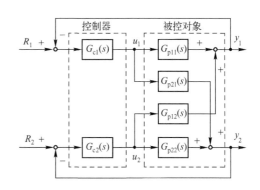

图 9-2　精馏塔温度控制系统方框图

9.1.2　被控对象的典型耦合结构

对于具有相同数目输入量和输出量的被控对象，典型的耦合结构可分为 P 规范耦合和 V 规范耦合。

图 9-3 所示为 P 规范耦合对象原理图。它有 n 个输入和 n 个输出，并且每一个输出变量 $Y_i(i=1,2,3,\cdots,n)$ 都受到所有输入变量 $U_i(i=1,2,3,\cdots,n)$ 的影响。如果用 $p_{ij}(s)$ 表示第 j 个输入量 U_j 与第 i 个输出量 Y_i 之间的传递函数，则 P 规范耦合对象的数学描述式如下：

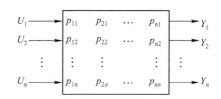

图 9-3　P 规范耦合对象原理图

$$\left.\begin{aligned}
Y_1 &= p_{11}U_1 + p_{12}U_2 + \cdots + p_{1n}U_n \\
Y_2 &= p_{21}U_1 + p_{22}U_2 + \cdots + p_{2n}U_n \\
&\cdots \\
Y_n &= p_{n1}U_1 + p_{n2}U_2 + \cdots + p_{nn}U_n
\end{aligned}\right\} \tag{9-1}$$

将式（9-1）写成矩阵形式，则

$$\boldsymbol{Y} = \boldsymbol{P}\boldsymbol{U} \tag{9-2}$$

式中，$\boldsymbol{P} = \begin{bmatrix} p_{11} & p_{12} & \cdots & p_{1n} \\ p_{21} & p_{22} & \cdots & p_{2n} \\ \vdots & \vdots & \ddots & \vdots \\ p_{n1} & p_{n2} & \cdots & p_{nn} \end{bmatrix}$

图 9-4 为 V 规范耦合对象。它有 n 个输入和 n 个输出，并且每一个输出变量 Y_i（$i=1,2,3,\cdots,n$）不仅受其本通道的输入变量 $U_i(i=1,2,3,\cdots,n)$ 的影响，而且受其他所有输出变量 Y_j（$j\neq i$）经过第 j 通道带来的影响。如果用 $v_{ij}(s)$ 表示传递函数，则 V 规范耦合对象的数

学描述式如下：

$$\left.\begin{aligned}
Y_1 &= v_{11}(U_1 + v_{12}Y_2 + \cdots + v_{1n}Y_n) \\
Y_2 &= v_{22}(U_2 + v_{21}Y_1 + \cdots + v_{2n}Y_n) \\
&\cdots \\
Y_n &= v_{nn}(U_n + v_{n1}Y_1 + \cdots + v_{n(n-1)}Y_{n-1})
\end{aligned}\right\} \tag{9-3}$$

一般形式为

$$Y_i = v_{ii}\left(U_i + \sum_{\substack{j=1\\j\neq i}}^{n} v_{ij}Y_j\right) \quad (i=1,2,3,\cdots,n)$$

写成矩阵形式

$$\boldsymbol{Y} = \boldsymbol{V}_1\boldsymbol{U} + \boldsymbol{V}_1\boldsymbol{V}_2\boldsymbol{Y} \tag{9-4}$$

式中，$\boldsymbol{V}_1 = \begin{bmatrix} v_{11} & & & \boldsymbol{0} \\ & v_{22} & & \\ & & \ddots & \\ \boldsymbol{0} & & & v_{nn} \end{bmatrix}_{n\times n}$，$\boldsymbol{V}_2 = \begin{bmatrix} 0 & v_{12} & v_{13} & \cdots & v_{1n} \\ v_{21} & 0 & v_{23} & \cdots & v_{2n} \\ \vdots & \vdots & & \ddots & \vdots \\ v_{n1} & v_{n2} & v_{n3} & \cdots & 0 \end{bmatrix}_{n\times n}$

应当指出，经过简单的数学变换，上述两种耦合结构可以等效进行相互转化。此外，与被控对象的耦合结构相对应，解耦控制系统中采用的解耦器结构也具有 P 规范和 V 规范两种耦合结构。

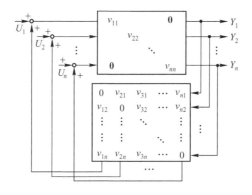

图 9-4　V 规范耦合对象原理图

9.2 解耦控制系统的分析

第 46 讲

9.2.1 耦合程度的分析

确定各变量之间的耦合程度是多变量耦合控制系统设计的关键问题。常用的耦合程度分析方法有两种：直接分析法和相对增益分析法。直接分析法是借助耦合系统的方框图，直接导出各变量之间的函数关系，从而确定过程中每个被控变量相对每个控制变量的关联程度，该方法具有简单、直观的特点。相对增益法是一种通用的耦合特性分析工具，它通过计算相对增益矩阵，不仅可以确定被控变量与控制变量的响应特性。而且还可以指出过程关联的程度和类型，以及对回路控制性能的影响。相对增益法将在后面详细介绍，下面简要介绍直接分析法。

【例 9-1】 试用直接分析法分析图 9-5 所示的双变量耦合系统中变量间的耦合程度。

解：用直接分析法分析系统变量间的耦合程度时，一般采用系统的静态耦合结构。所谓静态耦合是指系统处在稳态时的一种耦合结构，与图 9-5 动态耦合结构对应的静态耦合结构如图 9-6 所示。

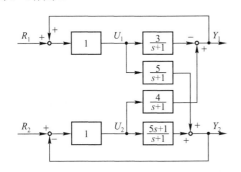

图 9-5　双变量耦合系统

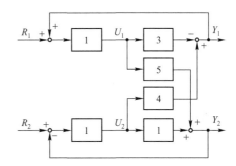

图 9-6　静态耦合结构

由图 9-6 可得

$$\begin{cases} U_1 = R_1 + Y_1 \\ U_2 = R_2 - Y_2 \end{cases} ; \quad \begin{cases} Y_1 = -3U_1 + 4U_2 \\ Y_2 = 5U_1 + U_2 \end{cases}$$

化简后得

$$\begin{cases} Y_1 = -\dfrac{13}{14}R_1 + \dfrac{1}{7}R_2 \approx 0.9286R_1 + 0.1429R_2 \\ Y_2 = \dfrac{5}{28}R_1 + \dfrac{6}{7}R_2 \approx 0.1786R_1 + 0.8571R_2 \end{cases}$$

由上两式可知，Y_1 主要取决于 R_1，但也和 R_2 有关。而 Y_2 主要取决于 R_2，但也和 R_1 有关。方程式中的系数则代表每一个被控变量与每一个控制变量之间的耦合程度。系数越大，则耦合程度越强；反之，系数越小，则耦合程度越弱。

必须指出，上述耦合程度分析，虽然是基于系统的静态耦合结构，但其基本结论对系统的动态耦合结构也是适用的。

9.2.2　相对增益分析法

1. 相对增益矩阵的定义

相对增益分析法通过利用相对增益矩阵确定过程中每个被控变量相对每个控制变量的响应特性，并以此为依据去设计控制系统。另外，相对增益法分析还可以指出过程关联的程度和类型，以及对回路控制性能的影响。

相对增益分析法作为衡量多变量系统性能尺度的方法，通常称为布里斯托尔-欣斯基（Bristol-Shinskey）方法。相对增益分析法可以评价一个预先选定的控制变量 U_j 对一个特定的被控变量 Y_i 的影响程度。而且这种影响程度是相对于过程中其他控制变量对该被控变量 Y_i 而言的。对于一个耦合系统，因为每一个控制变量不只影响一个被控变量，所以只计算在所有其他控制变量都固定不变的情况下的开环增益是不够的。因此，特定的被控变量 Y_i 对选定的控制变量 U_j 的响应还取决于其他控制变量处于何种状况。

对于一个多变量系统，假设 Y 是包含系统所有被控变量 Y_i 的列向量；U 是包含所有控制变量 U_j 的列向量。为了衡量系统的关联性质首先在所有其他回路均为开环，即在所有其他控制变量都保持不变的情况下，得到开环增益矩阵 P，这里记作

$$Y = PU \tag{9-5}$$

式中，矩阵 P 的元素 p_{ij} 的静态值称为 U_j 到 Y_i 通道的第一放大系数。它是指在控制变量 U_j 改变了一个 ΔU_j，而其他控制变量 U_k $(k \neq j)$ 均不变的情况下，U_j 与 Y_i 之间通道的开环增益。显然它就是除 U_j 到 Y_i 通道以外，其他通道全部断开时所得到的 U_j 到 Y_i 通道的静态增益，p_{ij} 可表示为

$$p_{ij} = \left. \frac{\partial Y_i}{\partial U_j} \right|_{\substack{U_k = \text{const} \\ k \neq j}} \tag{9-6}$$

然后，在所有其他回路均闭合，即保持其他被控变量都不变的情况下，找出各通道的开环增益，记作矩阵 Q。它的元素 q_{ij} 的静态值称为 U_j 与 Y_i 通道的第二放大系数。q_{ij} 是指利用闭合回路固定其他被控变量 Y_k $(k \neq i)$ 时，U_j 与 Y_i 的开环增益。q_{ij} 可以表示为

$$q_{ij} = \left. \frac{\partial Y_i}{\partial U_j} \right|_{\substack{Y_k = \text{const} \\ k \neq i}} \tag{9-7}$$

p_{ij} 与 q_{ij} 之比定义为相对增益或相对放大系数 λ_{ij}，λ_{ij} 可表示为

$$\lambda_{ij} = \frac{p_{ij}}{q_{ij}} = \left(\left. \frac{\partial Y_i}{\partial U_j} \right|_{\substack{U_k = \text{const} \\ k \neq j}} \middle/ \left. \frac{\partial Y_i}{\partial U_j} \right|_{\substack{Y_k = \text{const} \\ k \neq i}} \right) \tag{9-8}$$

由相对增益 λ_{ij} 元素构成的矩阵称为相对增益矩阵 Λ。即

$$\Lambda = \begin{bmatrix} \lambda_{11} & \lambda_{12} & \cdots & \lambda_{1n} \\ \lambda_{21} & \lambda_{22} & \cdots & \lambda_{2n} \\ \vdots & \vdots & \ddots & \vdots \\ \lambda_{n1} & \lambda_{n2} & \cdots & \lambda_{nn} \end{bmatrix} \tag{9-9}$$

如果在上述两种情况下，开环增益没有变化，即相对增益 $\lambda_{ij} = 1$，这就表明由 Y_i 和 U_j 组成的控制回路与其他回路之间没有关联。这是因为无论其他回路闭合与否都不影响 U_j 到 Y_i 通道的开环增益。如果当其他控制变量都保持不变时，Y_i 不受 U_j 的影响，那么 λ_{ij} 为零，因而就不能用 U_j 来控制 Y_i。如果存在某种关联，则 U_j 的改变将不但影响 Y_i，而且还影响其他被控变量 Y_k $(k \neq i)$。因此，在确定第二放大系数 q_{ij} 时，使其他回路闭环，被控变量 Y_k 保持不变，则其余的控制变量 U_k $(k \neq j)$ 必然会改变。其结果在两个放大系数之间就会出现差异，以

至 λ_{ij} 既不是零，也不是 1。另外，还有一种极端情况，当式（9-8）中分母趋于零，则其他闭合回路的存在使得 Y_i 不受 U_j 的影响，此时 λ_{ij} 趋于无穷大。关于相对增益具有不同数值时的含义将在下面关于相对增益矩阵的性质中予以讨论。

通常，过程一般都用静态增益和动态增益来描述，所以相对增益也同样包含这两个分量。然而，在大多数情况下，可以发现静态分量具有更大的重要性，而且容易求取和处理。

2. 相对增益矩阵的计算

从相对增益矩阵的定义可以看出，确定相对增益矩阵，关键是计算第一放大系数和第二放大系数。最基本的方法有两种：一种方法是按相对增益的定义对过程的参数表达式进行微分，分别求出第一放大系数和第二放大系数，最后得到相对增益矩阵。另一种方法是先计算第一放大系数，再由第一放大系数直接计算第二放大系数，从而得到相对增益矩阵，即所谓的第二放大系数直接计算法。

（1）定义计算法

① 第一放大系数 p_{ij} 的计算。

第一放大系数 p_{ij} 是在其余通道开路且保持 U_k（$k \neq j$）恒定的情况下，该通道的静态增益。现以图 9-7 所示双变量静态耦合系统为例说明 p_{ij} 的计算。

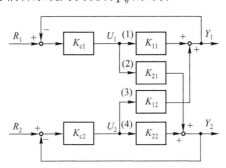

图 9-7　双变量静态耦合系统方框图

如图 9-7 所示，当计算 p_{11} 时，可将支路（2）、（3）和（4）断开，或令控制器 $G_{c2}(s)$ 的增益 $K_{c2}=0$，改变控制变量 U_1，求出被控变量 Y_1，这两者的变化量之比即为 p_{11}，不难看出，$p_{11}=K_{11}$。

实际上，由图 9-7 所示的双变量静态耦合系统方框图可得

$$\left.\begin{array}{c} Y_1 = K_{11}U_1 + K_{12}U_2 \\ Y_2 = K_{21}U_1 + K_{22}U_2 \end{array}\right\} \tag{9-10}$$

根据第一放大系数 p_{ij} 的定义，对式（9-10）求导也可得如下的 p_{11}

$$p_{11} = \left.\frac{\partial Y_1}{\partial U_1}\right|_{U_2 = \text{const}} = K_{11}$$

同理可得，$p_{21}=K_{21}$，$p_{12}=K_{12}$，$p_{22}=K_{22}$。

② 第二放大系数 q_{ij} 的计算。

第二放大系数 q_{ij} 是在其他通道闭合且保持 Y_k（$k \neq i$）恒定的条件下，该通道的静态增益。

仍以图 9-7 双变量静态耦合系统为例说明 q_{ij} 的计算。为了确定 U_1 到 Y_1 通道之间的第二放大系数 q_{11}，必须保持 Y_2 恒定，固定 Y_2 的方法之一是令控制器 $G_{c2}(s)$ 的增益 $K_{c2}=\infty$。假设控制器 $G_{c2}(s)$ 为纯比例环节，可令 $G_{c2}(s)=K_{c2}$。因此可得计算 q_{11} 的等效方框图如图 9-8 所示。

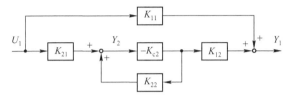

图 9-8　计算 q_{11} 的等效方框图

由图 9-8 可得

$$\frac{Y_1}{U_1} = K_{11} + K_{21}\frac{-K_{c2}}{1+K_{c2}K_{22}}K_{12} = \frac{K_{11}+K_{c2}(K_{11}K_{22}-K_{21}K_{12})}{1+K_{c2}K_{22}} \tag{9-11}$$

于是，根据定义得

$$q_{11} = \lim_{K_{c2}\to\infty}\frac{Y_1}{U_1} = \frac{K_{11}K_{22}-K_{12}K_{21}}{K_{22}} \tag{9-12}$$

另外，利用式（9-10）得 Y_1 与 U_1 和 Y_2 之间的关系表达式

$$Y_1 = K_{11}U_1 + K_{12}\frac{Y_2-K_{21}U_1}{K_{22}} \tag{9-13}$$

再根据第二放大系数 q_{ij} 的定义，对式（9-13）求导也可得如下的第二放大系数 q_{11}

$$q_{11} = \left.\frac{\partial Y_1}{\partial U_1}\right|_{Y_2=\mathrm{const}} = K_{11}-\frac{K_{12}K_{21}}{K_{22}} = \frac{K_{11}K_{22}-K_{12}K_{21}}{K_{22}}$$

类似地可求得

$$q_{21} = -\frac{K_{11}K_{22}-K_{12}K_{21}}{K_{12}};\; q_{12} = -\frac{K_{11}K_{22}-K_{21}K_{12}}{K_{21}};\; q_{22} = \frac{K_{11}K_{22}-K_{12}K_{21}}{K_{22}} \tag{9-14}$$

根据相对增益 λ_{ij} 的定义，可得

$$\begin{aligned}
\lambda_{11} &= \frac{p_{11}}{q_{11}} = \frac{K_{11}K_{22}}{K_{11}K_{22}-K_{12}K_{21}};\quad \lambda_{21} = \frac{p_{21}}{q_{21}} = \frac{K_{12}K_{21}}{K_{11}K_{21}-K_{11}K_{22}}\\
\lambda_{12} &= \frac{p_{12}}{q_{12}} = \frac{K_{12}K_{21}}{K_{12}K_{21}-K_{11}K_{22}};\quad \lambda_{22} = \frac{p_{22}}{q_{22}} = \frac{K_{11}K_{22}}{K_{11}K_{22}-K_{12}K_{21}}
\end{aligned} \tag{9-15}$$

从上述分析可知，第一放大系数 p_{ij} 是比较容易确定的，但第二放大系数 q_{ij} 则要求其他回路开环增益为无穷大的情况才能确定，这不是在任何情况下都能达到的。事实上，由式（9-12）和式（9-14）可看出，第二放大系数 q_{ij} 的取值完全取决于各个第一放大系数 p_{ij}，这说明有可能由第一放大系数直接求出第二放大系数，从而求得耦合系统的相对增益 λ_{ij}。

（2）直接计算法

现以图 9-7 所示双变量耦合系统为例说明如何由第一放大系数直接求第二放大系数。引入矩阵 $\boldsymbol{P}=\begin{bmatrix} p_{11} & p_{12} \\ p_{21} & p_{22} \end{bmatrix}$，式（9-10）可写成矩阵形式，即

$$\begin{bmatrix} Y_1 \\ Y_2 \end{bmatrix} = \begin{bmatrix} p_{11} & p_{12} \\ p_{21} & p_{22} \end{bmatrix} \begin{bmatrix} U_1 \\ U_2 \end{bmatrix} = \begin{bmatrix} K_{11} & K_{12} \\ K_{21} & K_{22} \end{bmatrix} \begin{bmatrix} U_1 \\ U_2 \end{bmatrix} \tag{9-16}$$

由式（9-16）得

$$\left. \begin{aligned} U_1 &= \frac{K_{22}}{K_{11}K_{22} - K_{12}K_{21}} Y_1 - \frac{K_{12}}{K_{11}K_{22} - K_{12}K_{21}} Y_2 \\ U_2 &= \frac{-K_{21}}{K_{11}K_{22} - K_{12}K_{21}} Y_1 + \frac{K_{11}}{K_{11}K_{22} - K_{12}K_{21}} Y_2 \end{aligned} \right\} \tag{9-17}$$

引入矩阵 $\boldsymbol{H} = \begin{bmatrix} h_{11} & h_{12} \\ h_{21} & h_{22} \end{bmatrix}$，则式（9-17）可写成矩阵形式，即

$$\begin{bmatrix} U_1 \\ U_2 \end{bmatrix} = \begin{bmatrix} h_{11} & h_{12} \\ h_{21} & h_{22} \end{bmatrix} \begin{bmatrix} Y_1 \\ Y_2 \end{bmatrix} \tag{9-18}$$

式中

$$h_{11} = \frac{K_{22}}{K_{11}K_{22} - K_{12}K_{21}}, h_{12} = -\frac{K_{12}}{K_{11}K_{22} - K_{12}K_{21}},$$
$$h_{21} = \frac{-K_{21}}{K_{11}K_{22} - K_{12}K_{21}}, h_{22} = \frac{K_{11}}{K_{11}K_{22} - K_{12}K_{21}}$$

根据第二放大系数的定义，不难看出

$$q_{ij} = \frac{1}{h_{ji}} \tag{9-19}$$

由式（9-16）和式（9-18）可知

$$\boldsymbol{PH} = \boldsymbol{I} \tag{9-20}$$

或表示为

$$\boldsymbol{H} = \boldsymbol{P}^{-1} \tag{9-21}$$

根据相对增益的定义，得

$$\lambda_{ij} = \frac{p_{ij}}{q_{ij}} = p_{ij}h_{ji} \tag{9-22}$$

由此可见，相对增益可表示为矩阵 $\boldsymbol{P}$ 中的每个元素与 $\boldsymbol{H}$ 的转置矩阵中的相应元素的乘积。于是，相对增益矩阵 $\boldsymbol{\Lambda}$ 可表示为矩阵 $\boldsymbol{P}$ 中每个元素与逆矩阵 $\boldsymbol{P}^{-1}$ 的转置矩阵中相应元素的乘积（点积），即

$$\boldsymbol{\Lambda} = \boldsymbol{P} \cdot \boldsymbol{H}^{\mathrm{T}} = \boldsymbol{P} \cdot (\boldsymbol{P}^{-1})^{\mathrm{T}} \tag{9-23}$$

相对增益的具体计算公式可写为

$$\lambda_{ij} = p_{ij} \frac{\boldsymbol{P}_{ij}}{\det \boldsymbol{P}} \tag{9-24}$$

式中，$\boldsymbol{P}_{ij}$ 为矩阵 $\boldsymbol{P}$ 的代数余子式；$\det \boldsymbol{P}$ 为矩阵 $\boldsymbol{P}$ 的行列式。这就是由第一放大系数 p_{ij} 计算相对增益 λ_{ij} 的一般公式。

3. 相对增益矩阵的性质

由式（9-23）可知相对增益矩阵为

$$\boldsymbol{\Lambda} = \begin{bmatrix} p_{11} & p_{12} & \cdots & p_{1n} \\ p_{21} & p_{22} & \cdots & p_{2n} \\ \vdots & \vdots & \ddots & \vdots \\ p_{n1} & p_{n2} & \cdots & p_{nn} \end{bmatrix} \begin{bmatrix} \boldsymbol{P}_{11} & \boldsymbol{P}_{12} & \cdots & \boldsymbol{P}_{1n} \\ \boldsymbol{P}_{21} & \boldsymbol{P}_{22} & \cdots & \boldsymbol{P}_{2n} \\ \vdots & \vdots & \ddots & \vdots \\ \boldsymbol{P}_{n1} & \boldsymbol{P}_{n2} & \cdots & \boldsymbol{P}_{nn} \end{bmatrix} \frac{1}{\det \boldsymbol{P}} \tag{9-25}$$

可以证明，矩阵 $\boldsymbol{\Lambda}$ 第 i 行 λ_{ij} 元素之和为

$$\sum_{j=1}^{n} \lambda_{ij} = \frac{1}{\det \boldsymbol{P}} \sum_{j=1}^{n} p_{ij} \boldsymbol{P}_{ij} = \frac{\det \boldsymbol{P}}{\det \boldsymbol{P}} = 1 \tag{9-26}$$

类似地，矩阵 $\boldsymbol{\Lambda}$ 第 j 列 λ_{ij} 元素之和为

$$\sum_{i=1}^{n} \lambda_{ij} = \frac{1}{\det \boldsymbol{P}} \sum_{i=1}^{n} p_{ij} \boldsymbol{P}_{ij} = \frac{\det \boldsymbol{P}}{\det \boldsymbol{P}} = 1 \tag{9-27}$$

式（9-26）和式（9-27）表明相对增益矩阵中每行元素之和为 1，每列元素之和也为 1。此结论也同样适用于多变量耦合系统。

【例 9-2】 液体混合系统图如图 9-9 所示，U_1、U_2 两种液体在管道中均匀混合后，生成一种所需成分的混合液。要求对混合液的成分 Y_1 和总流量 Y_2 进行控制，设利用混合液的成分 Y_1 控制总流量 Y_2 的质量百分数为 0.2，试求被控变量与控制变量之间的正确配对关系。

解： 由前面的分析可知，要得到正确的变量配对关系，必须首先计算相对增益矩阵。由于此系统的传递函数未知，不能直接用静态增益求取相对增益。但是，此系统的静态关系非常清楚，因此可以利用相对增益的定义直接计算。

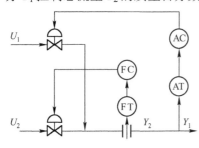

图 9-9 液体混合系统图

依题意知，系统的被控变量分别为混合液成分 Y_1 和总流量 Y_2，控制变量分别为液体 U_1 和 U_2。它们满足如下静态关系：

$$Y_1 = \frac{U_1}{U_1 + U_2}, Y_2 = U_1 + U_2$$

根据定义，先计算 U_1 到 Y_1 通道间的第一放大系数和第二放大系数，得

$$p_{11} = \frac{\partial Y_1}{\partial U_1} \bigg|_{U_2 = \text{const}} = \frac{\partial}{\partial U_1} \left(\frac{U_1}{U_1 + U_2} \right) \bigg|_{U_2 = \text{const}} = \frac{U_2}{(U_1 + U_2)^2} = \frac{1 - Y_1}{Y_2}$$

$$q_{11} = \frac{\partial Y_1}{\partial U_1} \bigg|_{Y_2 = \text{const}} = \frac{\partial}{\partial U_1} \left(\frac{U_1}{U_1 + U_2} \right) \bigg|_{Y_2 = \text{const}} = \frac{\partial}{\partial U_1} \left(\frac{U_1}{Y_2} \right) \bigg|_{Y_2 = \text{const}} = \frac{1}{Y_2}$$

因此，可求得相对增益系数

$$\lambda_{11} = \frac{p_{11}}{q_{11}} = 1 - Y_1$$

由相对增益矩阵的性质，可得相对增益矩阵为

$$U_1 \qquad U_2$$

$$\Lambda = \begin{bmatrix} \lambda_{11} & \lambda_{12} \\ \lambda_{21} & \lambda_{22} \end{bmatrix} = \begin{matrix} Y_1 \\ Y_2 \end{matrix} \begin{bmatrix} 1-Y_1 & Y_1 \\ Y_1 & 1-Y_1 \end{bmatrix}$$

由此可见，系统的相对增益主要取决于混合液成分 Y_1。因为要选择较大的相对增益的两个变量进行配对，所以，当 $Y_1=0.2$ 时，用控制变量 U_1 控制混合液成分 Y_1，用控制变量 U_2 控制混合液总流量 Y_2 是比较合理的。

【例 9-3】 已知某双变量耦合系统的静态耦合特性为

$$\begin{cases} Y_1 = K_{11}U_1 - K_{12}U_2 \\ Y_2 = K_{21}U_1 - K_{22}U_2 \end{cases}$$

其相对增益分别为

$$\lambda_{11} = \lambda_{22} = \frac{K_{11}^2}{K_{11}^2 - K_{12}^2} = \frac{1}{1-(K_{12}^2 / K_{11}^2)}$$

设 $K_{11}>K_{12}$，则有

$$\lambda_{11} = \lambda_{22}>1, \quad \lambda_{21} = \lambda_{12}<0$$

由此可见，相对增益 λ_{ij} 均落在 0～1 的范围之外。$\lambda_{21} = \lambda_{12}<0$ 表明，当用 U_1 控制 Y_1 时，U_1 越大，则 Y_1 越小。即负相对增益将引起一个不稳定的控制过程。而 $\lambda_{11} = \lambda_{22}>1$ 表明，λ_{11} 值越大，则 U_1 对 Y_1 的控制作用越弱；λ_{22} 值越大，则 U_2 对 Y_2 的控制作用越弱。

分析表明，相对增益系数可以反映如下耦合特性：

① 如果相对增益 λ_{ij} 接近于 1 时，例如 $0.8<\lambda<1.2$，则表明其他通道对该通道的关联作用很小，无须进行解耦系统设计。

② 如果相对增益 λ_{ij} 小于零或接近于零时，则表明使用本通道控制器不能得到良好的控制效果。换言之，这个通道的变量选配不恰当，应重新选择。

③ 如果相对增益在 $0.3<\lambda<0.7$ 之间或 $\lambda>1.5$ 时，它表明系统中存在着非常严重的耦合，必须进行解耦设计。

9.2.3　减少及消除耦合的方法

一个耦合系统在进行控制系统设计之前，必须首先决定哪个被控变量应该由哪个控制变量来调节，这就是系统中各变量的配对问题。有时会发生这样的情况，每个控制回路的设计、调试都是正确的，可是当它们都投入运行时，由于回路间耦合严重，系统不能正常工作。此时如将变量重新配对、调试，整个系统就能工作了。这说明正确的变量配对是进行良好控制的必要条件。除此以外还应看到，有时系统之间互相耦合还可能隐藏着使系统不稳定的反馈回路。尽管每个回路本身的控制性能合格，但当最后一个控制器投入自动时，系统可能完全失去控制。如果把其中的一个或同时把几个控制器重新加以整定，就有可能使系统恢复稳定，虽然这需要以降低控制性能为代价。下面将讨论，根据系统变量间耦合的情况，如何应用被控变量和控制变量之间的匹配和重新整定控制器的方法来克服或削弱这种耦合作用。

1. 选用最佳的变量配对

选用适当的变量配对关系，也可以减小系统的耦合程度。下面以例 9-1 所给双变量耦合系统说明如何进行变量配对。假设将 U_1 作为调节 Y_2 的控制变量，U_2 作为调节 Y_1 的控制变量，变量重新配对之后的系统结构，如图 9-10 所示。其对应的静态耦合结构如图 9-11 所示。

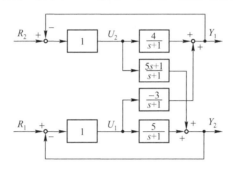

图 9-10　动态耦合结构方框图

由图 9-11 可得

$$\begin{cases} U_1 = R_1 - Y_2 \\ U_2 = R_2 - Y_1 \end{cases}; \quad \begin{cases} Y_1 = 4U_2 - 3U_1 \\ Y_2 = 5U_1 + U_2 \end{cases} \tag{9-28}$$

化简后得

$$\begin{cases} Y_1 = \dfrac{9}{11}R_2 - \dfrac{1}{11}R_1 \approx 0.8182R_2 - 0.0909R_1 \\ Y_2 = \dfrac{56}{66}R_1 + \dfrac{1}{33}R_2 \approx 0.8485R_1 + 0.0303R_2 \end{cases}$$

由此可见，在稳态条件下，Y_1 基本上取决于 R_2，R_1 对 Y_1 的影响可以忽略不计。而 Y_2 基本上取决于 R_1，R_2 对 Y_2 的影响也可以忽略不计。于是图 9-10 所示系统可以近似看成两个独立控制的回路。近似完全解耦系统如图 9-12 所示。

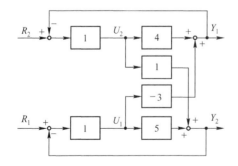

图 9-11　变量重新配对后的静态耦合结构方框图

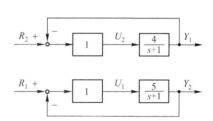

图 9-12　近似完全解耦系统方框图

2. 重新整定控制器参数

对于系统之间的耦合，有些可以采用重新整定控制器参数的方法来加以克服。实验证明，减少系统耦合程度最有效的办法之一就是加大控制器的增益。下面仍以【例 9-1】所给系统说明这一点。

假设将两个控制器的增益分别从 1 提高到 5，即 $K_{c1}=5$，$K_{c2}=5$，由图 9-6 可得

$$\begin{cases} U_1 = 5R_1 + 5Y_1 \\ U_2 = 5R_2 - 5Y_2 \end{cases}; \quad \begin{cases} Y_1 = -3U_1 + 4U_2 \\ Y_2 = 5U_1 + U_2 \end{cases} \tag{9-29}$$

化简得

$$\begin{cases} Y_1 = \dfrac{295}{298}R_1 + \dfrac{5}{149}R_2 \approx 0.9899R_1 + 0.03356R_2 \\ Y_2 = \dfrac{75}{1788}R_1 + \dfrac{870}{894}R_2 \approx 0.04195R_1 + 0.9973R_2 \end{cases} \tag{9-30}$$

由此可见，在稳态条件下，Y_1 基本上取决于 R_1；Y_2 基本上取决于 R_2。Y_1/R_1 与 Y_2/R_2 越接近于 1，则表明耦合程度 Y_1/R_1 与 Y_2/R_2 就越接近于零。与【例 9-1】的分析结果比较，控制器的增益提高之后，尽管变量间的耦合关系仍然存在，但是耦合程度已经大大减弱。

从理论上讲，继续增加控制器的增益将使耦合程度进一步减小，但是控制器的增益并不能无限增大，因为它还要受到系统的控制指标与稳定性的限制。

以上是减少与解除耦合的两种基本方法，其他解耦方法还包括：减少控制回路、采用模式控制系统及多变量解耦控制器等途径也能实现减少或消除耦合的目的。因篇幅所限，下面仅对多变量解耦控制器的设计加以介绍。

9.3　解耦控制系统的设计

第 47 讲

对于有些多变量控制系统，在耦合非常严重的情况下，即使采用最好的变量匹配关系或重新整定控制器的方法，有时也得不到满意的控制效果。两个特性相同的回路尤其麻烦，因为它们之间具有共振的动态响应。如果都是快速回路（如流量回路），把一个或更多的控制器加以特殊的整定就可以克服相互影响；但这并不适用于都是慢速回路（如成分回路）的情况。因此，对于耦合严重的多变量系统需要进行解耦设计，否则系统不可能稳定。

解耦控制设计的主要任务是解除控制回路或系统变量之间的耦合。解耦设计可分为完全解耦和部分解耦。完全解耦的要求是，在实现解耦之后，不仅控制变量与被控变量之间可以进行一对一的独立控制，而且干扰与被控变量之间同样产生一对一的影响。对多变量耦合系统的解耦，目前，常用以下四种方法。

9.3.1　前馈补偿解耦法

前馈补偿解耦法是多变量解耦控制中最早使用的一种解耦方法。该方法结构简单，易于实现，效果显著，因此得到了广泛应用。图 9-13 所示为带前馈补偿解耦器的双变量 P 规范对象的全解耦系统方框图。

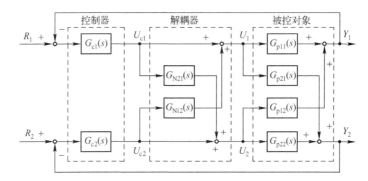

图 9-13　带前馈补偿解耦器的双变量 P 规范对象的全解耦系统方框图

如果要实现对 U_{c2} 与 Y_1、U_{c1} 与 Y_2 之间的解耦，根据前馈补偿原理可得

$$Y_1 = [G_{p12}(s) + G_{N12}(s)G_{p11}(s)]U_{c2} = 0 \qquad (9\text{-}31)$$

$$Y_2 = [G_{p21}(s) + G_{N21}(s)G_{p22}(s)]U_{c1} = 0 \qquad (9\text{-}32)$$

因此，前馈补偿解耦器的传递函数为

$$G_{N12}(s) = -G_{p12}(s)/G_{p11}(s) \qquad 和 \qquad G_{N21}(s) = -G_{p21}(s)/G_{p22}(s) \qquad (9\text{-}33)$$

利用前馈补偿解耦还可以实现对扰动信号的解耦。图 9-14 所示为控制器结合解耦器的前馈补偿全解耦系统方框图。

如果要实现对扰动量 D_1 和 D_2 的解耦，根据前馈补偿原理得

$$Y_1 = [G_{p12}(s) - G_{p22}(s)G_{cN12}(s)G_{p11}(s)]D_2 = 0 \qquad (9\text{-}34)$$

$$Y_2 = [G_{p21}(s) - G_{p11}(s)G_{cN21}(s)G_{p22}(s)]D_1 = 0 \qquad (9\text{-}35)$$

于是得

$$G_{cN12}(s) = \frac{G_{p12}(s)}{G_{p11}(s)G_{p22}(s)} \qquad 和 \qquad G_{cN21}(s) = \frac{G_{p21}(s)}{G_{p11}(s)G_{p22}(s)} \qquad (9\text{-}36)$$

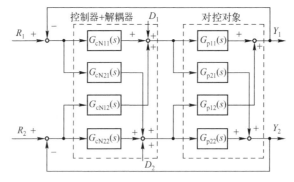

图 9-14　控制器结合解耦器的前馈补偿全解耦系统方框图

如果要实现对参考输入量 $R_1(s)$、$R_2(s)$ 和输出量 $Y_1(s)$、$Y_2(s)$ 之间的解耦则根据前馈补偿原理得

$$Y_1 = [G_{cN22}(s)G_{p12}(s) + G_{cN12}(s)G_{p11}(s)]R_2(s) = 0 \qquad (9\text{-}37)$$

$$Y_2 = [G_{cN21}(s)G_{p22}(s) + G_{cN11}(s)G_{p21}(s)]R_1(s) = 0 \tag{9-38}$$

故

$$G_{cN12}(s) = -\frac{G_{p12}(s)G_{cN22}(s)}{G_{p11}(s)} \quad \text{和} \quad G_{cN21}(s) = -\frac{G_{p21}(s)G_{cN11}(s)}{G_{p22}(s)} \tag{9-39}$$

比较以上分析结果，不难看出，若对扰动量能实现前馈补偿全解耦，则参考输入与对象输出之间就不能实现解耦。因此，单独采用前馈补偿解耦一般不能同时实现两种情况的解耦。

【例 9-4】　已知双变量非全耦合系统方框图如图 9-15 所示。要求解耦后的闭环传递矩阵为

$$\boldsymbol{G}(s) = \begin{bmatrix} \dfrac{1}{s+1} & 0 \\ 0 & \dfrac{1}{5s+1} \end{bmatrix}$$

试求控制器结合解耦器的参数。

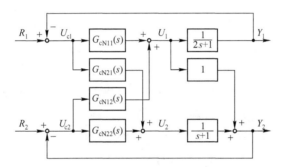

图 9-15　双变量非全耦合系统方框图

解： 由图 9-15 可知，系统的闭环传递矩阵为

$$\boldsymbol{G}(s) = [\boldsymbol{I} + \boldsymbol{G}_p(s)\boldsymbol{G}_{cN}(s)]^{-1}\boldsymbol{G}_p(s)\boldsymbol{G}_{cN}(s)$$

因此得控制器结合解耦器的传递矩阵为

$$\boldsymbol{G}_{cN}(s) = [\boldsymbol{G}_p(s)]^{-1}\boldsymbol{G}(s)[\boldsymbol{I} - \boldsymbol{G}(s)]^{-1}$$

故

$$\boldsymbol{G}_{cN}(s) = \begin{bmatrix} G_{cN11}(s) & G_{cN12}(s) \\ G_{cN21}(s) & G_{cN22}(s) \end{bmatrix} = \begin{bmatrix} \dfrac{1}{2s+1} & 0 \\ 1 & \dfrac{1}{s+1} \end{bmatrix}^{-1} \begin{bmatrix} \dfrac{1}{s+1} & 0 \\ 1 & \dfrac{1}{5s+1} \end{bmatrix} \begin{bmatrix} \dfrac{s}{s+1} & 0 \\ 0 & \dfrac{5s}{5s+1} \end{bmatrix}^{-1}$$

$$= \begin{bmatrix} \dfrac{2s+1}{s} & 0 \\ -\dfrac{(2s+1)(s+1)}{s} & \dfrac{s+1}{5s} \end{bmatrix}$$

由 $\boldsymbol{G}_{cN}(s)$ 可知，$G_{cN11}(s)$ 和 $G_{cN22}(s)$ 是比例积分控制器，$G_{cN21}(s)$ 是比例微分控制器。解耦后，系统等效成为两个一阶单回路系统。从而实现了被控对象的输出与输入变量之间的解耦。

必须指出的是，对于两变量以上的耦合系统，经过类似的矩阵运算就能求出解耦器的数

学模型，但变量越多，解耦器的模型越复杂，解耦器实现的难度就越大。

9.3.2 反馈解耦法

反馈解耦法是多变量系统解耦控制非常有效的方法。该方法的解耦器通常配置在反馈通道上，而不是配置在系统的前向通道上。反馈解耦控制系统的解耦器主要有两种结构的布置形式，且被控对象均可以是 P 规范结构或 V 规范结构。图 9-16 和图 9-17 分别为双变量 V 规范对象的两种反馈解耦系统。由于两种形式的效果相同，以下仅对第 2 种形式进行分析。

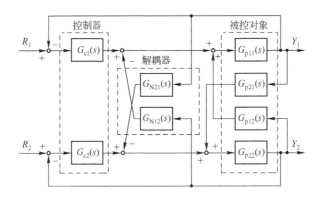

图 9-16　双变量 V 规范对象的反馈解耦系统形式 1 方框图

针对图 9-17，如果对输出量 Y_1 和 Y_2 实现解耦，则

$$Y_1 = [G_{p12}(s) - G_{N12}(s)G_{c1}(s)]G_{p11}(s)Y_2 = 0 \tag{9-40}$$

$$Y_2 = [G_{p21}(s) - G_{N21}(s)G_{c2}(s)]G_{p22}(s)Y_1 = 0 \tag{9-41}$$

于是得反馈解耦器的传递函数为

$$G_{N12}(s) = G_{p12}(s)/G_{c1}(s) \quad 和 \quad G_{N21}(s) = G_{p21}(s)/G_{c2}(s) \tag{9-42}$$

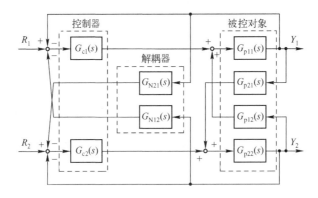

图 9-17　双变量 V 规范对象的反馈解耦系统形式 2 方框图

因此，系统的输出分别为

$$Y_1 = \frac{G_{p11}(s)G_{c1}(s)}{1 + G_{p11}(s)G_{c1}(s)}R_1 \quad 和 \quad Y_2 = \frac{G_{p22}(s)G_{c2}(s)}{1 + G_{p22}(s)G_{c2}(s)}R_2 \tag{9-43}$$

由此可见，反馈解耦可以实现完全解耦。解耦以后的系统完全相当于断开一切耦合关系，即断开 $G_{p12}(s), G_{p21}(s), G_{N12}(s)$ 和 $G_{N21}(s)$ 以后，原耦合系统等效成为具有两个独立控制通道的系统。

9.3.3　对角阵解耦法

对角阵解耦法是一种常见的解耦方法，尤其对复杂系统应用非常广泛。其目的是通过在控制系统中附加一个解耦器矩阵，使该矩阵与被控对象特性矩阵的乘积等于对角阵。现以图 9-18 所示的双变量解耦系统为例，说明对角阵解耦的设计过程。

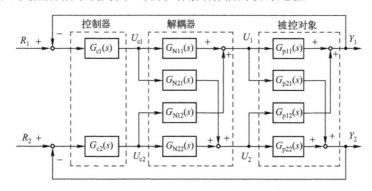

图 9-18　双变量解耦系统方框图

根据对角阵解耦设计要求，即

$$\begin{bmatrix} G_{p11}(s) & G_{p12}(s) \\ G_{p21}(s) & G_{p22}(s) \end{bmatrix}\begin{bmatrix} G_{N11}(s) & G_{N12}(s) \\ G_{N21}(s) & G_{N22}(s) \end{bmatrix}=\begin{bmatrix} G_{p11}(s) & 0 \\ 0 & G_{p22}(s) \end{bmatrix} \tag{9-44}$$

因此，被控对象的输出与输入变量之间应满足如下矩阵方程：

$$\begin{bmatrix} Y_1(s) \\ Y_2(s) \end{bmatrix}=\begin{bmatrix} G_{p11}(s) & 0 \\ 0 & G_{p22}(s) \end{bmatrix}\begin{bmatrix} U_{c1}(s) \\ U_{c2}(s) \end{bmatrix} \tag{9-45}$$

假设对象传递矩阵 $\boldsymbol{G}_p(s)$ 为非奇异阵，即

$$\begin{bmatrix} G_{p11}(s) & G_{p12}(s) \\ G_{p21}(s) & G_{p22}(s) \end{bmatrix}\neq 0$$

于是得到解耦器的数学模型为

$$\begin{bmatrix} G_{N11}(s) & G_{N12}(s) \\ G_{N21}(s) & G_{N22}(s) \end{bmatrix}=\begin{bmatrix} G_{p11}(s) & G_{p12}(s) \\ G_{p21}(s) & G_{p22}(s) \end{bmatrix}^{-1}\begin{bmatrix} G_{p11}(s) & 0 \\ 0 & G_{p22}(s) \end{bmatrix}$$

$$=\frac{1}{G_{p11}(s)G_{p22}(s)-G_{p12}(s)G_{p21}(s)}\begin{bmatrix} G_{p22}(s) & -G_{p12}(s) \\ -G_{p21}(s) & G_{p11}(s) \end{bmatrix}\begin{bmatrix} G_{p11}(s) & 0 \\ 0 & G_{p22}(s) \end{bmatrix}$$

$$=\begin{bmatrix} \dfrac{G_{p11}(s)G_{p22}(s)}{G_{p11}(s)G_{p22}(s)-G_{p12}(s)G_{p21}(s)} & \dfrac{-G_{p12}(s)G_{p22}(s)}{G_{p11}(s)G_{p22}(s)-G_{p12}(s)G_{p21}(s)} \\ \dfrac{-G_{p11}(s)G_{p21}(s)}{G_{p11}(s)G_{p22}(s)-G_{p12}(s)G_{p21}(s)} & \dfrac{G_{p11}(s)G_{p22}(s)}{G_{p11}(s)G_{p22}(s)-G_{p12}(s)G_{p21}(s)} \end{bmatrix}$$

$$\tag{9-46}$$

下面验证 $U_{c1}(s)$ 与 $Y_2(s)$ 之间已经实现解耦，即控制变量 $U_{c1}(s)$ 对被控变量 $Y_2(s)$ 没有影响。由图 9-18 可知，在 $U_{c1}(s)$ 作用下，被控变量 $Y_2(s)$ 为

$$Y_2(s) = [G_{N11}(s)G_{p21}(s) + G_{N21}(s)G_{p22}(s)]U_{c1}(s) \tag{9-47}$$

将式（9-46）中的 $G_{N11}(s)$ 和 $G_{N21}(s)$ 代入式（9-47），则有 $Y_2(s)=0$。

同理可证，$U_{c2}(s)$ 与 $Y_1(s)$ 之间也已解除耦合，即控制变量 $U_{c2}(s)$ 对被控变量 $Y_1(s)$ 没有影响。图 9-19 是利用对角阵解耦得到的两个彼此独立的等效控制系统。

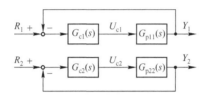

图 9-19　对角阵解耦后的等效控制系统方框图

9.3.4　单位阵解耦法

单位阵解耦法是对角阵解耦法的一种特殊情况。它要求被控对象特性矩阵与解耦器矩阵的乘积等于单位阵。即

$$\begin{bmatrix} G_{p11}(s) & G_{p12}(s) \\ G_{p21}(s) & G_{p22}(s) \end{bmatrix}\begin{bmatrix} G_{N11}(s) & G_{N12}(s) \\ G_{N21}(s) & G_{N22}(s) \end{bmatrix} = \begin{bmatrix} 1 & 0 \\ 0 & 1 \end{bmatrix} \tag{9-48}$$

因此，系统输入/输出方程满足如下关系

$$\begin{bmatrix} Y_1(s) \\ Y_2(s) \end{bmatrix} = \begin{bmatrix} 1 & 0 \\ 0 & 1 \end{bmatrix}\begin{bmatrix} U_{c1}(s) \\ U_{c2}(s) \end{bmatrix} \tag{9-49}$$

于是得解耦器的数学模型为

$$\begin{bmatrix} G_{N11}(s) & G_{N12}(s) \\ G_{N21}(s) & G_{N22}(s) \end{bmatrix} = \begin{bmatrix} G_{p11}(s) & G_{p12}(s) \\ G_{p21}(s) & G_{p22}(s) \end{bmatrix}^{-1}$$

$$= \frac{1}{G_{p11}(s)G_{p22}(s) - G_{p12}(s)G_{p21}(s)}\begin{bmatrix} G_{p22}(s) & -G_{p12}(s) \\ -G_{p21}(s) & G_{p11}(s) \end{bmatrix}$$

$$= \begin{bmatrix} \dfrac{G_{p22}(s)}{G_{p11}(s)G_{p22}(s) - G_{p12}(s)G_{p21}(s)} & \dfrac{-G_{p12}(s)}{G_{p11}(s)G_{p22}(s) - G_{p12}(s)G_{p21}(s)} \\ \dfrac{-G_{p21}(s)}{G_{p11}(s)G_{p22}(s) - G_{p12}(s)G_{p21}(s)} & \dfrac{G_{p11}(s)}{G_{p11}(s)G_{p22}(s) - G_{p12}(s)G_{p21}(s)} \end{bmatrix}$$

同理可以证明，$U_{c1}(s)$ 对 $Y_2(s)$ 影响等于零，$U_{c2}(s)$ 对 $Y_1(s)$ 影响等于零。即 $U_{c1}(s)$ 对 $Y_2(s)$ 之间、$U_{c2}(s)$ 对 $Y_1(s)$ 之间的耦合关系已被解除。图 9-20 是利用单位阵解耦得到的两个彼此独立的等效控制系统。

综上所述，采用不同的解耦方法都能达到解耦的目的，但是采用单位阵解耦法的优点更突出。对角阵解耦法和前馈补偿解耦法得到的解耦效果和系统的控制质量是相同的，这两种方法

都是设法解除交叉通道，并使其等效成两个独立的单回路系统。而单位阵解耦法，除了能获得优良的解耦效果之外，还能提高控制质量，减少动态偏差，加快响应速度，缩短调节时间。值得注意的是，本节介绍的几种解耦设计方法，一般都要涉及解耦器或控制器与被控对象之间零点/极点抵消问题，这在某些情况下可能会引起系统不稳定。因此，如果遇到这类问题比较严重，建议采用其他解耦方法，如非零点极点抵消解耦法等。

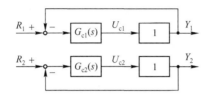

图 9-20　单位阵解耦后的等效控制系统方框图

必须指出的是，多变量解耦有动态解耦和静态解耦之分。动态解耦的补偿是时间补偿，而静态解耦的补偿是幅值补偿。由于动态解耦要比静态解耦复杂得多，因此，一般只在要求比较高、解耦器又能实现的条件下使用。当被控对象各通道的时间常数非常接近时，采用静态解耦一般都能满足要求。由于静态解耦结构简单、易于实现、解耦效果较佳，故静态解耦在很多场合得到了广泛的应用。

9.4　解耦控制系统的实施

在多变量系统的解耦设计过程中，还要考虑解耦控制系统的实现问题。事实上，求出了解耦器的数学模型并不等于实现了解耦。解耦器一般比较复杂，由于它要用来补偿过程的时滞或纯迟延，往往需要超前，有时甚至是高阶微分环节，而后者是不可能实现的。因此，在解决了解耦系统的设计后，需进一步研究解耦控制系统的实现问题。如稳定性、部分解耦及系统的简化等问题，才能使这种系统得到广泛应用。

第 48 讲

9.4.1　解耦控制系统的稳定性

虽然确定解耦器的数学模型比较容易，但要获得并保持它们的理想值就完全是另外一回事了。过程通常是非线性的和时变的，因此，对于绝大多数情况来说，解耦器的增益并不是常数。如果要达到最优化，则解耦器必须是非线性的，甚至是适应性的。如果解耦器是线性和定常的，那么可以预料解耦将是不完善的。在某些情况下解耦器的误差可能引起不稳定。为了研究发生这种情况的可能性，需要推导出解耦过程的相对增益。对于相对增益在 0 和 1 之间的回路，无论解耦器误差多大都不会降低回路的性能。而相对增益大于 1（小于 0）时解耦就有可能引起系统的不稳定。

由于过程的增益很少是常数，所以在设计解耦器时，一定要考虑允许极限误差。如果过程增益随着被控变量的大小改变，而解耦器的增益是固定的，那么解耦器的误差就要变化。因此，即使在设定点上解耦是完善的，那么随着被控变量的变化所产生的偏差就可能导致系统的不稳定，这是设计时需要特别注意的。

9.4.2 多变量控制系统的部分解耦

当系统中出现相对增益大于 1 时，就必然存在着小于零的增益。如前所述，一个小于零的相对增益意味着系统存在着不稳定回路。此时若采用部分解耦，即只采用一个解耦器，解除部分系统的关联，就可能切断第三反馈回路，从而消除系统的不稳定性；此外，还可以防止第一回路的干扰进入第二个回路，虽然第二个回路的干扰仍然可以传到第一个回路，但是决不会再返回到第二个回路。

实现部分解耦，首先，要决定哪些参数需要解耦。一般来说，重要被控变量的控制采取解耦，其他参数不解耦。在生产过程中，重要的被控变量决定着产品的质量，决定着生产过程能否顺利进行。该类参数控制要求高，应设计解耦控制性能优越的控制器和完善的控制系统，保证对该类参数的控制品质。控制过程对不重要的参数要求不高，耦合的存在对这些参数的控制虽造成一定的影响，但对产品质量或生产过程的顺利进行所产生的影响可以忽略。此时，为了降低解耦装置的复杂程度，对该类参数可以不进行解耦。例如，在图 9-13 所示的系统中，如果控制 Y_1 比控制 Y_2 更为重要，那么就应该采用的 $G_{N12}(s)$ 而不是 $G_{N21}(s)$ 来进行解耦，这样就补偿了 U_{c2} 对 Y_1 之关联影响，而 U_{c1} 对 Y_2 的耦合依然存在，但是不会再返回到 Y_1 回路。如果系统存在约束条件时，图 9-13 中的约束是加在 U_{c2} 而不是加在 U_{c1} 上。在这种情况下，约束可能引起 Y_2 的失控和对 Y_1 产生干扰，然而解耦器 $G_{N12}(s)$ 可从前馈通道防止约束条件影响 Y_1。因此，部分解耦在有、无约束条件下都是有用的。

其次，在选择采用哪个解耦器时，还需要考虑变量的相对响应速度。响应速度慢的被控变量采取解耦措施，响应速度快的参数不解耦。被控对象的多个被控变量对输入的响应速度是不一样的。如温度等参数响应较慢；压力、流量等参数响应较快。响应快的被控变量，受响应慢的参数通道的影响小，可以不考虑耦合作用；响应慢的参数受响应快的参数通道的耦合影响大，应对响应慢的通道采取解耦措施。

显然，部分解耦过程的控制性能介于不解耦过程和完全解耦过程之间。对那些重要的被控变量要求比较突出，控制系统又要求不太复杂的控制过程经常采用部分解耦控制方案。由于部分解耦具有以下优点：

① 切断了经过两个解耦器的第三回路，从而避免此反馈回路出现不稳定；
② 阻止干扰进入解耦回路；
③ 避免解耦器误差所引起的不稳定；
④ 比完全解耦更易于设计和调整。

因此，部分解耦得到较广泛的应用。如已成功地应用于精馏塔的成分控制等。

9.4.3 解耦控制系统的简化

由解耦控制系统的各种设计方法可知，它们都是以获得过程数学模型为前提的，而工业过程千变万化，影响因素众多，要想得到精确的数学模型相当困难，即使采用机理分析方法或实验方法得到了数学模型，利用它们来设计的解耦器往往也非常复杂、难以实现。因此必须对过程的数学模型进行简化。简化的方法很多，但从解耦的目的出发，可以有一些简单的处理方法，如过程各通道的时间常数不等，如果最大的时间常数与最小的时间常数相差甚多，则可忽略最小的时间常数；如果各时间常数虽然不等但相差不多，则可让它们相等。

有时尽管做了简化，解耦器还是十分复杂，往往需要十多个功能部件来组成，因此在实现中又常常采用一种基本而有效的解耦方法——静态解耦。

对于某些系统，如果动态解耦是必需的，那么一般也像前馈控制系统一样，只采用超前-滞后环节来进行不完全动态解耦，这样可以不需花费太大而又可取得较大的收益。当然，如果有条件利用计算机来进行解耦，就不会受到算法实现的种种限制，解耦器可以复杂得多，但也不是越复杂效果越好。

9.5　利用 MATLAB 对解耦控制系统进行仿真

第 49 讲

利用 MATLAB 或 Simulink 可以方便地实现解耦控制系统的仿真研究。

【例 9-5】　某锅炉燃烧系统，控制变量为燃料流量和助燃空气流量，被控变量为系统蒸汽压和温度，试利用前馈补偿解耦方法对该系统进行仿真研究。

解：（1）系统传递函数阵的获取

对于该双输入/双输出锅炉燃烧系统，初步选用输入 U_1、U_2 分别对应输出 Y_1、Y_2。将实验测试法建模可得系统输入/输出之间的传递函数阵为

$$\begin{bmatrix} Y_1(s) \\ Y_2(s) \end{bmatrix} = \begin{bmatrix} \dfrac{1}{3s+1} & \dfrac{0.5}{2s+1} \\ \dfrac{5}{12s+1} & \dfrac{0.1}{9s+1} \end{bmatrix} \begin{bmatrix} U_1(s) \\ U_2(s) \end{bmatrix}$$

（2）系统相对增益求取和系统耦合分析

由上式可得系统静态放大系数矩阵为

$$\begin{bmatrix} k_{11} & k_{12} \\ k_{21} & k_{22} \end{bmatrix} = \begin{bmatrix} 1 & 0.5 \\ 5 & 0.1 \end{bmatrix}$$

则系统的第一放大系数矩阵为

$$\boldsymbol{P} = \begin{bmatrix} p_{11} & p_{12} \\ p_{21} & p_{22} \end{bmatrix} = \begin{bmatrix} k_{11} & k_{12} \\ k_{21} & k_{22} \end{bmatrix} = \begin{bmatrix} 1 & 0.5 \\ 5 & 0.1 \end{bmatrix}$$

根据式（9-23）可得相对增益矩阵为

$$\boldsymbol{\Lambda} = \boldsymbol{P} \cdot (\boldsymbol{P}^{-1})^{\mathrm{T}} = \begin{bmatrix} -0.04 & 1.04 \\ 1.04 & -0.04 \end{bmatrix}$$

由相对增益矩阵可以看出，控制系统输入/输出的配对选择是错误的，应调换。为了方便，调换后仍用输入 U_1（原 U_2）、U_2（原 U_1）分别对应输出 Y_1、Y_2。即调换后的输入/输出之间的传递函数阵为

$$\begin{bmatrix} Y_1(s) \\ Y_2(s) \end{bmatrix} = \begin{bmatrix} \dfrac{0.5}{2s+1} & \dfrac{1}{3s+1} \\ \dfrac{0.1}{9s+1} & \dfrac{5}{12s+1} \end{bmatrix} \begin{bmatrix} U_1(s) \\ U_2(s) \end{bmatrix}$$

此时，可得相对增益矩阵为

$$A = \begin{bmatrix} 1.04 & -0.04 \\ -0.04 & 1.04 \end{bmatrix}$$

由此可见，输入 U_1、U_2 分别对应输出 Y_1、Y_2 的控制能力接近于 1、通道间的相互耦合接近零。如不强调系统的动态跟随特性，只考虑稳态特性，则系统的两个通道耦合很弱不需要解耦。但如果考虑动态情况，由于系统存在负耦合，则容易形成正反馈，应对系统进行解耦分析。

（3）前馈补偿解耦器的确定

根据式（9-33）和式（9-34），可得前馈补偿解耦器的传递函数分别为

$$G_{N12}(s) = -\frac{G_{p12}(s)}{G_{p11}(s)} = -\frac{4s+2}{3s+1}; \quad G_{N21}(s) = -\frac{G_{p21}(s)}{G_{p22}(s)} = -\frac{12s+1}{50(9s+1)}$$

（4）控制器形式选择与参数整定

考虑到 PID 应用的广泛性和系统无静差要求，控制器 $G_{c1}(s)$ 和 $G_{c2}(s)$ 均采用 PI 控制。$G_{c1}(s)$ 和 $G_{c2}(s)$ 参数的整定，可分别通过两个独立的单输入/单输出系统进行，两个独立的单输入/单输出系统的 Simulink 仿真图如图 9-21 所示。

① 整定控制器 $G_{c1}(s)$ 和 $G_{c2}(s)$ 参数的 Simulink 方框图见图 9-21。其中 PID Controller1 和 PID Controller2 模块的参数均分别设置为 Kc1、Ki1、0 和 Kc2、Ki2、0。

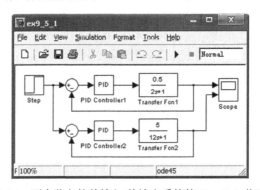

图 9-21　两个独立的单输入/单输出系统的 Simulink 仿真图

② 控制器的参数可完全按照单回路控制系统设计原则来确定。PID 控制器整定后，将图 9-21 的仿真时间设置为 1，可得如图 9-22 所示的单位阶跃响应（Kc1＝300、Ki1＝5；Kc2＝200、Ki2＝5）。

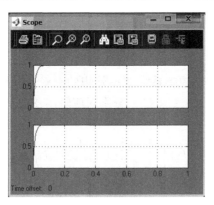

图 9-22　单位阶跃响应

（5）系统仿真

① 根据带前馈补偿解耦器的双变量全解耦系统方框图，建立如图 9-23 所示的 Simulink 仿真图。

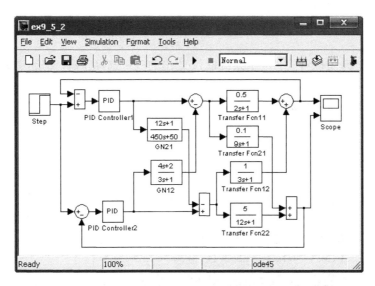

图 9-23 带前馈补偿解耦器的双变量全解耦系统 Simulink 仿真图

② 将图 9-23 的仿真时间设置为 1，PID 控制器按以上参数选定后（Kc1 = 300、Ki1 = 5；Kc2 = 200、Ki2 = 5），启动仿真便可同样得到图 9-22 所示的单位阶跃响应曲线。

由此可见，通过前馈补偿解耦后，原系统已成为两个独立的单输入/单输出系统，实现了完全解耦。

【例 9-6】 纯原料量与含水量是影响混凝土快干性和强度的两个因素。系统输入量为纯原料量与含水量，系统输出量为混凝土的快干性和强度，试采用对角阵解耦方法对该系统进行仿真研究。

解：（1）系统传递函数阵的获取

对于该双输入/双输出系统，初步选用输入 U_1、U_2 分别对应输出 Y_1、Y_2。将实验测试法建模可得系统输入/输出之间的传递函数阵为

$$\begin{bmatrix} Y_1(s) \\ Y_2(s) \end{bmatrix} = \begin{bmatrix} \dfrac{11}{7s+1} & \dfrac{0.5}{3s+1} \\ \dfrac{-3}{11s+1} & \dfrac{0.3}{5s+1} \end{bmatrix} \begin{bmatrix} U_1(s) \\ U_2(s) \end{bmatrix}$$

（2）系统相对增益求取和系统耦合分析

由上式可得系统静态放大系数矩阵为

$$\begin{bmatrix} k_{11} & k_{12} \\ k_{21} & k_{22} \end{bmatrix} = \begin{bmatrix} 11 & 0.5 \\ -3 & 0.3 \end{bmatrix}$$

则系统第一放大系数矩阵为

$$P = \begin{bmatrix} p_{11} & p_{12} \\ p_{21} & p_{22} \end{bmatrix} = \begin{bmatrix} k_{11} & k_{12} \\ k_{21} & k_{22} \end{bmatrix} = \begin{bmatrix} 11 & 0.5 \\ -3 & 0.3 \end{bmatrix}$$

根据式（9-23）可得相对增益矩阵为

$$\Lambda = P \cdot (P^{-1})^{\mathrm{T}} = \begin{bmatrix} 0.69 & 0.31 \\ 0.31 & 0.69 \end{bmatrix}$$

由相对增益矩阵可以看出，控制系统输入/输出的配对选择正确。但通道间的相互耦合较强，应对系统进行解耦分析。

（3）对角阵解耦器的确定

根据式（9-51），可得对角阵解耦器的传递函数阵为

$$
\begin{bmatrix} G_{\mathrm{N11}}(s) & G_{\mathrm{N12}}(s) \\ G_{\mathrm{N21}}(s) & G_{\mathrm{N22}}(s) \end{bmatrix}
$$

$$
= \frac{1}{G_{\mathrm{p11}}(s)G_{\mathrm{p22}}(s) - G_{\mathrm{p12}}(s)G_{\mathrm{p21}}(s)} \begin{bmatrix} G_{\mathrm{p22}}(s)G_{\mathrm{p11}}(s) & -G_{\mathrm{p12}}(s)G_{\mathrm{p22}}(s) \\ -G_{\mathrm{p21}}(s)G_{\mathrm{p11}}(s) & G_{\mathrm{p11}}(s)G_{\mathrm{p22}}(s) \end{bmatrix}
$$

$$
= \begin{bmatrix} \dfrac{108.9s^2 + 46.2s + 3.3}{161.4s^2 + 64.2s + 4.8} & \dfrac{-11.55s^2 - 2.7s - 0.15}{161.4s^2 + 64.2s + 4.8} \\ \dfrac{495s^2 + 264s + 33}{161.4s^2 + 64.2s + 4.8} & \dfrac{108.9s^2 + 46.2s + 3.3}{161.4s^2 + 64.2s + 4.8} \end{bmatrix}
$$

（4）控制器形式选择与参数整定

控制器 $G_{\mathrm{c1}}(s)$ 和 $G_{\mathrm{c2}}(s)$ 均采用 PI 控制。$G_{\mathrm{c1}}(s)$ 和 $G_{\mathrm{c2}}(s)$ 参数的整定，可分别通过两个独立的单输入/单输出系统进行。

① 整定控制器 $G_{\mathrm{c1}}(s)$ 和 $G_{\mathrm{c2}}(s)$ 参数的 Simulink 方框图如图 9-24 所示。其中 PID Controller1 和 PID Controller2 模块的参数均分别设置为 Kc1、Ki1、0 和 Kc2、Ki2、0。

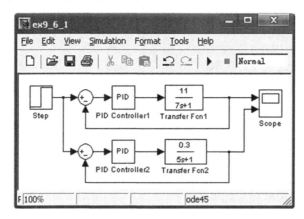

图 9-24　两个独立的单输入/单输出系统的 Simulink 仿真图

② 控制器的参数可完全按照单回路控制系统设计原则来确定。PID 控制器整定后，将图 9-24 的仿真时间设置为 5，可得如图 9-25 所示的单位阶跃响应（Kc1 = 15、Ki1 = 2；Kc2 = 350、Ki2 = 50）。

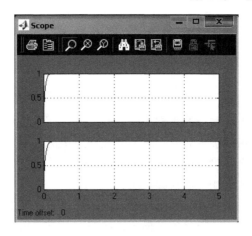

图 9-25　单位阶跃响应

（5）系统仿真

① 根据带对角阵解耦器的双变量全解耦系统方框图 9-18，建立如图 9-26 所示的仿真框图。

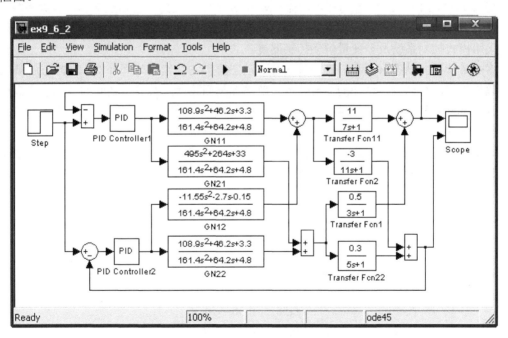

图 9-26　带对角阵解耦器的双变量全解耦系统 Simulink 仿真框图

② 将图 9-26 的仿真时间设置为 5，PID 控制器按以上参数选定后（Kc1 = 15、Ki1 = 2；Kc2 = 350、Ki2 = 50），启动仿真便可同样得到如图 9-25 所示的单位阶跃响应曲线。

由此可见，通过对角阵解耦，原系统已可看成两个独立的单输入/单输出系统，实现了完全解耦。

本 章 小 结

多输入/多输出系统各个控制回路之间有可能存在的相互关联（耦合），会妨碍各回路变量的独立控制作用，甚至破坏系统的正常工作。因此，必须设法减少或消除耦合。对于具有相同数目的输入量和输出量的被控对象，典型的耦合结构可分为 P 规范耦合和 V 规范耦合。

确定各变量之间的耦合程度是多变量耦合控制系统设计的关键问题。常用的耦合程度分析方法有两种：直接分析法和相对增益分析法。

相对增益分析法作为衡量多变量系统性能尺度的方法，可以确定过程中每个被控变量相对每个控制变量的响应特性，并以此为依据去设计控制系统。相对增益矩阵中每行元素之和为 1，每列元素之和也为 1。相对增益矩阵的计算有两种最基本的方法：定义计算法和直接计算法。

通道 U_j 到 Y_i 的第一放大系数 p_{ij} 是指控制变量 U_j 改变了一个 ΔU_j 时，其他控制变量 $U_k (k \neq j)$ 均不变的情况下，U_j 与 Y_i 之间通道的开环增益。第二放大系数 q_{ij} 是指利用闭合回路固定其他被控变量 $Y_k (k \neq i)$ 时，U_j 与 Y_i 的开环增益。p_{ij} 与 q_{ij} 之比定义为相对增益或相对放大系数 λ_{ij}。

常用的减少与解除耦合的方法有：最佳的变量配对、重新整定控制器参数、减少控制回路、采用模式控制系统及多变量解耦控制器等。

多变量解耦有动态解耦和静态解耦之分。动态解耦的补偿是时间补偿，而静态解耦的补偿是幅值补偿。解耦控制设计的主要任务是解除控制回路或系统变量之间的耦合。解耦设计可分为完全解耦和部分解耦。对多变量耦合系统的解耦，目前，用得较多的有四种方法：前馈补偿解耦法、反馈解耦法、对角阵解耦法和单位阵解耦法。

多变量系统解耦后，需进一步研究解耦系统的实现问题。如稳定性、部分解耦及系统的简化等问题，才能使这种系统得到广泛应用。

习 题

9-1 常用的多变量系统解耦设计方法有哪几种？试说明其优缺点。

9-2 已知在所有控制回路均开环的条件下，某一过程的开环增益矩阵为

$$K = \begin{bmatrix} 0.58 & -0.36 & -0.36 \\ 0.73 & -0.61 & 0 \\ 1 & 1 & 1 \end{bmatrix}$$

试求出相对增益矩阵，并选出最佳的控制回路。分析此过程是否需要解耦。

9-3 现有一个三种液体混合系统。混合液流量为 Q，被控变量为混合液的密度 ρ 和黏度 v，它们满足下列关系

$$\rho = \frac{au_1 + bu_2}{Q}, v = \frac{cu_1 + du_2}{Q}$$

式中，u_1，u_2 为两个可控流量；a，b，c，d 为物理常数。试求系统的相对增益矩阵。若设 $a=b=c=0.5$，$d=1.0$，求相对增益，并对计算结果进行分析。

9-4 已知被控对象的传递矩阵为

$$\boldsymbol{G}_{\mathrm{p}}(s) = \begin{bmatrix} \dfrac{1}{(s+1)^2} & \dfrac{-1}{2s+1} \\ \dfrac{1}{3s+1} & \dfrac{1}{s+1} \end{bmatrix}$$

期望的闭环传递矩阵为

$$\boldsymbol{G}(s) = \begin{bmatrix} \dfrac{1}{s+1} & 0 \\ 0 & \dfrac{1}{s+1} \end{bmatrix}$$

第 9 章 习题
解答

试设计控制器结合解耦器的参数。

9-5 两个双变量耦合系统如图 9-27（题图 9-5）所示，设被控对象的特性 $G_{\mathrm{p}11}(s)$、$G_{\mathrm{p}12}(s)$、$G_{\mathrm{p}21}(s)$、$G_{\mathrm{p}22}(s)$ 均已知，求解耦环节的传递函数矩阵 $\boldsymbol{G}_{\mathrm{c}}(s)$。试比较图（a）与图（b）两解耦器的复杂性，并从物理概念上解释之。

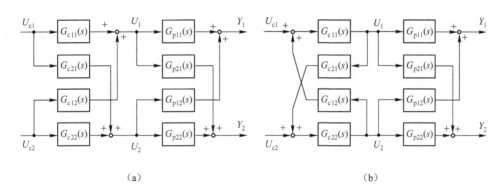

（a）　　　　　　　　　　　　　　（b）

图 9-27 题图 9-5

第 10 章

>>>

计算机过程控制系统

现代过程工业向着大型化和连续化的方向发展,生产过程也随之日趋复杂,对生态环境的影响也日益突出,这些都对过程控制提出了越来越高的要求。不仅如此,生产的安全性和可靠性,生产企业的经济效益都成为衡量当今自动控制水平的重要指标。因此,仅用常规仪表已不能满足现代化企业的控制要求。随着计算机技术的迅速发展,计算机具有运算速度快、精度高、存储量大、编程灵活及有很强的通信能力等特点,已在过程控制中得到十分广泛的应用。

▌10.1　计算机过程控制系统简介

第 50 讲

将计算机用于过程控制系统,就称为计算机过程控制系统。它由被控对象、测量变送器、计算机和执行器组成,如图 10-1 所示。其中控制器的核心可以是微处理器、单片机、PLC 或微型计算机。

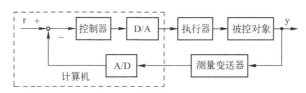

图 10-1　计算机过程控制系统基本结构图

计算机过程控制系统综合了计算机、生产过程和自动控制理论等方面的知识。自动控制理论是计算机控制系统的理论支柱,计算机技术的发展又促进了自动控制理论的应用与发展。

计算机过程控制系统与常规过程控制系统相比而言,其主要特点体现在三个方面:控制器的核心器件;控制规律的实现方法;控制功能的灵活性与先进性。

常规过程控制系统的控制器为模拟控制器,其核心器件是模拟电子器件构成的模拟电路。它由相关的模拟器件实现所需的控制规律。控制器的参数借助可调阻、容器件进行调整。若需要改变控制方案,则必须更换模拟控制器的模拟电路。

由于计算机过程控制系统的控制器其核心是微处理器、单片机、PLC 或微型计算机,它们不用模拟器件来实现控制规律,而是由计算机的软件来实施。改变系统控制方案不必更换硬件，只是对软件进行选择、组合或补充即可。软件越丰富，系统控制功能越灵活。

10.2 计算机过程控制系统的组成

计算机控制已广泛应用到国防和工业领域，由于被控对象、控制功能及控制设备不同，因而计算机控制系统是千变万化的。计算机过程控制系统的最基本特征是一个实时系统，它由硬件和软件两大部分组成。

1. 硬件组成

计算机过程控制系统的硬件一般由被控对象（生产过程）、过程通道、计算机、人机联系设备、控制操作台等部分组成，计算机控制系统的一般硬件组成结构图如图 10-2 所示。

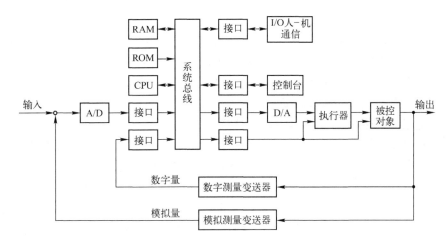

图 10-2 计算机控制系统的一般硬件组成结构图

① 主机。通常包括微处理器（CPU）和存储器（ROM，RAM），它是数字控制系统的核心。主机根据由输入通道送来的命令和测量信息，按照预先编制好的控制程序和一定的控制规律进行信息的处理、计算，形成的控制信息由输出通道送至执行器和有关设备。

② 测量变送器和执行器。测量变送器包括数字测量变送器和模拟测量变送器。执行器根据需要可以接受模拟控制变量和数字控制变量。

③ 输入/输出通道又称过程通道。输入/输出通道把计算机与测量元件、执行器、生产过程和被控对象连接起来，进行信息的传递和变换。输入/输出通道一般可分为模拟量输入通道、数字量输入通道、模拟量输出通道和数字量输出通道。模拟量输入/输出通道主要由 A/D 转换器和 D/A 转换器组成。

④ 接口电路。输入/输出通道、控制台等设备通过接口电路传送信息和命令，接口电路一般有并行接口、串行接口和管理接口。

⑤ 控制台。操作人员通过运行控制台与计算机进行"对话"，随时了解生产过程和控制

状态，修改控制参数、控制程序，发出控制命令，判断故障，进行人工干预等。

2．软件组成

计算机过程控制系统的硬件只是控制的躯体，系统的大脑和灵魂是各种软件。计算机控制装置配置了必要的软件，才能针对生产过程的运行状态，按照人的思维和知识进行自动控制，完成预定控制功能。计算机控制装置的软件通常分为两大类：系统软件和应用软件。

（1）系统软件

系统软件是主机基本配置的软件，一般包括操作系统、监视程序、诊断程序、程序设计系统、数据库系统、通信网络软件等。系统软件由计算机装置设计者和制造厂提供。控制系统设计人员要了解并学会使用系统软件，利用系统软件提供的环境，针对某一控制系统的具体任务，为达到控制目的进行应用软件的设计工作。

（2）应用软件

应用软件是针对某一生产过程，依据设计人员对控制系统的设计思想，为达到控制目的而设计的程序。应用软件一般包括基本运算、逻辑运算、数据采集、数据处理、控制运算、控制输出、打印输出、数据存储、操作处理、显示管理等程序。

数据采集、数据处理程序服务于过程输入通道。控制输出程序服务于过程输出通道。控制运算程序是应用软件的核心，是实施系统控制方案的关键。

随着计算机硬件技术的日臻完善，软件工作的重要性日益突出。同样的硬件，配置高性能软件，可取得良好控制效果。反之，可能达不到预定控制目的。

由于应用软件是由控制系统设计者为实现本系统的特定功能而开发的软件，所以控制系统设计人员需对应用软件的设计工作量予以足够重视。

应用软件应具有实时性，高可靠性，具有软件抗干扰措施。

10.3　计算机过程控制系统的类型

第51讲

计算机生产过程的控制系统经历了从数据处理系统、直接数字控制系统，计算机监督控制系统、多级控制系统、集散控制系统、现场总线控制系统到现场总线集散控制型控制系统的发展过程。

1．巡回检测和数据处理系统

最初，计算机只用于生产数据的处理和巡回检测。计算机对一次性仪表产生的参数进行巡回检测，并由计算机进行必要的数据处理，如数字滤波、仪表误差修正等；对大量的数据进行记录，对过程进行集中监测，根据事先存入的各种参数的极限值，处理过程中可进行越限报警，以确保生产过程的安全。巡回检测和数据处理系统的结构如图 10-3 所示，这是一个开环控制系统，计算机不直接参与过程控制，对生产过程不会直接产生影响。

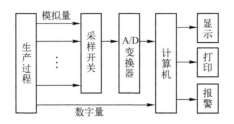

图 10-3　巡回检测和数据处理系统的结构

2. 直接数字控制系统

直接数字控制系统（Direct Dghtal Control，DDC），就是用一台计算机取代模拟控制器直接控制调节阀等执行器，使被控变量保持在给定值，其基本组成如图 10-4 所示。直接数字控制系统是利用计算机的分时处理功能直接对多个控制回路实现多种形式控制的多回路功能的数字控制系统，它是在巡回检测和数据处理系统的基础上发展起来的。数字计算机是闭环控制系统的组成部分，计算机产生的控制变量经过输出通道直接作用于生产过程，故有"直接数字控制"之称。在直接数字控制系统中，计算机通过多点巡回检测装置对过程参数进行采样，并将采样值与存于存储器中的设定值进行比较形成偏差信号，然后根据预先规定的控制算法进行分析和计算，产生控制信号，通过执行器对系统被控对象（生产过程）进行控制。

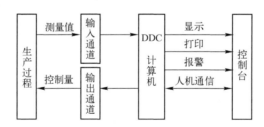

图 10-4　直接数字控制系统的结构图

直接数字控制系统具有在线实时控制、分时方式控制及灵活性和多功能控制三个特点。

（1）在线实时控制

直接数字控制系统是一种在线实时控制系统，对被控对象的全部操作（信息检测和控制信息输出）都是在计算机直接参与下进行的，无须管理人员的干预。实时控制是指计算机对于外来的信息处理速度足以保证其在所允许的时间区间内完成对被控对象各种状态参数的检测和处理，并形成和实施相应的控制。这个允许的时间区间的大小与计算机的计算速度、被控对象的动态特性、控制功能的复杂程度等因素有关。计算机应配有实时时钟和完整的中断系统以满足实时性要求。

（2）分时方式控制

直接数字控制系统是按分时方式进行控制的，按照固定的采样周期对所有的被控制回路逐个进行采样，依次计算并形成控制输出，以实现一个计算机对多个被控回路的控制。计算机对每个回路的操作分为采样、计算、输出三个步骤。为了在满足实时性要求的前提下增加控制回路，可以将上述三个步骤在时间上交错安排，如对第 1 个回路进行控制时，可同时对第 2 个回路进行计算处理，而对第 3 个回路进行采样输入。这既能提高计算机的利用率，又能缩短对每个回路的操作时间。

（3）灵活性和多功能控制

直接数字控制系统的特点是具有很大的灵活性和多功能控制能力，它除了有数据采集、打印、记录、显示和报警等功能外，还可以根据事先编好的控制程序，实现各种控制算法和控制功能。

DDC 系统对计算机可靠性的要求很高，因为若计算机发生故障会使全部控制回路失灵，直接影响生产，这是这种系统的缺点。

3. 监督控制系统

监督控制系统（Supervisory Computer Control，SCC），它是利用计算机对工业生产过程进行监督管理和控制的计算机控制系统。监督控制是一个二级控制系统，SCC 计算机直接对被控对象和生产过程进行控制，其功能类似于 DDC 直接数字控制系统。直接数字控制系统的设定值是事先规定的，但监督控制系统可以通过对外部信息的检测，根据当时的工艺条件和控制状态，按照一定的数学模型和优化准则，在线计算最优设定值，并及时送至下一级 DDC 计算机，实现自适应控制，使控制过程始终处于最优状态。监督控制系统结构如图 10-5 所示。

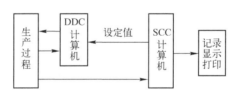

图 10-5　监督控制系统结构图

4. 计算机多级控制系统

计算机多级控制系统是按照企业组织生产的层次和等级配置多台计算机来综合实施信息管理和生产过程控制的数字控制系统。通常计算机多级控制系统由直接数字控制系统（DDC）、监督控制系统（SCC）和管理信息系统（MIS）三级组成。

① 直接数字控制系统（DDC）位于多级控制系统的最末级，其任务是直接控制生产过程，实施多种控制功能，并完成数据采集、报警等功能。直接数字控制系统通常由若干台小型计算机或微型计算机构成。

② 监督控制系统（SCC）是多级控制系统的第二级，指挥直接数字控制系统的工作，在有些情况下，监督控制也可以兼顾一些直接数字控制系统的工作。

③ 管理信息系统（MIS）主要进行计划和调度，指挥监督控制系统工作。按照管理范围还可以把管理信息系统分为若干个等级，如车间级、工厂级、公司级等。管理信息系统的工

作通常由中型计算机或大型计算机来完成。计算机多级控制系统的示意图如图 10-6 所示。

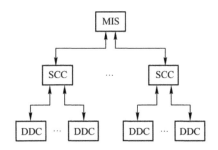

图 10-6　计算机多级控制系统的示意图

多级控制系统存在一些问题，因而应用受到限制。在此基础上发展起来的集散控制系统是生产过程中一种比较完善的控制和管理系统。

5. 集散控制系统

集散控制系统（Distributed Control Systems，DCS），也称分布式控制系统，是 20 世纪 70 年代中期发展起来的新型计算机控制系统。集散控制系统是由多台计算机分别控制生产过程中的多个控制回路，同时又可集中获取数据和集中管理的自动控制系统。它是计算机技术（Computer）、控制技术（Control）、通信技术（Communication）和图形显示（CRT）等技术的综合应用，通常也将集散控制称为 4C 技术。它不仅具有传统的控制能力和集中化的信息管理和操作显示功能，而且还有大规模数据采集、处理的功能及较强的数据通信能力，为实现高等过程控制和生产管理提供了先进的工具和手段。

集散控制系统采用微处理器分别控制各个回路，而用中小型工业控制计算机或高性能的微处理器实现上一级的控制，各回路之间和上下级之间通过高速数据通道交换信息。集散控制系统具有数据获取、直接数字控制、人机交互及监督和管理等功能。

在集散控制系统中，按地区把微处理机安装在测量装置与执行器附近，将控制功能尽可能分散，管理功能相对集中。这种分散化的控制方式会提高系统的可靠性，不像在直接数字控制系统中那样，当计算机出现故障时会使整个系统失去控制。在集散控制系统中，当管理级出现故障时，过程控制级仍有独立的控制能力，个别控制回路出现故障也不会影响全局。相对集中的管理方式有利于实现功能标准化的模块化设计，与计算机多级控制相比，集散控制系统在结构上更加灵活，布局更加合理，成本更低。

集散控制系统通常具有二层结构模式、三层结构模式和四层结构模式。图 10-7 所示为二层结构模式的集散控制系统的结构示意图。第一级为前端计算机（前端机），也称下位机、直接控制单元。前端机直接面对控制对象完成实时控制、前端处理功能。第二层称为中央处理机，它一旦失效，设备的控制功能依旧能得到保证。在前端计算机和中央处理机间再加一层中间层计算机，便构成了三层结构模式的集散控制系统。四层结构模式的集散控制系统中，第一层为直接控制级，第二层为过程管理级，第三层为生产管理级，第四层为经营管理级。集散控制系统具有硬件组装积木化，软件模块化，应用先进的通信网络并具有开放性、可靠性等特点。

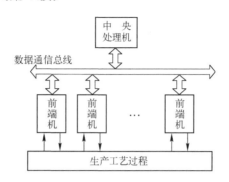

图 10-7　二层结构模式的集散控制系统的结构示意图

6. 现场总线控制系统（FCS）

随着数字通信技术的发展，极大地推进着现场级信息网络技术的发展，在国际上出现了现场总线技术。近几年现场总线技术一直是国际自动化领域的热点。

现场总线的概念包含两方面内容。首先，现场总线是一种通信标准，是全数字化、双向、多信息、多主站通信规程的可应用技术；把控制功能分散到现场装置中，并能实现数字形式宽范围的通信。其次，现场总线的通信标准是开放的，控制系统中的现场仪表装置，用户可自由选择不同厂商的符合标准的产品，利用现场总线构成所需控制系统。开放性是现场总线的主要标志之一。

现场总线型控制系统结构示意图如图 10-8 所示。图中变送器、控制器和执行器均为直接挂接在现场总线 FB 上的全数字化仪表装置，彼此之间以符合现场总线协议规定的方式进行信息交换。

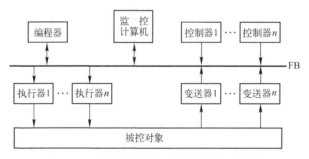

图 10-8　现场总线型控制系统结构示意图

现场总线技术必将导致新一代现场仪表装置的推出，必将导致新一代过程控制系统的形成。由于现场总线是开放的、可互操作的，传统的 DCS 输入、输出结构将被淘汰。现场总线型控制系统中 I/O 接口设备、接线板、布线均减小，控制室面积缩小，维护费用降低。现场总线型控制系统将演变为 CIPS 的低层部分，以适应未来的市场竞争。

7. 现场总线集散控制型控制系统

随着计算机技术的发展，通用 PC 及其系统软件、工具软件的性能迅速提高，而价格直线下降，这促使技术人员舍弃 DCS 的专用计算机体系结构及其独家自成体系的系统软件，而采用通过 PC 及商品化系统软件，并将先进的现场总线技术融于系统之中，淘汰 DCS 的输入/输出结构，从而推出一种面貌全新的现场总线集散控制型控制系统。

近几年国际上如日本横河、美国霍尼韦尔、德国西门子等公司先后推出了这种具有开放性、全集成化的控制系统。

10.4　先进过程控制方法

随着计算机在过程控制系统的广泛应用，从 20 世纪 80 年代开始针对工业过程本身的特点，控制界提出了一系列行之有效的先进过程控制方法。先进过程控制通常在计算机过程控制系统中用于处理复杂的多变量过程控制问题，如大迟延、多变量耦合、被控变量与控制变量存在着各种约束的时变系统等。先进控制是建立在常规控制之上的动态协调约束控制，可使控制系统适应实际工业生产过程动态特性和操作要求。目前应用得比较成功的先进过程控制方法有自适应控制、预测控制、模糊控制、神经网络控制和鲁棒控制等。以下仅对几种常用的先进控制方法予以概念性的简单介绍，详细内容可参考相关文献。

1. 自适应控制

自适应控制是一种利用辨识器将对象参数进行在线估计，用控制器实现参数自动整定的控制技术，它可用于结构已知而参数未知但恒定的随机系统，也可用于结构已知而参数缓慢变化的随机系统。自适应控制系统在对象结构参数、初始条件发生变化或目标函数的极值点发生漂移时，能够自动维持在最优工作状态。

自适应控制的研究对象是具有一定程度不确定性的系统，这里所谓"不确定性"是指描述被控对象及其环境的数学模型不是完全确定的，其中包含一些未知因素和随机因素。

任何一个实际系统都具有不同程度的不确定性，这些不确定性有时表现在系统内部，有时表现在系统外部。从系统内部来讲，描述被控对象数学模型的结构和参数，设计者事先并不一定能确切知道。作为外部环境对系统的影响，可以等效地用许多扰动来表示。这些扰动通常是不可预测的，它们可能是确定性的，如常值负载扰动；也可能是随机性的，如海浪和阵风的扰动。此外，还有一些噪声从不同的测量反馈回路进入系统。这些随机扰动和噪声的统计特性常常是未知的，面对这些客观存在的各式各样的不确定性，如何设计适当的控制作用，使得某一指定的性能指标达到并保持最优或近似最优，这就是自适应控制所要研究解决的问题。

自从 20 世纪 50 年代末期由美国麻省理工学院提出第一个自适应控制系统以来，先后出现过许多不同形式的自适应控制系统。发展到现阶段，无论是从理论研究还是从实际应用的角度来看，比较成熟的自适应控制系统有下述两大类。模型参考自适应控制系统（Model Reference Adaptive System，MRAS）和自校正控制系统（Self-tuning Regulator，STR）。

① 模型参考自适应控制系统由参考模型、被控对象、反馈控制器和调整控制器参数的自适应机构等部分组成。这类控制系统包含两个环路：内环和外环。内环是由被控对象和控

制器组成的普通反馈回路，而控制器的参数则由外环调整。

② 自校正控制系统的主要特点是具有一个被控对象数学模型的在线辨识环节，具体来说是加入了一个对象参数的递推估计器。这种自适应控制器也可设想成有内环和外环两个环路组成，内环包括被控对象和一个普通的线性反馈控制器，这个控制器的参数由外环调节，外环则由一个递推参数估计器和一个设计机构所组成。这种系统过程建模和控制的设计都是自动进行的，每个采样周期都要更新一次。这种结构的自适应控制器称为自校正控制器，采用这个名称为的是强调控制器能自动校正自己的参数，以得到希望的闭环性能。

应当指出的是，自适应控制比常规反馈控制要复杂得多，成本也高，只是在常规反馈控制达不到期望的性能时，才考虑采用。

2. 预测控制

预测控制，也称模型预测控制（Model Predictive Control，MPC），是 20 世纪 80 年代初开始发展起来的一类新型计算机控制算法。该算法直接产生于工业过程控制的实际应用，并在与工业应用的紧密结合中不断完善和成熟。预测控制的主要特征是以预测模型为基础，采用二次在线滚动优化性能指标和反馈校正的策略，来克服受控对象建模误差和结构、参数与环境等不确定性的影响，有效地弥补了现代控制理论中复杂受控对象无法避免的不足之处。模型预测控制算法由于采用了多步预测、滚动优化和反馈校正等控制策略，因而具有控制效果好、鲁棒性强、对模型精确性要求不高的优点。实际中大量的控制过程都具有非线性、不确定性和时变的特点，要建立精确的解析模型十分困难，所以经典控制方法如 PID 控制及现代控制理论都难以获得良好的控制效果。而模型预测控制具有的优点决定了该方法能够有效地用于复杂过程的控制，并且已在石油、化工、冶金、机械等工业部门的过程控制系统中得到了成功的应用。

目前提出的预测控制算法主要有基于非参数模型的模型算法控制（Model Arithmetic Control，MAC）和动态矩阵控制（Dynamic Matrix Control，DMC），以及基于参数模型的广义预测控制（Generalized Predictive Control，GPC）和广义预测极点配置控制（Generalized Predictive Pole Placement Control，GPPPC）等。其中，模型算法控制采用对象的脉冲响应模型，动态矩阵控制采用对象的阶跃响应模型，这两种模型都具有易于获得的优点；广义预测控制和广义预测极点配置控制是预测控制思想与自适应控制的结合，采用受控自回归积分滑动平均模型，具有参数数目少并能够在线估计的优点，而广义预测极点配置控制进一步采用极点配置技术，提高了预测控制系统的闭环稳定性和鲁棒性。

广义预测控制是随着自适应控制的研究而发展起来的一种预测控制方法。由于各类最小方差控制器一般要求已知对象的迟延，如果迟延估计不准确，控制精度将大大降低，极点配置自校正控制器对系统的阶次十分敏感。这种对模型精度的高要求，束缚了自校正控制算法在复杂的工业控制过程中的应用，人们期望能找到一种对数学模型要求低、鲁棒性强的自适应控制算法。在这种背景下，Clarke 等人在保持最小方差自校正的在线辨识、输出预测、最小方差控制的基础上，吸取了现代控制理论中的优化思想，用不断地在线有限优化即所谓的滚动优化取代了传统的最优控制，提出了广义预测控制算法。由于在优化过程中利用测量信息不断进行反馈校正，所以这在一定程度上克服了不确定性的影响，增强了控制的鲁棒性，这些特点使它更符合于工业过程控制实际要求。

3．模糊控制

自从 1965 年美国加里福尼亚大学控制论专家 Zadeh 提出模糊数学以来，其理论和方法日臻完善，并且广泛地应用于自然科学和社会科学各领域。而把模糊逻辑应用于控制则始于 1972 年。模糊控制技术是建立在模糊数学基础上的，它是针对被控对象的数学模型不明确，或非线性模型的一种实现简单又实用的控制方法。与传统的 PID 控制器相比，模糊控制器有更快的响应和更小的超调，对过程参数的变化不敏感，即具有很强的鲁棒性，能够克服非线性因素的影响。

模糊控制的重点不是研究被控对象或过程，而是建立在人工经验的基础上，模仿人在控制活动中的模糊概念和控制策略，绕过建模的困难，通过在考察区域划分模糊子集，利用获得的信息构造隶属度函数，再按照控制规则和推理法则做出模糊决策，从而对被控对象进行有效的控制。因此模糊控制可以对一个存在大量模糊信息而难以精确描述，且无法建立适当数学模型的复杂非线性系统加以控制。实际上对于一个有经验的操作人员，他并不需要了解被控对象精确的数学模型，而是凭借其丰富的实践经验，采取适当的对策来巧妙地控制一个复杂过程。

模糊逻辑和模糊数学虽然只有短短的数十余年历史，但其理论和应用的研究已取得了丰富的成果。模糊控制在工业过程控制、机器人、交通运输等方面得到了广泛而卓有成效的应用。与传统控制方法如 PID 控制相比，模糊控制利用人类专家控制经验，对于非线性、复杂对象的控制显示了鲁棒性好、控制性能高的优点。

4．神经网络控制

传统的基于模型的控制方式，是根据被控对象的数学模型及对控制系统要求的性能指标来设计控制器，并对控制规律加以数学解析描述的；模糊控制方式是基于专家经验和领域知识总结出若干条模糊控制规则，构成描述具有不确定性复杂对象的模糊关系，通过被控系统输出误差及误差变化和模糊关系的推理合成获得控制量，从而对系统进行控制。以上两种控制方式都具有显式表达知识的特点，而神经网络不善于显式表达知识，但是它具有很强的逼近非线性函数的能力，即非线性映射能力。把神经网络用于控制正是利用它的这个独特优点。

神经网络是在现代神经科学研究成果的基础上发展出来的，它是一种高度并行的信息处理系统，具有很强的自适应自学习能力，不依赖于研究对象的数学模型，对被控对象的系统参数变化及外界干扰有很好的鲁棒性，能处理复杂的多输入/多输出非线性系统，因此在许多实际应用领域中取得了显著的成效。

人工神经系统的研究可以追溯到 1800 年 Frued 的精神分析学时期，他已经做了一些初步工作。1913 年人工神经系统的第一个实践是由 Russell 描述的水力装置。1943 年美国心理学家 Warren S McCulloch 与数学家 Walter H Pitts 合作，用逻辑的数学工具研究客观事件在神经网络中的描述，从此开创了对神经网络的理论研究。他们在分析、总结神经元基本特性的基础上，首先提出了神经元的数学模型，简称 MP 模型。从脑科学研究来看，MP 模型不愧为第一个用数理语言描述脑的信息处理过程的模型。后来 MP 模型经过数学家的精心整理和抽象，最终发展成一种有限自动机理论，再一次展现了 MP 模型的价值，此模型沿用至今，一直影响着这一领域研究的进展。1949 年心理学家 D.O.Hebb 提出了关于神经网络学习机理的"突触修正假设"，即突触联系效率可变的假设，现在多数学习机仍遵循 Hebb 学习规则。1957年，Frank Rosenblatt 首次提出并设计制作了著名的感知机（Perceptron），第一次从理论研究转入过程实现阶段，掀起了研究人工神经网络的高潮。虽然，从 20 世纪 60 年代中期，MIT 电子研究实验室的 Marvin Minsky 和 Seymour Papret 就开始对感知机做深入的评判。并于 1969年出版了 *Perceptron* 一书，对 Frank Rosenblatt 的感知机的抽象版本做了详细的数学分析，认为感知机神经网络基本上不是一个值得研究的领域，曾一度使神经网络的研究陷入低谷。但是，从 1982 年美国物理学家 Hopfield 提出 Hopfield 神经网络，1986 年 D.E.Rumelhart 和 J.L.McClelland 提出一种利用误差反向传播训练算法的 BP（Back Propagation）神经网络开始，在世界范围内再次掀起了神经网络的研究热潮。今天，随着科学技术的迅猛发展，神经网络正以极大的魅力吸引着世界上众多专家、学者为之奋斗。难怪有关国际权威人士评论指出，目前对神经网络研究的重要意义不亚于第二次世界大战时对原子弹的研究。

所谓神经网络控制，即基于神经网络的控制（简称神经控制），是指在控制系统中采用神经网络这一工具对难以精确描述的复杂的非线性对象进行建模，或充当控制器，或优化计算，或进行推理，或故障诊断等，以及同时兼有上述某些功能的适应组合，将这样的系统统称为基于神经网络的控制系统，称这种控制方式为神经网络控制。

由于神经网络是从微观结构与功能上对人脑神经系统的模拟而建立起来的一类模型，具有模拟人的部分智能的特性，主要是具有非线性、学习能力和自适应性，使神经网络控制能对变化的环境（包括外加扰动、测量噪声、被控对象的时变特性三个方面）具有自适应性，且成为基本上不依赖于模型的一类控制，所以决定了它在控制系统中应用的多样性和灵活性。

神经网络控制主要是为了解决复杂的非线性、不确定、不确知系统，在不确定、不确知环境中的控制问题，使控制系统稳定性好、鲁棒性强，具有满意的动、静态特性。为了达到要求的性能指标，处在不确定、不确知环境中的复杂的非线性不确定、不确知系统的设计问题，就成了控制研究领域的核心问题。

5. 鲁棒控制

控制系统的鲁棒性研究是现代控制理论研究中一个非常活跃的领域，鲁棒控制问题最早出现在 20 世纪人们对于微分方程的研究中。1927 年 Black 首先在他的一项专利上应用了鲁棒控制。鲁棒性的英文拼写为 Robust，也就是健壮和强壮的意思。控制专家用这个名字来表示当一个控制系统中的参数发生摄动时系统能否保持正常工作的一种特性或属性。就像人在受到外界病菌的感染后，是否能够通过自身的免疫系统恢复健康一样。

鲁棒性一般定义为在实际环境中为保证安全要求控制系统最小必须满足的要求。一旦设计好这个控制器，它的参数不能改变而且控制性能要得到保证。鲁棒控制的一些算法不需要精确的过程模型但需要一些离线辨识。一般鲁棒控制系统的设计是以一些最差的情况为基础进行的，因此一般该系统并不工作在最优状态。

鲁棒控制方法适用于稳定性和可靠性作为首要目标的应用，同时过程的动态特性已知且不确定因素的变化范围可以预估。过程控制应用中，某些控制系统可以用鲁棒控制方法设计，特别是对那些比较关键且不确定因素变化范围大、稳定裕度小的对象。但是，鲁棒控制系统的设计要由高级专家完成。一旦设计成功，就不需要太多的人工干预。另外，如果要升级或进行重大调整，系统就要重新设计。

　　鲁棒控制理论不仅应用在工业控制中，还被广泛应用在经济控制、社会管理等很多领域。随着人们对于控制效果要求的不断提高，系统的鲁棒性会越来越多地被人们所重视，从而使这一理论得到更快的发展。

本 章 小 结

　　本章介绍了计算机过程控制系统的基本概念、组成和几种典型形式，并对几种常用的先进过程控制方法进行了简单介绍。目的是让读者对计算机过程控制系统和先进控制方法有所了解。先进控制算法用计算机很容易实现，在工业过程控制方面，原材料成分的不稳定（其成分随机波动），或者改换产品品种、设备磨损等，这些因素都会使工艺参数发生变化，从而使产品质量不稳定。常规 PID 控制器不能很好地适应工艺参数的变化，往往需要经常进行整定。当计算机采用先进控制算法后，由于控制参数可以随着环境和特性的变化而自动整定，所以对各种不同的运行条件，系统都能很好地工作，使被控过程输出对其设定值的误差达到最小，这样既保证了产品质量，又节省了原材料和能源的消耗。因此，在工业控制的许多领域，先进控制方法都得到了成功的应用。

习　　题

10-1　什么是计算机过程控制系统？它由哪几部分组成？

10-2　计算机过程控制系统的典型形式有哪些？各有什么特点？

10-3　什么是自适应控制？它有哪几种形式？

10-4　什么是预测控制？它有哪几种形式？

10-5　模糊控制的理论基础是什么？

10-6　神经网络在控制中的主要作用是什么？它有哪些特征？

10-7　什么是控制系统的鲁棒性？它与系统的稳定性有何区别？

第 10 章　习题解答

第 11 章

电厂锅炉设备的控制

　　火力发电厂在我国电力工业中占有主要地位，是我国的重点能源工业之一。电厂锅炉更是过程工业必不可少的动力设备。随着火力发电机组容量的不断扩大，作为全厂动力的锅炉设备，亦向大容量、高参数、高效率的方向发展。为确保火力发电厂生产的安全操作和稳定运行，对锅炉设备的控制也提出了更高的要求。

11.1　火力发电厂工艺流程

　　以汽包锅炉为核心的燃煤火力发电厂工艺流程如图 11-1 所示。

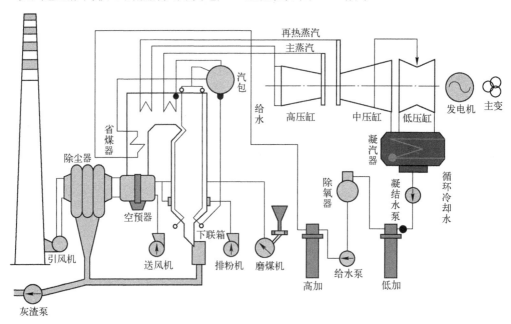

图 11-1　火力发电厂工艺流程

　　来自给水泵的水经过布置在烟道末端的省煤器预热后进入锅炉汽包，然后通过下降管流入下联箱。燃料和空气在炉膛燃烧时产生的热量与布置在炉膛内的水冷壁内的水进行热交换，部分给水受热后汽化，上升至汽包，经汽包汽/水分离后的饱和蒸汽进入两级过热器加热成过热蒸汽,然后推动汽轮机做功,汽轮机带动发电机产生电力。

由于电厂的生产过程始终伴随着传热、传质、能量转化,其理论基础是工程热力学与传热学,因此电厂的生产过程习惯被称为热工过程,电厂的过程控制系统习惯被称为热工控制系统。电厂中,围绕着能量转化核心部件——锅炉的热工控制系统包括:锅炉给水系统、主蒸汽温度系统和锅炉燃烧系统。

11.2 锅炉给水控制系统

11.2.1 概述

锅炉给水控制的基本目的是保证锅炉给水量与蒸发量相适应,保持锅炉给水与蒸汽负荷间的质量平衡。典型燃煤电厂的汽包锅炉给水系统示意如图 11-2 所示。

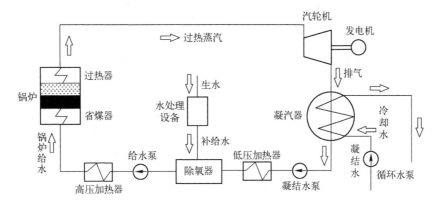

图 11-2 汽包锅炉给水系统示意图

锅炉给水系统中,工质的运动为:过热蒸汽沿着主蒸汽管道进入汽轮机,高速流动的蒸汽带动汽轮机叶片转动,从而使发电机旋转产生电能。在汽轮机内做功后,蒸汽的温度和压力大大降低,被排入凝汽器冷却成凝结水,汇集在凝汽器的热水井中。凝结水由凝汽水泵打至低压加热器中加热后再经过除氧器并继续加热。除氧器中的水通过给水泵提高压力,并经过高压加热器进一步加热之后,输送到锅炉的省煤器入口,作为锅炉的给水。

锅炉的汽包水位是锅炉蒸汽负荷与给水量间质量是否平衡的重要标志。汽包水位过高,蒸汽空间高度减少,汽/水分离效果差,会增加蒸汽携带水分,使蒸汽品质恶化,容易造成过热器管壁积盐垢,严重满水时会造成蒸汽大量带水,过热蒸汽温度急剧下降,引起主汽管道和汽轮机严重水冲击,损坏汽轮机叶片。水位过低时,可能会使水冷壁内无水干烧,导致水冷壁内出现过热状态,使水冷壁管的安全受到威胁。汽包锅炉给水控制的任务就是通过维持汽包水位在允许范围内变化,维持汽水的平衡。汽包锅炉给水控制系统也称为"汽包水位控制系统"。

11.2.2 给水系统的主被调参数、调节参数及控制方式

给水系统的任务是维持锅炉的汽水平衡，即保证锅炉的进水量同蒸发量相等。从这个角度看，将给水流量作为被调参数，给水阀开度作为控制参数，主蒸汽流量的测量值作为给定值，组成一个单回路控制系统，似乎就可以完成给水量跟踪蒸发量的目的。

但考虑到测量仪表是有误差的这个事实后，我们发现，测量仪表的误差导致即使进水量测量值等于蒸汽流量，实际上也不一定相等，这种不相等将导致汽包进出不平衡，随着时间的增加，进出的不平衡将加剧，最终导致汽水系统破坏。

因此，上述控制方案实际上无法满足给水的要求。事实上，汽包锅炉中汽包的设置就是为了缓冲输出蒸汽与给水的瞬时不平衡设置的。在流体缓冲装置中，液位作为流入/流出差的积分，客观反映了流入、流出的平衡状态。流入大于流出，液位上升；流入小于流出，液位下降。液位稳定，意味着进出物料进出平衡，液位稳定在一个适中的高度，意味着进出流量差双向都有最好的缓冲。因此，这类系统一般选液位为被调参数。

在给水系统中，为了维持液位稳定，理论上，既可以通过调整蒸汽输出流量实现，也可以通过调整给水流量来实现。但蒸汽负荷往往是由发电的需求决定的，不能随意调节，另外蒸汽测处于高温、高压状态，不方便调节，因此，锅炉给水系统通常选择进水流量作为调节参数。

在中小锅炉中，给水泵均采用定速泵，通过改变控制阀门开度来控制给水流量。采用这种方式控制流量，简单易行，但节流损失较大，功率消耗高；给水调整门处在高压力下工作，容易磨损。对于电厂锅炉，由于锅炉蒸发量巨大（600MW 机组给水量达到 2000 吨/小时以上），如果用调节阀作为给水流量的调节手段，会导致阀门尺寸很大并且阀门上的能量损失严重，因此，常用的给水流量控制方式是采用阀门（低负荷阶段）+定速泵（基本给水量）+变速泵（调节）的控制方式。实现变速泵的方案有调速电机、液力耦合器和小汽轮机等方案。

考虑了这些因素后的电厂锅炉给水控制系统如图 11-3 所示。

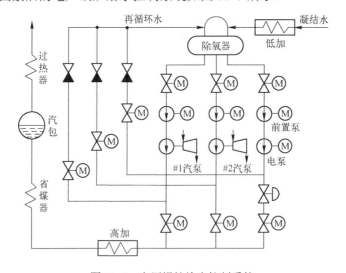

图 11-3　电厂锅炉给水控制系统

11.2.3 给水系统的对象特性

选定给了水系统的被调参数及调节参数后，给水系统的对象方框图如图 11-4 所示。

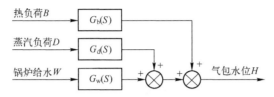

图 11-4 给水系统的对象方框图

对象的输出是汽包水位 H。汽包水位受到给水流量 W（流入量）、蒸汽负荷 D（流出量）、热负荷 B 及蒸汽压力的影响。水位 H 反映的是流入量 W 和流出量 D 的物质平衡关系。给水流量 W 扰动包括给水压力的变化和控制阀开度的变化等因素。蒸汽负荷 D 扰动包括管道阻力的变化和主蒸汽控制阀开度的变化等因素。热负荷 B 包括引起炉内热量变化的各种因素。

1. 给水流量扰动下汽包水位的动态特性

作为调节量，在给水流量 W 阶跃增加时，水位 H 响应曲线如图 11-5 所示。从流入量和流出量的不平衡关系来看。给水流量的增加会导致汽包液位的上升，见图 11-5 中 H_1。由于给水的温度低于汽包内水汽的温度，低温水的补充，会导致汽包内的水汽温度下降，引起部分汽泡破裂液化，汽泡破裂液化导致汽包内水的总体积相应减小，进而导致汽包水位下降。这一影响使水位如图 11-5 中的 H_2 曲线。这种由于汽泡破裂引起的液位下降是一种"虚假"的水位下降，称为"虚假水位"。综合以上因素，汽包内的实际水位是这两种因素叠加的结果，见图 11-5 中的曲线 H。

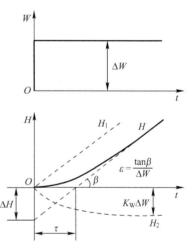

图 11-5 给水流量扰动下的汽包水位阶跃响应曲线

考虑了这些因素后，汽包水位在给水流量扰动下的传递函数可表示为

$$G_W(s) = \frac{H(s)}{W(s)} = \frac{\varepsilon}{s} - \frac{K_W}{1+T_W s} = \frac{(\varepsilon T_W - K_W)s + \varepsilon}{s(1+T_W s)} \qquad (11\text{-}1)$$

式中，ε 称为响应速度（飞升速度）。

一般情况下，可认为 $\varepsilon T_W = K_w$，因此可得

$$G_W(s) = \frac{H(s)}{W(s)} = \frac{\varepsilon}{s(1+T_W s)} \qquad (11\text{-}2)$$

根据响应速度的定义，参考图 11-5 可知

$$\varepsilon = \frac{\tan\beta}{\Delta W} = \frac{\Delta H}{\tau \Delta W} \qquad (11\text{-}3)$$

即给水流量变化单位流量时，水位的变化速度。

要求不高时，水位在给水流量扰动下的传递函数也可近似表示为

$$G_W(s) = \frac{H(s)}{W(s)} = \frac{\varepsilon}{s} e^{-\tau s} \qquad (11\text{-}4)$$

式中，ε 仍为响应速度；τ 为迟延时间。τ 的大小与锅炉省煤器的结构形式及锅炉容量有关。

2. 蒸汽负荷扰动下汽包水位动态特性

蒸汽负荷扰动是来自汽轮发电机组的负荷变化，属于外部扰动，这是一种经常发生的扰动。蒸汽负荷发生阶跃扰动时，汽包水位的阶跃响应曲线如图 11-6 所示。这时蒸汽流量大于

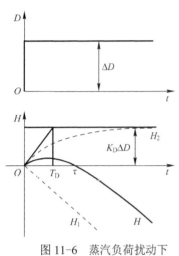

图 11-6　蒸汽负荷扰动下
汽包水位阶跃响应曲线

给水流量。从这一点来看，水位变化应该如图 11-6 中 H_1 所示。但是当蒸汽流量突然增加时，汽包压力降低，饱和温度下降，汽包水侧将有部分饱和水变成饱和汽，汽包内水面下的汽泡容积迅速增加。汽泡容积增加会使水位有所增加，这种影响造成汽包水位按照图 11-6 中 H_2 变化。整体水位是这两种因素叠加的结果，如图 11-6 中的曲线 H 所示。其特点表现为当负荷增加时，虽然锅炉的给水流量小于蒸汽流量，但在扰动之初水位不仅不下降反而迅速上升；反之当负荷突然减少时，水位反而先下降，这种现象也称为"虚假水位"现象。当负荷突然改变时，虚假水位变化很快，H_2 曲线的时间常数只有 10～20s。虚假水位变化的幅度与锅炉的汽压和蒸发量等有关。对于一般电站锅炉，当负荷突然变化 5%时，虚假水位现象可使水位变化 20～30mm。

蒸汽负荷扰动时，水位变化的动态特性可表示为

$$G_D(s) = \frac{H(s)}{D(s)} = \frac{K_D}{1 + T_D s} - \frac{\varepsilon}{s} \qquad (11\text{-}5)$$

式中，T_D 为时间常数；K_D 为放大系数；ε 为 H_1 响应速度。

3. 锅炉热负荷扰动时汽包水位动态特性

热负荷扰动对于汽包水位也是一种外部扰动因素。例如，当燃料量 B 突然增加（送风量、引风量同时协调改变）时，燃烧放出更多的热量，蒸发强度增加。如果不控制汽轮机的进汽量（汽轮机主汽门开度不变），则随着锅炉出口压力的提高，蒸汽流量亦将增加，此时蒸汽流量大于给水流量，水位应该下降。但是由于蒸发系统吸热量的增加，汽包水面下汽泡容积的增大，也出现虚假水位现象。水位先上升，经过一段时间后才下降。阶跃响应曲线如图 11-7 所示。它和图 11-6 有些相似，但是水位上升较少，而持续时间较长。

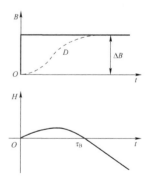

图 11-7　热负荷下的汽包水位
阶跃响应曲线

从给水流量、蒸汽负荷、热负荷扰动下汽包水位的动态特性，可以看出给水控制对象具有如下特点。

（1）给水作用下的水位特性（调节通道）是具有一定延迟的无自平衡对象；

（2）负荷及燃烧作用下的水位特性（干扰通道）均为有自平衡对象；

（3）无论干扰通道、调节通道，均有虚假水位现象。

如果采用单纯的反馈控制系统作为给水控制，可能由于虚假水位的影响做出错误的控制，导致锅炉进出流量的不平衡进一步扩大。这一点在设计给水自动控制系统时必须加以考虑。

11.2.4 给水系统的控制方案

1. 单冲量及双冲量给水控制系统

单冲量给水控制系统如图 11-8 所示。由于调节器只接收汽包水位一个过程信号，许多论述中都称其为"单冲量"控制系统。

它是锅炉给水自动控制系统中最简单、最基本的一种形式。水位测量信号经过变送器送入控制器，控制器根据水位测量信号与给定值的偏差调整给水控制阀开度，改变给水流量，以保证锅炉进出物料的平衡。由于调节动作的依据仅是水位给定值与测量值的偏差，所以如果出现"虚假水位"现象时，调节器也将做出错误的调节动作，导致锅炉进出流量的不平衡进一步扩大。基于这一原因，该方案仅适用于"虚假水位"现象不甚严重，控制品质要求不高的低参数、小容量的锅炉。

针对负荷变化引起的"虚假水位"，为了改善上述单冲量给水系统，我们可以考虑引入导致系统进出不平衡的原因——蒸汽流量（负荷）的变化，这样就形成了图 11-9 所示的双冲量给水控制系统。

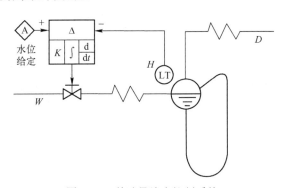 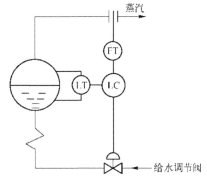

图 11-8 单冲量给水控制系统　　　　图 11-9 双冲量给水控制系统

该方案调节器接收汽包水位及蒸汽流量两个过程信号，因此称为"双冲量"控制系统。蒸汽流量是作为前馈信号引入的，蒸汽流量的变化将直接导致给水阀开度的变化，进而引起给水流量跟踪蒸汽流量变化，而不需要根据液位的变化进行调节。控制作用在扰动发生的同时就产生，可以大大改善控制效果。

该方案的优点是：针对蒸汽流量的扰动，系统调节及时，不受"虚假水位"的影响，针对其他扰动及流量变送器的测量误差，反馈控制最终把关，确保流入、流出长期的实质性平衡。

2. 单级三冲量控制系统

双冲量给水系统解决了蒸汽流量变化扰动下的快速跟踪问题，但当给水侧扰动较大（常称为内扰）时，系统并不能及时调节，须等待水位发生变化后才能进行调节。按照双冲量给水设计的思路，我们可以将进水流量也作为一个冲量引入系统，形成图 11-10 所示的控制系统，与单冲量控制系统相比，该系统引入了用于克服"虚假水位"的蒸汽流量信号（前馈信号）和用于抑制给水内扰的给水流量信号（局部反馈信号），所以称为三冲量系统。当蒸汽流量改变时，通过前馈控制作用，可以及时改变给水流量，力图维持进出锅炉内的物质平衡，这有利于克服虚假水位现象；当给水流量发生自发性扰动时，通过局部反馈控制作用，可以及时稳定给水流量，有利于减少汽包水位的波动。因此，三冲量给水控制系统在克服扰动、维持汽包水位稳定和提高给水控制质量方面优于单冲量及双冲量给水控制系统。

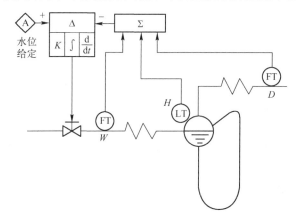

图 11-10　单级三冲量给水控制系统方框图

3. 串级三冲量控制系统

观察图 11-10 所示的单级三冲量给水系统，我们发现这实际上是一个副回路增益为 1 的串级控制系统，为了进一步改善副回路的调节品质，我们可以将副回路的调节器变成一个调节器，这样就构成了图 11-11 所示的串级三冲量给水控制系统。

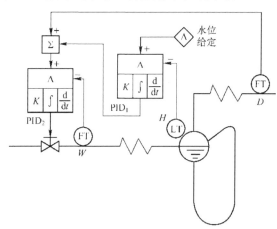

图 11-11　串级三冲量给水控制系统

串级三冲量给水控制系统具有以下特点。

（1）发生给水侧扰动（内扰）时，副调节器迅速动作，消除内扰，维持给水流量稳定；发生蒸汽侧扰动（外扰）时，迅速改变给水流量给定值，进而保持给水和蒸汽流量基本平衡。

（2）事实上将蒸汽流量与给水量的不平衡作为副回路的测量值，能更好地反映汽包的进出不平衡，消除虚假水位对控制过程的影响，当进出不平衡时，给水流量做出及时调节，避免蒸汽负荷扰动下给水流量的误动作。

（3）串级系统还可以接入其他信号（如燃料信号）形成多参数的串级系统。但串级控制系统在汽轮机甩负荷时，过渡过程不如单级控制系统快。

11.3 锅炉主蒸汽温度控制

为了充分提高锅炉效率，汽包产生的饱和蒸汽及经过一次做功的高压缸排气均须利用高温烟气将其加热成具有较高能量的过热蒸汽。其中，过热器将饱和蒸汽加热成具有一定温度的过热蒸汽。再热器将汽轮机高压缸的排汽加热到与过热蒸汽温度相等（或相近）的再热温度，然后再送到中压缸及低压缸中膨胀做功。

11.3.1 概述

过热器及再热器均布置在烟道中，按照传热方式及结构，过热器可分为对流式过热器、辐射过热器（墙式过热器）、半辐射屏式过热器和包覆管过热器等类。现代大型电厂锅炉均采用复杂的辐射—对流多级布置的过热器系统，再热器实际上是一种中压过热器，其工作原理与过热器是相同的，但是由于中压蒸汽的放热系数较低，比热较小，因此，再热器通常仅采用对流式，而且布置在烟温稍低的区域。

过热汽温是锅炉汽水通道中温度及压力最高的地方，亚临界机组的典型参数为16.7MPa/538℃，其发电效率约为 38%；超临界机组的主蒸汽压力通常约为 24MPa，主蒸汽和再热蒸汽温度为 538～560℃；对应的发电效率约为 41%；超超临界机组的主蒸汽压力为25～31MPa，主蒸汽和再热蒸汽温度为 580～610℃，发电效率约为 45%，可见过热蒸汽参数越高，锅炉的效率也越高。

过热器的材料是耐高温的合金材料，正常运行时过热器温度一般接近材料所允许的极限温度。过热蒸汽温度偏高，不仅会烧坏过热器，同时也会使蒸汽管道、汽轮机主汽门、调节阀、汽缸、前级喷嘴和叶片等部件机械强度降低，影响机组安全。过热蒸汽温度过低，则会降低机组热效率，同时还会使汽轮机末级蒸汽湿度增加，加速叶片侵蚀。若过热蒸汽温度波动过大，还会使材料产生疲劳，危及机组安全运行。为了保证机组的安全经济运行，过热蒸汽温度必须加以精确控制。过热蒸汽温度控制的任务是维持过热器出口蒸汽温度在允许的范围内。一般要求过热蒸汽温度与给定值的偏差不超过±5℃甚至更小。汽温控制的任务就是保持过热汽温的稳定。蒸汽温度自动控制包括过热蒸汽温度的自动控制和再热蒸汽温度的自动控制。

11.3.2 气温控制的被调参数和调节参数及对象特性

为了保证电厂的安全和高效，气温控制系统的目标是保证过热蒸汽温度和再热蒸汽温度的稳定。由于相应的温度测量并不存在困难，因此气温控制系统的被调参数可以直接选择过热器及再热器出口的温度。

在锅炉系统中，可以影响气温的参数很多，比如锅炉的燃烧情况、烟气流量和蒸汽流量

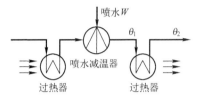

图 11-12　锅炉过热器结构示意图

等均可影响主蒸汽温度。但蒸汽流量是由负荷侧决定的，不能随意调节，燃烧及烟气流量的调节依据应当是确保燃烧效率最高，也不能用作气温的调节手段。通常，控制主蒸汽温度的手段都是在过热器上安装喷水减温器，将带有一定过冷度的给水喷入，以控制主蒸汽温度，其结构如图 11-12 所示。

烟气侧扰动的动态特性与蒸汽负荷扰动类似，汽温响应较快，也可以用作控制汽温的手段，在再热汽温的控制中普遍采用。

当将主蒸汽温度作为被调参数，喷水减温器的流量作为调节参数后，引起主蒸汽温度变化的因素可分为三类：蒸汽负荷扰动、烟气侧扰动和减温水侧扰动。蒸汽负荷扰动主要是蒸汽流量；烟气侧扰动包括燃料成分、受热面清洁度、烟气流量、火焰中心位置和燃烧器运行方式等；减温水侧扰动如减温水流量、减温水温等，综合以上情况，过热气温对象各通道的关系如图 11-13 所示，其中 $G_o(s)$ 为调节通道。

在各种扰动下，汽温控制对象动态特性都有迟延和惯性。典型蒸汽量扰动下的过热蒸汽温度特性曲线如图 11-14 所示。

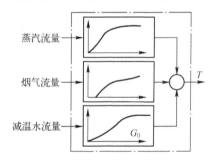
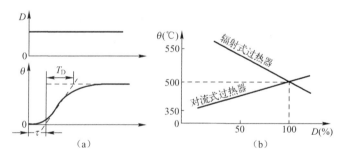

图 11-13　过热汽温对象各通道的关系　　图 11-14　典型蒸汽量扰动下的过热蒸汽温度特性曲线

图 11-14 所示的温度特性曲线可以用一阶惯性加纯滞后特性来描述

$$G(s)=\frac{\theta(s)}{D(s)}=\frac{K_D}{1+T_D s}e^{-\tau s} \quad (11\text{-}6)$$

烟气扰动下的过热器出口蒸汽温度的阶跃响应曲线如图 11-15 所示。过热蒸汽温度调节一般设两级减温器，直接喷水减温系统如图 11-16 所示。减温水量扰动下过热蒸汽温度阶跃响应曲线如图 11-17 所示。

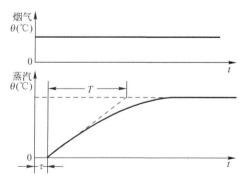

图 11-15　烟气扰动下的过热器出口蒸汽温度的阶跃响应曲线

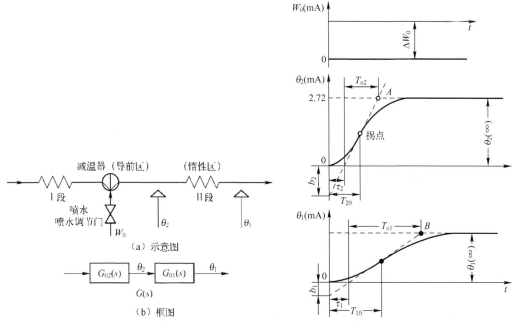

图 11-16　直接喷水减温系统　　　　图 11-17　减温水量扰动下过热蒸汽温度阶跃响应曲线

其特性可表示为：

$$G_{01}(s) = \frac{\theta_2(s)}{w_\theta(s)} = \frac{K_1}{(1+T_2s)^{n_1}} \qquad (\text{一般 } n_1 \geqslant 2) \qquad (11\text{-}7)$$

$$G_{02}(s) = \frac{\theta_1(s)}{\theta_2(s)} = \frac{K_2}{(1+T_2s)^{n_2}} \qquad (\text{一般 } n_2 = 2) \qquad (11\text{-}8)$$

$$G(s) = \frac{\theta_1(s)}{w_\theta(s)} = G_{02}(s)G_{01}(s) \qquad (11\text{-}9)$$

11.3.3　过热汽温控制基本方案

在以上述调节通道为对象，组成单回路控制系统时，控制对象的迟延时间 τ 和时间常数 T 均较大，系统的稳定性和超调都很难满足要求，往往不能保证汽温在允许的范围内。因此，在设计自动控制系统时，应该引入一些比过热蒸汽汽温提前反映扰动的补充信号，使扰动发生后，过热汽温还没有发生明显变化的时刻就进行控制，消除扰动对主汽温的影响，有效地控制汽温的变化，目前普遍采用减温器出口汽温，也称导前汽温参与控制，组成串级过热汽温控制系统或采用导前汽温微分信号的双回路控制系统。

1. 采用导前汽温微分信号的双回路控制系统

图 11-18 所示为采用导前汽温微分信号的双回路控制系统。在这个系统中，控制器接受主蒸汽温度（被控量）信号 θ，同时接受导前汽温 θ_1 的微分信号。扰动发生时，θ_1 对扰动的反映比 θ 快。导前汽温 θ_1 的微分能反映汽温的变化趋势，使控制器提前产生控制作用，在汽

温还未受到较大影响时就产生控制作用，使控制质量得到提高。

采用导前汽温微分信号的双回路控制系统如图 11-18 所示，系统有两个闭合回路。

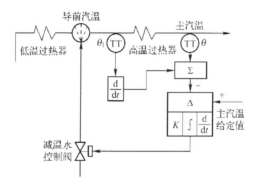

图 11-18　采用导前汽温微分信号的双回路控制系统

（1）内回路也称导前回路，由对象导前区 $G_{p1}(s)$、导前汽温变送器、微分器 $G_d(s)$、控制器 $G_c(s)$、执行器 $G_v(s)$ 和喷水阀 K_f 组成。

（2）外回路也称主回路，由对象的惰性区 $G_{p2}(s)$，主汽温度变送器 $G_m(s)$ 组成。

在发生内扰时，控制器接受导前汽温微分信号，迅速消除内扰对主蒸汽温度的影响。由于导前回路对象滞后小，调整快，使干扰对主汽温影响很小。主回路是一个为确保克服其他干扰对主蒸汽温度影响的回路。

图 11-18 也可等效转换为图 11-19 所示的方框图，即采用导前汽温微分信号的控制系统实际上就是一个串级控制系统，其等效副控制器 $G_{c2}(s)=G_c(s)G_d(s)$，等效主控制器 $G_{c1}(s)=1/G_d(s)$。

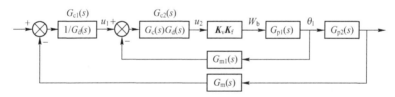

图 11-19　导前汽温微分信号双回路控制系统等效方框图

在采用导前汽温微分信号的控制系统中，当微分器采用具有实际微分作用的微分环节，控制器采用比例积分控制器时，等效主调节器为

$$G_{c1}(s) = \frac{1+T_D s}{K_D T_D s} = \frac{1}{K_D}\left(1+\frac{1}{T_D s}\right) \tag{11-10}$$

等效副控制器 $G_{c2}(s)$ 为

$$G_{c2}(s) \approx \frac{K_D}{\delta}\left(1+\frac{1}{T_i S}\right) \tag{11-11}$$

可见等效副调节器也为 PI 作用，其比例带和积分时间分别为：

$$\delta_2 = \delta / K_D; T_{i2} = T_i$$

　　根据以上分析可知，具有导前汽温微分信号控制系统可以等效为主、副控制器都是 PI 作用的串级控制系统。由于主调节器中不含微分，而主对象滞后又较大，因此，采用导前汽温微分信号的控制系统的控制效果不如主调直接采用 PID 控制器的串级控制系统调节效果好。

2. 过热汽温串级控制系统

　　图 11-20 所示为串级汽温调节系统原理图。串级汽温系统方框图如图 11-21 所示。

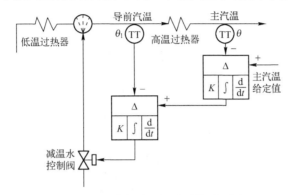

图 11-20　串级汽温调节系统原理图

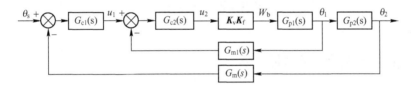

图 11-21　串级汽温系统方框图

　　串级汽温控制系统的两个回路如下。

　　① 副回路由对象的导前区 $G_{p1}(s)$、导前汽温度变送器 $G_{m1}(s)$、副控制器 $G_{c2}(s)$、执行器 $G_v(s)$ 和喷水控制阀 K_f 组成。

　　② 主回路由对象的惰性区 $G_{p2}(s)$、过热汽温度变送器 $G_{m1}(s)$、主控制器 $G_{c2}(s)$ 和等效副对象组成。

　　导前汽温对象滞后小，一旦导前汽温受干扰发生变化，副控制器 $G_{c2}(s)$ 较快做出调节，改变减温水流量，及时消除干扰，使得干扰对主汽温影响较小。主控制器 $G_{c1}(s)$ 用于克服其他扰动对主汽温的影响。当主汽温偏离给定值时，由主控制器向 $G_{c2}(s)$ 发出副回路给定值改变信号，副回路及时响应，确保过热汽温等于给定值。

　　串级主汽温控制方案中，副回路应尽快消除扰动对减温水出口的影响，副控制器一般采用 P 控制作用；主控制器采用 PI 或 PID 控制器。

3. 过热汽温分段控制系统

　　随锅炉容量的提高，过热器管道加长，结构复杂。为了保证各段过热器的安全，进一步改善控制品质，将整个过热器设计成若干段，每段设置一个减温器，以便分别控制各段的汽温，进而维持主汽温的稳定值。这种汽温控制方式叫作分段汽温控制系统。

基本过热汽温分段控制系统结构如图 11-22 所示。过热器分为一级过热器、二级过热器和末级过热器三段，设有两级喷水减温器。控制器 $G_{c2}(s)$ 接受二级过热器出口温度及第一级喷水减温器后的汽温微分信号，控制第一级喷水量，以保持二级过热器出口汽温保持稳定。第二级喷水减温保持末级过热器出口汽温（主蒸汽温度）稳定。通常，一、二级喷水减温控制系统均采用具有导前汽温微分信号的双回路控制系统。

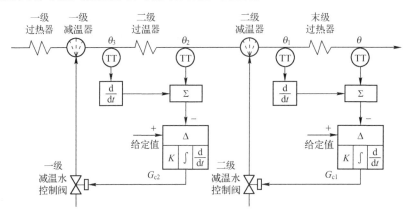

图 11-22 基本过热汽温分段控制系统结构

11.4 锅炉燃烧控制系统

11.4.1 燃烧控制的任务

燃烧控制系统的基本任务是保证燃料燃烧提供的热量和蒸汽负荷的需求能量相平衡，同时保证锅炉安全经济运行。一般而言，锅炉燃烧控制系统的任务有以下 3 点。

1. 跟踪机组负荷需求，维持主汽压在允许范围

机组的能量是靠燃料的燃烧而提供的，所以锅炉燃烧控制系统应能及时对入炉膛的燃料量进行控制，尽快响应负荷调整的要求。同时还要维持主汽压的稳定。

2. 减小对环境的污染，保证燃烧过程的经济性

燃煤电厂的主要成本是燃料煤的燃烧，因此，燃烧控制系统必须保证燃烧过程的经济性。

在环境压力日益加大的今天，众多燃煤电厂的烟尘污染已经成为大气污染的重要因素，超低排放逐步成为燃煤电厂的基本要求。目前，燃烧排放的要求甚至要高于经济性的要求。

3. 维持炉膛压力稳定

当炉膛出现正压时，炉内火焰和烟气会从炉膛四周的观察孔喷出，不仅危及运行人员和

设备安全，还会污染环境。若炉膛负压过大，又会造成大量冷空气进入炉膛，影响燃烧的经济性。电站锅炉燃烧过程基本都为负压运行方式。

11.4.2　燃烧系统的被调参数及控制参数

燃煤锅炉的任务是产生蒸汽供汽轮机做功，即锅炉作为供方，产生蒸汽，汽轮机作为需方，消耗蒸汽。燃烧系统必须可以保证这一对供需的平衡。机组主汽压的变化反映了锅炉与汽轮机间能量需求的平衡关系。维持主汽压在允许范围内变化，就保证了燃烧提供的热量与蒸汽负荷的平衡。基于此原因，通常选蒸汽压力作为燃烧系统的被调参数。

在保证锅炉、汽轮机能量需求平衡的前提下，燃烧控制系统的另一任务就是提高燃烧的经济效益，减少环境污染。即在改变燃料量的同时，及时对送风量进行控制，保证充分燃烧。烟气的含氧量系数 α 是衡量经济燃烧的一种指标。因此，烟气中的含氧量常用来作为一种直接衡量经济燃烧的指标，用含氧量信号对风煤比例控制加以校正。

为了保证燃烧的安全，通常需要维持一定的负压，炉膛压力通常也作为燃烧系统的被调参数。影响这些被调参数的因素众多，但对燃烧系统影响最大且易于实施控制的是燃煤燃料量、送风量、引风量，通常，燃烧系统选这些量作为控制量。

在锅炉燃烧系统中，上述三个被调参数与上述三个控制量均有较大的关联，基于单输入/单输出系统设计的燃烧系统通常需要选择合适的变量配对，以减少耦合。

综合以上考虑，燃烧系统的被调参数，调节参数及配对如图 11-23 所示。其中主蒸汽压力 P_T、烟气含氧量系数 α、炉膛压力 P_s 是三个子系统的被控量，燃料量 M、送风量 V、引风量 V_s 是三个子系统的控制变量。

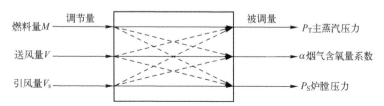

图 11-23　燃烧系统的被调参数，调节参数及配对

11.4.3　燃烧系统对象的动态特性

燃烧系统对象的动态特性主要是指各种扰动变量与主汽压之间的关系。影响主汽压变化的因素很多。发生在锅炉侧的扰动主要是燃烧率扰动，发生在负荷侧的扰动主要是机组负荷。

1. 燃料（燃烧率）扰动下锅炉主汽压动态特性

在燃料发热量不变，燃烧环境不变（送风量、引风量协调动作）的前提下，燃料的燃烧情况也维持不变，这时，可以用燃料量来表示燃烧率。因此，燃料的扰动有时也被称为燃烧率扰动。为了便于分析，一般从汽轮发电机组负荷不变和汽轮机调节阀开度不变两个方面分析燃烧过程的特性。

（1）机组负荷不变时，燃料扰动下的汽压动态特性。燃料扰动下，原有的能量平衡关系被打破。当燃料增加时，蒸发量也将随之增加，由于假定机组功率不变，汽轮机功率控制系统会关小进汽阀，阻止进汽量增加，进而导致汽压增加，锅炉燃烧增加的能量以压力能的形式存于汽水系统中，这是一个无自平衡能力的控制对象，其特性如图 11-24（a）所示，其传递函数可近似表示为

$$G_p(s) = \frac{\varepsilon}{s} e^{-\tau s} \qquad (11\text{-}12)$$

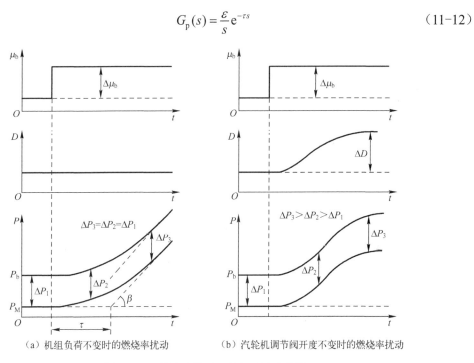

（a）机组负荷不变时的燃烧率扰动　　（b）汽轮机调节阀开度不变时的燃烧率扰动

图 11-24　燃烧率扰动下的气压动态特性

（2）汽轮机调节阀开度不变时，燃料扰动下的汽压动态特性。这种情况下，燃料的变化导致锅炉蒸发量的变化，进一步还将导致主汽压变化，机组功率也将随之变化。最终，燃料增加（减少）带来的燃烧能量变化与汽轮机做功消耗的能量重新相等后，汽压维持在一个新的平衡值。这是一个有自平衡能力，并具有迟延的对象，其特性如图 11-24（b）所示，其传递函数可近似表示为

$$G_p(s) = \frac{K}{1+Ts} e^{-\tau s} \qquad (11\text{-}13)$$

2. 负荷扰动下主汽压动态特性

（1）机组负荷扰动下，主汽压动态特性。当电网要求的功率变化时，汽轮机功率控制系统会不断改变汽轮机调节阀的开度，维持蒸汽负荷与机组功率的关系，由于燃料量不变，供需的不平衡将导致汽压持续的反方向变化，其特性如图 11-25（a）所示。表现为无自平衡特性，其传递函数为

$$G_p(s) = -\frac{\varepsilon}{s} \qquad (11\text{-}14)$$

汽压 PM 在突降后也持续下降,表现为比例与积分并联的特性,这也是一个无延迟、无自平衡能力的对象,其传递函数为

$$G_p(s) = -\left(K + \frac{\varepsilon}{s}\right) \qquad (11\text{-}15)$$

式中,K 为表示过热器阻力的比例系数。

(2)燃料量不变时,汽轮机调节阀扰动下的主汽压动态特性。汽轮机调节阀门开度发生变化,汽轮机做功将随之变化,进而导致反方向汽压变化,汽压的变化又会反过来影响汽轮机的做功,由于锅炉燃烧率没有变化,一段时间后,汽轮机的做功又返回到与燃料提供等能量相等的情况,主蒸汽压重新稳定下来,在动态过程中,汽轮机增加(减少)输出能量由储存在蒸汽中的能量提供(储存)。储存在蒸汽中的能量的减少(增加),将导致重新平衡后蒸汽压力的变化。汽压的变化曲线如图 11-25(b)所示,这是有自平衡能力特性的对象。汽包压力和主汽压控制对象的传递函数可表示为

$$G_{pb}(s) = -\frac{K}{1 + Ts} \qquad (11\text{-}16)$$

$$G_{pm}(s) = -K_1 \frac{K_2}{1 + Ts} \qquad (11\text{-}17)$$

式中,K、K_1、K_2 均为比例系数,它们与锅炉的蓄热能力、燃烧、传热过程的惯性大小、汽轮机调节阀放大系数、过热器阻力等有关。

烟气侧扰动的动态特性与蒸汽负荷扰动类似。

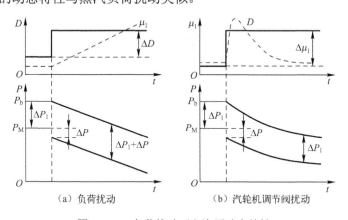

(a)负荷扰动　　　　　　　　　　(b)汽轮机调节阀扰动

图 11-25　负荷扰动下主汽压动态特性

11.4.4　燃烧系统的控制方案

燃烧过程的自动控制与机组运行方式及制粉系统的形式有密切关系,因此控制系统的组成也不相同。

1. 中储式煤粉炉燃烧控制系统

具有中间煤粉仓的单元机组，制粉系统与锅炉运行是相互独立的。燃烧控制系统不包括制粉系统，燃烧所需的煤粉直接来自煤粉仓。图 11-26 是中储式煤粉炉燃烧控制系统的组成原理图。

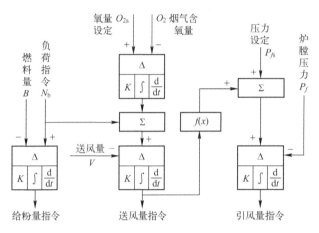

图 11-26　基本燃烧控制系统

系统由三个子系统构成，各子系统间由给定信号或前馈信号连成一体，相互协调工作。锅炉主控系统（另一个与负荷需求相关的控制系统）根据机组的控制方式，由功率偏差、主汽压偏差运算而形成锅炉负荷指令。为了及时克服燃料量发生的自流、阻塞等扰动，燃料控制系统由锅炉主回路和燃料控制器构成串级控制系统，以保证送入锅炉的燃料量 B 与锅炉负荷指令相等。氧量控制器和送风控制器构成的串级送风控制系统，保证烟气含氧量等于设定值，从而保证燃烧的经济性。炉膛压力控制系统由于控制对象惯性较小，采用单回路控制。炉膛压力控制子系统采用送风量指令作为前馈信号，对引风量进行超前控制，以改善系统的控制品质。整个系统以锅炉主控回路为核心，三个子系统都在主控系统的指挥下工作。

2. 热量信号

单位不同煤种燃烧释放出的燃烧能量并不相同，但要实时准确测量燃料燃烧而产生的能量相当困难，但燃烧系统的及时控制，又非常需要知道这一参数，通过分析，人们找到了一种不直接测量燃烧放热，但又能反映燃料放热情况的参数，这个参数被称为热量信号。热量信号在大型锅炉燃烧控制系统中被广泛采用。

汽包锅炉的蒸发系统示意图如图 11-27 所示。稳态时，蒸发系统储存的热量不变，加入蒸发系统的热量等于饱和蒸汽带走的热量。蒸发系统储存的热量为

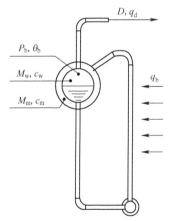

图 11-27　汽包锅炉的蒸发系统

$$Q_a = (M_w c_w + M_m c_m)\theta_b \tag{11-18}$$

式中，M_w 为蒸发系统中水的质量，单位为 kg；c_w 为蒸发系统中水比热容，单位为 kJ/(kg·K)；M_m 和 c_m 分别为蒸发系统中金属的质量和比热容，单位分别是 kg 和 kJ/(kg·K)；θ_b 为汽包温度。

当燃料向蒸发系统提供的热流量 q_b 发生变化时，蒸发系统的储存热量 Q_a 发生变化，蒸汽所带走的热流量 q_d 也发生变化。

加入蒸发系统的热流量为

$$q_a = \frac{\mathrm{d}Q_a}{\mathrm{d}t} = (M_w c_w + M_m c_m)\frac{\mathrm{d}\theta_b}{\mathrm{d}t} \tag{11-19}$$

燃料向蒸发系统提供的热流量 q_b 等于蒸汽带走的热量与蒸发系统贮存的热量之和。即

$$q_b = q_d + q_a = q_d + (M_w c_w + M_m c_m)\frac{\mathrm{d}\theta_b}{\mathrm{d}t} \tag{11-20}$$

由于汽包内的工质处于饱和状态，水的饱和温度和饱和压力具有严格的对应关系，因此可以把 $\dfrac{\mathrm{d}\theta_b}{\mathrm{d}t}$ 写成

$$\frac{\mathrm{d}\theta_b}{\mathrm{d}t} = \frac{\mathrm{d}\theta_b}{\mathrm{d}P_b}\frac{\mathrm{d}P_b}{\mathrm{d}t} \tag{11-21}$$

令 $c_k = (M_w c_w + M_m c_m)\dfrac{\mathrm{d}\theta_b}{\mathrm{d}P_b}$ 可得

$$q_b = q_d + q_a = q_d + c_k\frac{\mathrm{d}P_b}{\mathrm{d}t} \tag{11-22}$$

式中，c_k 称为锅炉的蓄热系数，对于一定的锅炉是常数。

实际上，式（11-22）中的 q_b、q_d 是以热量表示的燃料流量 Q（kJ/s）和蒸汽流量 D（kJ/s），因此，式（11-22）可以写成

$$Q = D + c_k\frac{\mathrm{d}P_b}{\mathrm{d}t} \tag{11-23}$$

式（11-23）反映了燃烧系统提供的热量，称为热量信号。热量信号 Q 由锅炉蒸发量 D 代表的热量和汽包压力的变化率 $\dfrac{\mathrm{d}P_b}{\mathrm{d}t}$ 组合而成。热量信号间接地表示燃料提供给蒸发系统的热量。

虽然热量信号是用蒸汽流量表示的蒸汽热量，但热量信号只反映燃烧率的变化而不反映蒸汽流量的变化。图 11-28（a）是锅炉蓄热系数 c_k 计算准确的情况下，燃烧率阶跃变化，汽轮机调节阀开度不变时，蒸汽负荷 D、汽包压力 P_b 和变化率及其热量信号 Q 的变化曲线。即当锅炉燃烧率改变时，热量信号 Q 成比例变化。图 11-28（b）是锅炉蓄热系数 c_k 计算准确的情况下，燃烧率不变，汽轮机调节阀开度阶跃变化时，蒸汽负荷 D、汽包压力 P_b 和变化率及其热量信号 Q 的变化曲线。即当炉膛燃烧率不变，热量信号 Q 不会发生变化，或者说蒸汽流量 D 的变化被汽包压力 P_b 的变化所抵消。

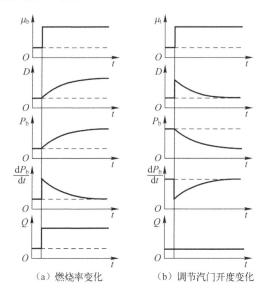

（a）燃烧率变化 （b）调节汽门开度变化

图 11-28 热量信号的阶跃相应

热量信号反映的是燃烧率，它不仅反映出燃料量数量的变化，也反映出燃料在质量方面的变化。因此热量信号比燃料量信号更准确地反映了燃烧率。

本 章 小 结

本章主要介绍了火力发电厂的工艺流程，以及锅炉给水系统、主蒸汽温度系统和锅炉燃烧系统。使大家对大型工业设备的生产过程和基本控制方案有一定的了解和认识。

习 题

11-1 火力发电厂有何特点？试简单叙述其工艺流程。

11-2 锅炉设备的主要控制系统有哪些？

11-3 锅炉汽包的虚假水位现象是在什么情况下产生的？有何危害性？

11-4 在锅炉水位控制系统中，能够克服虚假水位影响的控制方案有哪几种？并说明他们是如何克服的。

11-5 在某锅炉汽包给水系统中，选汽包水位 $H(s)$ 为被控变量，给水量 $W(s)$ 作为控制参数，主要扰动为蒸汽负荷 $D(s)$ 的变化。为了克服"假水位"现象，试设计一前馈-串级给水控制系统。已知主对象、副对象和负荷干扰通道的传递函数分别为

第11章 习题解答

$$G_{p1}(s) = \frac{0.03}{s} e^{-2s}; \quad G_{p2}(s) = \frac{1}{2s+1}; \quad G_d(s) = \frac{H(s)}{D(s)} = \frac{1}{s+1} - \frac{0.03}{s}$$

仪 表 位 号

自控工程设计就是将实现生产过程自动化的内容，用设计图纸和文字资料进行表达的全部工作，是运用过程控制工程的知识，针对某生产工艺流程，实施自动控制方案的具体体现。它的基本任务是负责工艺生产装置与公用工程、辅助工程系统的控制设计，检测仪表、在线分析仪表和控制及管理用计算机系统的设计，以及有关的程序设计、信号报警和连锁系统的设计。在完成这些基本任务时，还需考虑自控所用的辅助设备及附件、电气设备材料、安装材料的选型设计，自控的安全技术措施和防干扰、安全设施的设计，以及控制室、仪表车间与分析器室的设计。

带测控点的工艺流程图又称管道仪表流程图（Process and Instrument Drawing，P&ID），它是在工艺物料流程图的基础上，用过程检测和控制系统的文字和图形符号描述的生产过程自动化内容的图纸，它的绘制是自控工程设计的核心内容。在自控工程设计的图纸上，按设计标准，均有统一的图例、符号。其中构成每个回路的工业自动化仪表（或元件）都用仪表位号来表示。

仪表位号一般由字母代号组合和回路编号两部分组成，如图 A–1 所示。

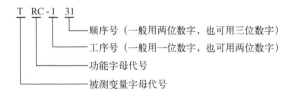

图 A–1　仪表位号表示

图 A–1 仪表位号中字母代号部分的第一位字母表示被测变量，后继字母表示仪表的功能，其具体内容见表 A–1；回路的编号有工序号和顺序号组成，一般用三位至五位阿拉伯数字表示。

仪表位号按被测变量不同进行分类。即同一个装置（或工序）的同类被测变量的仪表位号中顺序编号是连续的，但允许中间有空号；不同被测变量的仪表位号不能连续编号。

仪表位号在管道仪表流程图和系统图（回路编号可省略）中的标注方法是：字母代号填写在仪表圆圈的上半圆中；回路编号填写在下半圆中，如图 A–2 所示。其中图 A–2（a）表示安装在集中仪表盘面上的位号为 TRC-131 的温度记录与控制仪表；图 A–2（b）表示就地安装的位号为 PI-1201 的压力指示仪表。

　　（a）集中仪表盘面安装仪表　　　（b）就地安装仪表

图 A-2　仪表位号在管道仪表流程图中的标注

表 A-1　仪表位号中表示被测变量和仪表功能的字母代号

	第一位字母		后 继 字 母		
	被测变量或引发变量	修饰词	读出功能	输出功能	修饰词
A	分析		报警		
B	烧嘴、火焰		供选用	供选用	供选用
C	电导率			控制	
D	密度	差			
E	电压（电动势）		检测元件		
F	流量	比（分数）			
G	供选用		视镜、观察		
H	手动				高
I	电流		指示		
J	功率	扫描			
K	时间、时间程序	变化速率		操作器	
L	物位		灯		低
M	水分或湿度	瞬动			中、中间
N	供选用		供选用	供选用	供选用
O	供选用		节流孔		
P	压力、真空		连接点、测试点		
Q	数量	积算、累计			
R	核辐射		记录		
S	速度、频率	安全		开关、联锁	
T	温度			传送	
U	多变量		多功能	多功能	多功能
V	振动、机械监视			阀、风门、百叶窗	
W	重量、力		套管		
X	未分类	X 轴	未分类	未分类	未分类
Y	事件、状态	Y 轴		继电器（继电器）、计算器、转换器	
Z	位置、尺寸	Z 轴		驱动器、执行器件	

参 考 文 献

[1] 金以慧. 过程控制. 北京：清华大学出版社，1993.

[2] 方康玲. 过程控制系统（第二版）. 北京：武汉理工大学出版社，2007.

[3] 俞金寿. 过程控制工程（第三版）. 北京：电子工业出版社，2007.

[4] 王正林，郭阳宽. 过程控制与 Simulink 应用. 北京：电子工业出版社，2006.

[5] 何衍庆，俞金寿，蒋慰孙. 工业生产过程控制. 北京：化学工业出版社，2004.

[6] 施仁. 自动化仪表与过程控制（第三版）. 北京：电子工业出版社，2003.

[7] 侯志林. 过程控制与自动化仪表. 北京：机械工业出版社，2002.

[8] 刘宝坤. 计算机过程控制系统. 北京：机械工业出版社，2001.

[9] 齐卫红. 过程控制系统. 北京：电子工业出版社，2007.

[10] 黄德先, 王京春, 金以慧. 过程控制系统. 北京：清华大学出版社，2011.

[11] 李国勇. 计算机仿真技术与CAD-基于MATLAB 的控制系统(第4版). 北京：电子工业出版社, 2016.

[12] 李国勇，李虹. 自动控制原理（第3版）. 北京：电子工业出版社，2017.

[13] 李国勇，李虹. 自动控制原理习题集. 北京：电子工业出版社，2012.

[14] 谢克明，李国勇. 现代控制理论. 北京：清华大学出版社，2007.

[15] 李国勇. 现代控制理论习题集. 北京：清华大学出版社，2011.

[16] 李国勇，何小刚，阎高伟. 过程控制实验教程. 北京：清华大学出版社，2011.

[17] 李国勇. 神经·模糊·预测控制及其 MATLAB 实现（第3版）. 北京：电子工业出版社，2013.

[18] 李国勇，谢克明. 控制系统数字仿真与 CAD. 北京：电子工业出版社，2003.

[19] 李国勇等. 最优控制理论及参数优化. 北京：国防工业出版社，2006.

[20] 李国勇，卫明社. 可编程控制器实验教程. 北京：电子工业出版社，2008.

[21] 李国勇. 神经模糊控制理论及应用. 北京：电子工业出版社，2009.

[22] 李国勇，卫明社. 可编程控制器原理及应用. 北京：国防工业出版社，2009.

[23] 李国勇，李维民. 人工智能及其应用. 北京：电子工业出版社，2009.

[24] 谢克明，李国勇等. 现代控制理论基础. 北京：北京工业大学出版社，2001.

[25] 李国勇. 最优控制理论与应用. 北京：国防工业出版社，2008.

[26] 李国勇. 智能控制与 MATLAB 在电控发动机中的应用. 北京：电子工业出版社，2007.

[27] 刘乐善. 微型计算机接口技术与应用. 武汉：华中科技大学出版社，2002.

[28] 于海生等. 微型计算机控制技术. 北京：清华大学出版社，2001.

[29] 涂植英. 过程控制系统. 北京：机械工业出版社，1983.

[30] 俞金寿，顾幸生. 过程控制工程. 北京：高等教育出版社，2012.

[31] 方康玲. 过程控制及 MATLAB 实现（第二版）. 北京：电子工业出版社，2013.

[32] F. G. Shinskey 著，萧德云，吕伯明译. 过程控制系统（第3版）. 北京：清华大学出版社，2004.

反侵权盗版声明

电子工业出版社依法对本作品享有专有出版权。任何未经权利人书面许可，复制、销售或通过信息网络传播本作品的行为；歪曲、篡改、剽窃本作品的行为，均违反《中华人民共和国著作权法》，其行为人应承担相应的民事责任和行政责任，构成犯罪的，将被依法追究刑事责任。

为了维护市场秩序，保护权利人的合法权益，本社将依法查处和打击侵权盗版的单位和个人。欢迎社会各界人士积极举报侵权盗版行为，本社将奖励举报有功人员，并保证举报人的信息不被泄露。

举报电话：（010）88254396；（010）88258888

传　　真：（010）88254397

E-mail：dbqq@phei.com.cn

通信地址：北京市海淀区万寿路 173 信箱

　　　　　电子工业出版社总编办公室

邮　　编：100036